计算机科学与技术专业核心教材体系建设 —— 建议使用时间

课程系列	一年级上	一年级下	二年级上	二年级下	三年级上	三年级下	四年级上	四年级下
基础系列	大学计算机基础	离散数学(上) 信息安全导论	离散数学(下)					
电类系列		电子技术基础	数字逻辑设计 数字逻辑设计实验					
程序系列	计算机程序设计	面向对象程序设计 程序设计实践	数据结构	算法设计与分析	编译原理	软件工程综合实践		
系统系列		计算机原理	操作系统	计算机系统综合实践	计算机网络		计算机体系结构	
应用系列					人工智能导论 数据库原理与技术 嵌入式系统	计算机图形学		机器学习 物联网导论 大数据分析技术 数字图像技术
选修系列								

面向新工科专业建设计算机系列教材

鸿蒙 OS C 语言程序设计
微课版

殷立峰　杨同峰　马敬贺◎主编

张　茜　祁淑霞　董　良◎副主编

清华大学出版社

北京

内 容 简 介

本书面向 C 语言程序设计初学者，共 11 章。本书内容既传承传统，介绍 C 语言的语法、数据类型、变量、表达式、控制结构、结构体、数组、函数、指针、文件等 C 语言程序设计的经典知识；又与时俱进，涵盖鸿蒙操作系统、虚拟机管理、C 语言程序设计开发环境、交叉编译环境、嵌入式程序设计、数字电路、计算机控制等专业内容；还拥抱未来，包含大量基于鸿蒙操作系统的智能物联设备开发案例，以培养信创智能物联开发技能人才。

本书既可以作为高等院校本科学生 C 语言程序设计课程的教材，也可以作为教师、自学者的参考用书，同时也可供各类软件开发设计人员学习参考。

图书在版编目（CIP）数据

鸿蒙 OS C 语言程序设计：微课版/殷立峰，杨同峰，马敬贺主编. —北京：清华大学出版社，2024.2
（2024.9重印）
面向新工科专业建设计算机系列教材
ISBN 978-7-302-65543-5

Ⅰ.①鸿… Ⅱ.①殷… ②杨… ③马… Ⅲ.①移动终端－应用程序－程序设计－高等学校－教材
②C 语言－程序设计－高等学校－教材 Ⅳ.①TN929.53 ②TP312.8

中国国家版本馆 CIP 数据核字(2024)第 024311 号

责任编辑：白立军　战晓雷
封面设计：刘　乾
责任校对：郝美丽
责任印制：刘海龙

出版发行：清华大学出版社
　　　　网　　　址：https://www.tup.com.cn，https://www.wqxuetang.com
　　　　地　　　址：北京清华大学学研大厦 A 座　　　　　　邮　　编：100084
　　　　社 总 机：010-83470000　　　　　　　　　　　邮　　购：010-62786544
　　　　投稿与读者服务：010-62776969，c-service@tup.tsinghua.edu.cn
　　　　质量反馈：010-62772015，zhiliang@tup.tsinghua.edu.cn
　　　　课件下载：https://www.tup.com.cn，010-83470236
印 装 者：三河市铭诚印务有限公司
经　　销：全国新华书店
开　　本：185mm×260mm　　　**印　张**：28.25　　**插　页**：1　　**字　数**：685 千字
版　　次：2024 年 2 月第 1 版　　　　　　　　　　　　**印　次**：2024 年 9 月第 2 次印刷
定　　价：89.00 元

产品编号：099531-01

出版说明

一、系列教材背景

人类已经进入智能时代,云计算、大数据、物联网、人工智能、机器人、量子计算等是这个时代最重要的技术热点。为了适应和满足时代发展对人才培养的需要,2017年2月以来,教育部积极推进新工科建设,先后形成了"复旦共识""天大行动"和"北京指南",并发布了《教育部高等教育司关于开展新工科研究与实践的通知》《教育部办公厅关于推荐新工科研究与实践项目的通知》,全力探索形成领跑全球工程教育的中国模式、中国经验,助力高等教育强国建设。新工科有两个内涵:一是新的工科专业;二是传统工科专业的新需求。新工科建设将促进一批新专业的发展,这批新专业有的是依托于现有计算机类专业派生、扩展而成的,有的是多个专业有机整合而成的。由计算机类专业派生、扩展形成的新工科专业有计算机科学与技术、软件工程、网络工程、物联网工程、信息管理与信息系统、数据科学与大数据技术等。由计算机类学科交叉融合形成的新工科专业有网络空间安全、人工智能、机器人工程、数字媒体技术、智能科学与技术等。

在新工科建设的"九个一批"中,明确提出"建设一批体现产业和技术最新发展的新课程""建设一批产业急需的新兴工科专业"。新课程和新专业的持续建设,都需要以适应新工科教育的教材作为支撑。由于各个专业之间的课程相互交叉,但是又不能相互包含,所以在选题方向上,既考虑由计算机类专业派生、扩展形成的新工科专业的选题,又考虑由计算机类专业交叉融合形成的新工科专业的选题,特别是网络空间安全专业、智能科学与技术专业的选题。基于此,清华大学出版社计划出版"面向新工科专业建设计算机系列教材"。

二、教材定位

教材使用对象为"211工程"高校或同等水平及以上高校计算机类专业及相关专业学生。

三、教材编写原则

(1) 借鉴 *Computer Science Curricula* 2013(以下简称 CS2013)。CS2013

的核心知识领域包括算法与复杂度、体系结构与组织、计算科学、离散结构、图形学与可视化、人机交互、信息保障与安全、信息管理、智能系统、网络与通信、操作系统、基于平台的开发、并行与分布式计算、程序设计语言、软件开发基础、软件工程、系统基础、社会问题与专业实践等内容。

(2) 处理好理论与技能培养的关系,注重理论与实践相结合,加强对学生思维方式的训练和计算思维的培养。计算机专业学生能力的培养特别强调理论学习、计算思维培养和实践训练。本系列教材以"重视理论,加强计算思维培养,突出案例和实践应用"为主要目标。

(3) 为便于教学,在纸质教材的基础上,融合多种形式的教学辅助材料。每本教材可以有主教材、教师用书、习题解答、实验指导等。特别是在数字资源建设方面,可以结合当前出版融合的趋势,做好立体化教材建设,可考虑加上微课、微视频、二维码、MOOC 等扩展资源。

四、教材特点

1. 满足新工科专业建设的需要

系列教材涵盖计算机科学与技术、软件工程、物联网工程、数据科学与大数据技术、网络空间安全、人工智能等专业的课程。

2. 案例体现传统工科专业的新需求

编写时,以案例驱动,任务引导,特别是有一些新应用场景的案例。

3. 循序渐进,内容全面

讲解基础知识和实用案例时,由简单到复杂,循序渐进,系统讲解。

4. 资源丰富,立体化建设

除了教学课件外,还可以提供教学大纲、教学计划、微视频等扩展资源,以方便教学。

五、优先出版

1. 精品课程配套教材

主要包括国家级或省级的精品课程和精品资源共享课的配套教材。

2. 传统优秀改版教材

对于已经出版、得到市场认可的优秀教材,由于新技术的发展,计划给图书配上新的教学形式、教学资源的改版教材。

3. 前沿技术与热点教材

反映计算机前沿和当前热点的相关教材,例如云计算、大数据、人工智能、物联网、网络空间安全等方面的教材。

六、联系方式

联系人：白立军

联系电话：010-83470179

联系和投稿邮箱：bailj@tup.tsinghua.edu.cn

面向新工科专业建设计算机系列教材编委会

2019 年 6 月

面向新工科专业建设计算机系列教材编委会

前言

C语言是从诞生至今经久不衰的一门编程语言。从适用性的角度看,C语言是一种既可以编写单片机程序和系统软件又可以编写互联网应用的程序设计语言。一些面向对象的程序设计语言,如C++、Object-C、Java、C♯、JavaScript等,都遵循C语言的大部分语法,形成了一个计算机语言家族——C语言家族。从教学的角度看,学生学会C语言以后,对于C++、Java等语言就可以快速掌握。所以,C语言程序设计一直是计算机科学与技术及相关专业学生的必修课程。

作者从事C语言程序设计课程的教学多年,希望能把C语言这门课变得既浅显易懂又妙趣横生,所以将C语言程序设计与单片机嵌入式系统开发结合无疑是一个很好的方案。"混沌初开,鸿蒙出世",恰逢鸿蒙操作系统4.0发布,为了顺应操作系统国产化的趋势和信创人才培养的潮流,作者编写了这部依托鸿蒙OS介绍C语言程序设计的教材。

有关C语言程序设计的教材成百上千。本书既传承传统又与时俱进,既包罗万象又融会贯通,既专业经典又通俗易懂,有独到之处。

所谓传承传统,是指本书包含了传统C语言程序设计教材应有的教学内容;所谓与时俱进,是指本书紧跟国产鸿蒙操作系统发展的步伐,不但讲解C语言程序设计的基础知识,而且传授鸿蒙操作系统C语言设备开发专业技能,紧随信创人才培养的时代脉搏。

所谓既包罗万象又融会贯通,是指本书不像一般的C语言程序设计教材那样仅包含C语言程序设计方面的知识,而是在此基础上还引入了鸿蒙操作系统、Linux操作系统、虚拟机及其管理、数字电路、嵌入式程序设计、交叉编译、计算机网络、计算机控制等方面的知识,而且这些知识不是孤立的,而是相互联系、相互融合、相辅相成的。计算机及相关专业的学生通过对本书的学习,基本上能够对计算机领域重要的核心知识有感性、直观的了解,这对于后续的操作系统、数字电路、嵌入式程序设计、计算机控制等专业课程的学习会起到促进理解、融会贯通的作用。

所谓既专业经典又通俗易懂,是指本书提供了专业的、经典的知识内容,在内容编排上,既有基础的C语言知识,又有经典的算法、设备控制、数据采集、跨操作系统平台程序设计开发等内容,同时所有的知识和内容都用通俗易懂的语言、简洁直观的图示予以阐述,使初学者可以跟随本书一步步学会所有的知识,完成所有的实验。即使对计算机程序设计一无所知的"小白",通过本书的学习也可以成为 C 语言程序设计和嵌入式系统开发的行家里手。

与传统的 C 语言程序设计教材相比,本书有配套的鸿蒙操作系统 C 语言设备程序开发实验板,既可以极大地提升学习者的学习兴趣,又有利于学习者理解和掌握计算机专业核心知识。

本书共 11 章,各章内容如下:

第 1 章主要包括计算机程序设计语言的基本概念、C 语言及其发展简史、C 语言程序设计开发环境及开发工具等内容。

第 2 章主要包括 C 语言源程序的基本结构、基本语法成分、基本数据类型与表达式、数据类型转换以及相应的开发实验等内容。

第 3 章主要包括鸿蒙操作系统、虚拟机、鸿蒙 OS C 语言设备程序开发编译环境以及相应的开发实验等内容。

第 4 章主要包括顺序、选择、循环 3 种程序控制结构以及相应的开发实验等内容。

第 5 章主要包括函数、局部变量、全局变量、动态存储、静态存储以及相应的开发实验等内容。

第 6 章主要包括指针的概念、定义和应用以及相应的开发实验等内容。

第 7 章主要包括一维数组和二维数组的概念、定义和应用以及相应的开发实验等内容。

第 8 章主要包括字符串、标准的字符串函数以及相应的开发实验等内容。

第 9 章主要包括结构体、结构体指针、函数指针、枚举、共用体以及相应的开发实验等内容。

第 10 章主要包括文件包含、宏定义、条件编译以及相应的开发实验等内容。

第 11 章主要讲述 stdio.h 头文件、文件类型、文件的打开和关闭以及读写等内容。

本书具备如下 4 个特色:

(1) 本书采用图文结合的方式对于难以理解的专业知识给予通俗易懂的诠释,让初学者可以做到无师自通。本书面向程序设计语言的初学者,对每一个操作步骤和操作方法都力求讲解详尽,保证初学者可以理解内容,一步步引导初学者完成程序设计实验。作者不但教学经验丰富,而且有多年的 C 语言程序设计实战经验,既了解 C 语言程序设计的难点和重点,又深谙程序设计人员必备的 C 语言程序设计知识和技能,这使得本书既传授知识,又传授技能,使初学者做到一书在手、编程无忧。

(2) 国产鸿蒙 OS C 语言设备程序开发贯穿本书始终。"卡脖子"的现状和国家的自主创新的决心使行业急需大量国产系统开发人员。本书针对高校编程类基础课程缺乏国产操作系统设备程序开发教材的现状而编写,根据知识的依赖关系精心设计了鸿蒙 OS C 语言设备程序开发系列实验,以保证 C 语言基础知识和鸿蒙 OS C 语言设备程序开发实验的良好衔接,使初学者既学习了传统的 C 语言程序设计知识,又掌握了物联网时代急需的程序设计专业技能。

(3) 本书重视程序设计的趣味性和综合能力培养,告别传统 C 语言教学枯燥的命令行界面程序,引入更有趣味的嵌入式实验,让初学者真切地感受到程序设计语言对现实世界产生的影响。有趣的实验能够带来更好的学习效果。

(4) 本书注重理论与实践的结合,着重案例驱动知识的学习,面向各级各类 C 语言程序设计技能竞赛和创新创业大赛。书中包含了大量的程序设计和设备程序开发案例、习题,可以让初学者做到活学活用、融会贯通。

本书配有电子教案及相关教学资源,采用本书作为教材的教师可从清华大学出版社官方网站下载。

虽然作者在本书中投入了大量的心血,然而限于水平,书中难免有不足之处,请各位专家和读者不吝指正。

作　者
2023 年 12 月

CONTENTS

目录

第1章 概　述

本章主要内容：
（1）计算机程序设计语言基本概念。
（2）机器语言、汇编语言和高级语言。
（3）C语言及其发展简史。
（4）C语言程序设计开发环境。
（5）C语言程序的开发工具。
（6）Dev-C++程序开发工具的下载和安装。
（7）第一个C语言程序hello.c。
（8）C语言程序的开发方法和步骤。

◆ 1.1　计算机程序设计语言

计算机程序
设计语言

C语言是一种经典的计算机程序设计语言。要想学好C语言，首先必须知道什么是计算机程序设计语言。通俗地讲，计算机程序设计语言是人类发明的用来与计算机进行通信的一种特殊语言。人们要想指挥计算机完成某项任务，必须使用计算机程序设计语言对完成这项任务的具体工作流程和工作内容进行详细描述，这些详细描述就是人们常说的计算机程序。计算机不但能够"读懂"它，而且能够按照它行动，从而完成它所描述的具体任务。因此，计算机程序设计语言是一种计算机和人都必须能够"读懂"的语言。一方面，人只有懂得计算机程序设计语言，才能使用它编制程序控制计算机完成某项具体任务；另一方面，计算机只有懂得计算机编程语言，才能读懂人编制的程序，才能按照人对完成某项任务的详细指令行动，从而完成具体的工作任务。

从专业的角度讲，计算机程序设计语言是用来编写计算机程序的工具。它是指那些具有一定语法规则，能够被计算机接受和处理的语言。就像人类有汉语、英语、俄语、日语等多种语言一样，自计算机诞生以来，人们发明的计算机程序设计语言分为机器语言、汇编语言和高级语言三大类。其中，机器语言是第一代计算机程序设计语言，汇编语言是第二代计算机程序设计语言，高级语言是第三代计算机程序设计语言。在所有的计算机程序设计语言中，只有机器语言编写的程序能够被计算机直接理解和执行；而用其他计算机程序设计语言编写的程序，都必须利用相应的程序编译工具"翻译"成机器语言程序，才能被计算机理解和执行。下面通过一个例子认识一下机器语言、汇编语言和高级语言。

【例 1-1】 分别用机器语言、汇编语言和高级语言写一段程序，使计算机完成将 7 和 8 两个数相加的任务。

上面讲过，要想让计算机完成某项任务，就必须使用计算机程序设计语言编制计算机程序，让计算机执行程序才行。表 1-1 分别列出了采用机器语言、汇编语言和高级语言（这里是 C 语言）编写的完成 7 和 8 两个数相加的程序片段。表 1-1 的目的仅仅是让初学计算机程序设计的人对机器语言、汇编语言和高级语言有一个直观的认识和了解，所以列出的是程序片段，而不是完整的程序。

表 1-1　机器语言、汇编语言和高级语言编写的同一功能的程序

机器语言程序	汇编语言程序	高级语言程序
1100011101000101111111000000011100000000000000000000000	mov ax,7	ax=7;
1100011101000101111110000000100000000000000000000000000	mov bx,8	bx=8;
1000101101000101111110000000000101000101111111100	add ax,bx	ax=ax+bx;

1.1.1　机器语言

机器语言是计算机可以直接识别并运行的最底层的计算机语言，它是以二进制形式存在的。二进制是在数学和数字电路中以 2 为基数的记数系统，在二进制记数系统中，通常用两个不同的符号 0 和 1 表示数。在数字电子电路中，逻辑门的实现直接应用了二进制，现代的计算机和依赖计算机的设备里都使用二进制。二进制的数字 0 或者 1 称为一比特或一位。如果对二进制觉得难以理解，不妨对比一下十进制，十进制就是人们习以为常的在数学上以 10 为基数的记数系统。在十进制系统中，通常用十个不同的符号 0、1、2、3、4、5、6、7、8、9 表示数。

从 1946 年 2 月 14 日第一台电子计算机 ENIAC 诞生到现在，电子计算机能够直接理解和处理的数据和信息都是由 0 和 1 组成的二进制数。计算机之所以采用二进制是出于以下原因：

（1）技术实现简单。电子计算机由逻辑电路组成，逻辑电路通常只有两个状态，即开关的接通与断开，这两种状态正好可以用 1 和 0 表示。

（2）运算规则简单。两个二进制数的和、积运算组合各有 3 种，运算规则简单，有利于简化计算机内部结构，提高运算速度。

（3）适合逻辑运算。二进制数只有两个数码，正好与逻辑代数中的"真"和"假"相吻合。

（4）易于数制转换。二进制数与十进制数之间易于互相转换。

（5）二进制表示数据具有抗干扰能力强、可靠性高等优点。因为每位数据只有高、低两个状态，当受到一定程度的干扰时，仍能可靠地分辨出它是高还是低。

（6）人类所有的文字、视频、声音、图像、数据等信息都可以利用编码的方式将其转换成电子计算机可以识别和处理的由 0 和 1 组成的二进制数。

二进制是计算机程序设计的基础。人们要想命令计算机去干这干那，就必须写出一串串由 0 和 1 组成的计算机指令交由计算机执行。计算机指令是不可分割的最小功能单元。表 1-1 中机器语言程序的第 1 行 1100011101000101111111000000011100000000000000000000000

就是一条计算机指令,它命令计算机将数字 7 存放到它的存储空间的某一处;第 2 行
1100011101000101111110000000100000000000000000000000000 也是一条计算机指令,它
命令计算机将数字 8 存放到它的存储空间的另一处;第 3 行的计算机指令
1000101101000101111110000000000101000101111111100 命令计算机将上面两条指令存放
的 7 和 8 两个数从其存储空间中取出来相加,然后将结果存放到原来存放 7 这个数字的存
储空间中。

　　针对特定计算机的所有由 0 和 1 组成的计算机指令的集合就构成了该计算机的机器语
言,不同计算机的机器语言往往也各不相同。机器语言是第一代计算机语言,也是计算机能
识别的唯一语言。机器语言很难学习、理解和使用,但要制造和使用计算机,就必须研发与
其对应的机器语言,这项工作是由那些专门研发计算机的专业人员完成的。

1.1.2　汇编语言

　　为了便于学习、理解和使用计算机,人们在机器语言的基础上发明了第二代计算机程序
设计语言,这就是汇编语言。表 1-1 第二列是用汇编语言编制的让计算机完成 7 和 8 两个
数相加的程序片段。其中,"mov ax,7"是一条汇编语言程序指令,它命令计算机将数字 7
存放到它的存储空间的某一处;而"mov bx,8"也是一条汇编语言程序指令,它命令计算机
将数字 8 存放到它的存储空间的另一处;"add ax,bx"命令计算机将上面两条指令存放的 7
和 8 两个数从其存储空间中取出来相加,然后将结果存放到原来存放 7 这个数字的存储空
间中。从上述汇编语言程序片段可以看出,汇编语言用助记符 mov 代替了机器语言的操作
码 1100011101000101,用地址符号或标号 ax 代替了地址码 11111100,用地址符号或标号
bx 代替了地址码 11111000,用助记符 add 代替了机器语言的操作码 1000101101000101 实
现将 7 和 8 从各自的存储空间中取出后相加并将结果放回存放数字 7 的存储空间中。汇编
语言用易于理解的符号代替了机器语言的二进制码,因此也称为符号语言。从上面的例子
可以看出,比起机器语言,只要学过英语就很容易学习、理解和使用汇编语言。当然汇编语
言编写的程序还必须通过编译程序编译成机器语言才能被计算机读懂和执行,这个编译程
序当然是由研究汇编语言的专家提供的。

1.1.3　高级语言

　　由于汇编语言严重依赖于计算机硬件系统,很难在不同类型的计算机之间移植,同时汇
编语言助记符不仅量大而且难记,于是人们又发明了更加易于学习、理解和使用的高级语
言。表 1-1 第三列是用高级语言编制的让计算机完成 7 和 8 两个数相加的程序片段,由此
可以看出,高级语言的语法和结构更类似于英语,是以人类的日常语言为基础的程序设计语
言,程序中的符号和算式也与日常使用的数学式子差不多,一般人经过学习之后都可以编
程。高级语言远离对硬件的直接操作,便于在不同类型的计算机之间移植。高级语言种类
繁多,有 C、C++、C♯、FORTRAN、COBOL、PASCAL、Python、BASIC、PHP、Java 等上
百种。

　　与汇编语言相比,高级语言的语法和人的日常思维更加贴近,编写程序也更加高效。高
级语言的提供者同样必须给出将高级语言转换为机器语言的转换程序,也就是通常所说的
编译程序(也称编译工具或者编译器)。

随着计算机的发展,会有更多的编程语言被创造出来。任何人都可能会创造出一门甚至多门编程语言。有一门叫作"编译原理"的课程会专门讲授如何创造计算机程序设计语言。

◈ 1.2　C 语言简介

1.2.1　C 语言发展简史

C 语言是一种应用非常广泛的计算机程序设计语言。以下是 C 语言的发展历程。

1958—1960 年,美国计算机协会(Association for Computing Machinery,ACM)的国际委员会授权卡内基梅隆大学(Carnegie Mellon University,CMU)的 Alan J. Perlis 领导一个研究小组,开发设计了计算机编程语言 ALGOL 60。

1963 年,剑桥大学将 ALGOL 60 语言发展成为 CPL。

1967 年,剑桥大学的 Matin Richards 对 CPL 进行了简化,产生了 BCPL。

1970 年,美国贝尔实验室的 Ken Thompson 对 BCPL 进行了修改,将其命名为 B 语言,并且用 B 语言编写了第一版 UNIX 操作系统。

1973 年,美国贝尔实验室的 Dennis M. Ritchie 在 B 语言的基础上设计了一种新的语言。他取 BCPL 的第二个字母作为这种语言的名字,这就是 C 语言。

为了使 UNIX 操作系统推广,1977 年 Dennis M. Ritchie 发表了不依赖于具体机器系统的 C 语言编译文本——可移植的 C 语言编译程序,这就是著名的 ANSI C。

1978 年,Brian W. Kernighian 和 Dennis M. Ritchie 出版了名著《C 程序设计语言》(*The C Programming Language*),从而使 C 语言成为世界上流行最广泛的高级程序设计语言。

1.2.2　C 语言的标准化

随着微型计算机的日益普及,C 语言也出现了许多版本。由于没有统一的标准,导致这些不同版本的 C 语言之间出现了混乱,严重影响了 C 语言的推广使用。为了改变这种情况,C 语言在其发展历程中经历了 3 次标准化。

1. C90 标准

1989 年,美国国家标准学会(American National Standard Institute,ANSI)对 C 语言进行了第一次标准化,制定了一套 ANSI 标准,此时 C 语言又被称为 ANSI C。1990 年,国际标准化组织(International Organization for Standardization,ISO)采纳了 ANSI C 标准,从此,C 语言在 ISO 中有了一个官方名称——ISO/IEC 9899：1990。其中,9899 是 C 语言在 ISO 标准中的代号,冒号后面的 1990 表示当前修订的版本是在 1990 年发布的。对于 ISO/IEC 9899：1990 这一标准,有的称之为 C89 标准,有的称之为 C90 标准,有的称之为 C89/90 标准,不管怎么称呼,都认为它是 C 语言第一代国际标准。

2. C99 标准

自 1991 年起,ISO 和 IEC 的 C 语言标准委员会又不断地对 C 语言进行改进。到 1999 年,又发布了 C 语言的第二代国际标准,即 ISO/IEC 9899：1999,简称 C99 标准。

C99 标准引入了许多特性,包括内联函数(inline function)、可变长度的数组、灵活的数组成员(用于结构体)、复合字面量、指定成员的初始化器、对 IEEE 754 浮点数的改进、支持不定参数个数的宏定义,在数据类型上还增加了 long long int 以及复数类型。但即便到目前为止,很少有 C 语言编译器是完整支持 C99 标准的。例如,主流的 GCC 编译器以及 Clang 编译器对 C99 标准的支持高达 90% 以上,而微软公司的 Visual Studio 2015 中的 C 编译器对 C99 标准的支持只达到 70% 左右。

3. C11 标准

2007 年,C 语言标准委员会又开始修订 C 语言,到 2011 年正式发布了 ISO/IEC 9899: 2011,简称 C11 标准。

C11 标准引入了一些十分有用的特征,包括字节对齐说明符、泛型机制、对多线程的支持、静态断言、原子操作以及对统一字符编码(Unicode)的支持。

1.2.3　C 语言及其特点

C 语言是面向过程的易于学习使用的计算机编程语言,它能直接读取计算机的存储器,能通过简易的编译便能产生少量的机器码,并且不需要任何运行环境支持便能运行。C 语言描述问题比汇编语言迅速,工作量小,可读性好,易于调试、修改和移植,而代码质量与汇编语言相当。C 语言一般只比汇编语言代码生成的目标程序效率低 10%～20%,因此 C 语言常用于编写监控方面的软件和系统软件。

在编程领域,C 语言的运用非常普及,它兼顾了高级语言和汇编语言的优点,相较于其他编程语言具有较大优势。编写系统软件和应用软件是 C 语言应用的两大领域。同时,C 语言的普适性较强,在许多计算机操作系统中都能够得到应用,且效率显著。

C 语言的主要特点为语言简洁紧凑、使用方便灵活、拥有丰富的运算符、生成的目标代码质量高、程序执行效率高、可移植性好、功能强大、易于学习和使用等。许多著名的系统软件,如 DBASE Ⅲ PLUS、DBASE Ⅳ,是由 C 语言编写的。用 C 语言加上一些汇编语言子程序,就更能显示 C 语言的优势了,PC-DOS、WORDSTAR 等就是用这种方法编写的。

◆ 1.3　C 语言程序开发环境

C 语言程序
开发环境

要学会 C 语言程序设计,必须首先了解 C 语言程序开发环境。如图 1-1 所示,C 语言程序开发环境由硬件层、操作系统层、开发工具层和应用层构成。

程序员(程序开发设计人员)要开发 C 语言程序,必须掌握至少一种 C 语言程序开发工具,在图 1-1 的开发工具层中列出了常见的 C 语言程序开发工具,本书程序设计使用的开发工具是 Dev-C++ 和 Visual Studio Code。C 语言程序开发工具是运行在计算机操作系统上的一种专门用于开发 C 语言程序的程序。计算机操作系统是一种专门用来管理计算机的硬件和软件资源的系统软件,图 1-1 中列出了常见的计算机操作系统。每台计算机至少安装一种计算机操作系统。

图 1-1 中应用层的系统软件和应用软件就是用 C 语言编写的。每一个 C 语言程序都是程序员遵照 C 语言的语法规范,根据具体业务需求编写的程序语句的集合。针对不同的业务需求编写的 C 语言程序也不一样,小的程序可能只有几行,大的程序会有成千上万行甚

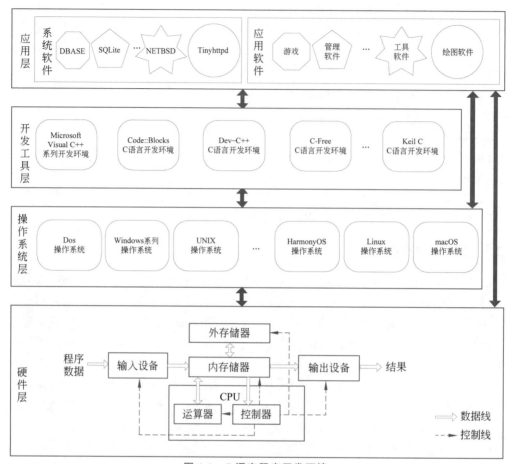

图 1-1　C 语言程序开发环境

至数十万行。

　　程序员使用 C 语言程序开发工具的编辑器，通过计算机键盘等输入设备，将设计好的 C 语言程序输入到计算机的内存中进行编辑处理，然后将编辑处理好的 C 语言程序以文件的形式保存到计算机的外存储器（磁盘）中。

　　程序员使用 C 语言程序开发工具的编译器将 C 语言程序翻译成计算机可以识别和运行的机器语言程序，这些机器语言程序就是图 1-1 中的系统软件或者应用软件。机器语言程序由操作码和操作数构成，操作码通过硬件层的控制器操纵操作数在计算机的输入设备、内存、外存和输出设备中的读取、存储、处理和输出，实现程序的具体功能。C 语言程序开发工具和用 C 语言开发的系统软件和应用软件程序的运行都需要操作系统的支持。

1.4　C 语言程序开发工具

C 语言程序
开发工具

　　工欲善其事，必先利其器。要学习 C 语言程序设计，就必须了解和掌握 C 语言程序开发工具，即 C 语言集成开发环境（Integrated Development Environment，IDE）。利用 C 语言程序开发工具可以编辑 C 语言程序，也可以编译 C 语言程序，即将 C 语言编写的程序翻译为机器语言程序，以便计算机可以识别和执行它。C 语言程序开发工具有很多，常用的有以下 5 种。

1. Microsoft Visual C++ 系列

Microsoft Visual C++（简称 Visual C++、MSVC、VC++ 或 VC）是美国微软公司研发的 C 语言程序开发工具,具有 C 语言和 C++ 语言程序的编辑、编译功能。Visual C++ 自 1992 年推出以来,不断推陈出新,经历了 Visual C++ 1.0 版、Visual C++ 1.5 版、Visual C++ 2.0 版、Visual C++ 4.0 版、Visual C++ 5.0 版、Visual C++ 6.0 版、Visual C++ .NET 2002 版、Visual C++ 2005 版、Visual C++ 2008 版等十几个版本。其中 Visual C++ 6.0 版是 C 语言程序开发初学者广为使用的 C 语言程序开发工具之一。

2. Code∷Blocks

Code∷Blocks 是一个开放源码的功能完备的跨操作系统平台 C/C++ 开发工具。这个工具本身不是很大,安装也很方便,但功能强大,配置灵活,除支持 C 语言和 C++ 语言程序开发外,还支持其他计算机语言的程序开发。它也是初学者经常使用的 C 语言程序开发工具。

3. C-Free

C-Free 是一款 C/C++ 语言程序集成开发工具。它目前有两个版本,分别为收费的 C-Free 5.0 专业版和免费的 C-Free 4.0 标准版。C-Free 中集成了 C/C++ 语言代码解析器,能够实时解析代码,并且在编写的过程中给出智能提示。C-Free 提供了对目前业界主流 C/C++ 语言编译器的支持。它简单灵活,具有良好的系统兼容性,是学习 C 语言的人常选的开发工具之一。

4. Dev-C++

Dev-C++ 是一个适合初学 C 语言的人在 Windows 操作系统环境下使用的 C 语言程序开发工具,它由可用来编写程序的源代码编辑器、将 C 语言等高级语言程序翻译成机器语言程序的编译器、对程序代码进行查错和纠错的调试器、帮助文件和其他工具组成。它是一个集程序的编辑、编译、连接和执行功能于一体的可视化的程序开发工具,因此也被视为集成开发环境。程序设计开发人员使用它可以完成应用程序的创建、编辑、编译、调试、修改等各种操作。掌握集成开发环境各个组成部分的功能并学会熟练使用它们,对于程序设计的效率至关重要。

Dev-C++ 可用来开发 C、C++、BASIC 等语言的程序。本书介绍 C 语言程序开发相关知识,因此只讨论 Dev-C++ 集成开发环境与 C 语言程序开发相关的内容。

Dev-C++ 采用标准的多窗口用户界面,功能简洁,提供高亮度的 C 语言语法显示以减少编辑错误,具备完善的 C 语言程序调试(查错、纠错、跟踪执行)功能,易于学习、掌握和使用,能满足初学者与编程高手的不同需求,是学习 C 语言编程的首选工具。

Dev-C++ 具有以下特点:

(1) Dev-C++ 集成开发环境的多窗口用户界面使得开发环境更易于使用,学习和掌握它并不难。

(2) Dev-C++ 集成了 AStyle(格式化) C 语言程序代码格式整理器,只要选择菜单 AStyle 下的"格式化当前文件"命令,就可以把当前窗口中的源代码按一定的风格迅速整理成排版格式。在 Banzhusoft(斑竹软件) Dev-C++ v5.15 中,默认在保存文件时就自动对当前源代码文件进行格式化整理。

（3）Dev-C++提供了一些常用的源程序代码片段，只要单击"插入"按钮就可以选择性地插入常用源程序代码片段。

（4）Dev-C++支持单文件开发和多文件项目开发。可以针对单文件(无须建立项目)进行编译或调试。

（5）在 Banzhusoft Dev-C++ v5.15 中，编译出错信息能自动翻译为中文进行显示，有助于初学者解决编译中遇到的问题。

Dev-C++的缺点是没有完善的可视化开发功能，所以不适用于开发图形化界面的软件。

5. Visual Studio Code

Visual Studio Code(简称 VS Code)是微软公司在 2015 年 4 月 30 日 Build 开发者大会上正式宣布的一个运行于 Mac OS X、Windows 和 Linux 之上的，针对现代 Web 和云应用的跨平台源代码编辑器。它具有对 JavaScript、TypeScript 和 Node.js 的内置支持，并具有丰富的其他语言(例如 C++、C♯、Java、Python、PHP、Go)和运行时系统(例如.NET 和 Unity)扩展的生态系统。

Visual Studio Code 提供了丰富的快捷键。用户可通过快捷键 Ctrl+K+S(按住 Ctrl 键不放，再按字母 K 键和 S 键)调出快捷键面板，查看全部的快捷键定义。也可在快捷键面板中双击任一快捷键，为某项功能指定新的快捷键。一些预定义的常用快捷键如下：格式化文档(整理当前视图中的全部代码)使用 Shift+Alt+F，格式化选定内容(整理当前视图中被选定部分代码)使用 Ctrl+K+F，放大视图使用 Ctrl+Shift+=，缩小视图使用 Ctrl+Shift+"-"，打开新的外部终端(打开新的命令行提示符)使用 Ctrl+Shift+C。

该编辑器支持多种语言和文件格式的编写。截至 2019 年 9 月，它支持如下语言或文件：F♯、HandleBars、Markdown、Python、Java、PHP、Haxe、Ruby、Sass、Rust、PowerShell、Groovy、R、Makefile、HTML、JSON、TypeScript、Batch、Visual Basic、Swift、Less、SQL、XML、Lua、Go、C、C++、Ini、Razor、Clojure、C♯、Objective-C、CSS、JavaScript、Perl、CoffeeScript、Dockerfile。

Visual Studio Code 是微软公司向开发者提供的一款真正的跨平台编辑器，该编辑器也集成了所有现代编辑器应该具备的特性，包括语法高亮(syntax highlighting)、可定制的热键绑定(customizable keyboard binding)、括号匹配(bracket matching)以及代码片段(snippet)收集。该编辑器也拥有对 Git 的开箱即用的支持。

尽管 C 语言开发工具比较多，然而使用起来大同小异，学会一种，其余的便可以无师自通。本书选择 Dev-C++作为 C 语言程序开发工具。除此以外，因为 Visual Studio Code 具备良好的跨平台能力，本书还选择它作为鸿蒙 OS C 语言设备程序开发工具。本书在后面的相关章节中分别介绍了这两个工具的安装与使用。

◆ 1.5 Dev-C++ 的下载与安装

1. 下载 Dev-C++ 安装程序

首先从 Dev-C++的官网或者其他网站下载 Dev-C++集成开发环境的安装程序。Dev-C++的版本隔一段时间会更新一次，编写本书时下载的 Dev-C++集成开发环境安装程序的压缩文件名称是 bloodsheddevcpp_downyi.com.zip,将该文件解压缩后得到 Dev-C++ 的安装程序 Dev-Cpp_5.9.2_TDM-GCC_4.8.1_Setup.exe。需要说明的是,不同版本的 Dev-C++ 安装程序的文件名会不一样,从不同网站上下载的 Dev-C++ 安装程序的文件名也会不同。

2. 在 Windows 操作系统中安装 Dev-C++ 开发工具

在 Windows 操作系统中安装 Dev-C++ 开发工具非常简单,运行 Dev-C++ 开发工具的安装程序(在本书中为 Dev-Cpp_5.9.2_TDM-GCC_4.8.1_Setup.exe),按照向导一步一步做下去,很容易就可完成。下面是在 Windows 系列操作系统环境下安装 Dev-C++ 的详细步骤:

(1) 准备安装程序。将安装程序复制到计算机磁盘的某一文件夹下,这里在计算机 D 盘上创建了一个名为 DevCSetup 的文件夹,并将安装文件复制到该文件夹下,如图 1-2 所示。

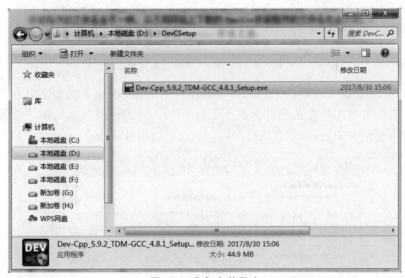

图 1-2　准备安装程序

(2) 运行安装程序。双击安装程序 Dev-Cpp_5.9.2_TDM-GCC_4.8.1_Setup.exe,安装程序开始解包,出现如图 1-3 所示的安装程序解包提示。

(3) 安装程序解包完成后,出现如图 1-4 所示的 Dev-C++ 开发工具语言选择对话框,保持 English 不变,单击 OK 按钮继续,弹出如图 1-5 所示的询问用户是否接受 Dev-C++ 开发工具协议的对话框。

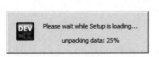

图 1-3　安装程序解包提示

图 1-4　选择语言

(4) 在图 1-5 所示对话框右下角有两个按钮,左边是 I Agree(接受协议)按钮,右边是 Cancel(放弃)按钮。此时如果单击 Cancel 按钮,意味着放弃安装本软件。这里单击 I Agree

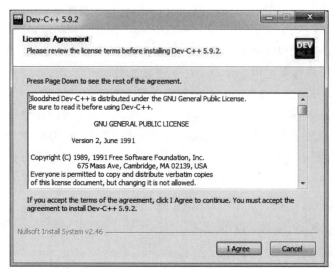

图 1-5　Dev-C++ 开发工具协议

按钮继续安装,弹出如图 1-6 所示的选择安装组件对话框,这一步主要让用户选择把 Dev-C++ 开发工具的哪些组件安装到计算机上。Dev-C++ 使用经验丰富的用户在安装时可以根据自己的需要定制安装,初学者最好保持默认选择的组件不变。

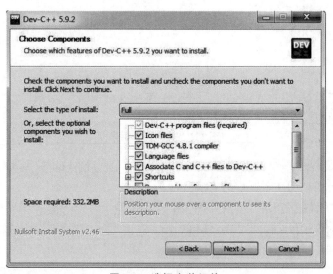

图 1-6　选择安装组件

(5) 在图 1-6 所示的对话框中,保持默认已选中的安装组件,单击 Next 按钮继续安装,出现如图 1-7 所示的选择安装路径对话框。

(6) 在图 1-7 所示的对话框中,用户要选择把 Dev-C++ 开发工具安装到计算机的什么位置,这里给出的默认安装路径是 C:\Program Files(x86)\Dev-Cpp,也就是把程序安装到计算机的 C 盘 Program Files(x86)文件夹内的 Dev-Cpp 文件夹中。如果想安装到其他位置,可以单击 Browse(浏览)按钮,在弹出的对话框中选择其他磁盘和文件夹。也可以通过键盘输入的方式直接输入安装路径,这里通过键盘输入的方式将安装路径修改为 D:\Dev-Cpp,如图 1-8 所示。

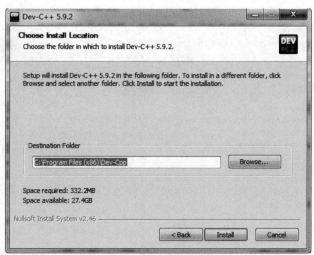

图 1-7　选择安装路径

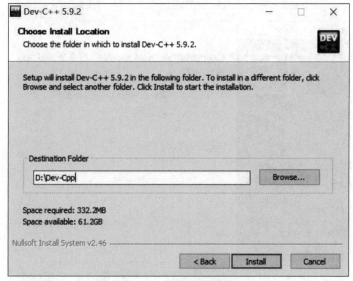

图 1-8　修改安装路径

（7）在图 1-8 所示的对话框中，单击 Install 按钮开始文件的复制，弹出如图 1-9 所示的对话框。

（8）图 1-9 对话框显示把 Dev-C++ 开发工具的文件复制到计算机的安装路径下的过程，对话框中的进度条显示了安装的进度。安装完毕后，出现如图 1-10 所示的对话框，其中的 Finish 按钮由虚的（不可选择状态）变成实的（可选择状态），同时在计算机操作系统桌面上出现 Dev-C++ 开发工具的快捷方式图标，如图 1-11 所示。此时表明 Dev-C++ 开发工具已经安装到计算机中。

（9）在图 1-10 所示的对话框中有一个带对号的复选框，后面有 Run Dev-C++ 5.9.2 的文字。单击 Finish 按钮，弹出如图 1-12 所示的对话框，让用户为开发工具选择语言。在此对话框中默认选择的语言是 English。在 Select your language 列表框中选择"简体中文/

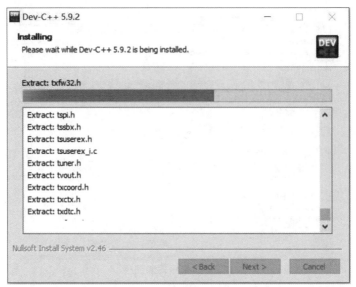

图 1-9　安装程序复制文件

图 1-10　安装完毕

图 1-11　Dev-C++ 桌面快捷方式图标

Chinese",如图 1-12 所示,然后单击 Next 按钮,弹出如图 1-13 所示的对话框。

(10) 在图 1-13 所示的对话框中,要选择 Dev-C++ 的主题,也就是为 Dev-C++ 选择字体、颜色和图标等内容,目的是设置 Dev-C++ 开发工具运行时的界面环境。对于初学者来说,最好保持其当前选项,不做任何修改,等熟练掌握这个开发工具后再根据自己的喜好进行设置。单击 Next 按钮,弹出如图 1-14 所示的对话框。

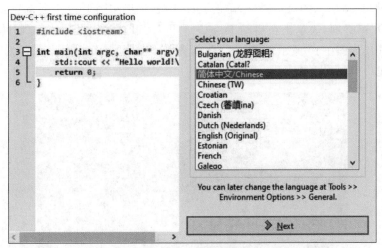

图 1-12 选择语言

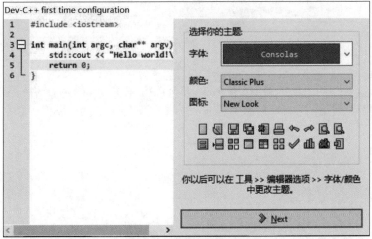

图 1-13 界面环境设置

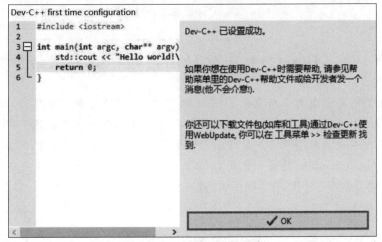

图 1-14 Dev-C++ 设置成功

　　(11) 在图 1-14 所示的对话框中,单击 OK 按钮,弹出如图 1-15 所示的"Dev-C++ 5.9.2 载入编译器设置"界面,表示正在启动 Dev-C++ 开发工具程序,将其装载到计算机内存中。装载完毕后弹出如图 1-16 所示的 Dev-C++ 开发工具的主界面。至此,Dev-C++ 已经成功安装到计算机中。

图 1-15　Dev-C++ 启动

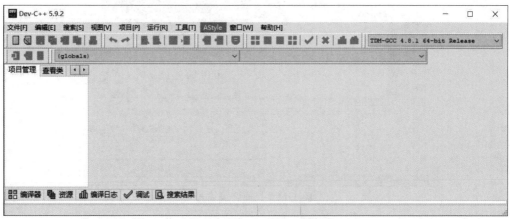

图 1-16　Dev-C++ 开发工具的主界面

Dev-C++ 开发 C 语言程序的方法与步骤

◆ 1.6　Dev-C++ 开发 C 语言程序的方法与步骤

　　注意:为了规范管理本书所有的 C 语言程序文件,应事先在计算机 D 盘上创建名为 C_Example 的文件夹,在 C_Example 文件夹下再为本书的每一章都创建一个文件夹,每一章文件夹的名字以该章的序号＋下画线＋表示章节概要内容的名词组成,例如,第 1 章文件夹的名字为 1_Introduction,将每一章的 C 语言程序文件放到相应的文件夹中。

　　【程序 1-1】　编写一个 C 语言程序,实现在计算机屏幕上显示"Hello, C Language"。程序代码如下:

```
/********************************************************************************
源程序文件名:D:\C_Example\1_Introduction\helloC.c
```

```
功能:在计算机屏幕上显示"Hello, C Language"
输入数据:无
输出数据:无
********************************************************************/
include<stdio.h>
void  main()
{
    printf("Hello, C Language.\n");
}
```

接下来详细介绍使用 Dev-C++ 开发这个 C 语言程序的步骤,目的是让初学者了解 Dev-C++ 的使用,至于 C 语言程序代码的具体知识会在第 2 章讲解。

第 1 步:启动 Dev-C++。

在 Windows 系列操作系统中,启动 Dev-C++ 的常用方法有以下 3 种:

(1) 如图 1-17 所示,在"开始"菜单中选择"程序(所有程序)"→Dev-C++ 。

(2) 双击图 1-17 中的"开始"菜单右侧位于 Windows 操作系统桌面上的 Dev-C++ 快捷方式图标 。

(3) 双击扩展名为.c 的 C 语言程序文件。

图 1-17 "开始"菜单中的 Dev-C++

如果已经编写过 C 语言程序,并且知道 C 语言程序的文件在计算机磁盘上存储的位置,可以采用上面的方法(3)。如果是第一次编写 C 语言程序,采用上面的方法(1)或者方法(2)启动 Dev-C++ 。如果进入 Dev-C++ 开发工具的主界面,则表明 Dev-C++ 开发工具正常启动。

第 2 步：使用 Dev-C++ 新建一个 C 语言程序。

如图 1-18 所示，在 Dev-C++ 集成开发环境中，打开"文件"菜单，选择"新建"→"源代码"命令，弹出如图 1-19 所示的 C 语言程序编辑窗口，在该窗口中，用键盘输入【程序 1-1】给出的代码。输入完成后如图 1-20 所示，到此就创建了一个 C 语言程序。

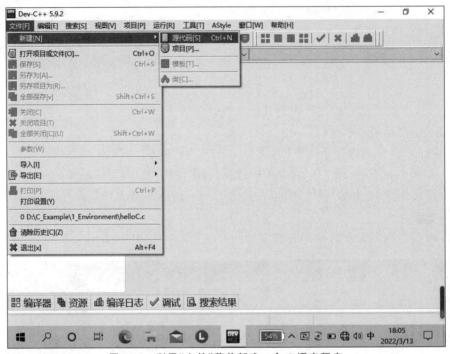

图 1-18　利用"文件"菜单新建一个 C 语言程序

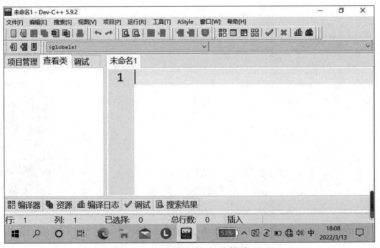

图 1-19　C 语言程序编辑窗口

需要注意以下两点：

（1）程序代码中除汉字外的所有字符，包括双引号、逗号、分号等，都必须在英文输入方式下输入。

图 1-20　C 语言程序编辑完毕

（2）在图 1-20 所示窗口的标题栏和 Dev-C++ 编辑器的标题栏都显示"未命名 1"，这表明输入的程序暂时取的名字是开发工具默认的名字，程序员还没有给输入的程序起一个名字。接下来需要做的是将输入的程序保存到计算机磁盘上的一个文件中。

第 3 步：将程序保存到文件中。

本步是将上一步新建的 C 语言程序保存到计算机 D 盘的 C_Example 文件夹下的 1_Introduction 文件夹中，且保存为 helloC.c 文件。在做接下来的工作前，要先在 D 盘上创建 C_Example 文件夹，并且在 C_Example 文件夹下创建 1_Introduction 文件夹。

（1）如图 1-21 所示，在 Dev-C++ 集成开发环境中打开"文件"菜单，选择"保存"命令，弹

图 1-21　保存 C 语言程序

出如图 1-22 所示的对话框。在该对话框中,单击左侧列表中的"此电脑"图标,弹出如图 1-23 所示的对话框。在该对话框中,按住鼠标左键将右侧的滑块向下拖曳,显示出该计算机的硬盘(C、D、E)图标,然后双击"新加卷(D:)"图标,弹出如图 1-24 所示的对话框。

图 1-22　单击"此电脑"图标

图 1-23　选择 D 盘

(2) 在图 1-24 所示的对话框中,按住鼠标左键将右侧的滑块向下拖曳,在"名称"列中找到计算机 D 盘上的 C_Example 文件夹,然后双击该文件夹的图标,弹出如图 1-25 所示的对话框。

(3) 在图 1-26 所示的对话框中,双击"名称"列中的 1_Introduction 文件夹图标,弹出如图 1-26 所示的对话框。

(4) 在图 1-26 所示的对话框中,首先在"文件名"右边的文本框中输入要保存的文件名

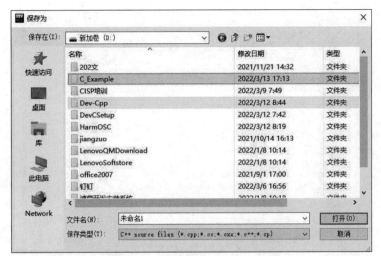

图 1-24 选择 C_Example 文件夹

图 1-25 进入 C_Example 文件夹

称"helloC",然后打开"保存类型"下拉列表框,在其中选择 C source file(∗.c),此时弹出如图 1-27 所示的对话框。

(5) 在图 1-27 所示的对话框中单击"保存"按钮,返回编辑窗口,如图 1-28 所示。

此时编辑区左上角显示 helloC.c,表示已经把刚才创建的 C 语言程序保存到 D:\C_Example\1_Introduction\helloC.c 文件中。

第 4 步:调试、编译、运行程序。

本步分为调试、编译和运行 3 个环节。

(1) 调试环节。调试是在编译、运行程序前必须进行的环节,对于程序员来说,编写的程序存在错误是正常现象;对于初学编写程序的新手,不出现错误更是不正常的,不要气馁,所有的程序员都是在发现程序错误和解决程序错误的过程中成长为编程高手的。程序员编写程序时造成的错误分为两类:一类是语法错误,就是在编写程序语句时不符合 C 语言的

图 1-26 选择保存类型并输入文件名

图 1-27 保存 helloC.c 文件

语法规则;另一类是功能错误,就是编写的程序没有实现设计的功能,不能满足业务处理的要求。调试环节的目的就是去除程序中存在的语法错误和功能错误。通过本环节内容的学习,能初步了解如何排除程序错误。

(2) 编译环节。编译是将经过调试已经不存在错误的 C 语言源程序翻译成计算机可执行程序(机器语言程序)的过程。对于本例来说,就是利用开发工具 Dev-C++ 的编译器将 C 语言源代码程序 helloC.c 翻译成机器语言程序 helloC.exe 的过程。

(3) 运行环节。经过上面两个环节后得到机器语言可执行程序,此时就可以运行该程序并获得结果。对于本例来说,就是运行 helloC.exe 程序,在屏幕上显示运行结果"Hello,

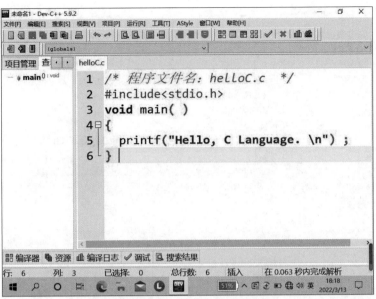

图 1-28　保存文件后的编辑窗口

C Language"。

　　下面是编译、调试、运行程序的详细步骤。

　　(1) 如图 1-29 所示,在 Dev-C++ 集成开发环境中,打开"运行"菜单,选择"编译运行"命令对程序进行编译。

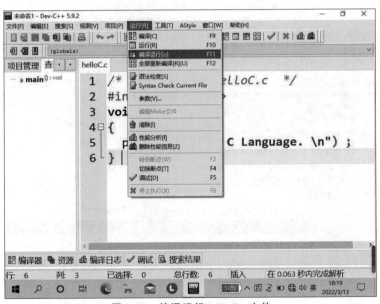

图 1-29　编译运行 helloC.c 文件

　　(2) 如果程序没有语法错误,会显示如图 1-30 所示的编译日志,在"编译结果…"下的输出的信息中会看到"错误:0"和"警告:0",这表明程序不存在语法错误,被成功地编译成机器语言程序 helloC.exe,接着会自动运行这个程序并弹出如图 1-31 所示的窗口,在此窗口中显示出程序运行的结果:"Hello,C Language",到此为止这个程序就算开发完毕了。

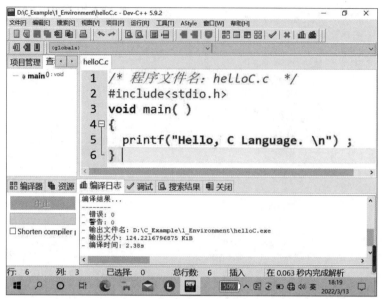

图 1-30　编译日志

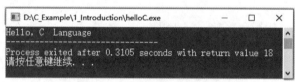

图 1-31　运行 helloC.exe 得到的结果

（3）如果程序存在语法错误,窗口下方的"编译器"和"编译日志"等选项卡中会显示错误信息,如图 1-32 所示。单击选项卡的名称可以切换到相应的选项卡。

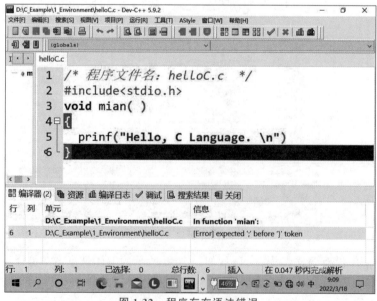

图 1-32　程序存在语法错误

图 1-32 所示的窗口下方显示的是"编译器"选项卡的信息,从中可以看出程序第 6 行第 1 列存在错误。需要说明的是,这里的第 6 行第 1 列只是程序存在错误的大概位置,错误真正的位置往往在上一行。仔细观察第 5 行,发现输入程序语句中的 printf 时少了一个字母 t,成了 prinf。修改这个错误,将 prinf 改为正确的 printf,然后再打开"运行"菜单,选择"编译运行"命令对程序进行编译,"编译器"选项卡中仍然显示有语法错误,如图 1-33 所示,错误提示信息为"[Error]expected ';' before '}' token",这个错误提示信息意味着在第 6 行第 1 列前面丢失了英文的分号。仔细观察,确实在程序第 5 行的末尾少了英文分号。改正这个错误,在程序第 5 行语句后面加上英文分号。再仔细看看,这个程序还存在错误码? 是的,程序第 3 行的 main 被错误地输入成了 mian,也将其改为正确的。

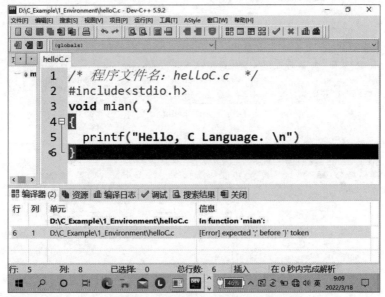

图 1-33 程序仍然存在语法错误

程序修改完毕后,打开"文件"菜单,选择"保存"命令将修改后的文件保存起来。在编辑和修改程序的过程中,一旦程序的内容发生了变化,应及时按此方法保存更改后的程序,这是一个好习惯,否则有可能会因为系统软硬件故障或者突然停电而造成修改的内容丢失。

接下来再打开"运行"菜单,选择"编译运行"命令,对修改后的程序重新进行编译和运行。如果程序没有语法错误了,就会得到图 1-31 所示的运行结果;如果程序还有语法错误,就要重复进行步骤(3)的纠错过程,直到程序中的所有语法错误都被找到和改正为止。

至于程序的功能错误,是指设计的程序实现不了预想的功能,一般发生在比较复杂的程序中,尤其是功能要求比较复杂的程序中,在后续的章节中会对此展开讨论。

第 5 步:关闭当前打开的文件。

如图 1-34 所示,在 Dev-C++ 集成开发环境中,打开"文件"菜单,选择"关闭"命令,此时 Dev-C++ 主界面变为如图 1-35 所示的情况,就说明已经关闭了当前打开的文件 helloC.c。如果在执行关闭操作时,当前打开的文件被修改过但还没有保存,则会弹出如图 1-24 所示的"保存为"对话框。在此情况下,可以根据前面介绍的方法将程序文件保存,也可以放弃保存。

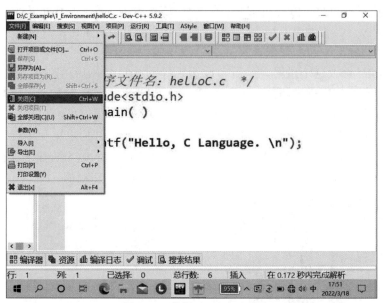

图 1-34　关闭 helloC.c 文件

图 1-35　关闭 helloC.c 文件后的主界面

第 6 步：重新打开并编辑已经创建并保存在磁盘上的文件。

在发生以下两种情况之一时需要执行本步操作：

- 当一个文件被关闭后又需要重新打开进行编辑修改时。
- 当退出 Dev-C++ 集成开发环境后，又重新进入 Dev-C++ 集成开发环境，并且需要对某个已经创建并保存在磁盘上的程序文件重新进行编辑修改时。

本步的具体操作如下：

（1）如图 1-36 所示，在 Dev-C++ 集成开发环境中，打开"文件"菜单，"打印设置"下面几项是最近编辑过的程序文件，单击要打开的文件，如 helloC.c，就会在编辑器中将其打开。

打开已经创建并保存在磁盘上的程序文件还有另一种方法。如图 1-37 所示，在 Dev-C++ 集成开发环境中，打开"文件"菜单，选择"打开项目或文件"命令，出现如图 1-38 所示的对话框。在此对话框中，先选中文件列表框中的 helloC.c 文件，然后单击"打开"按钮，或者直接

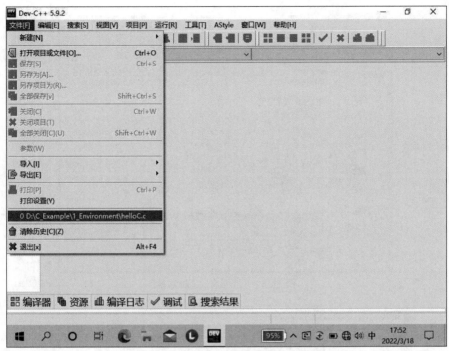

图 1-36 打开最近编辑过的程序文件

双击文件列表框中的 helloC.c 文件，都可以将其打开。打开 helloC.c 文件后的编辑器窗口如图 1-39 所示。

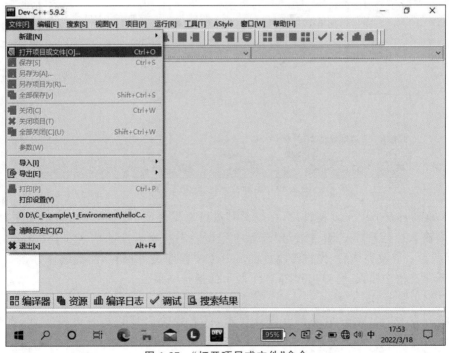

图 1-37 "打开项目或文件"命令

图 1-38 "打开文件"对话框

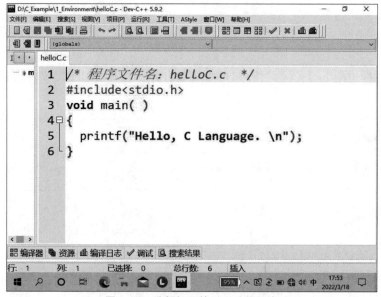

图 1-39 重新打开的 helloC.c 文件

(2) 重新打开 helloC.c 文件后,可以对其进行编辑修改,例如在 helloC.c 程序的 printf 语句下面输入一行新的 C 语言语句"printf("This is My First C Program");",如图 1-40 所示。修改完毕后,先将修改过的 helloC.c 程序文件保存,然后编译并运行它。如果程序不存在语法错误,会弹出如图 1-41 所示的运行结果。

第 7 步:退出 Dev-C++。

程序开发完毕且运行结果符合设计要求,或者要临时停止程序开发工作,都要退出 Dev-C++ 开发工具。退出 Dev-C++ 开发工具的常用方法有以下 3 种:

(1) 如图 1-42 所示,打开"文件"菜单,选择"退出"命令。

(2) 单击 Dev-C++ 开发工具主界面右上角的关闭图标。

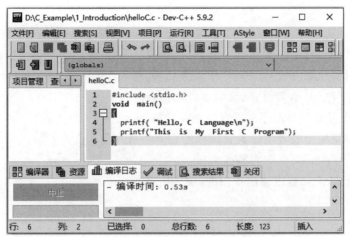

图 1-40 修改后的 helloC.c 文件

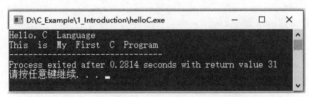

图 1-41 修改后的 helloC.c 文件的运行结果

（3）单击 Dev-C++ 开发工具主界面左上角的图标![icon]，然后在弹出的菜单中选择"关闭"命令或直接按快捷键 Alt+F4。

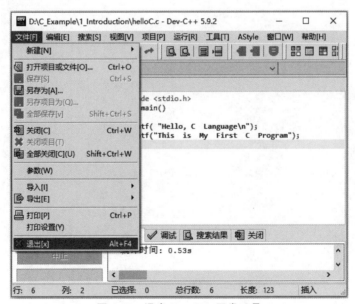

图 1-42 退出 Dev-C++ 开发工具

需要说明的是，如果程序修改后没有保存过，则退出 Dev-C++ 开发工具时会弹出如图 1-24 所示的"保存为"对话框，在此情况下，可以根据前面介绍的方法保存程序文件，或者放弃保存并直接退出 Dev-C++ 开发工具。

◆ 1.7　习　　题

1. 什么是计算机程序设计语言？什么是 C 语言？
2. 简要介绍什么是机器语言、汇编语言和高级语言。
3. 使用 C 语言编写的程序可以直接在计算机上运行吗？为什么？
4. C 语言程序的主要开发工具有哪些？它们各自有什么优点？
5. C 语言程序的开发步骤有哪些？
6. 编写一个 C 语言程序输出李白的《望庐山瀑布》。

第 2 章

C 语言的基础知识

本章主要内容:

(1) C 语言源程序的基本结构。

(2) C 语言的基本语法成分。

(3) 基本数据类型与表达式。

(4) 数据类型转换。

(5) 鸿蒙 OS C 语言程序案例 hello.c。

(6) 使用虚拟机镜像文件创建虚拟机。

(7) 使用网页编译鸿蒙 OS C 语言程序。

本章主要讲述 C 语言的基本语法知识,为 C 语言程序设计打好基础。对于已经学习过 C 语言的读者,可以略过本章前半部分的内容,而把重点放在有关鸿蒙 OS C 语言程序设计、鸿蒙 OS C 语言程序编译和运行环节,包括:如何使用虚拟机镜像文件创建虚拟机,如何使用网页编译鸿蒙 OS C 语言程序,如何使用串口调试软件查看程序的执行结果,等等。

◇ 2.1 初识 C 语言程序

初识 C 语言程序

C 语言是一种高级程序设计语言。为了使初学者对 C 语言及 C 语言程序有一个直观的了解,先来看一个计算任意矩形面积的程序。

【例 2-1】 用 C 语言设计一个程序,计算任意矩形的面积。

程序代码:

```
/******************************************************************
源程序保存路径和文件名:D:\C_Example\2_Basic\rectangleArea.c
功能:计算并输出任意矩形的面积
输入数据:矩形的长与宽
输出数据:矩形的面积
******************************************************************/
#include<stdio.h>                              //文件包含语句
double rectangleArea(double l,double w);       //计算矩形面积的自定义函数
int main()                                      //程序的主函数
{                                               //主函数体开始
    double length, width, area;                 //定义长度、宽度、面积变量
    //提示输入矩形的长度
    printf("Please input the Length of the Rectangle:\n");
```

```
    scanf("%lf",&length);                           //输入矩形的长度
    //提示输入矩形的宽度
    printf("Please input the Width of the Rectangle:\n");
    scanf("%lf",&width);                            //输入矩形的宽度
    area = rectangleArea(length,width);            //调用计算面积的函数
    printf("area=%.2f",area);                       //显示输出矩形的面积
    return 1;                                        //程序结束,返回操作系统
}                                                    //主函数体结束
double rectangleArea(double l,double w)             //定义计算矩形面积的函数
{
    double area;                                     //定义矩形面积变量
    area = l * w;                                    //计算矩形面积
    return area;                                     //返回矩形面积
}
```

利用第 1 章介绍的 Dev-C++ 工具,编辑并编译运行例 2-1 的 C 语言程序,结果如图 2-1 所示。注意,在利用 Dev-C++ 工具编辑程序时,上述程序中每一行双斜杠及其后面的中文是对程序语句的注释,在编辑程序时这些注释内容可以不输入。

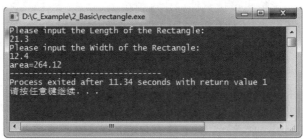

图 2-1　例 2-1 程序运行结果

程序说明:

(1) 本程序由主函数 main 和计算矩形面积的函数 rectangleArea 两个函数构成。

C 语言程序执行的入口点是 main 函数。操作系统启动可执行程序时,便装载程序到内存,在执行程序的初始化后,会跳转到用户编写的 main 函数开始执行程序,最后在 main 函数结束并返回。标准 C 语言要求 main 函数的返回值类型为 int,并在函数结尾处用语句"return 1;"向操作系统返回 1。

注意:一个 C 语言程序必须有且只有一个 main 函数。

(2) 程序的前 6 行是注释语句。C 语言中的注释有两种。

① 多行注释。位于 /* 和 */ 之间的内容被称为多行注释。多行注释可出现在程序的任何位置,如本例程序的第 1~6 行,对程序进行详细说明。注释内容本身并不是程序代码,可以不遵循 C 语言的语法。

② 单行注释。程序中从 // 开始到本行结束的内容构成单行注释,用于程序中内容不超过一行的注释,如本例程序中从第 7 行开始的语句都使用了单行注释对语句进行注释。

注意:编译器对程序中的注释不做任何处理,注释对目标代码没有任何影响。在计算机上做实验时,为节省时间,注释内容可以不输入。

(3) 程序中的第 7 行"#include <stdio.h>"是编译预处理命令,在编译器进行预处理阶段会将头文件 stdio.h 中的代码嵌入当前编译预处理命令的位置。stdio.h 是 C 语言开发

系统预先定义的包含标准输入输出函数的头文件,在该文件中声明了程序中所需的输入函数(scanf)、输出函数(printf)等有关函数。

注意:编译预处理命令后面不能加英文分号。

(4) 程序中的第 8 行语句"double rectangleArea(double l,double w);"用于声明自定义的计算矩形面积的函数。在本程序中,第 20~25 行也就是主函数 main 的后面定义了计算矩形面积的函数 double rectangleArea(double l,double w)的内容,根据 C 语言语法要求,就必须在主函数 main 中先声明这个函数,程序第 8 行语句就起到声明作用。

注意:C 语言允许程序员自己定义函数。函数包括函数首部和函数体两部分。

(5) 程序的第 9~21 行是 main 函数的定义。

程序第 9 行"int main()"是函数首部。定义函数首部的语句末尾不要加英文分号。

程序第 10~21 行是 main 函数的函数体,由第 9 行的"{"和第 21 行的"}"括起来。

注意:函数体由一对花括号括起来。

语句"double length,width,area;"用于定义存放矩形的长度、宽度、面积的 3 个局部实数型变量 length、width 和 area。

语句"printf("Please input the Length of the Rectangle:\n");"用于提示输入矩形的长度。语句"scanf("%lf",&length);"用于输入矩形的长度。

语句"printf("Please input the Width of the Rectangle:\n");"用于提示输入矩形的宽度。语句"scanf("%lf",&width);"用于输入矩形的宽度。

语句"area = rectangleArea(length,width);"用于调用自定义的计算矩形面积的 rectangleArea 函数,调用时将矩形长度和宽度的值分别用 length、width 变量传递给这个函数,函数执行时会计算矩形面积并将计算得到的面积赋予预先定义的变量 area。

语句"printf("area=%.2f",area);"用于在计算机屏幕上输出矩形的面积。

语句"return 1;"表示程序执行完毕,将控制权交还操作系统。

(6) 程序的第 22~27 行是 rectangleArea 函数的定义。该函数实现矩形面积的计算功能。

程序第 22 行"double rectangleArea(double l,double w)"是 rectangleArea 函数的函数首部,本行语句后面不需要加英文分号。

程序第 23~27 行是 rectangleArea 函数的函数体,由第 23 行的"{"和第 27 行的"}"括起来。其中,语句"double area;"用于定义存放矩形面积的局部实数型变量 area。

注意:在本例程序中定义了两个实数类型(double)的变量 area,用于存放矩形的面积。要注意这是两个变量,尽管它们的名字相同,用途也相同,但是在计算机内存中占据的存储空间不同,作用的范围也不同。一个在 main 函数范围内有效;另一个在 rectangleArea 函数范围内有效,所以被称为局部变量。关于局部变量的知识,后面会有详细的讲解。

语句"area = l * w;"用于计算矩形面积,并将计算结果赋予变量 area,也就是将面积的数值放到 area 这个局部变量占据的计算机内存空间中。其中变量 l 和 w 的值是在主函数 main 中的语句"area = rectangleArea(length,width);"执行时由 length 和 width 传递过来的,length 的值传递给 l,width 的值传递给 w。

语句"return area;"用于将计算得来的,存放在 rectangleArea 函数中的 area 变量中的矩形面积的数值传递给 main 函数中定义的 area 变量。

（7）C 语言是一种面向过程的计算机程序设计语言。所谓面向过程就是指一步步地完成某项任务。以上面计算并输出任意矩形面积的程序为例,要完成这项任务,其过程可以细分为以下 4 步:

① 输入矩形的长度 length。

② 输入矩形的宽度 width。

③ 计算矩形的面积 area。

④ 输出矩形的面积 area。

本例程序就是按照上述 4 个步骤用 C 语言实现的,因此 C 语言是一门面向过程的计算机程序设计语言。面向过程是完成某项任务的一种方法,它考虑的是在完成某项任务时从实际出发,一步一步实现,每一步可以由 C 语言程序的一行语句完成。

（8）C 语言是一种结构化程序设计语言。

所谓结构化主要有两个含义:

第一,C 语言程序在结构上由函数组成。

当要解决的问题比较复杂时,与之对应的解决问题的程序也会变得非常复杂。C 语言的解决办法是:采用自上而下、逐步分解的方法,将复杂的程序分解成若干相互独立的程序模块(module),使每个程序模块的任务明确、处理简单,由具体的函数实现。C 语言函数在结构上可以是一条 C 语言语句,也可以是由若干条 C 语言语句构成的一段程序,还可以在函数中调用其他 C 语言函数。这种程序设计思路是典型的结构化程序设计,C 语言就是一种典型的支持结构化程序设计的语言。

上述计算矩形面积的 C 语言程序从结构上看由 main 和 rectangleArea 两个函数构成。其中,main 函数除了 C 语言语句外,还调用了 scanf、printf、rectangleArea 这 3 个函数,而 scanf 和 printf 是 C 语言系统预先设计好可以直接使用的函数,也叫标准函数。需要说明的是,这样的标准函数有几百个,本程序只用了两个。rectangleArea(length,width)函数是由程序员自己定义的用来计算矩形面积的函数,这样的函数是由程序员根据具体程序设计的需要自己编制的。对于 C 语言函数的具体内容,第 5 章会对其进行详细讲解。此处只是为了帮助初学者理解结构化的含义,只需要了解 C 语言程序是一种结构上由函数组成的程序即可。

第二,C 语言函数在结构上由 C 语言语句构成。以上述 C 语言程序的函数 rectangleArea(double l,double w)为例,该函数通过一对花括号将 3 行 C 语言语句括起来,所以 C 语言的函数结构上由一对花括号括起来的一行或者若干行 C 语言语句构成。

注意:C 语言是一门面向过程的结构化计算机程序设计语言,C 语言程序结构上由函数组成。

（9）一个 C 语言程序的组成要素包括以下几部分。

① 编译预处理语句。C 语言程序在构成上离不开编译预处理语句。常用的 3 类编译预处理语句包括文件包含语句、宏定义语句和条件编译语句。本例中第一行就是一条文件包含语句。

② 函数。C 语言源程序可由若干文件组成,每个文件又可包含多个函数。其中,每个 C 语言程序都有且只有一个主函数 main,它是程序执行的起点。

③ 语句。语句是组成程序的基本单元。本例中包括变量声明语句和其他语句。

④ 输入和输出语句。程序中通过 scanf 函数语句实现数据的输入,通过 printf 函数语句实现数据的输出。

⑤ 注释。程序中应适当使用多行注释(以/ * 开头,以 * /结束)和单行注释(以//开头),以提高程序的可读性。本书各章的程序均加了大量的注释,目的是帮助初学者理解程序。在上机编写这些程序进行练习时,不必输入这些注释。

◆ 2.2　C 语言的基本语法成分

语法是从语言中抽象和概括出来用于语义表达的语言规则,它的作用是明确语言中词汇和句子的组成规则和格式。世界上任何民族的语言都有自己的语法,只有遵从语法规则造出来的句子才是合格的句子,才能正确表达语义,才能进行语言交流,才能写出合格的文章。

C 语言和人类的任何语言一样,也有自己的语法,编写 C 语言程序就像用某种人类语言写一篇文章,需要用到 C 语言的各种符号、词汇、语句,并且要严格遵循 C 语言的语法规则,否则编译器在编译时就会提示语法错误。从语法角度讲,C 语言源程序就是一个字符序列,所有 C 语言的所有字符构成了 C 语言的字符集,而由该字符集中的字符构成的一系列词汇是构成 C 语言语句的基本单位。由字符、词汇构成 C 语言语句,由 C 语言语句可以组合出 C 语言函数,最终构成一个完整的程序。当然符合 C 语言语法规则的程序并不一定就是符合要求的程序,因为一个合格的 C 语言程序既要符合 C 语言的语法规则要求,又必须满足程序的功能要求。程序的正确与否取决于两方面,即程序语法正确和程序功能正确,这是在程序调试(查找错误)时要解决的问题,也就是找出程序中存在的语法错误和功能错误,这是一个需要耐心和经验的过程,也是一个程序员从“小白”到高手的过程,每一个程序员都是在编程中不断地发现和改正程序错误,在千锤百炼中成长起来的。

各种计算机程序设计语言的语法大同小异。下面简要介绍 C 语言的基本语法成分。

2.2.1　C 语言的字符集

所有的语言系统都是由字符集和规则集组成的。C 语言的字符集包括以下内容:

(1) 26 个小写字母:a b c d e f g h i j k l m n o p q r s t u v w x y z。

(2) 26 个大写字母:A B C D E F G H I J K L M N O P Q R S T U V W X Y Z。

(3) 10 个数字:0 1 2 3 4 5 6 7 8 9。

(4) 其他符号:空格 ! " # % & ' ( ) * + - / : ; < = > ? [\ ] ^ _ { | } ~ .。

2.2.2　C 语言的语法要素

1. 数据类型

数据是程序运算和处理的对象,是实际求解问题中有关信息的表示载体。在人类的语言中,人们为了能充分、有效地表达各种各样的数据,一般将数据抽象为若干类型。数据类型是具有共同特点的数据集合的总称,我们熟知的整数、实数就是数据类型的例子。

如同数学中的数据有不同类型一样,计算机程序设计语言中的数据也可以按其性质分

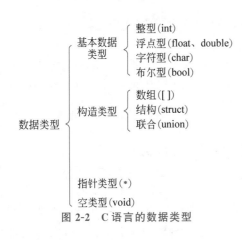

图 2-2　C 语言的数据类型

为多个类型等,如图 2-2 所示。

数据类型是对表示形式、存储格式以及操作规范相同的数据的抽象。程序中使用的所有数据都必定属于某一种数据类型,因此,在进行程序设计时首先要学会选用合适的数据类型描述相关信息。

基本数据类型是 C 语言预定义的数据类型,使用相应的关键字表示,例如,整型用 int 表示,单精度浮点型用 float 表示,双精度浮点型用 double 表示,字符型用 char 表示。构造类型是按照 C 语言的语法在基本数据类型的基础上组合而成的。

指针类型用于存储变量的地址值。空类型表示什么也没有,是一个空对象,常用于表示函数无返回值。

程序中的所有数据在计算机内部都采用二进制形式存储,其中一个二进制位称为一比特(bit);8 个二进制位构成一字节(byte),作为一个基本的存储单位。不同的数据类型具有不同的存储格式和字节数,所以它们表示数值的范围和精度也不同。

C 语言的基本数据类型如表 2-1 所示。

表 2-1　C 语言的基本数据类型

类 型 标 识	说　　　明	字节数/B	取 值 范 围
char	字符型	1	−128～127
signed char	有符号字符型	1	−128～127
unsigned char	无符号字符型	1	0～255
short [int]	短整型	2	−32 768～32 767
signed short [int]	有符号短整型	2	−32 768～32 767
unsigned short [int]	无符号短整型	2	0～65 535
int	整型	4	−2 147 483 648～2 147 483 647
signed [int]	有符号整型	4	−2 147 483 648～2 147 483 647
unsigned [int]	无符号整型	4	0～4 294 967 295
long [int]	长整型	4	−2 147 483 648～2 147 483 647
signed long [int]	有符号长整型	4	−2 147 483 648～2 147 483 647
unsigned long [int]	无符号长整型	4	0～4 294 967 295
float	单精度浮点型	4	−3.4e+38～3.4e+38,约 7 位有效数字
double	双精度浮点型	8	−1.7e+308～1.7e+308,15 位或 16 位有效数字
long double	长双精度浮点型	16	−1.7e+308～1.7e+308
bool	布尔型	1	true(真)、false(假)

基本数据类型还可以通过以下数据类型修饰符进行细分。

（1）short。例如，short int 表示短整数，一般分配 2 字节的存储空间，可简写为 short。

（2）long。例如，long int 表示长整型，一般分配 4 字节的存储空间，可简写为 long；long double 表示高精度浮点型，一般分配 16 字节的存储空间。

（3）signed。用来修饰 char、int、short 和 long，说明它们是有符号整数（正整数、0 和负整数）。一般默认为有符号数。

（4）unsigned。用来修饰 char、int、short 和 long，说明它们是无符号的整数（正整数和 0）

【例 2-2】　用 C 语言设计一个程序，展示表 2-1 中 C 语言各种数据类型占用的字节数。

程序代码：

```
/**********************************************************************
源程序保存路径和文件名:D:\C_Example\2_Basic\dataTypeBytes.c
功能:展示表 2-1 中 C 语言各种数据类型占用的字节数
输入数据:无
输出数据:如图 2-3 所示,C 语言各种数据类型占用的字节数
**********************************************************************/
#include<stdio.h>                    //文件包含语句,将输入输出函数包含进来
int main()                           //程序的主函数
{                                    //主函数体开始
    printf("bytes of char type is %d\n ", sizeof(char));
    printf("bytes of signed char type is %d\n ", sizeof(signed char));
    printf("bytes of unsigned char type is %d\n ", sizeof(unsigned char));
    printf("bytes of short type is %d\n ", sizeof(short));
    printf("bytes of signed short type is %d\n ", sizeof(signed short));
    printf("bytes of unsigned short type is %d\n ", sizeof(unsigned short));
    printf("bytes of int type is %d\n ", sizeof(int));
    printf("bytes of signed int type is %d\n ", sizeof(signed int));
    printf("bytes of unsigned int type is %d\n ", sizeof(unsigned int));
    printf("bytes of long int type is %d\n ", sizeof(long int));
    printf("bytes of signed long int type is %d\n ", sizeof(signed long int));
    printf("bytes of unsigned long int type is %d\n ", sizeof(unsigned long int));
    printf("bytes of float type is %d\n ", sizeof(float));
    printf("bytes of double type is %d\n ", sizeof(double));
    printf("bytes of long double type is %d\n ", sizeof(long double));
    return 1;
}
```

用第 1 章所学的 Dev-C++ 工具编辑程序代码，并编译和运行程序，结果如图 2-3 所示。

需要说明的是，程序中的 sizeof 函数用于计算并返回数据类型或者变量占用内存字节数，如 sizeof(int) 函数计算并返回整型（int）占用内存的字节数 4。应对照图 2-3 和表 2-1 掌握 C 语言预定义数据类型占用的内存字节数。

2. 关键字

关键字（keyword）也称保留字，是 C 语言预定义的具有特定含义和用途的词汇。例如，用于定义数据类型的关键字有 int（整型）、float（实型）、char（字符型）等，用于表示流程控制

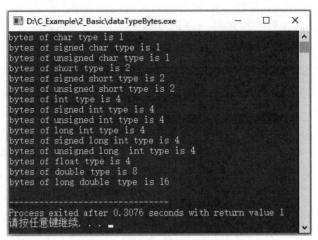

图 2-3　例 2-2 程序运行结果

的关键字有 if…else、for、while 等。C 语言不允许对关键字重新进行定义。C 语言关键字参见附录 A。

3. 标识符

标识符(identifier)是由程序员在程序中定义的符号,就像人的名字标识一个人一样,在程序中由程序员自定义的变量名、函数名、宏和类型名等都是标识符,它们分别用来标识不同的变量、函数、宏和类型,例如例 2-1 程序中定义的 length、width、area 和 rectangleArea 都是标识符。标识符的命名遵循以下规则:

(1) 标识符由字母、数字和下画线组成,且只能以字母和下画线开头。例如,x、y1、student、_box、get_min 等都是合法的标识符,而 1a、* man、else、a％b 等都是不合法的标识符。

(2) 标识符中的英文字母有大写和小写的区分。例如,name 和 Name 就是两个不同的标识符。

(3) 用户自定义的标识符不能与关键字重名。例如,int、main、float 等是 C 语言的保留字,就不能再被定义为标识符。

标识符的命名应遵循见名知义的原则。例如,标识面积的变量命名为 area,标识长度的变量命名为 length,标识学生的变量命名为 student。

4. 分隔符和其他符号

分隔符(separator)包括空格、回车、换行、逗号(,)、分号(;)、#号等。用于在程序中分隔不同的语法单位,便于编译系统识别和处理。

其他符号中最常用的有以下几个:花括号通常用于标识一个函数体或者一个语句块,/ * 和 * /是用于表示程序注释的定界符,圆括号用于定义函数以及用于数学表达式等。

5. 常量

常量(constant)是指在程序执行过程中其值始终不变的量。常量表示的是一个确定的值,按照数据类型可分为整型常量、浮点型常量、字符常量和字符串常量。

1) 整型常量

整型常量即整数,默认为十进制整数,也可以表示为八进制、十六进制常量。例如:

- 十进制整型常量 0、17、−22、235。
- 八进制整型常量(以字母 O 开始)O12、−O27、O10。
- 十六进制整型常量(以 0x 或者 0X 开始)0x13、−0x1E、−0x0F。

在常量后可加上 l(或 L)、u(或 U)修饰符,表示长整型、无符号的常量。例如:

- 长整型常量 112l、123L、123456l、123456L。
- 无符号常量 133u、133U。

2) 浮点型常量

浮点型即实型,也就是实数类型,由整数和小数两部分组成。在 C 语言程序中,浮点型常量包括单精度(float)、双精度(double)、长双精度(long double)3 种。

浮点型常量的表示有两种:小数表示和指数表示法。

(1) 小数表示法由整数和小数两部分组成,中间用小数点分隔开,例如 127.3、368.8、.66、123.。

(2) 指数表示法又称科学记数法,由尾数和指数两部分组成,中间用 E 或 e 隔开。尾数和指数两部分都不能省略,且指数部分必须是整数。例如 1e−2、5.3e3、.8E−3。

说明:浮点型常量默认为 double 型,加后缀 f 或 F 则表示单精度浮点型,加后缀 l 或 L 则表示长双精度浮点型。例如:

- 单精度浮点型常量 127.2f、367.6F、1e−2f、3.4e3F。
- 长双精度浮点型常量 127.2l、367.6L、1e−2l、3.5e3L。

3) 字符常量

字符采用 ASCII 编码,在内存存储的是相应字符的 ASCII 码值。C 语言中的字符有普通字符和转义字符两种。

(1) 普通字符是用一对单引号括起来的单个字符,例如'a'、'B'、'2'、'％'、'♯'。

大写字母'A'的 ASCII 码值是 65,'B'的 ASCII 码值是 66,'C'的 ASCII 码值是 67,其余大写字母以此类推;小写字母'a'的 ASCII 码值是 97,'b'的 ASCII 码值是 98,'c'的 ASCII 码值是 99,其余小写字母以此类推。可以看出,小写字母'a'的 ASCII 码值比大写字母'A'的 ASCII 码值大 32。

注意:单引号内只能有一个字符。

(2) 转义字符顾名思义就是将字符原来的含义转变成新的含义,这里是指将普通字符通过转义转变成控制字符或者特殊字符,起到控制作用或者具有特殊含义。转义字符用\开头的字符表示,例如'\n'、'\t'、'\0'、'\101'(用 ASCII 码值表示的字符'A')。

C 语言的常用转义字符如表 2-2 所示。

表 2-2　C 语言的常用转义字符

名　　称	字　符　形　式	值
空字符(null)	\0	0X00
换行(newline)	\n	0X0A
换页(formfeed)	\f	0X0C
回车(carriage return)	\r	0X0D

续表

名　称	字 符 形 式	值
退格（backspace）	\b	0X08
响铃（bell）	\a	0X07
水平制表符（horizontal tab）	\t	0X09
垂直制表符（vertical tab）	\v	0X0B
反斜杠（backslash）	\\	0X5C
问号（question mark）	\?	0X3F
单引号（single quote）	\'	0X27
双引号（double quote）	\"	0X22
1～3 位八进制整数代表的字符	\ddd	\101 表示'A'
1～3 位十六进制整数代表的字符	\xhh	\x41 表示'A'

注意：常量'6'和 6 不同。前者为字符常量，存储其 ASCII 码值 54；后者是整数常量，存储其等值的二进制值。

4）字符串常量

字符串常量是用双引号括起来的由 0 个或多个字符组成的字符序列，内存中按顺序存放相应字符的 ASCII 码值，并在最后添加字符串结束标记'\0'，例如"Hello C Language! \n"、""（空字符串）等。

注意："h"和'h'不同。前者占用两字节的内存空间（存储'h'和'\0'），后者只占用一字节（存储'h'），并且字符'h'可以 ASCII 码值参与数值运算，而字符串"h"则不能。

【例 2-3】 用 C 语言设计一个程序，展示表 2-2 中 C 语言常用转义字符的功能。

程序代码：

```
/*****************************************************************************
源程序保存路径和文件名:D:\C_Example\2_Basic\escapeCharacter.c
功能:展示表 2-2 中 C 语言常用转义字符的功能
输入数据:无
输出数据:C 语言常用转义字符的功能
*****************************************************************************/

#include<stdio.h>                    //文件包含语句,将输入输出函数包含进来
int main()                           //程序的主函数
{                                    //主函数体开始
    printf("Display the result of escape character in use\n");
    printf("ABCDEFGHIJKLMN\n");      //转义字符\n 起换行的作用
    printf("ABC\rDEFGHIJKLMN\n");    //转义字符\r 起重新回到行开头的作用
    printf("ABC\b\bDEFGHIJKLMN\n");  //转义字符\b 起回退一个字符的作用
    printf("\a\a\a\a\a\a\a\a\n");    //转义字符\a 起响铃的作用
    printf("123\tAAA\tbbb\n");       //转义字符\t 为水平方向制表符,包含\t 的每一列
                                     //占 8 个字符
```

```
    printf("\\\n");                        //转义字符\\显示反斜杠(\)
    printf("\'\n");                        //转义字符\\显示单引号(')
    printf("\"\n");                        //转义字符\\显示双引号(")
    printf("\? \n");                       //转义字符\\显示问号(?)
    printf("\101\n");                      //转义字符\101显示字符 A
    printf("\x42\n");                      //转义字符\x42显示字符 B
    return 1;
}
```

用第 1 章所学的 Dev-C++ 工具编辑程序代码,并编译和运行程序,结果如图 2-4 所示。程序员要理解和掌握 C 语言各种转义字符的功能。

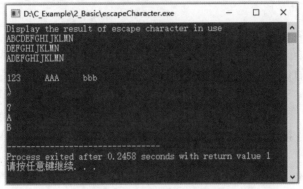

图 2-4　例 2-3 程序运行结果

6. 运算符

1) 算术运算符

算术运算符包括＋(加)、－(减)、＊(乘)、/(除)、％(求余)。

其中,/运算是进行除法运算,结果为商;％运算是对两个整数相除,结果取余数。例如,5/3 的结果为 1,5％3 的结果为 2。

优先级:＊、/、％具有相同优先级,＋和－具有相同优先级。前三个运算符优先级高于后两个运算符。

结合性:左结合性。即,当同一优先级的运算符进行混合运算时,按从左向右的顺序运算。

2) 赋值运算符

赋值运算符是＝。赋值运算符是对变量进行赋值的操作,不是数学中的等号。

优先级:赋值运算符优先级只高于逗号运算符,而低于其他任何运算符。

结合性:右结合性。即,当同一优先级的运算符进行混合运算时,按从右向左的顺序运算。

3) 复合赋值运算符

复合赋值运算符包括＋＝、－＝、＊＝、/＝、％＝、＜＜＝、＞＞＝、&＝、^＝和|＝。

复合赋值运算符是在赋值运算符之前加上其他二目运算符构成的。

4) 自增、自减运算符

自增、自减运算符包括＋＋(自增)和－－(自减)两个运算符。

＋＋运算符实现操作对象增 1，－－运算符实现操作对象减 1。

这两个运算符都是单目运算符，操作对象只能是变量，不能是常量或表达式。

优先级：＋＋、－－优先级相同，高于算术运算符。

结合性：右结合性。

5）关系运算符

关系运算符包括＜、＜＝、＞、＞＝、＝＝（等于）、！＝（不等于）。

关系运算符用于在程序中比较两个数据的大小，以决定程序的下一步工作。

优先级：关系运算符的优先级低于算术运算符，高于赋值运算符。在 6 个关系运算符中，＜、＜＝、＞和＞＝ 的优先级相同，高于＝＝和！＝，后两个运算符的优先级相同。

结合性：左结合性。

6）逻辑运算符

逻辑运算符包括 &&（与运算符）、||（或运算符）、!（非运算符）。

&& 和||均为双目运算符，具有左结合性。非运算符!为单目运算符，具有右结合性。在逻辑运算符中，!的优先级高于算术运算符，&& 和||的优先级低于关系运算符。

7）逗号运算符

C 语言中的“，”也是运算符，又称为顺序求值运算符，用于将两个表达式连接起来。逗号运算符可以用于连接多个表达式，形成扩展的逗号表达式。逗号运算符是所有运算符中级别最低的。

7. 函数

函数是 C 语言程序中完成特定任务的功能模块。函数通常接收 0 个或者多个数据（称为函数的参数），并返回 0 个或者 1 个结果（称为函数的返回值）。一个程序中可以包含多个函数。函数可以是系统提供的预先定义好的库函数，如在例 2-1 中的用于数据输入的 scanf 函数和用于数据输出的 printf 函数；也可以由用户自己定义，如在例 2-1 中自定义的用于矩形面积计算的 rectangleArea 函数。

【例 2-4】 用 C 语言设计一个程序，使用 scanf 函数和 printf 函数展示 int、float、double、char 类型的数据的输入和输出。

程序代码：

```
/***********************************************************************
源程序保存路径和文件名:D:\C_Example\2_Basic\inputOutput.c
功能:展示 int、float、double、char 类型的数据的输入和输出
输入数据:根据提示输入
输出数据:根据数据类型规定的格式输出
***********************************************************************/
#include<stdio.h>                              //文件包含语句
int main()                                     //程序的主函数
{                                              //主函数体开始
    int i, j;                                  //定义整型变量 i 和 j
    float f1, f2;                              //定义单精度浮点型变量 f1 和 f2
    double d1, d2;                             //定义双精度浮点型变量 d1 和 d2
    char c1, c2;                               //定义字符型变量 c1 和 c2
    printf("please input int data i and j;\n");  //提示输入整型变量 i 和 j 的值
    scanf("%d%d", &i, &j);                     //输入整型变量 i 和 j 的值,用空格分开,如 10 20
```

```
printf("Decimal output: i=%d, j=%d\n", i,j); //以十进制输出 i 和 j 的值
printf("Octal output: i=%o, j=%o\n", i,j);   //以八进制输出 i 和 j 的值
printf("Hexadecimal output: i=%x, j=%x\n", i,j);
                                  //以十六进制输出 i 和 j 的值
printf("please input float data f1 and f2;\n");
                          //提示输入单精度浮点型变量 i 和 j 的值
scanf("%f%f",&f1,&f2);
                //输入单精度浮点型变量 f1 和 f2 的值,用空格分开,如 12.2  24.4
printf("Decimal output: f1=%f, f2=%f\n", f1,f2);
                              //以十进制输出 f1 和 f2 的值
printf("Decimal output: f1=%.2f, f2=%.2f\n", f1,f2);    //输出 f1 和 f2 的值
printf("Decimal output: f1=%5.2f, f2=%5.2f\n", f1,f2);  //输出 f1 和 f2 的值
printf("please input double data d1 and d2;\n");
                              //提示输入整型变量 i 和 j 的值
scanf("%lf%lf",&d1,&d2);
                  //输入双精度浮点型变量 d1 和 d2 的值,如 23.12 34.56
printf("Decimal output: d1=%f, d2=%f\n", d1,d2);    //输出 d1 和 d2 的值
printf("Decimal output: d1=%.2f, d2=%.2f\n", d1,d2);    //输出 d1 和 d2 的值
printf("Decimal output: d1=%5.2f, d2=%5.2f\n", d1,d2);  //输出 d1 和 d2 的值
printf("please input mathematics expression \n");      //提示输入数学表达式
scanf("%d%c%d",&i,&c1,&j);                  //输入数学表达式,如 5+6
printf("mathematics expression output:%d%c%d\n", i,c1,j);  //输出数学表达式
}
```

用第 1 章所学的 Dev-C++ 工具编辑程序代码,并编译和运行程序,结果如图 2-5 所示。

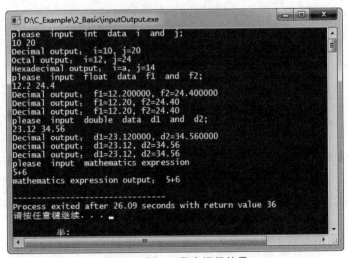

图 2-5   例 2-4 程序运行结果

C 语言没有输入和输出语句,它通过调用系统预定义的系统函数库中的格式化输入函数 scanf 实现数据的输入,调用格式化输出函数 printf 实现数据的输出。这两个函数在系统文件 stdio.h 中声明,要使用这两个函数,就必须在源程序开始时使用编译预处理命令 #include <stdio.h> 将其包含进来。使用任何其他预定义的库函数,也都必须使用编译预处理命令 #include 将其所在的系统文件包含到程序中。例如,在 C 语言程序设计中经常用到求平方根的 sqrt 函数和求绝对值的 fabs 函数,要在程序中使用这些数学函数,必须使用

编译预处理命令＃include ＜math.h＞将它们包含进来。

C 语言预先定义的函数有上百个，其中 scanf 函数、printf 函数和一些数学函数是 C 语言程序设计中经常用到的函数，下面分别对其进行详细介绍。

1）格式化输出函数 printf

printf 函数的一般调用格式为

```
printf(格式控制字符串, 输出参数 1, 输出参数 2,…, 输出参数 n);
```

格式控制字符串用双引号括起来，表示数据输出的格式；输出参数代表要输出的数据，这些数据可以是常量，也可以是变量或者表达式。

格式控制字符串包含两种信息，即格式控制说明和普通字符。

（1）格式控制说明用于指定输出数据的格式，它包含以％开头的格式控制字符。不同类型的数据采用不同的格式控制字符。printf 函数常用的数据输出格式控制说明如表 2-3 所示。

表 2-3　printf 函数常用的数据输出格式控制说明

数 据 类 型	说　　明	格式控制字符
int	十进制形式输出	％d
	八进制形式输出	％o
	十六进制形式输出	％x
float	十进制形式输出	％f
double	十进制形式输出	％f
char	字符形式输出	％c

（2）普通字符是在输出数据时需要原样输出的数据。例如：

```
printf("Decimal output: i=%d, j=%d\n", i,j);
```

该 C 语言语句的格式控制字符串中包括格式控制说明（两个％d）和普通字符"Decimal output：i＝"和"j＝"。输出时，第一个％d 称为输出数据 i（最靠近右括号的 i）的占位符，它输出 i 的数据；第二个％d 称为输出数据 j（最靠近右括号的 j）的占位符，它输出 j 的数据；普通字符"Decimal output：i＝"和"j＝"会原样输出。

printf 函数的输出参数必须和格式控制字符串中的格式控制说明相对应，并且它们的类型、个数和位置都要一一对应。例如，"printf("Decimal output：i＝％d, j＝％d\n", i,j);"语句中最右侧的 i 和 j 是输出参数，它们都是整型变量，输出时用％d，且 i 和第一个％d 对应，j 和第二个％d 对应。

2）格式化输入函数 scanf

scanf 函数的一般调用格式为

```
scanf (格式控制字符串, 输入参数 1, 输入参数 2,…, 输入参数 n);
```

格式控制字符串用双引号括起来,表示数据输入的格式;输入参数代表变量的地址(变量名前要加 &),例如,变量为 length,则输入参数为 &length。

格式控制字符串包含两种信息,即格式控制说明和普通字符。

(1) 格式控制说明用于指定输入数据的格式,它包含以%开头的格式控制字符。不同类型的数据采用不同的格式控制字符。scanf 函数常用的数据输入格式控制说明如表 2-4 所示。

表 2-4　scanf 函数常用的数据输入格式控制说明

数 据 类 型	说　　　明	格式控制字符
int	十进制形式输入	%d
	八进制形式输入	%o
	十六进制形式输入	%x
float	十进制形式输入	%f
double	十进制形式输入	%f
char	字符形式输入	%c

(2) 普通字符是在输入数据时需要原样输入的数据。例如:

```
scanf("x=%f ",&x);
```

该 C 语言语句的格式控制字符串中包括格式控制说明(%f)和普通字符"x="。输入时,%f 称为输出数据 x(最靠近右括号的 &x)的占位符,它将输入的数据存放到变量 x 的地址空间中;%f 称为输入数据 x(最靠近右括号的 x)的占位符,它输入 x 的数据;普通字符"x="需要原样输入,例如,在输入数据时要输入"x=12.3",不能只输入数据"12.3","x="也要输入。

为了减少不必要的输入,防止出错,编写程序时,在 scanf 函数的格式控制字符串中尽量不要出现普通字符,尤其不能将输入提示放入其中,显示输入提示应该用 printf 函数。

scanf 函数的输入参数必须和格式控制字符串中的格式控制说明相对应,并且它们的类型、个数和位置都要一一对应。例如,例 2-4 中的"scanf("%lf%lf",&d1,&d2);"语句中的 d1 和 d2 是输入参数,它们都是双精度浮点数,输入时用格式控制说明%lf%lf,且 d1 和第一个%lf 对应,d2 和第二个%lf 对应。

3) 常用数学函数

C 语言预定义的常用数学函数如表 2-5 所示。

表 2-5　C 语言预定义的常用数学函数

函　　　数	用　　　途	举　　　例
sqrt(x)	求 x 的平方根	sqrt(4.0)的值为 2.0
fabs(x)	求 x 的绝对值	fabs(−2.57)的值为 2.57
pow(x,n)	求 x 的 n 次方	pow(2,3)的值为 8

续表

函　　数	用　　途	举　　例
exp(x)	求 e^x	exp(4.2)的值为 66.686 331
log(x)	求以 e 为底的 x 的对数	log(120.15)的值为 4.788 741

【例 2-5】　用 C 语言设计一个程序,展示表 2-5 中 C 语言预定义的常用数学函数的应用。

程序代码:

```
/*************************************************************************
源程序保存路径和文件名:D:\C_Example\2_Basic\mathFunction.c
功能:展示表 2-5 中 C 语言预定义的常用数学函数的应用
输入数据:无
输出数据:输出数学函数的计算结果
*************************************************************************/
#include<stdio.h>                    //文件包含语句,将输入输出函数包含进来
#include<math.h>                     //文件包含语句,将数学函数包含进来
int main()                           //程序的主函数
{                                    //主函数体开始
    int n;
    double x, y;                     //定义双精度浮点型变量 x 和 y
    x = 4.0;                         //给 x 赋值 4.0
    y = sqrt(x);                     //计算 x 的平方根并将其值赋予 y
    printf("y=%f\n", y);             //输出 x 的平方根
    x = -2.57;                       //给 x 赋值-2.57
    y = fabs(x);                     //计算 x 的绝对值并将其值赋予 y
    printf("y=%f\n", y);             //输出 x 的绝对值
    x =2.0;                          //给 x 赋值 2.0
    n = 3;                           //给 n 赋值 3
    y = pow(x,n);                    //计算 x 的 n 次方并将其值赋予 y
    printf("y=%f\n", y);             //输出 x 的 n 次方
    x = 4.2;                         //给 x 赋值 4.2
    y = exp(x);                      //计算 e^x 并将其值赋予 y
    printf("y=%f\n", y);             //输出 e^x
    x =120.15;                       //给 x 赋值 120.15
    y = log(x);                      //计算 x 以 e 为底的对数并将其值赋予 y
    printf("y=%f\n", y);             //输出 x 以 e 为底的对数
    return 1;
}
```

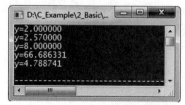

图 2-6　例 2-5 程序运行结果

用 Dev-C++ 工具编辑程序代码,并编译运行程序,结果如图 2-6 所示。

8. 变量

变量(variable)是程序设计人员在程序中自定义的标识符,它的值在程序执行过程中可以改变。例 2-5 的程序中定义的 x、y 和 n 就是不同类型的变量。

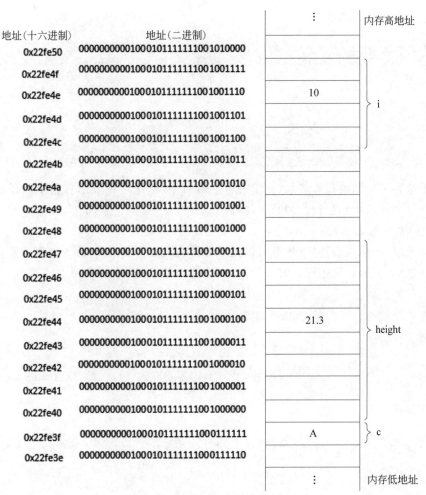

图 2-8　变量内存空间分配情况

变量 = 表达式

　　＝的运算规则：先计算右侧表达式的值，再将右侧表达式的值赋予左侧变量。其中，＝左侧必须是变量名，代表内存中的某一存储单元，赋值运算是把右侧数据写入左侧变量对应的存储单元。最后取被赋值变量的值作为整个赋值表达式的值。

　　例如，表达式 age ＝ 18 首先把整数 18 赋予变量 age，即在 age 对应的存储单元中写入新数据 18，原数据被覆盖。但作为一个表达式，age ＝ 18 也有运算结果，就是取被赋值变量 age 的值作为整个赋值表达式的运算结果。

　　同时，利用赋值运算的右结合性，可实现多重赋值形式。

　　例如，a ＝ b ＝ c ＝ 6 等价于 a ＝（b ＝（c ＝ 6）），最终变量 a、b、c 被赋予相同的值，均为 6。

　　3）复合赋值表达式

　　复合赋值表达式的一般形式为

变量 运算符 = 表达式

它等价于一般赋值表达式：

```
变量 = 变量 运算符 表达式
```

例如：

```
m + = 1                      //等价于 m = m+1
t * = m+n                    //等价于 t = t * (m+n),不等价于 t = t * m+n
x % = y                      //等价于 x = x%y
```

对于这种复合赋值运算表示，初学者可能不习惯，但是这种表示有利于编译器处理，能提高编译效率并产生质量较高的目标代码。

4）自增、自减表达式

用＋＋、－－构成表达式时，既可以把运算符放在操作数之前，称为前置运算；也可以放在操作数之后，称为后置运算。对于变量来说，这两种形式的结果都是加 1 或减 1。例如：

```
int i = 5;
```

其自增前置运算为

```
++i;                         //等价于 i = i+1;,i 结果为 6
```

其自增后置运算为

```
i++;                         //等价于 i = i+1;,i 结果为 6
```

其自减前置运算为

```
--i;                         //等价于 i = i-1;,i 结果为 4
```

其自减后置运算为

```
i--;                         //等价于 i = i-1;,i 结果为 4
```

但是当前置和后置表达式出现在另一个表达式中时，要取前置和后置表达式本身的值参与运算，其结果是不同的。例如：

```
int i = 4;
m = ++i;                     //等价于 i = i+1; m = i;,m 结果为 5,i 结果为 5
m = i++;                     //等价于 m = i; i = i+1;,m 结果为 4,i 结果为 5
m = --i;                     //等价于 i = i-1; m = i;,m 结果为 3,i 结果为 3
m = i--;                     //等价于 m = i; i = i-1;,m 结果为 4,i 结果为 3
```

前置运算时，表示先将变量 i 值加 1 或减 1，然后把 i 的值赋给 m；后置运算时，先把变量 i 的值赋给 m，然后将 i 值加 1 或减 1。其区分是先进行变量加 1 或减 1 运算还是先取变量的值进行运算。

5）关系表达式

关系表达式的一般形式为

> 表达式　关系运算符　表达式

关系表达式的运算结果是逻辑值,当关系成立时结果为 1(逻辑"真"值),当关系不成立时结果为 0(逻辑"假"值)。例如:

```
int m = 9, n=6, p=1;
```

则 m＜n 的结果为 0,(m＞n)＝＝p 的结果为 1。

```
char ch1 = 'b', ch2 = 'c';
```

则 ch1＜ch2 的结果为 1。

注意:数学中 1＜x＜10 这种复杂关系如何判断? 假设 x 取值为−6。如果直接转换为 C 语言的表达式 1＜x＜10,则按照关系运算的规则,两个＜运算符优先级相同,按照左结合性,先计算 1＜x,结果为 0,然后计算 0＜10,结果为 1,最终的 1＜x＜10 计算结果为 1,这与在数学中要判断−6 是否大于 1 并且小于 10 的关系是不一致的,显然,这种表示是错误的。要进行这种较为复杂的关系比较,就要用到逻辑运算。

6）逻辑表达式

逻辑表达式的一般形式为

> 表达式　逻辑运算符　表达式

逻辑运算的结果为"真"和"假"两种,用 1 和 0 表示。逻辑运算的求值规则如下。

(1) 与运算(&&):参与运算的两个数据都为真时,结果才为真;否则为假。例如,3＞0 && 5＞2,结果为真。

(2) 或运算(||):参与运算的两个数据只要有一个为真,结果就为真;两个数据都为假时,结果才为假。例如,4＞0||6＞8,结果为真。

(3) 非运算(!):参与运算的数据为真时,结果为假;参与运算的数据为假时,结果为真。例如,!(4＞0)的结果为假。

逻辑运算的结果只有两种:1 代表"真",0 代表"假"。但反过来在判断一个参与逻辑运算的数据是为"真"还是为"假"时,则以 0 代表"假",以非 0 的数值作为"真"。例如,由于 5 和 3 均为非 0 的数值,因此 5&&3 的结果为"真",即为 1。

对于前面分析的数学表达式 1＜x＜10,要实现两个关系比较同时成立的逻辑运算就用与运算,逻辑表达式表示为 1＜x&&x＜10 或 x＞1&&x＜10。

7）逗号表达式

用 C 语言中的","运算符将两个表达式连接起来,称为逗号表达式。例如:

```
a = 3, b = 4
```

逗号表达式的一般形式为

```
表达式 1, 表达式 2
```

其运算规则是：先求解表达式 1,再求解表达式 2,整个逗号表达式的值是表达式 2 的值。例如：

```
a = 3 * 5, a * 6
```

该表达式中赋值运算符的优先级高于逗号运算符,因此应先计算赋值表达式 a = 3 * 5,得到 a 的值为 15,然后求解 a * 6,得 90。整个逗号表达式的值为 90。

逗号运算符可以用于连接多个表达式,形成扩展的逗号表达式：

```
表达式 1, 表达式 2, …, 表达式 n
```

整个逗号表达式的值为表达式 n 的值。

10. 语句

C 语言语句是程序最基本的执行单位,有多种形式的语句,每一条语句都要以英文的分号(;)结束。以下是几种常见的语句。

(1) 说明语句。用于定义和声明变量或函数的语句,例如：

```
int width;                     //定义整型变量 width
float area;                    //定义单精度浮点型变量 area
double volume;                 //定义双精度浮点型变量 volume
```

(2) 输入输出语句。实现输入输出操作,例如：

```
scanf("%d", &width);           //从键盘输入变量 width 的值
printf("%d", width);           //将变量 width 的值在显示器上输出
```

(3) 表达式语句。由表达式加";"构成语句,例如：

```
width = 10;                    //给变量 width 赋值 10
```

(4) 控制语句。if-else、switch、for、while 等实现的选择和循环控制语句,例如：

```
if(x<y)
    min=x;
else
    min=y;                     //判断 x、y 的大小并把较小的值赋予 min
```

(5) 复合语句。由一对花括号{}将若干语句组合起来的语句块,例如：

```
{ int  a,b, t;  a=10;  b=20;  t=a;  a=b;  b=t;}          //把变量 a、b 的值交换
```

◆ 2.3　数据类型的转换

在 C 语言程序中,以下表达式如何进行运算?

```
3+5  2.51+4.7  3.3+'b'+6/5
```

相同类型的数据,如 3+5、2.51+4.7,可以直接进行运算,其结果仍是同一类型的数据。而 3.3+'b'+6/5 是不同类型的数据的混合运算,需要先转换成同一类型的数据再进行运算。C 语言中的数据类型转换包括自动转换和强制转换。自动转换又称隐式转换,由编译系统自动完成;而强制转换需要通过特定运算完成。

1. 自动类型转换

1)赋值运算中的类型转换

赋值运算时,如果赋值运算符两边的数据类型不相同,系统将自动把赋值运算符右边的表达式类型转换为左边变量的类型。以下是几种具体情况。

(1)浮点型赋值给整型时,将舍去小数部分。例如:

```
int x;
x = 2.21;
```

则 x 被赋值为 2。

(2)整型赋值给浮点型时,数值不变,但将以浮点型存放,即增加小数部分(小数部分的值为 0)。例如:

```
double d;
d = 12;
```

则 d 被赋值为 12.0。

(3)字符型赋值给整型时,将字符的 ASCII 码值存放到整型变量的低 8 位中,高位为 0。例如:

```
int i;
i = 'a';
```

则 i 被赋值为 97。

(4)整型赋值给字符型时,则只把低 8 位赋值给字符变量。例如:

```
char c = 0x1257;
```

则 c 被赋值为 0x57(十六进制整型),即 87('W'的 ASCII 码值)。

因此,如果赋值运算的左边变量类型取值范围小于右边表达式时,会导致运算精度降低,发生信息丢失、类型溢出等错误。

2）表达式中的类型转换

表达式中不同类型的数据之间的运算按图 2-9 所示的自动转换规则进行转换，以保证数据类型向精度高的一方转换。其中：

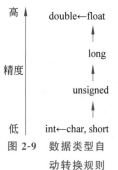

图 2-9 数据类型自动转换规则

（1）水平方向的转换是必须进行的，即，所有的 float 型自动转换为 double 型，所有的 char 型、short 型自动转换为 int 型，再进行运算。

（2）若经过水平方向的转换后数据类型仍然不同，则按垂直方向向精度较高的类型转换。

例如，计算表达式 2.3＋'a'＋7/5。按优先级，先计算 7/5，结果为整型值 1；然后计算 2.3＋'a'，其中 2.3 为 double 型，'a'为 char 型，先自动转换为 int 型的值 97，然后再转换为 double 型的值 97.0，与 2.3 进行求和运算，结果为 double 型的值 99.3；最后计算 99.3＋1，需先把整型的值 1 转换为 double 型的值 1.0，最终计算结果为 double 型的值 100.3。

2. 强制类型转换

表达式 7/5 的运算结果为 1，因为两个整数相除结果取整。若要保留运算的小数部分，可以在表达式中使用强制类型转换，即(double)7/5 或 7/(double)5，则运算结果为 1.4，因为 (double)7 运算得到一个 double 型结果 7.0，因而将最终的除法运算转换为 double 型的运算。

强制类型转换的一般形式为

```
(类型) 表达式
```

例如：

```
double i = 4.2;
```

则(int)i 的运算结果为 4。

注意：i 本身的类型和数值都不改变，只是得到一个指定类型的结果。

请思考表达式(double)(7/5)与(double)7/5 的运算结果为何不同。

◆ 2.4　C 语言的功能

C 语言的功能

C 语言和其他任何计算机程序设计语言一样，都是人们为了让计算机按照人类的意愿进行数据处理而发明的。因此和其他任何程序设计语言一样，C 语言也必须具备两个功能：一是准确描述数据的能力，即数据表达功能；二是精确控制数据处理的能力，即数据处理流程控制功能。

1. 数据表达功能

世界上的数据多种多样，有整数、实数、文字等多种类型，在人类的语言中，人们为了能充分、有效地表达各种各样的数据，一般将数据抽象为若干类型，数据类型是具有共同特点的数据集合的总称，我们熟知的整数、实数就是数据类型的例子。数据类型涉及两方面的内容：第一，某种数据类型所表达的是一种什么特征的数据（例如所有的整数都有共同的不含小数部分这个特征);第二,某种数据类型的数据能进行什么样的数据运算处理(例如整数类型的数据能进行＋、－、＊、/等运算)。

C 语言模仿人类语言对数据进行表达,预先定义了整数类型(整型)、实数类型(浮点型)、字符类型、字符串类型等多种基本数据类型供程序员使用。对于任意一种数据类型,又有常量和变量两种具体形式。

C 语言还可以让程序员利用基本数据类型构造新的比较复杂的数据类型,如数组、结构体、指针、文件等,用以充分表达各种复杂的数据。这些复杂的数据类型在后续章节中会有详细的讲解。

利用基本数据类型和复杂数据类型,C 语言提供了对客观世界中多种多样数据的表达能力,为计算机数据处理提供了良好的基础。

2. 数据处理流程控制功能

人们处理数据总会按照一定的流程进行。例如,在数学计算公式中按照先乘除后加减的顺序执行。C 语言对数据的处理也模仿人类处理数据的方式,对数据处理流程进行控制,C 语言对数据处理流程的控制是通过顺序结构、循环结构和选择结构 3 种流程控制方式实现的,而这 3 种流程控制方式都由一系列 C 语言语句实现,其具体知识在第 4 章进行讲解。

2.5　鸿蒙 OS C 语言设备开发实验：Hello HarmonyOS

本节借助配套的鸿蒙 OS C 语言设备开发实验板,先完成一个简单的鸿蒙 OS C 语言设备开发实验。关于如何搭建鸿蒙 OS C 语言设备开发环境,将在第 3 章详细介绍,但这并不影响我们先来"尝个鲜"。

完成本实验需要的软件和设备如下:

(1) USB 接口转串口驱动程序 CH341SER.EXE。
(2) 烧录软件 HiBurn。
(3) 串口调试器软件 QCOM。
(4) VM Ware Workstation 虚拟机管理软件。
(5) 鸿蒙 OS C 语言设备开发虚拟机编译环境镜像文件。
(6) 鸿蒙 OS C 语言设备开发实验板一个。
(7) USB Type-C 数据线一根。

完成本实验需要做以下 13 项工作:

(1) 下载并安装 USB 接口转串口驱动程序 CH341SER.EXE。
(2) 下载并安装烧录软件 HiBurn。
(3) 下载并安装串口调试器软件 QCOM。
(4) 使用 Dev-C++ 编程工具编辑鸿蒙 OS C 语言设备实验程序 hello.c。
(5) 下载、安装并运行 VMware Workstation 虚拟机管理软件。
(6) 下载鸿蒙 OS C 语言设备开发虚拟机编译环境镜像文件,生成用于程序编译的虚拟机。
(7) 查看用于鸿蒙 OS C 语言设备开发程序编译的虚拟机的 IP 地址。
(8) 使用 Dev-C++ 打开 hello.c 程序,将程序代码复制到粘贴板。

(9) 打开浏览器,输入编译环境的网站地址。

(10) 使用编译网页编译 hello.c 程序,生成可执行代码。

(11) 下载 hello.c 程序的可执行代码并将其保存到文件 hello.bin 中。

(12) 使用烧录软件 HiBurn 烧录 hello.c 程序的可执行代码 hello.bin 到开发板中。

(13) 使用串口调试器软件 QCOM 查看开发板中的 hello.bin 程序的执行结果。

下面详细介绍本实验的步骤和方法。

2.5.1 下载本实验所用的软件和文件

使用浏览器从清华大学出版社官方网站下载与本实验相关的软件和文件,下载后使用 WINRAR 软件将它们分别解压缩。本书将下载的下列文件保存在计算机 D 盘的 HarmonyOS C Setup 文件夹下。

(1) USB 接口转串口驱动程序的压缩文件 CH341SER.rar 或者 CH341SER.zip。

(2) 烧录软件的压缩文件 HiBurn.rar 或者 HiBurn.zip。

(3) 串口调试器软件的压缩文件 QCOM.rar 或者 QCOM.zip。

(4) VMware Workstation 虚拟机管理软件的压缩文件 VMware-workstation.rar 或者 VMware-workstation.zip。

(5) 虚拟机镜像文件 BossayUbuntuWebMirror.rar。

安装 USB 接口转串口驱动程序、烧录软件和串口调试器软件

2.5.2 安装 USB 接口转串口驱动程序、烧录软件和串口调试器软件

1. 安装 USB 接口转串口驱动程序

因为目前的计算机普遍不配备串口,而鸿蒙 OS C 语言设备开发实验板采用串口通信方式与计算机进行数据传输,因此需要安装 USB 接口转串口驱动程序,用 USB 接口模拟实现串口通信,用 USB Type-C 数据线连接计算机 USB 接口和鸿蒙 OS C 语言设备开发实验板,实现计算机和开发实验板之间的数据传输。

3.7.1 节将详细介绍 USB 接口转串口驱动程序的安装步骤和方法,在此不再赘述。

2. 安装烧录软件 HiBurn

烧录软件 HiBurn 用于将编译生成的鸿蒙 OS C 语言设备程序可执行代码从计算机通过 USB Type-C 数据线传输到鸿蒙 OS C 语言设备开发实验板中。烧录软件 HiBurn 是一个绿色软件,只需要将下载的 HiBurn.rar 或者 HiBurn.zip 解压缩到 HiBurn 文件夹,就完成了烧录软件 HiBurn 的安装。为方便使用,可以在 Windows 操作系统桌面创建 HiBurn.exe 的快捷方式。

3.7.2 节将详细介绍烧录软件 HiBurn 的使用步骤和方法,在此不再赘述。

3. 安装串口调试器软件 QCOM

串口调试器软件 QCOM 用于查看鸿蒙 OS C 语言设备程序的执行效果。QCOM 也是一个绿色软件,只需要将下载的 QCOM.rar 或者 QCOM.zip 解压缩到 QCOM 文件夹即可。为方便使用,可以在 Windows 操作系统桌面创建 QCOM_V1.6.exe 的快捷方式。

编辑 hello.c 程序源代码

2.5.3 编辑 hello.c 程序源代码

【例 2-7】 用 C 语言设计 hello.c 程序,使用串口通信的方式,让鸿蒙 OS C 语言设备开

发实验板通过串口输出"Hello HarmonyOS"信息,使用串口调试器软件 QCOM 接收并查看该信息。

1. 程序源代码

```
/************************************************************
源程序保存路径和文件名:D:\C_Example\2_Basic\hello.c
功能:通过串口输出信息
输入数据:无
输出数据:Hello HarmonyOS
************************************************************/
#include<stdio.h>
#include "ohos_init.h"
static void hello (void)
{
    printf("Hello HarmonyOS\n");
}
APP_FEATURE_INIT(hello);
```

程序说明:

本实验的程序代码使用 include 引用了两个头文件。C 语言自身所带的标准头文件 stdio.h 提供了 printf 函数的定义,鸿蒙 OS C 语言设备开发代码库中的头文件 ohos_init.h 提供了宏 APP_FEATURE_INIT 的定义。

需要注意的是该程序是没有入口函数 main 的,这是因为该程序是作为整个系统的一个小"模块"存在的,所以它的入口并不是 main 函数,而是以 APP_FEATURE_INIT 作为程序的入口,这在鸿蒙 OS C 语言设备开发中是允许的。

2. 使用 Dev-C++ 工具编辑程序源代码

按照本书前面讲述的方法,使用 Dev-C++ 工具编辑程序代码,如图 2-10 所示。注意,在输入程序代码时,为了节省时间,有关程序注释的内容不需要输入。最后将其保存在 D:C_Example\2_Basic 文件夹下的 hello.c 文件中。

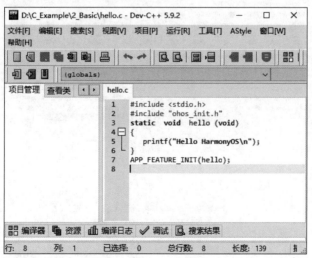

图 2-10　使用 Dev-C++ 编辑 hello.c 文件

2.5.4 准备鸿蒙 OS C 语言设备开发网页编译环境

在常规的 C 语言程序开发过程中,写好 C 语言程序源代码后需要编译生成可执行代码。鸿蒙 OS C 语言设备开发编译环境的配置比较复杂,将在第 3 章详细介绍。为了让读者先体验一下鸿蒙 OS C 语言设备开发,本书提供了一个网页版的编译环境,输入鸿蒙 OS C 语言设备程序代码后,可以直接通过网页编译得到鸿蒙 OS C 语言设备程序可执行代码(也称为固件),鸿蒙 OS C 语言设备开发网页编译环境的搭建由以下 4 步完成。

1. 安装和运行 VMware Workstation 虚拟机管理软件

虚拟机管理软件 VMware Workstation 是用于创建和管理虚拟机的程序。它的安装和运行的步骤和方法在 3.4.1 节将详细介绍,在此不再赘述。虚拟机管理软件 VMware Workstation 的主界面如图 2-11 所示。

图 2-11　VMware Workstation 的主界面

2. 将下载的虚拟机镜像文件解压缩

已下载的虚拟机镜像文件的压缩文件 BossayUbuntuWeb.rar 保存在计算机 D 盘的 HarmonyOS C SETUP 文件夹下。找到这个文件,然后利用 WINRAR 软件将其解压缩,如图 2-12 所示,在 D:\HarmonyOS C SETUP\BossayUbuntuWebMirror 文件夹下得到 BossayUbuntuWeb.mf、BossayUbuntuWeb.ovf、BossayUbuntuWeb-disk1.vmdk 这 3 个文件,如图 2-13 所示,这 3 个文件就是虚拟机镜像文件。

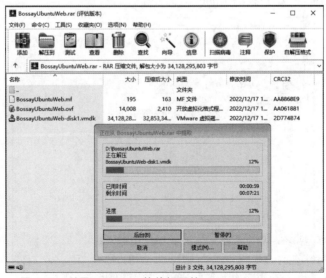

图 2-12　利用 WINRAR 软件解压缩 BossayUbuntuWeb.rar

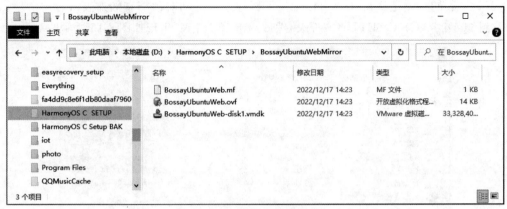

图 2-13　虚拟机镜像文件

3. 导入虚拟机

如图 2-14 所示，打开虚拟机管理软件 VMware Workstation，然后打开"文件"菜单，选择"打开"命令，弹出如图 2-15 所示的"打开"对话框。

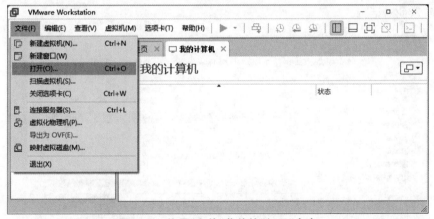

图 2-14　使用"文件"菜单的"打开"命令

图 2-15　找到 HarmonyOS C SETUP 文件夹

在此对话框中，按下鼠标左键拖动对话框左侧列表右边的滑块，直到看到"本地磁盘

(D:)",然后单击"本地磁盘(D:)",接着按下鼠标左键拖动对话框右侧列表右边的滑块,直到看到 HarmonyOS C SETUP 文件夹,然后双击该文件夹,出现如图 2-16 所示的对话框。

图 2-16 找到 BossayUbuntuWebMirror 文件夹

在此对话框中,选中 BossayUbuntuWebMirror 文件夹,然后单击"打开"按钮,出现如图 2-17 所示的对话框。

图 2-17 选中 BossayUbuntuWeb.ovf 文件

在此对话框中,选中 BossayUbuntuWeb.ovf 文件,然后单击"打开"按钮,出现如图 2-18 所示的"导入虚拟机"对话框。

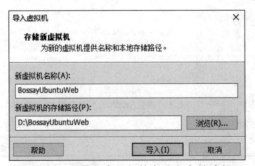

图 2-18 设置新虚拟机的名称和存储路径

在此对话框中,在英文输入方式下,将"新虚拟机的存储路径"下方文本框的内容修改为
D:\BossayUbuntuWeb,意味着利用导入方式创建的虚拟机的程序将保存在 D 盘的
BossayUbuntuWeb 文件夹下。当然也可以将其保存在其他磁盘的其他文件夹下。设定好
新虚拟机名称和新虚拟机的存储路径后,单击"导入"按钮,出现如图 2-19 所示的显示导入
进度的对话框,等待一会儿,虚拟机导入成功,如图 2-20 所示。可以看到,在窗口左侧列表
"我的计算机"下创建了虚拟机 BossayUbuntuWeb。

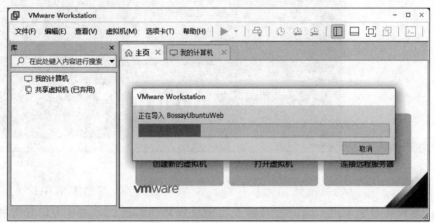

图 2-19 显示导入虚拟机进度

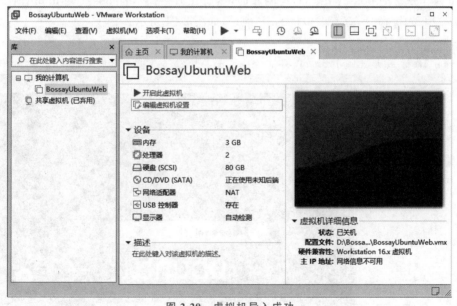

图 2-20 虚拟机导入成功

成功导入虚拟机后,还必须启动虚拟机,才能让虚拟机提供在网页中编译鸿蒙 OS C 语
言设备程序的功能。启动虚拟机的方法很简单,单击如图 2-20 所示窗口中的"开启此虚拟
机"绿色箭头按钮,就可以启动虚拟机,如图 2-21 所示。

4. 查看虚拟机的 IP 地址

在如图 2-21 所示的窗口中,单击窗口中部的 bossay,进入虚拟机用户登录界面,如图 2-22

图 2-21　启动虚拟机

所示,出现 bossay 用户登录密码输入框。在英文输入方式下,在输入框中输入用户密码
bossay,注意密码显示为点。确保密码输入正确后按回车键,以 bossay 用户身份登录虚拟
机,进入 Ubuntu 操作系统桌面,如图 2-23 所示。此后,按 Ctrl＋Alt＋T 组合键进入
Ubuntu 操作系统的 bossay 用户的终端界面,然后在命令提示符 bossay@ubuntu：～＄的
后面输入 ifconfig 命令,查看虚拟机的 IP 地址,如图 2-24 所示。

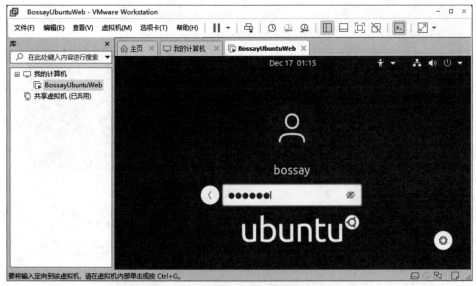

图 2-22　输入 bossay 用户登录密码

　　从 ifconfig 命令执行后显示的信息中可以看到,虚拟机的 IP 地址是 192.168.249.129,
记住这个 IP 地址,后面在浏览器中打开编译网页时要用它。当然,对于不同的虚拟机,其
IP 地址可能不一样。查看并记住虚拟机的 IP 地址后,单击 VMware Workstation 主界面右
上角的窗口最小化按钮将其最小化。

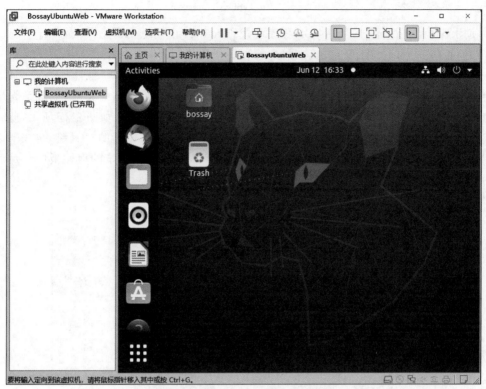

图 2-23　进入 Ubuntu 操作系统桌面

图 2-24　查看虚拟机的 IP 地址

2.5.5 使用编译网页编译 HarmonyOS 程序源代码

使用编译网页编译 HarmonyOS 程序源代码 hello.c 由以下 4 步完成。

（1）使用 Dev-C++ 打开 hello.c 程序，将程序代码复制到剪贴板。

如图 2-25 所示，打开 Dev-C++ 工具，然后打开"文件"菜单，选择"打开项目或文件"命令，然后找到 hello.c 程序，将其打开，如图 2-26 所示。然后按下 Ctrl+A 键，也就是先按下键盘的 Ctrl 键，再按下键盘的 A 键，将 hello.c 程序的全部代码选中，如图 2-27 所示，此时全部代码以蓝底白字符显示。然后按下 Ctrl+C 键，也就是先按下键盘的 Ctrl 键，再按下键盘的 C 键，将选中的 hello.c 程序的全部代码复制到 Windows 操作系统的剪贴板中。最后将 Dev-C++ 关闭。

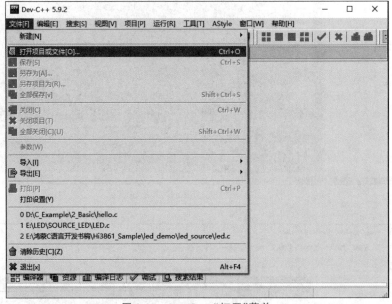

图 2-25　Dev-C++"打开"菜单

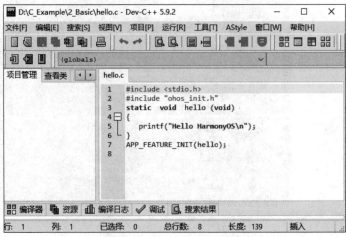

图 2-26　打开 hello.c 程序

图 2-27　选中 hello.c 程序的全部代码

（2）将剪贴板中 hello.c 的代码复制到编译网页。

打开浏览器，在浏览器的地址栏中输入编译网页的地址 192.168.249.129:5000，然后按回车键，进入编译网页，如图 2-28 所示。右击编译网页的工作区，会弹出快捷菜单，接着在其中选择"粘贴"命令，将 Windows 操作系统剪贴板中 hello.c 程序的全部代码粘贴到编译网页中，如图 2-29 所示。

图 2-28　进入编译网页

图 2-29　将 hello.c 程序的代码粘贴到编译网页中

(3) 使用编译网页编译 hello.c 程序,生成可执行代码 hello.bin。

如图 2-30 所示,单击编译网页中 hello.c 程序代码下方的"全部编译"或者"快速编译"按钮,会连续出现程序编译信息,直到在编译信息的尾部出现 playground build success 的信息,表示程序编译成功,此时也会出现"下载固件"链接。如果在编译信息中没有出现 playground build success 信息而是出现 error 信息,表明程序存在错误,必须找到并改正错误,然后复制、粘贴正确的程序代码到编译网页中,重新进行编译,直到编译成功。

图 2-30　使用编译网页编译 hello.c

（4）下载并保存 hello.c 程序的可执行代码 hello.bin。

如图 2-30 所示，当程序编译成功后，单击编译网页中的"下载固件"链接，出现如图 2-31 所示的"新建下载任务"对话框，将"名称"后面的文件名称修改为 hello.bin，然后单击"浏览"按钮，修改 hello.bin 文件的保存位置。为了将本书有关鸿蒙 OS C 语言设备开发案例程序的网页编译结果统一存储，在 D 盘创建"鸿蒙 OS C 语言设备开发代码"文件夹，在该文件夹中保存 hello.bin 文件。读者可以将网页编译结果存放于自己预先创建的文件夹中。

图 2-31　下载程序的可执行代码

2.5.6　将目标代码烧录到开发实验板中

接下来使用烧录软件 HiBurn 将编译生成的可执行代码 hello.bin 上传到开发实验板中，这个过程称为烧录。该项工作由以下 4 步完成。

（1）使用 USB Type-C 数据连接计算机（Windows 工作台）和开发实验板。

如图 2-32 所示，使用 USB Type-C 数据线将计算机（Windows 工作台）和开发实验板连接起来，USB 端插入计算机的 USB 接口，另一端连接开发实验板。在进行连接时，计算机屏幕上会出现如图 2-33 所示的"检测到新的 USB 设备"对话框，此时，选择"连接到主机"单选按钮，然后单击"确定"按钮，建立开发实验板和 Windows 工作台的连接。这是因为，当计算机安装并启动虚拟机后，相当于有两台计算机在运行，一台是安装了 Windows 操作系统

图 2-32　用 USB Type-C 数据线连接计算机和开发实验板

的计算机，另一台是安装了 Linux 操作系统 Ubuntu 的虚拟机，当使用 USB Type-C 数据线连接计算机时，要确定是连接到安装了 Windows 操作系统的计算机还是连接到安装了 Linux 操作系统 Ubuntu 的虚拟机。

图 2-33　选择"连接到主机"单选按钮

（2）查看计算机的串口设备。

如图 2-34 所示，右击 Windows 工作台桌面上的"此电脑"图标，在弹出的快捷菜单中单击"管理"命令，出现如图 2-35 所示的"计算机管理"对话框。在此对话框中选中左侧列表中的"设备管理器"，接下来在中间的设备列表中选中"端口（COM 和 LPT）"，如果在其下面中出现类似 USB-SERIAL CH340(COM4)的硬件设备，表示 USB 接口转串口驱动程序正常工作。当然端口号不一定是 COM4，不同的计算机的端口号可能会不一样。记住 COM4 串口，以备后面烧录软件配置串口时使用。到此，开发实验板就和计算机连接好了。

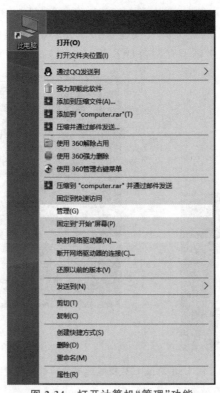

图 2-34　打开计算机"管理"功能

图 2-35　查看计算机的串口设备

（3）运行烧录软件 HiBurn，配置连接串口和烧录选项，选择烧录
文件。

在计算机（Windows 工作台）上找到如图 2-36 所示的烧录软件
HiBurn 的快捷方式图标，双击它运行烧录软件，出现烧录软件
HiBurn 的主窗口，如图 2-37 所示。在烧录软件窗口中要做以下 3 项
工作。

图 2-36　HiBurn 快捷方式图标

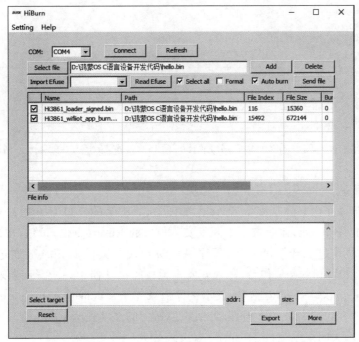

图 2-37　烧录软件 HiBurn 的主窗口

第一，要对连接的串口进行配置。单击 COM 右侧下拉列表框的箭头，打开串口列表，从中选择连接开发实验板的串口，这里选择的是 COM4。不同的计算机采用的串口会有不同，必须选择正确的串口才能进行成功的烧录。选择好串口后，还必须对选定的串口进行配置。打开烧录软件的 Setting 菜单，选择 Com settings 命令，弹出如图 2-38 所示的串口配置对话框，在此设置串口通信的波特率（Baud）为 3 000 000，数据位数（Data Bit）为 8 位，停止位（Stop Bit）为 1 位，奇偶校验位（Parity）为 None，流量控制（Flow ctrl）为 None，强制读取时间（Force Read Time）为 10s。设置完成后，单击"确定"按钮回到烧录软件窗口。

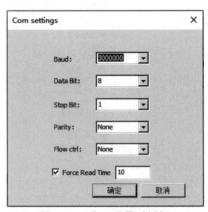

图 2-38 串口设置对话框

第二，选择烧录文件。单击如图 2-37 所示窗口左上方的 Select file 按钮，出现如图 2-39 所示的对话框，在左侧列表框中选择 D 盘，然后在窗口右侧的列表框中进入"鸿蒙 OS C 语言设备开发代码"文件夹，在该文件夹下找到 hello.bin 文件，双击该文件，此时在图 2-37 所示窗口中间的列表框中列出了要烧录的两个文件，一个文件就是 hello.bin，另一个文件是引导文件。到此烧录文件就选择好了。

图 2-39 选择烧录文件

第三，配置烧录选项。在如图 2-37 所示的窗口中，选择上方的 Select all 和 Auto burn 两个复选框。

（4）烧录程序文件。

通过上一步操作做好烧录准备后，单击如图 2-37 所示的窗口上方的 Connect 按钮，此按钮文字变为 Disconnect，此时按一下开发实验板上的 Reset（复位）按钮，出现如图 2-40 所示的窗口，表示烧录过程开始了，烧录程序将可执行代码文件 hello.bin 通过 USB Type-C 数据线由计算机（Windows 工作台）写入开发实验板的存储器中，一直等到该窗口下方文本框中显示 Execution Successful 信息，表示文件烧录完毕。此时应停止烧录软件的工作，方法是单击窗口上方的 Disconnect 按钮，此时该按钮上的文字变为 Connect。

烧录完毕后，关闭烧录软件 HiBurn。

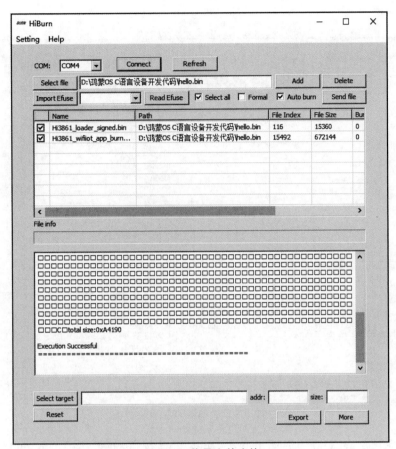

图 2-40　烧录文件完毕

2.5.7　使用串口调试器查看目标代码的执行结果

烧录工作完成后,在鸿蒙 OS C 语言设备开发实验板中运行 hello.bin 程序,使用串口调试器 QCOM 查看开发实验板 hello.bin 程序的运行结果。该项工作由以下 3 步完成。

(1) 打开串口调试器 QCOM

如图 2-41 所示,在 Windows 桌面上找到 QCOM 串口调试器的快捷方式图标,或者在 D 盘 HarmonyOS C SETUP 文件夹下的 QCOM 文件夹中找到 QCOM_V1.6.exe 程序,双击该程序启动串口调试器,如图 2-42 所示。

图 2-41　QCOM 程序快捷
方式图标

(2) 设置串口调试器的通信方式。

在串口调试器 QCOM 的主界面中设置正确的串口参数,将串口(COM Port)设置为 6(即 COM6),波特率(Baudrate)设置为 115 200,停止位(StopBits)设置为 1,奇偶校验(Parity)设置为 None,字节大小(ByteSize)设置为 8,流控设置(Flow Control)为 No Ctrl Flow。

(3) 运行开发实验板中的 hello.bin,使用 QCOM 查看开发实验板中 hello.bin 的执行结果。

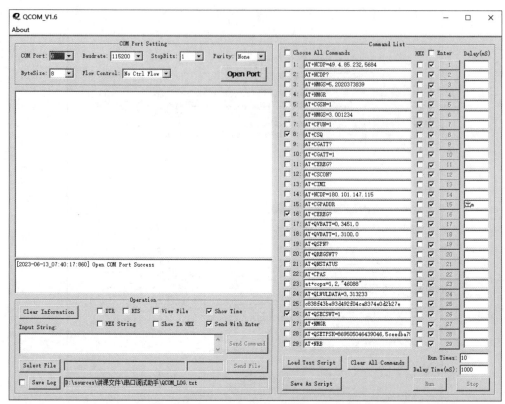

图 2-42 串口调试器 QCOM 主界面

在串口调试器 QCOM 主界面中单击 Open Port 按钮，如果连接正常，可以看到 Open COM Port Success 的提示。然后按一下开发实验板上的 Reset 按钮，重启开发板，运行 hello.bin 程序，这时就能在 QCOM 主界面左边的文本框中看到 hello.bin 程序的 printf 语句打印出的 Hello HarmonyOS 信息了。

到此，实验取得圆满成功。

2.5.8 本实验串口通信工作原理

串口通信是一种常见的通信方式，常用于开发实验板之间、开发实验板和 PC 之间以及 PC 之间的通信。串口有 UART、RS-232 和 RS-485 等多种类型。用于开发实验板之间近距离通信的串口类型为 UART，UART 即通用异步接收发送设备（Universal Asynchronous Receiver/Transmitter），是一种异步收发传输器，它把要传输的资料在串行通信与并行通信之间加以转换，把并行输入信号转换为串行输出信号进行输入和输出。关于串口的更多内容在此不作赘述。大多数芯片（MCU）都具备硬件的 UART 串口，本书配套开发板使用的 Hi3861 芯片就有 3 个硬件 UART 串口。UART 通常只需要两根数据线就能实现串口通信功能，这两根数据线分别连接两个芯片的发送端（TxD）和接收端（RxD）。如图 2-43 所示，两个通信的芯片需要将芯片 1 的发送端接到芯片 2 的接收端，芯片 1 的接收端接到芯片 2 的发送端。

那么 1s 发送多少位呢？这就是前面设置的波特率。通信的两个芯片必须使用相同的

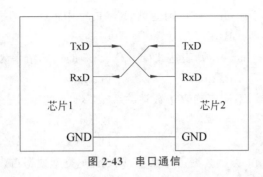

图 2-43　串口通信

波特率才可以正常通信。

　　前面安装的 CH340 是什么呢？实验中用于连接 PC 和开发实验板的并不是串口线，而是一根 USB Type-C 数据线。使用 USB Type-C 数据线的原因也很简单，几乎所有的 PC 都带有 USB 接口，但现在的 PC 很少再配备串口，这就需要用一个转换器将 USB 接口转换成串口，这就是存在于开发实验板上的芯片 CH340 的功能，而 USB Type-C 数据线就是专门用来连接 USB 接口和串口的连线。PC 上需要一个程序将 USB 接口转换成虚拟串口，这个程序就是 CH340/CH341 驱动程序。

◈ 2.6　习　　题

一、单项选择题

1. C 语言规定，在一个源程序中，main 函数的位置（　　）。

　　A. 必须在最后　　　　　　　　　　B. 必须在系统调用的库函数的后面

　　C. 必须在最开始　　　　　　　　　D. 可以任意

2. 下列符号中可以用作 C 语言标识符的是（　　）。

　　A. _var　　　　　　B. i-count　　　　　　C. int　　　　　　D. 3room

3. C 语言中每个语句和数据声明必须以（　　）结束。

　　A. 英文逗号　　　　B. 英文句号　　　　C. 英文冒号　　　　D. 英文分号

4. 在 C 语言中，char 型数据在内存中的存储形式是（　　）。

　　A. 补码　　　　　　B. ASCII 码　　　　C. 反码　　　　　　D. 源码

5. 在下面关于变量的说明中，（　　）是不正确的。

　　A. 变量在使用之前必须声明

　　B. 可以通过输入为变量赋值

　　C. 一个变量可以被定义为两个或多个不同的类型

　　D. 变量名应该是一个合法的标识符

6. 有以下语句：int i; i=4.35;，则 i 的值为（　　）。

　　A. 4.0　　　　　　B. 4　　　　　　　　C. 4.4　　　　　　D. 4.35

7. 下列符号中可以用作 C 语言标识符的是（　　）。

　　A. t3　　　　　　　B. π　　　　　　　　C. while　　　　　　D. 2a

8. 在 C 语言程序中，编译预处理命令都以（　　）开头。

　　A. #　　　　　　　B. *　　　　　　　　C. :　　　　　　　D. /

9. 设有以下语句：char ch＝'\t';,则变量 ch 在内存中占(   )字节。

    A. 2　　　　　　B. 1　　　　　　C. 3　　　　　　D. 4

10. 若有以下定义：char c;,则表达式(c＋2)＊3.5 的运算结果为(   )类型。

    A. double　　　　B. float　　　　C. char　　　　D. int

11. 设 x 为整型变量,不能正确表达数学关系 1＜x＜5 的逻辑表达式是(   )。

    A. 1＜ x ＜5　　　　　　　　B. x＝＝2||x＝＝3||x＝＝4

    C. 1＜x & & x＜5　　　　　　D. !（x＜＝1)& & !（x＞＝5)

12. 设在 C 语言中 int 类型数据占 4 字节,则 short 类型数据占(   )字节。

    A. 1　　　　　　B. 2　　　　　　C. 4　　　　　　D. 8

13. 表达式 4％3 的值为(   )。

    A. 1.3　　　　　B. 1　　　　　　C. 0　　　　　　D. 1.33333

14. 下列表达式的值为 0 的是(   )

    A. 5％9　　　　B. 5/9.0　　　　C. 5/9　　　　D. 3＜5

15. 关于 C 语言程序的开发过程,以下说法中正确的是(   )。

    A. C 语言程序的开发过程是：编辑→连接→编译→运行与调试

    B. C 语言程序的开发过程是：编译→连接→编辑→运行与调试

    C. C 语言程序的开发过程是：编辑→编译→连接→运行与调试

    D. C 语言程序的开发过程是：连接→编辑→编译→运行与调试

16. 若有以下定义：int a; float b; char c; double d;,则表达式 a＋c－b/d 的运算结果为(   )类型。

    A. double　　　　B. float　　　　C. char　　　　D. int

17. (   )不是合法的字符常量。

    A. "a"　　　　　B. '\t'　　　　　C. 'c'　　　　　D. '\101'

18. 若 a、b 均为 char 型变量,x、y 均为 double 型变量,正确的输入函数调用是(   )。

    A. scanf("％c％f",&a,& x)　　　B. scanf("％c％d",&a,& x)

    C. scanf("％c％lf",&a,&y)　　　D. scanf("％c％lf",a,y)

19. 若 x 为 int 型变量,y 为 double 型变量,x、y 均有值,正确的输出函数调用是(   )。

    A. printf("％d％d",x,y)　　　B. printf("％f％f",x,y)

    C. printf("％d％lf",& x,& y)　　D. printf("％d％lf",x,y)

20. 以下叙述中不正确的是(   )。

    A. 在 C 语言源程序中,main 函数必须位于程序的最前面

    B. C 语言本身不提供输入输出语句

    C. 在 C 语言源程序中,每行可以写多条语句

    D. 在对 C 语言源程序进行编译的过程中不能发现注释中的错误

二、判断对错题

1. C 语言中的函数有标准库函数和自定义函数两种。　　　　　　　(   )

2. C 语言变量都有数据类型,变量必须先定义后使用。　　　　　　(   )

3. 在 C 程序中,自定义函数如果在 main 函数后定义,必须在 main 函数前声明它,否则会在编译程序时出现错误。　　　　　　　　　　(   )

4. 表达式 3>5 的值为 0,表达式 3||5 的值为 3。　　　　　　　　　　　　（　　）

5. C 语言程序的执行总是从 main 函数开始,到 main 函数结束,而与 main 函数在程序中的位置无关。　　　　　　　　　　　　　　　　　　　　　　　　　　（　　）

6. C 语言中的逻辑值"真"是用非 0 表示的,逻辑值"假"是用 0 表示的。　　（　　）

7. 在 C 语言中,'a'+2 这个表达式是正确的。　　　　　　　　　　　　　（　　）

8. 在 C 语言中,当 int 型数据与 char 型数据进行算术运算时,数据类型由 int 型向 char 型转换。　　　　　　　　　　　　　　　　　　　　　　　　　　　（　　）

9. 允许在不同的函数中使用相同的变量名,它们代表不同的对象,分配不同的内存单元。
　　　　　　　　　　　　　　　　　　　　　　　　　　　　　　　　　（　　）

10. C 语言源程序中添加注释是为了提高程序的可读性,注释内容在编译时将被忽略。
　　　　　　　　　　　　　　　　　　　　　　　　　　　　　　　　　（　　）

三、编程题

设计一个计算圆柱体体积的 C 语言程序,要求:

（1）定义圆柱体半径（radius）、高度（height）和体积（volume）。

（2）输入半径和高度。

（3）定义计算圆柱体体积的函数 calculate(double r, double h),计算体积并将结果返回给 volume。

（4）输出体积的值,结果保留两位小数。

（5）圆周率取 3.14。

第3章

鸿蒙 OS C 语言设备开发基础

本章主要内容：

(1) 鸿蒙操作系统 HarmonyOS。

(2) 虚拟机管理软件 VMware Workstation。

(3) Linux 操作系统(Ubuntu)虚拟机。

(4) 鸿蒙 OS C 语言设备开发编译环境。

(5) 华为 DevEco Device Tool。

(6) 鸿蒙 OS C 语言设备开发集成开发环境。

(7) Visual Studio Code。

(8) 鸿蒙 OS C 语言设备开发案例：点亮一只 LED 灯。

本章对鸿蒙操作系统及其技术特征进行讲解，其中可能涉及一些对初学者来说比较陌生的专业术语，这是为了保证内容的完整性。在学习本章时如果遇到困难，并不会影响到后续 C 语言的学习和鸿蒙 OS C 语言设备开发实验的完成。

◆ 3.1 鸿蒙 OS 简介

鸿蒙操作系统 HarmonyOS(以下简称鸿蒙 OS)是中国华为技术有限公司在 2019 年 8 月 9 日发布的面向全场景的分布式操作系统，它利用分布式软总线技术将人、设备、场景有机地联系在一起，创造一个万物互联的世界，可帮助智能终端设备实现极速发现、极速连接、硬件互助、资源共享，用最合适的设备提供最佳的场景体验。

3.1.1 鸿蒙 OS 的发展历史

2012 年，华为公司开始规划开发自有操作系统鸿蒙 OS。

2019 年 5 月 17 日，由任正非领导的华为公司操作系统团队完成了自主产权操作系统鸿蒙 OS 的开发。

2019 年 8 月 9 日，华为公司正式发布鸿蒙 OS。

2020 年 9 月 10 日，华为公司鸿蒙 OS 升级至 2.0 版本，即 HarmonyOS 2.0，并面向 128KB～128MB 内存的终端设备开源。

2020 年 12 月 16 日，华为公司正式发布鸿蒙 OS 2.0 手机开发者 Beta 版本。2020 年已有美的、九阳、老板电器、海雀科技等公司生产的设备安装了鸿蒙 OS。

2021 年 2 月 22 日晚，华为公司正式宣布鸿蒙 OS 应用开发在线体验网站计划于 4 月上线。

2021 年 3 月,安装鸿蒙 OS 的物联网设备(手机、平板计算机、手表、智慧屏、音箱等智慧物联产品)有望达到 3 亿台,其中手机将超过 2 亿台,鸿蒙 OS 生态的市场份额有望达到 16%。

2021 年 4 月 22 日,华为公司鸿蒙 OS 应用开发在线体验网站上线。

2021 年 5 月 21 日,华为公司宣布华为 HiLink 将与鸿蒙 OS 统一为鸿蒙 OS Connect。

2021 年 6 月 2 日晚,华为公司正式发布 HarmonyOS 2.0 及多款搭载 HarmonyOS 2.0 的新产品。7 月 29 日,华为公司 Sound X 音箱发布,是首款搭载 HarmonyOS 2.0 的智能音箱。

2021 年 10 月,华为公司宣布搭载鸿蒙设备突破 1.5 亿台。鸿蒙 OS 座舱汽车于 2021 年底发布。

2021 年 11 月 17 日,鸿蒙 OS 迎来第三批开源,新增开源组件 769 个,涉及工具、网络、文件数据、UI、框架、动画图形及音视频 7 大类。

2023 年 8 月 4 日,华为公司 HarmonyOS 4.0 操作系统正式发布。

2023 年 8 月 4 日,华为公司 HarmonyOS Next 操作系统开发者预览版(Developer Preview)正式发布。

2024 年 1 月 10 日,华为公司宣布与网易游戏达成合作,网易首款鸿蒙原生手游《倩女幽魂》完成开发。同日,京东启动鸿蒙原生应用开发。

3.1.2　鸿蒙 OS 的设计理念

鸿蒙 OS 的设计理念是实现万物智能互联,依托基于网络通信的软总线技术,将人类生产和生活中孤立的、功能相对单一的各种各样的设备有机联系起来,实现不同设备的资源融合、资源共享;通过智能化的设备管理、任务管理、数据处理,针对不同类型的业务,为业务匹配和选择最恰当的执行硬件,让业务在不同设备间按设备能力匹配流转和处理,充分发挥不同设备各自的能力优势,如摄像能力、显示能力、传感能力、控制能力、交互能力、数据处理能力等;针对不同设备在屏幕尺寸、交互方式、使用场景、用户人群等方面的存在的差异性进行专门的差异性设计,从而给用户提供最合适的使用体验;针对纷繁复杂的设备和使用场景,尽可能在界面设计和交互方式上保持一致性和人性化,使用户方便学习、易于使用,从而创造一个智慧化的万物互联的世界。

鸿蒙 OS 系统功能设计按照系统→子系统→功能→模块逐级展开。可根据实际需求裁剪某些非必要的子系统或功能/模块。

鸿蒙 OS 的
设计理念

3.1.3　鸿蒙 OS 的技术架构

鸿蒙 OS 的技术架构如图 3-1 所示,系统采用分层设计,从下往上分别为内核层、系统服务层、框架层和应用层。各层组成及功能如下。

鸿蒙 OS 的
技术架构

1. 内核层

内核层主要由内核子系统和驱动子系统构成。

(1)内核子系统。鸿蒙 OS 采用多内核设计,针对不同的设备会选用与其匹配的操作系统内核。为了屏蔽多内核差异对上层的影响,内核子系统设计采用内核抽象层(Kernel Abstract Layer,KAL)实现对上层一致的进程/线程管理、内存管理、文件系统管理、网络管理和外设管理。

（2）驱动子系统。由硬件驱动框架（Hardware Driven Frame,HDF）构成,提供统一的外设访问能力、驱动开发及管理框架,是鸿蒙 OS 对不同种类的硬件提供支持的基础。

2. 系统服务层

系统服务层是鸿蒙 OS 的核心,它通过框架层对应用层的程序提供服务。该层由以下几部分组成:

（1）系统基本能力子系统集。由分布式任务调度、分布式数据管理、分布式软总线、方舟多语言运行时、公共基础库、多模输入、图形、安全和人工智能等子系统组成,为分布式应用业务在多设备上的运行、调度、迁移等操作提供基础支撑。其中,方舟多语言运行时不但为 C、C++、JavaScript 等多语言运行提供支持和基础的系统类库,而且也为使用方舟编译器静态化编译的 Java 程序（即应用程序或框架层中使用 Java 语言开发的部分）提供运行支持。

（2）基础软件服务子系统集。由事件通知、电话、多媒体、DFX（面向产品生命周期各环节的设计）、MSDP&DV（多播源发现协议和数字视频）等子系统组成,使鸿蒙 OS 能提供公共的、通用的软件服务。

（3）增强软件服务子系统集。由智慧屏专有业务、穿戴专有业务、IoT 专有业务等子系统组成,使鸿蒙 OS 能提供针对不同设备的差异化的能力增强型软件服务。

（4）硬件服务子系统集。由位置服务、生物特征识别、穿戴专有硬件服务、IoT 专有硬件服务等子系统组成,为鸿蒙 OS 提供硬件服务。

鸿蒙 OS 能根据不同设备形态配置不同的部署环境,可根据需要对基础软件服务子系统集、增强软件服务子系统集、硬件服务子系统集进行裁剪,每个子系统内部又可以按业务功能粒度裁剪。

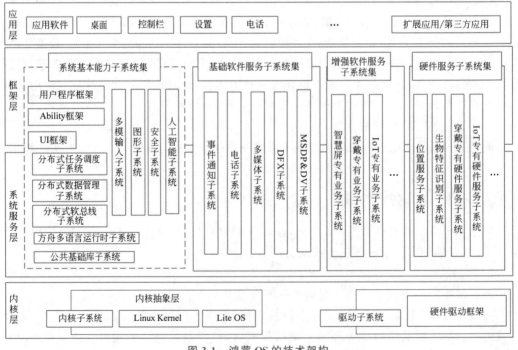

图 3-1　鸿蒙 OS 的技术架构

3. 框架层

框架层为鸿蒙 OS 应用开发提供 Java、C、C++、JavaScript 等多语言的用户程序框架、Ability 框架、两种 UI 框架(包括适用于 Java 语言的 Java UI 框架和适用于 JavaScript 语言的 JavaScript UI 框架)以及各种软硬件服务对外开放的多语言框架 API,根据系统的组件化裁剪程度,鸿蒙 OS 设备支持的 API 也会有所不同。

4. 应用层

应用层包括系统应用和第三方非系统应用。鸿蒙 OS 的应用由一个或多个 FA (Feature Ability)或 PA(Particle Ability)组成。其中,FA 有用户界面,提供与用户交互的能力;而 PA 没有用户界面,提供后台运行任务的能力以及统一的数据访问抽象。FA 在进行用户交互时所需的后台数据访问也需要由对应的 PA 提供支撑。基于 FA/PA 开发的应用能够实现特定的业务功能,支持跨设备调度与分发,为用户提供一致、高效的应用体验。

3.1.4　鸿蒙 OS 的技术特点

鸿蒙 OS 的
技术特点

依托分布式软总线、分布式设备虚拟化、分布式数据管理、分布式任务调度等关键技术,鸿蒙 OS 支持不同种类设备之间的硬件互助、资源共享,具备分布式软总线、分布式数据管理和分布式安全三大核心能力。

1. 分布式软总线

计算机硬件系统通过地址总线、数据总线和控制总线,在计算机的运算器、存储器、控制器和输入输出设备之间传递地址、数据和控制信息,以实现计算机的功能。华为公司借鉴这种硬件总线设计思想,依托其业界领先的信息传输技术,利用鸿蒙 OS 在手机、平板计算机、智能穿戴设备、智慧屏、车载电子设备、音响、空调等分布式设备之间打造了如图 3-2 所示的基于网络传输的分布式软总线架构,为不同种类设备之间的互联互通提供了统一的分布式通信能力,提供高带宽、低时延、高可靠和安全的数据传输通道,为设备之间的智能感知发现和零等待传输创造条件,使开发者只需要聚焦于业务逻辑的实现,而无须关注组网方式与底层协议。

图 3-2　鸿蒙 OS 分布式软总线架构

利用这种数据软总线技术,可以轻松实现手机与家用电器设备的智能互联。例如,无须烦琐的设置,只需通过碰一碰就可以实现手机与微波炉、电烤箱、电灯、电视、空调、空气净化器、油烟机、加湿器、音响等家用电器的即连即用,控制这些设备完成其各自的任务;又如,根据自己的喜好播放预先设定的音乐或者电视节目,或者自动按照设定的菜谱和烹调参数烹制自己喜欢的美味佳肴。

2. 分布式设备虚拟化

分布式设备虚拟化是在鸿蒙 OS 的支持下,将功能单一的不同设备虚拟化成功能多样的一体设备,然后根据具体业务的功能实现需求,自动调用和管理适合处理这种业务的设备资源,使其进行高效的数据处理。也就是说,针对不同类型的任务,鸿蒙 OS 可以为其选择能力合适的执行硬件,使业务在不同设备间按处理需求自动流转,充分发挥不同设备的能力优势,如显示能力、摄像能力、音频能力、交互能力以及传感器能力等。例如,用户可以边做家务边接打视频电话,此时会将手机自动与智慧屏、摄像头、音箱连接,并将其虚拟化为手机资源,替代手机自身的屏幕、摄像头、听筒,实现一边做家务一边通过智慧屏、摄像头、音箱进行视频通话。

3. 分布式数据管理

鸿蒙 OS 可以利用分布式软总线技术对应用程序和用户数据实现分布式管理,使特定数据既不再与特定软件绑定处理,也不再与特定设备绑定存储。例如,正在摄录的视频数据不一定就存储在正在摄录的摄像设备上,正在播放的音乐也不一定就存储在正在播放的音响上,可以将其存储在适合存储它们的大容量存储器上。鸿蒙 OS 还可以使业务处理逻辑与数据存储分离。例如,计算机正在处理的数据不一定存储在自己的存储器上,可能来自其他任何设备。鸿蒙 OS 也可以使跨设备的数据处理如同处理本地数据一样方便快捷,使开发者、用户能够轻松实现全场景、多设备下的数据分布式存储、共享和访问。

例如,可以将手机上的文档自动传送到平板计算机,在平板计算机上对文档进行编辑、查阅、删除等操作,文档的最新状态可以在手机上同步显示。

4. 分布式任务调度

分布式任务调度是鸿蒙 OS 利用分布式软总线、分布式数据管理、分布式 Profile 等技术提供的分布式设备服务统一管理(发现、同步、注册、调用)机制,支持应用进程在不同设备之间的远程启动、远程调用、远程连接以及迁移等操作。任务分配与调度根据不同设备的能力、位置、业务运行状态、资源使用情况以及用户的习惯和意图进行精准分配。

例如,用户驾车出行时,上车前在手机上规划好导航路线,上车后导航自动迁移到车载导航设备,下车后导航自动迁移回手机;用户骑车出行,在手机上规划好导航路线,骑行时手表可以接续导航;在手机上点外卖后,可以将订单信息迁移到手表上,随时查看外卖的配送状态。

5. 一次开发,多种设备部署

鸿蒙 OS 提供用户程序框架、Ability 框架以及 UI 框架,支持多种设备终端业务逻辑和界面逻辑的复用,能够实现应用程序的一次开发、多种设备部署,提升了跨设备应用的开发效率。

其中,UI 框架支持 Java 和 JavaScript 两种开发语言,并提供丰富的多态控件,可以在手机、平板计算机、智能穿戴设备、智慧屏、车机上显示不同的用户界面效果。用户界面采用业界主流设计方式,提供多种自适应式布局方案,支持栅格化布局,具备不同屏幕的界面自动匹配能力。

6. 系统统一,弹性部署

鸿蒙 OS 采用组件化设计方法,根据不同终端设备的硬件资源和功能需求,按需安装鸿蒙 OS 组件;支持通过编译链关系自动生成组件化的依赖关系,形成组件树依赖图;支持产品系统的便捷开发,降低硬件设备的开发门槛。

3.1.5　鸿蒙 OS 的应用场景

鸿蒙 OS 的
应用场景

目前,尽管我国的信息技术应用已经普及到各个领域,但"缺心少魂"现象非常严峻。在手机、计算机等信息技术硬件方面,关键芯片受制于人;在操作系统方面,Windows 系列操作系统、Linux 操作系统、macOS 操作系统等一直垄断着计算机领域,安卓系统、iOS 操作系统一直霸占着手机领域。近期频发的"卡脖子"现象严重制约着我国信息技术产业的健康发展,危及信息安全,给个人隐私保护、社会稳定、国家安全埋下严重的隐患。在此关键时刻,"混沌初开、鸿蒙出世",华为公司攻坚克难,终于在 2019 年发布了具有中国自主知识产权的鸿蒙 OS。鸿蒙 OS 虽因华为手机而生,但并不仅仅是代替安卓系统应用于华为手机,它是为万物互联而诞生的,可以应用于除手机以外的很多系统。

1. "1+8+N"的多场景战略

与应用于单一领域的安卓手机操作系统、苹果手机操作系统、Linux 计算机操作系统不同,鸿蒙 OS 的应用秉持"1+8+N"战略。其中,"1"是指以华为手机和用户为中心和起点;"8"是指鸿蒙 OS 可以应用于 8 种常用的电子设备,包括计算机、大屏幕、空调、音响、平板计算机、手表/手环、车载电子设备、AR/VR 设备;"N"是指万物互联,也就是物联网。在鸿蒙 OS 支持下,能够实现智能家居、运动健康、影音娱乐、智慧出行、移动办公、生产制造等众多领域电子设备的智能互联。

2. 面向人工智能的操作系统

鸿蒙 OS 融合人工智能和物联网两种技术,目的是打造电子产品和机械产品的智能化和互联互通,任何电子产品和机械产品只要安装了它,就会变成智能化的硬件,相互间很容易实现数据共享、任务互助。例如,可以将手机的导航信息显示到手表上,并且以图示和语音信息进行导航提示,这在人们双手提着行李不方便看手机时就非常有用;又如,将手机的视频信息自动映射到大屏幕上,就可以有更好的视觉享受。这样就可以打破设备壁垒,扩展设备能力,实现多端互助。

3. 与安卓生态兼容并蓄,无缝对接

鸿蒙 OS 兼容安卓手机操作系统,包含安卓系统拥有的功能,非常便于安卓生态资源的迁移。如同在平板计算机或者计算机上可以同时安装多个操作系统一样,当要使用某个操作系统时,用户就可以切换到那个操作系统并进行相应的操作。例如,用户在计算机上安装了 Windows 和 Linux 双系统。如果当前正在使用 Linux,而用户要使用某个 Windows 系统的软件,这个时候用户只要利用某种方法切换到 Windows 系统即可。类似地,借助仿真器(EMU),华为手机也可以非常方便地从安卓系统无缝地切换为鸿蒙 OS。

4. 传承过去,引领未来

鸿蒙 OS 传承过去,融合传统操作系统的已有特点,同时引领未来,朝着万物智能互联不断地发展突破。

◇ 3.2　鸿蒙 OS C 语言设备开发实验板

鸿蒙 OS
C 语言设
备开发实
验板

与本书配套的鸿蒙 OS C 语言设备开发实验是利用 Bossay 鸿蒙 OS C 语言设备开发实验板进行的,这个开发实验板如图 3-3 所示,它包括一个集成了 Hi3861 模组的核心底板、一个集成了光照强度传感器的炫彩灯案例板、一个数码管点阵板实验案例板和一个 NFC 电子标签等。

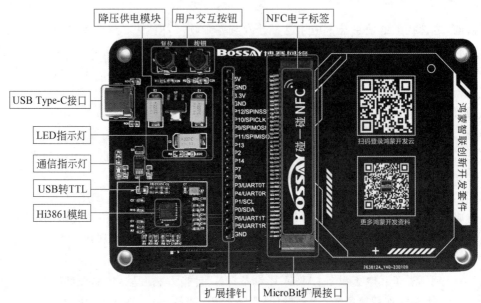

图 3-3　Bossay 鸿蒙 OS C 语言程序设备开发实验板

　　核心底板是 Hi3861 WLAN 模组，它是一片 115mm×72mm 大小的开发板。核心底板主要包括以下部件：Hi3861 模组、CH340USB 转串口芯片、USB Type-C 接口、复位按钮、可编程的自定义按钮、LED 指示灯、MicroBit 案例板扩展接口、杜邦线扩展排针等，具体功能描述如下：

- Hi3861 芯片内置的 Flash 用于存放二进制文件代码与配置参数等静态数据，内置的 CPU 用于执行程序，内置的 SRAM 用于保存程序运行时的数据，内置的 WiFi 功能为应用程序提供网络连接的能力。
- CH340USB 转串口芯片和 USB Type-C 接口是用于开发实验板和 PC 连接、固件烧录、运行调试的外设接口。
- 用户交互按钮中的复位按钮用于整板复位；另一个按钮用于自定义功能，可以通过用户程序进行功能控制或触发中断。
- 板载的两个 LED 指示灯位于 USB Type-C 接口附近，标号 LED2 的指示灯用于整板供电指示，标号 LED1 的指示灯通过闪烁指示和 PC 的通信数据传输。
- MicroBit 案例板扩展接口用于扩展丰富的外设案例板，对标行业应用。除与本书配套的案例板外，如果学生有创新需求，可以登录博赛网络案例板商城购买或提出定制需求。
- 板载的 20 针杜邦线扩展排针方便用户扩展非标准接口的外设传感器模组或执行器模组。
- NFC 电子标签粘贴在 MicroBit 插槽上。用户用其写入自定义标签数据后，可通过鸿蒙 OS 碰一碰功能调取指定的手机端 App，并完成无感 WiFi 配网。

　　板载的 Hi3861 WLAN 模组是一款高度集成的 2.4GHz WLAN SoC 芯片，其芯片外设接口如图 3-4 所示，表 3-1 列出了 Hi3861 芯片外设接口的详细信息。

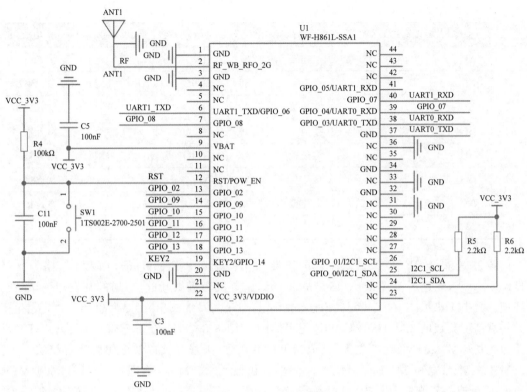

图 3-4 Hi3861 芯片外设接口

表 3-1 Hi3861 芯片外设接口

序号	名 称	功能	序号	名 称	功能
1	GND	接地	15	GPIO_10	输入输出
2	RF_WB_RFO_2G	射频接口	16	GPIO_11	输入输出
3	GND	接地	17	GPIO_12	输入输出
4	NC	空连接	18	GPIO_13	输入输出
5	NC	空连接	19	KEY2/GPIO_14	按键
6	UART1_TXD/GPIO_06	异步传输	20	GND	接地
7	GPIO_08	输入输出	21	NC	空连接
8	NC	空连接	22	VCC_3V3/VDDIO	电源
9	VBAT	电池工作	23	NC	空连接
10	NC	空连接	24	NC	空连接
11	NC	空连接	25	GPIO00/I2CI_SDA	输入输出
12	RST/POW_EN	复位	26	GPIO01/I2CI_SCL	输入输出
13	GPIO_02	输入输出	27	NC	空连接
14	GPIO_09	输入输出	28	NC	空连接

续表

序号	名　　称	功能	序号	名　　称	功能
29	NC	空连接	37	GND	接地
30	NC	空连接	38	GPIO_03/UART0_TXD	输入输出
31	NC	空连接	39	GPIO_04/UART0_RXD	输入输出
32	GND	接地	40	GPIO_07	输入输出
33	NC	空连接	41	GPIO_05/UART1_RXD	输入输出
34	GND	接地	42	NC	空连接
35	NC	空连接	43	NC	空连接
36	NC	空连接	44	NC	空连接

该芯片集成 IEEE 802.11b/g/n 基带和 RF（Radio Frequency，射频）电路。支持 HarmonyOS，通过了 HarmonyOS Connect 认证，并配套提供开放、易用的开发和调试运行环境。其中 Hi3861V100 MCU（MicroController Unit，微控制单元）是海思半导体公司生产的一款高度集成的 2.4GHz SoC WiFi 芯片，集成 IEEE 802.11b/g/n 基带和 RF 电路，RF 电路包括功率放大器、低噪声放大器、射频巴伦变压器、天线开关以及电源管理等模块；支持 20MHz 标准带宽和 5MHz/10MHz 窄带宽，提供最大 72.2Mb/s 物理层速率。Hi3861V100 WiFi 基带支持正交频分复用（Orthogonal Frequency Division Multiplexing，OFDM）技术，并向下兼容直接序列扩频（Direct Sequence Spread Spectrum，DSSS）和补码键控（Complementary Code Keying，CCK）技术，支持 IEEE 802.11 b/g/n 协议的各种数据速率。Hi3861V100 芯片集成高性能 32 位微处理器、硬件安全引擎以及丰富的外设接口，外设接口包括 SPI（Serial Peripheral Interface，串行外设接口）、UART、I2C（Philips 公司开发的双向二线制同步串行总线）、PWM（Pulse Width Modulation，脉冲宽度调制）、GPIO（General Purpose Input/Output，通用输入输出）和多路 ADC（Analog to Digital Converter，模数转换器），同时支持高速 SDIO2.0 Slave 接口，最高时钟频率可达 50MHz；Hi3861V100 芯片内置 SRAM 和 Flash，可独立运行，并支持在 Flash 上运行程序。Hi3861V100 支持华为 Lite OS 和第三方组件，并配套提供开放、易用的开发和调试运行环境。Hi3861V100 芯片适用于智能家电等物联网智能终端领域。

◇ 3.3　鸿蒙 OS C 语言设备开发环境

注意：登录清华大学出版社官方网站或济南博赛网络技术有限公司的官方网站，完成注册并登录后，可以获得与本书配套的搭建鸿蒙 OS C 语言设备开发环境所需的有关软件以及配套的软件安装配置文档和软件安装教学视频。

工欲善其事，必先利其器。要想利用 C 语言进行基于鸿蒙 OS 的应用开发，首先必须掌握鸿蒙 OS C 语言设备开发环境。鸿蒙 OS C 语言设备开发环境如图 3-5 所示，由硬件环境和软件环境组成。

USB Type-C 数据线

Windows 工作台、Linux 编译服务器

图 3-5　鸿蒙 OS C 语言设备开发环境

3.3.1　鸿蒙 OS C 语言设备开发硬件环境

鸿蒙 OS C
语言设备开
发硬件环境

鸿蒙 OS C 语言设备开发硬件环境由下列 4 部分组成。

1. Windows 工作台

Windows 工作台由一台安装了 Windows 操作系统（Windows 10 及以上版本）的计算机组成。其作用如下：

（1）编辑 C 语言源程序代码。

（2）烧录二进制文件，也就是将编译好的可执行程序（二进制目标代码）写入支持鸿蒙操作系统的硬件设备（如博赛开发实验板、智能电视、智能空调、智能音响等）。

2. Linux 编译服务器

Linux 编译服务器既可以由在 Windows 工作台上安装的 Linux 虚拟机（安装 Ubuntu 版本的操作系统）组成，也可以由一台安装了 Linux 操作系统（Ubuntu 版本）的独立计算机组成。它主要用于编译 C 语言源程序代码，将使用 Windows 工作台编辑的 C 语言源程序代码编译成可以在鸿蒙 OS 支持的硬件设备上运行的 C 语言可执行程序（二进制目标代码）。

3. 鸿蒙 OS C 语言开发实验设备

鸿蒙 OS C 语言开发实验设备是由济南博赛网络技术有限公司研发的 Bossay 实验套件或实验箱。

4. USB Type-C 数据线

使用 USB Type-C 数据线将 Windows 工作台和鸿蒙 OS C 语言开发实验板连接起来，将可执行代码从 Windows 工作台烧录到鸿蒙 OS C 语言开发实验板上。

3.3.2　鸿蒙 OS C 语言设备开发软件环境

鸿蒙 OS C
语言设备开
发软件环境

鸿蒙 OS C 语言设备开发软件环境如表 3-2 所示。

表 3-2　鸿蒙 OS C 语言设备开发软件环境

平台	需要安装的软件	软件安装程序或软件版本	说　　明
Windows 工作台	Windows 操作系统	Windows 10 及以上	
	Visual Studio Code	Visual Studio Code 1.66.2	C 语言源代码编辑工具
	DevEco Device Tool Beta1	devicetool-windows-tool-3.1.0.300.zip	Windows 版鸿蒙 OS C 语言程序集成开发工具软件

续表

平台	需要安装的软件	软件安装程序或软件版本	说　　明
Windows 工作台	Python	Python 3.8.10	C 语言源代码编译依赖工具
	烧录软件 HiBurn	HiBurn.exe	V2.4 及以上版本
Linux 编译服务器	虚拟机管理软件 VMware Workstation	Oracle VM VirtualBox 16.2.3 及以上版本	与本书配套的是 VMware-workstation-full-16.2.3-19376536.exe
	Linux 操作系统软件 Ubuntu 20.04	ubuntu-20.04.2.0-desktop-amd64.iso	Shell 使用 bash
	DevEco Device Tool Beta1	devicetool-linux-tool-3.1.0.300.zip	Linux 版鸿蒙 OS C 语言程序集成开发工具软件，该软件是 Python、gn、ninja、gcc_riscv32、Scons、Node.js、hpm 等软件的集合
	安装包管理工具 apt	与 Ubuntu 20.04 配套版本	在线网络下载安装
	网络管理软件 net-tools	与 Ubuntu 20.04 配套版本	在线网络下载安装
	开源文件传输工具软件 curl	与 Ubuntu 20.04 配套版本	在线网络下载安装
	开源的分布式版本控制系统 git	与 Ubuntu 20.04 配套版本	在线网络下载安装
	vim 编辑工具	与 Ubuntu 20.04 配套版本	在线网络下载安装
	文件共享服务器 Samba	与 Ubuntu 20.04 配套版本	Samba 是在 Linux 和 UNIX 系统上实现 SMB 协议的一个免费软件，为局域网内的不同计算机之间提供文件及打印机等资源的共享服务
	远程登录的服务器 openssh-server	与 Ubuntu 20.04 配套版本	提供远程登录服务

安装配置鸿蒙 OS C 语言设备开发的编译环境

◆ 3.4　安装配置鸿蒙 OS C 语言设备开发的编译环境

在 Windows 工作台上安装配置鸿蒙 OS C 语言设备开发的编译环境，也就是安装编译 C 语言程序的下列软件，并配置软件运行环境。

（1）安装 Windows 操作系统（最好是 Windows 10 以上版本）。

（2）安装虚拟机管理软件 VMware Workstation。

（3）安装 Linux（Ubuntu 版本）操作系统的虚拟机。

（4）在安装 Linux 操作系统的虚拟机上，安装配置鸿蒙 OS C 语言设备开发环境所需的 DevEco Device Tool 3.1 Beta1 Linux（编译服务端）软件。DevEco Device Tool 3.1 Beta1 Linux（编译服务端）软件由配置鸿蒙 OS C 语言程序编译环境所需的 Python、gn、ninja、gcc_riscv32、Scons、Node.js、hpm 等软件组成。

3.4.1　安装虚拟机管理软件 VMware Workstation

安装虚拟机管理软件 VMware Workstation 的方法和步骤如下：

（1）如图 3-6 所示，在计算机硬盘上找到已下载的 VMware Workstation 的安装程序，本书使用的安装程序是 VMware-workstation-full-16.2.3-19376536.exe，存放在计算机的 D:\HarmonyOS C SETUP\Ubuntu Server Setup 文件夹下。读者可以从虚拟机管理软件 VMware Workstation 的官方网站下载该程序到自己的计算机，也可以从与本书配套的网站下载该程序。双击该程序，程序开始执行，弹出如图 3-7 所示的"VMware 产品安装"对话框，稍等片刻，接着出现如图 3-8 所示的 VMware Workstation Pro 安装向导。

安装虚拟机管理软件 VMware Workstation

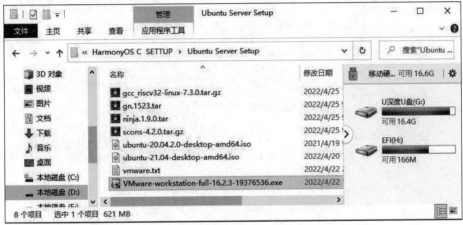

图 3-6　VMware Workstation 安装程序

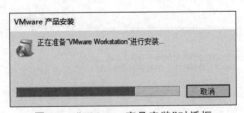

图 3-7　"VMware 产品安装"对话框

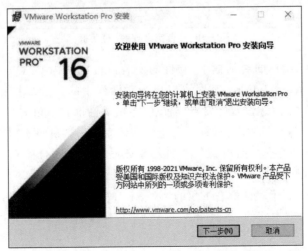

图 3-8　VMware Workstation Pro 安装向导

（2）单击图 3-8 所示对话框右下角的"下一步"按钮，出现如图 3-9 所示的"VMware 最终用户许可协议"对话框。

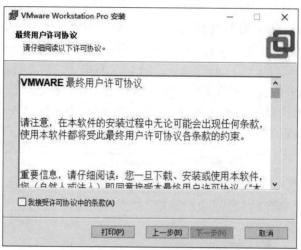

图 3-9　VMware 最终用户许可协议

（3）选择图 3-9 所示对话框左下角的"我接受许可协议中的条款"复选框，此时对话框中右下角的"下一步"按钮由虚变实，单击该按钮，出现如图 3-10 所示的"自定义安装"对话框。

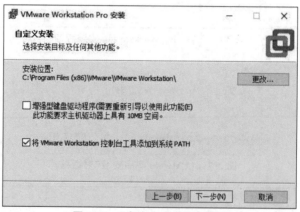

图 3-10　"自定义安装"对话框

（4）在如图 3-10 所示的对话框中，软件的安装位置默认为 C:\Program Files（x86）\VMware\VMware Workstation\，此时可以单击对话框中的"更改"按钮更改安装位置，也可以保持此安装位置不变。设置好安装位置后，单击对话框右下角的"下一步"按钮，出现如图 3-11 所示的"用户体验设置"对话框。为避免安装后的虚拟机每次启动时都更新，取消对对话框中部的"启动时检查产品更新"和"加入 VMware 客户体验提升计划"两个复选框的选择，此时对话框如图 3-12 所示。

（5）单击图 3-12 所示对话框右下角的"下一步"按钮，出现如图 3-13 所示的"快捷方式"对话框。选择该对话框中部的"桌面"和"开始菜单程序文件夹"两个复选框，此时对话框如图 3-13 所示。

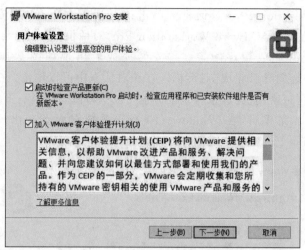

图 3-11　"用户体验设置"对话框

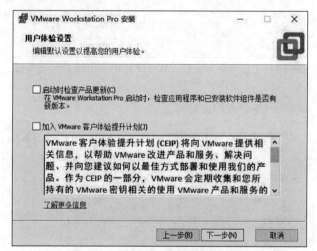

图 3-12　取消对两个复选框的选择

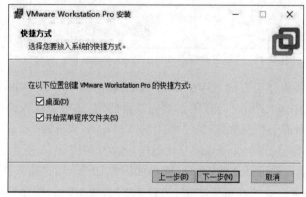

图 3-13　"快捷方式"对话框

（6）单击图 3-13 所示对话框右下角的"下一步"按钮，出现如图 3-14 所示的"已准备好安装 VMware Workstation Pro"对话框。单击该对话框右下角的"安装"按钮，出现如图 3-15 所示的"正在安装 VMware Workstation Pro"对话框，表示安装程序正在将程序文件复制到计算机上并完成程序配置。等安装完成后出现如图 3-16 所示的"VMware Workstation Pro 安装向导已完成"对话框。在该对话框中可以单击"许可证"按钮，在弹出的对话框中输入许可证密钥，完成正版认证。也可以单击该对话框右下角的"完成"按钮，先结束程序安装。安装完成后，在 Windows 10 操作系统桌面上会出现如图 3-17 所示的 VMware Workstation Pro 快捷方式图标。

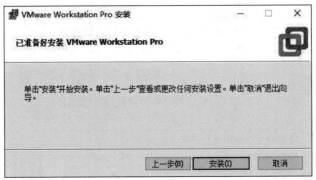

图 3-14 "已准备好安装 VMware Workstation Pro"对话框

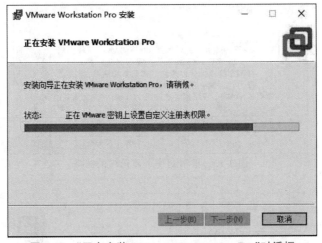

图 3-15 "正在安装 VMware Workstation Pro"对话框

（7）如果第（6）步操作没有输入 VMware Workstation Pro 程序的许可证密钥，程序即使安装了，也只是试用版，试用时间有限。要想正常使用，还需要输入许可证密钥，方法是在 Windows 操作系统桌面上找到如图 3-17 所示的 VMware Workstation Pro 快捷方式图标，双击该图标启动 VMware Workstation Pro 程序，然后，如图 3-18 所示，在程序窗口中打开"帮助"菜单，选择"输入许可证密钥"命令，弹出如图 3-19 所示的"输入许可证密钥"对话框，在此输入由 25 个字符组成的许可证密钥，然后单击"确定"按钮，程序即可获得认证，成为正式版程序，就可以永久使用了。

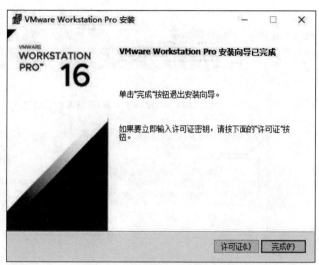

图 3-16　"VMware Workstation Pro 安装向导已完成"对话框

图 3-17　VMware Workstation Pro 快捷方式图标

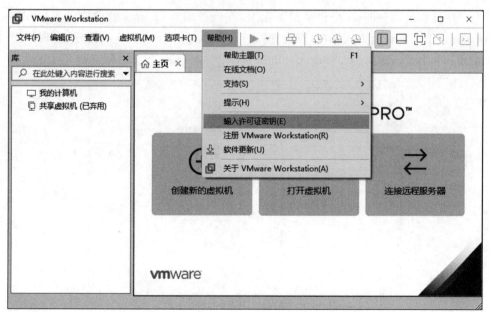

图 3-18　VMware Workstation Pro 程序窗口

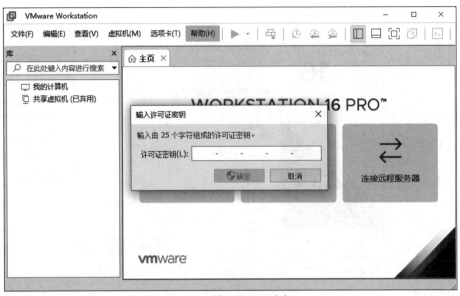

图 3-19　输入许可证密钥

创建安装
Linux
（Ubuntu
版本）
虚拟机

3.4.2　使用 VMware Workstation 创建 Linux 虚拟机

注意：创建安装 Linux（Ubuntu 版本）操作系统的虚拟机时，因为需要从网站下载内容更新 Ubuntu，所以要确保计算机联通互联网，处于正常上网状态。

使用 VMware Workstation 软件创建安装 Linux（Ubuntu 版本）操作系统的虚拟机的步骤如下：

（1）在计算机 Windows 操作系统桌面上，找到如图 3-17 所示的虚拟机程序 VMware Workstation Pro 的快捷方式图标，双击它，运行 VMware Workstation 程序，出现如图 3-20 所示的虚拟机程序 VMware Workstation 主窗口。

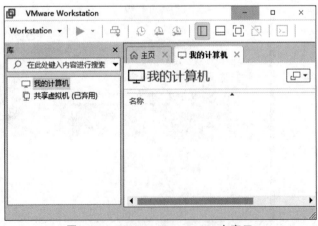

图 3-20　VMware Workstation 主窗口

（2）在虚拟机程序 VMware Workstation 主窗口中，单击该窗口左上角的 Workstation，会出现如图 3-21 所示的菜单，在菜单中选择"文件"→"新建虚拟机"命令，出现如图 3-22 所示的新建虚拟机向导。

图 3-21　"新建虚拟机"命令

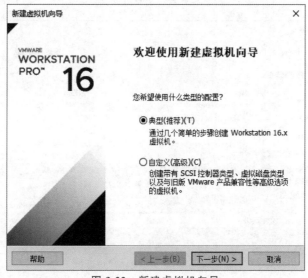

图 3-22　新建虚拟机向导

　　(3) 在新建虚拟机向导中,保持"典型(推荐)"单选按钮被选中,使用典型安装方式安装虚拟机,单击"下一步"按钮,出现如图 3-23 所示的"安装客户机操作系统"对话框。

　　(4) 在"安装客户机操作系统"对话框中,选择"安装程序光盘映像文件(iso)"单选按钮,然后单击其右侧的"浏览"按钮,出现如图 3-24 所示的"浏览 ISO 映像"对话框,目的是找到在计算机硬盘上保存的提前下载的 Linux 操作系统 Ubuntu 版本的安装映像文件。

　　注意:本书使用的 Linux 操作系统 Ubuntu 版本的安装映像文件是 ubuntu-20.04.2.0-desktop-amd64.iso,该文件保存于 D:\HarmonyOS C SETUP\Ubuntu Server Setup 文件夹中。

　　(5) 在"浏览 ISO 映像"窗口中,按住鼠标左键拖动左侧列表框的滑块,找到"本地硬盘(D)",选择"本地硬盘(D)",然后按住鼠标左键拖动右侧列表框的滑块,找到 HarmonyOS C SETUP 文件夹,然后双击打开该文件夹,如图 3-25 所示。

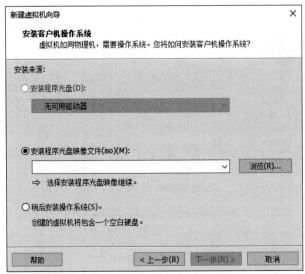

图 3-23　"安装客户机操作系统"对话框

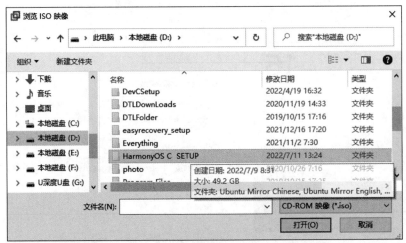

图 3-24　"浏览 ISO 映像"对话框

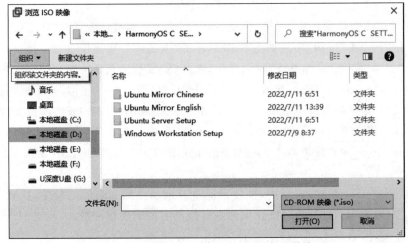

图 3-25　打开 HarmonyOS C SETUP 文件夹

（6）在如图 3-25 所示的对话框中，双击打开 Ubuntu Server Setup 文件夹，如图 3-26
所示。

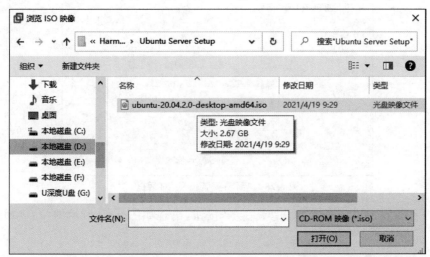

图 3-26　打开 Ubuntu Server Setup 文件夹

（7）在如图 3-26 所示的对话框中，可以看到已经准备好的 Linux 操作系统 Ubuntu 版
本的安装文件 ubuntu-20.04.2.0-desktop-amd64.iso。

注意：该文件如果保存在其他磁盘的其他文件夹中，可参照此步进行操作，只要找到该
文件即可。

（8）在如图 3-26 所示的对话框中，选择 ubuntu-20.04.2.0-desktop-amd64.iso 文件，然
后单击"打开"按钮，返回如图 3-27 所示的"安装客户机操作系统"对话框。然后单击该对话
框的"下一步"按钮，出现如图 3-28 所示的"简易安装信息"对话框。

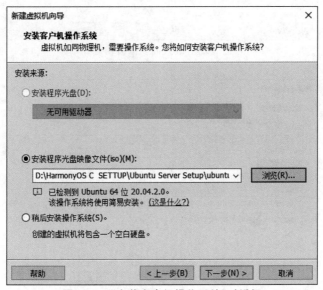

图 3-27　"安装客户机操作系统"对话框

（9）在如图 3-28 所示的对话框中，在"全名""用户名""密码"和"确认"文本框中都输入

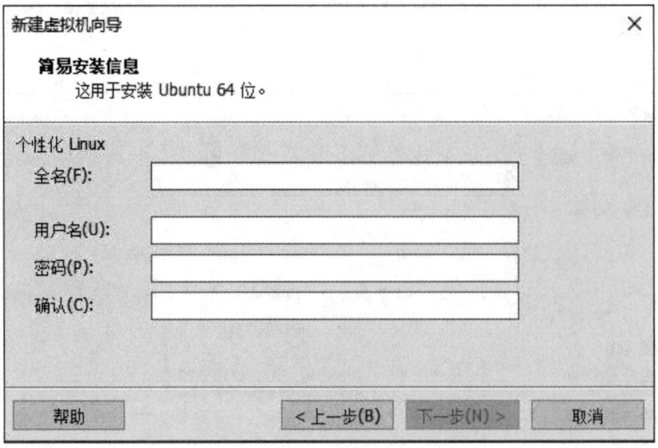

图 3-28 "简易安装信息"对话框

bossay,如图 3-29 所示。然后单击"下一步"按钮,出现如图 3-30 所示的"命名虚拟机"对话框。

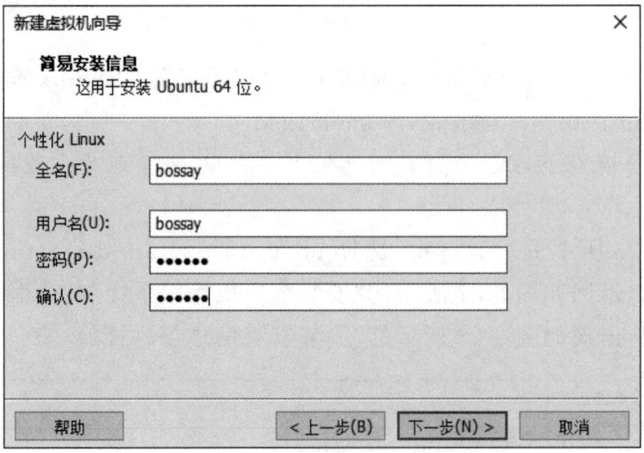

图 3-29 输入简易安装信息

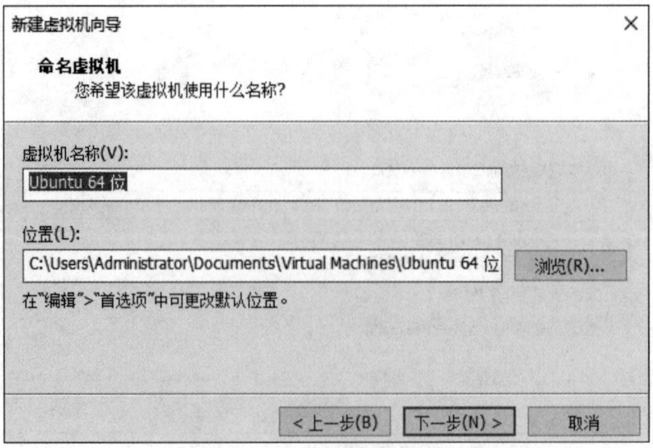

图 3-30 "命名虚拟机"对话框

(10) 在如图 3-30 所示的对话框中,将"虚拟机名称"文本框中的内容改为 BossayUbuntu,

将"位置"文本框中的内容修改为 F:\BossayUbuntu(也可以是 D:\BossayUbuntu 或者其他
文件夹),如图 3-31 所示,这意味着将建立的虚拟机命名为 BossayUbuntu,将虚拟机程序放
置在计算机 F 盘的 BossayUbuntu 文件夹下。需要说明的是,虚拟机的名称和虚拟机程序
放置的位置可由安装者自己确定。然后,单击对话框右下角的"下一步"按钮,出现如图 3-32
所示的"指定磁盘容量"对话框。

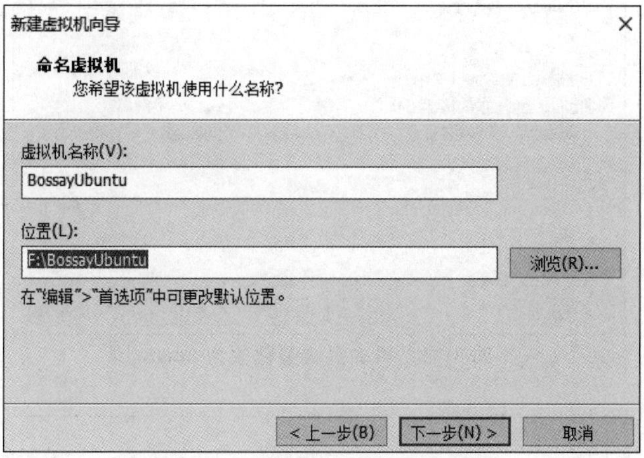

图 3-31　命名虚拟机并指定位置

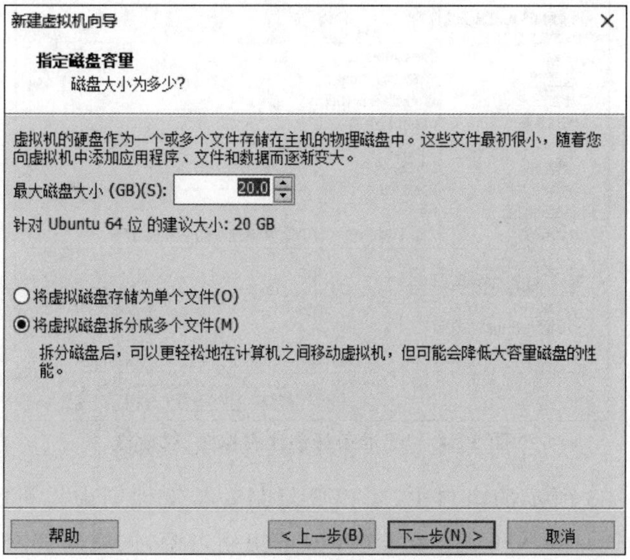

图 3-32　"指定磁盘容量"对话框

(11) 在如图 3-32 所示的对话框中,将"最大磁盘大小(GB)"由 20 修改为 80,如图 3-33
所示。然后单击对话框右下角的"下一步"按钮。出现如图 3-34 所示的"已准备好创建虚拟
机"对话框。

注意:为保证虚拟机容量够用,一般设置虚拟机硬盘存储空间不低于 60GB,最好
为 80G。

(12) 在如图 3-34 所示的对话框中,单击窗口右下角的"完成"按钮,返回 VMware
Workstation 主界面,开始创建虚拟机,如图 3-35 所示。

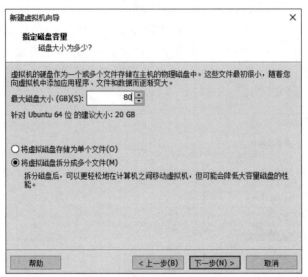

图 3-33　将磁盘容量修改为 80GB

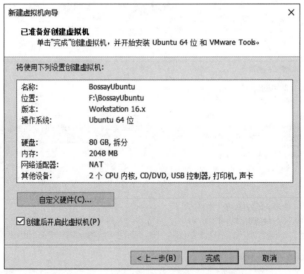

图 3-34　"已准备好创建虚拟机"对话框

（13）在如图 3-35 所示的窗口中，不仅要复制安装文件到虚拟机的安装文件夹 F:\ BossayUbuntu 下，而且要从网络下载 Ubuntu 的更新内容，同时还要对 Ubuntu 进行系统配置，因此安装过程需要较长时间，要耐心等待，直到出现如图 3-36 所示的窗口，表示虚拟机已经安装完毕。

（14）在如图 3-36 所示的窗口中，单击窗口中间的 bossay 用户，出现如图 3-37 所示的密码输入框，输入密码 bossay，然后按回车键，出现如图 3-38 所示的 Online Accounts（在线账号）窗口。

注意：需要说明的是，为了方便初学者，这里的用户名和密码都是 bossay，这对于用户和系统安全来说是非常不利的。等有了经验以后，为安全考虑，应该将用户密码尽量设置得复杂一些。

图 3-35　开始创建虚拟机

图 3-36　虚拟机安装完毕

（15）在如图 3-38 所示的窗口中，单击窗口右上角的 Skip 按钮，出现如图 3-39 所示的 Livepatch 窗口。

（16）在如图 3-39 所示的窗口中，单击窗口右上角的 Next 按钮，出现如图 3-40 所示的 Help improve Ubuntu 窗口，在此窗口中选择"No，don't send system info"单选按钮，然后单击窗口右上角的 Next 按钮，出现如图 3-41 所示的 Welcome to Ubuntu 窗口。

（17）在如图 3-41 所示的窗口中，单击右上角的 Next 按钮，出现如图 3-42 所示的 Ready to go 窗口。在此窗口中单击右上角的 Done 按钮，出现如图 3-43 所示的 Software Update 窗口。在此窗口中单击"Don't Upgrade"按钮，放弃对 Ubuntu 操作系统的版本更

图 3-37　输入密码

图 3-38　在线账号

新。接着弹出如图 3-44 所示的对话框,告知安装者可以在以后通过软件的 Upgrade 功能更新软件版本。单击 OK 按钮,出现如图 3-45 所示的 Software Updater 对话框。此时单击右上角的"×"关闭该对话框,出现如图 3-46 所示的 Bossay Ubuntu 虚拟机界面,表示已经成功创建了 Linux 操作系统 Ubuntu 版本的虚拟机。

(18) 使用完虚拟机后,需要将其关闭,否则很容易导致虚拟机损坏。正常关闭虚拟机的方法如图 3-47 所示,右击 VMware Workstation 窗口左侧列表中的虚拟机名称 BossayUbuntu,在弹出的快捷菜单中选择"电源"→"关闭客户机"命令,此时弹出如图 3-48 所示的确认关闭虚拟机的对话框,单击"关机"按钮,稍等片刻,出现如图 3-50 所示的窗口,就表示虚拟机已经正常关闭了。

图 3-39　Livepatch

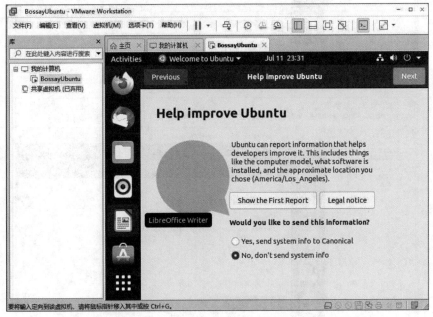

图 3-40　Help improve Ubuntu

　　另一种关闭虚拟机的方法如图 3-49 所示，在 VMware Workstation 窗口的菜单栏中打开"虚拟机"菜单，然后选择"电源"→"关机"命令，此时弹出如图 3-48 所示的确认关闭虚拟机对话框，此时单击"关机"按钮即可。

　　关闭虚拟机后，单击如图 3-50 所示窗口右上角的"×"按钮，关闭 VMware Workstation 虚拟机管理软件。

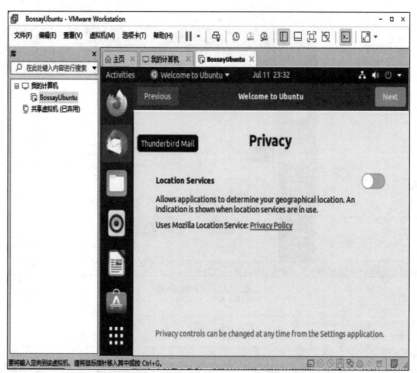

图 3-41　Welcome to Ubuntu

图 3-42　Ready to go

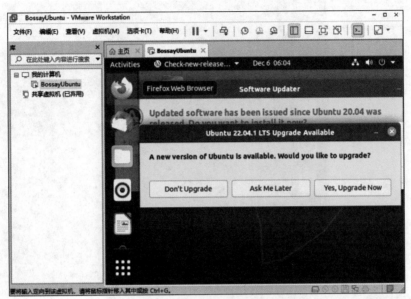

图 3-43　Software Updater

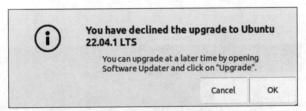

图 3-44　关于 Ubuntu 版本升级的提示信息

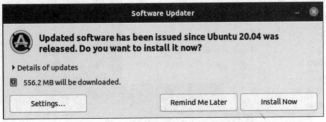

图 3-45　Software Updater 对话框

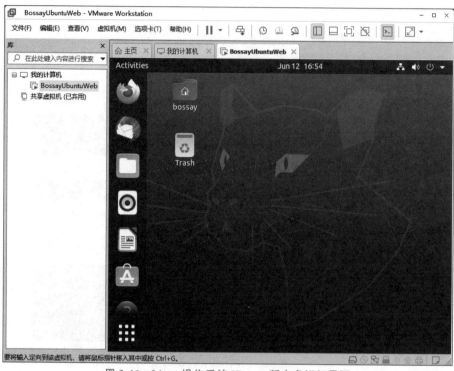

图 3-46　Linux 操作系统 Ubuntu 版本虚拟机界面

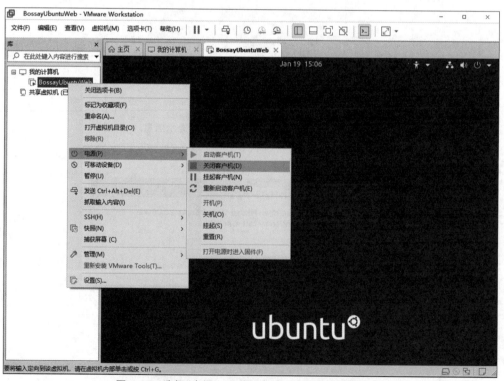

图 3-47　选择"电源"→"关闭客户机"命令关闭虚拟机

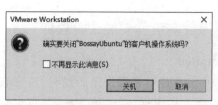

图 3-48　确认关闭虚拟机

图 3-49　选择"电源"→"关机"命令关闭虚拟机

图 3-50　虚拟机关闭后的窗口

3.4.3 配置虚拟机操作系统环境并安装工具软件

1. 启动 VMware Workstation

如果 VMware Workstation 虚拟机管理程序已经运行，则省略此步。否则在 Windows 操作系统桌面找到虚拟机快捷方式图标，双击该图标，也可以选择 Windows 操作系统"开始"菜单中的 VMware Workstation Pro 选项，启动 VMware Workstation 虚拟机管理程序，此时虚拟机还处于关闭状态。

2. 启动并且登录虚拟机

在如图 3-50 所示的窗口中，选择窗口左侧列表中的"我的计算机"下面已经安装好的虚拟机，这里安装的虚拟机名称是 BossayUbuntu，然后单击窗口中的绿色箭头"开启此虚拟机"按钮，此时若出现如图 3-51 所示的对话框，单击"否"按钮，取消每次开机时连接虚拟设备的尝试。启动的虚拟机如图 3-52 所示。此时单击窗口右侧的 bossay 用户，出现 bossay 用户密码输入框，输入系统安装时为 bossay 用户设置的密码 bossay，如图 3-53 所示，然后按回车键，如果密码输入无误，bossay 用户完成登录，此时的窗口如图 3-54 所示。如果用户已经启动并且登录了虚拟机，此步可省略。

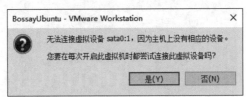

图 3-51　虚拟设备连接提示消息

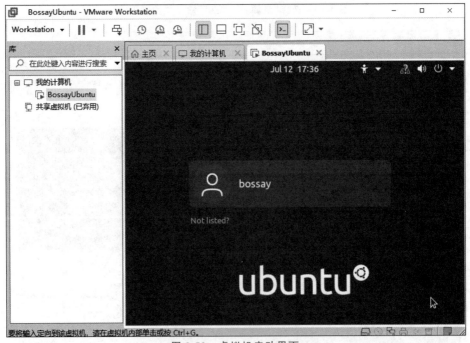

图 3-52　虚拟机启动界面

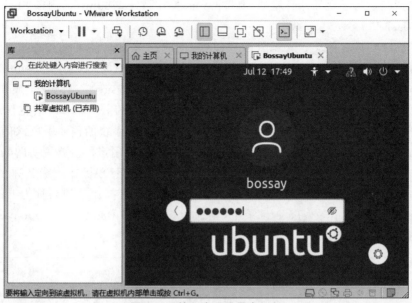

图 3-53　输入密码登录虚拟机

图 3-54　用户登录后的虚拟机界面

3. 将 Ubuntu Shell 改为 bash

　　Shell 是使用 C 语言编写的一种应用程序,是 Linux 操作系统的命令解释器,它提供了 Linux 操作系统命令输入界面,用户通过这个界面输入 Linux 操作系统的命令,访问和操作 Linux 操作系统,实现操作系统命令的功能。Linux 操作系统的 Shell 有很多种,为了构建鸿蒙 OS C 语言设备开发编译环境，需要将 Linux 操作系统 Ubuntu 的内核 Shell 由默认的 dash 改为 bash。

在如图 3-54 所示的 Ubuntu 图形界面中，同时按下键盘的 Ctrl＋Alt＋T 键，打开 Ubuntu 的用户终端命令输入窗口，如图 3-55 所示，窗口中的 bossay@ubuntu：～$ 是 Linux 操作系统命令行输入提示符。其中，@字符前面的 bossay 是当前登录操作系统的用户名称；@字符后面的 ubuntu 是操作系统的名称；字符～是用户 bossay 的主目录；字符～后面的内容是用户的子目录；字符$代表登录的用户是操作系统的普通用户，如果字符$的位置显示的是字符♯，则代表登录的用户是操作系统的超级用户。需要说明的是，Linux 操作系统用户终端命令输入窗口中的命令提示符会随着当前用户、操作系统名称和系统当前用户目录的不同而发生改变，例如用户 harmony 登录了一台操作系统名称为 linux64 的计算机，如果当前用户工作在 share 目录下，则命令提示符将随之变为 harmony@linux64：～/share$。

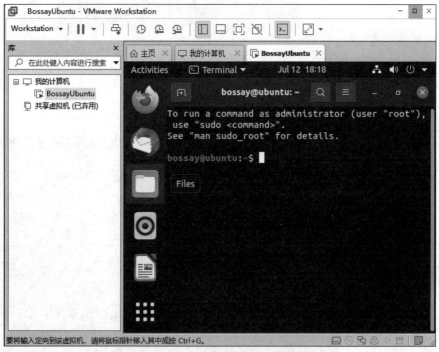

图 3-55　Ubuntu 的用户终端命令输入窗口

后面安装配置鸿蒙 OS C 语言设备开发编译环境的各步操作，基本上都是在 Ubuntu 版 Linux 操作系统 bossay 用户的命令提示符 bossay@ubuntu：～$ 的后面输入相关命令完成的。

将 Ubuntu Shell 改为 bash 的操作如图 3-56 所示，在 Ubuntu 版 Linux 操作系统 bossay 用户的终端命令提示符 bossay@ubuntu：～$ 的后面输入以下命令：

```
sudo dpkg-reconfigure dash
```

然后按回车键，出现"［sudo］password for bossay："的提示，要求输入密码。在此输入密码

bossay。注意,密码输入后并不显示,因此输入的密码必须正确,然后按回车键,出现如图 3-57
所示的对话框。

图 3-56　输入命令 sudo dpkg-reconfigure dash

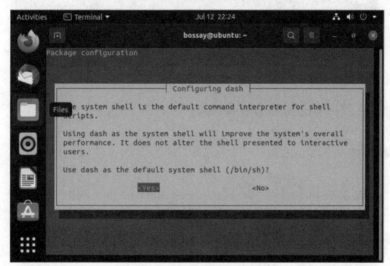

图 3-57　configuring dash 对话框

　　该对话框询问是否使用 dash 作为 Ubuntu 版 Linux 操作系统默认的命令解释器,对话
框中的 Yes 选项以红底白字显示,此时按键盘上的"→"键,对话框中的 No 选项变为红底白
字显示,如图 3-58 所示,表明不选择 dash,而是选择 bash 作为 Linux 操作系统默认的
Shell,然后按回车键,此时 configuration dash 对话框消失,返回操作系统命令提示窗口,如
图 3-59 所示。

4. 检查 Ubuntu Shell 是否已改为 bash

　　如图 3-60 所示,在 Ubuntu 版 Linux 操作系统 bossay 用户的终端命令提示符后面输入
以下命令:

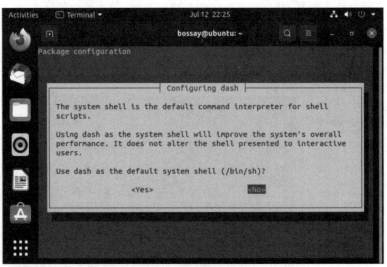

Activities
Terminal
Jul 12 22:25
bossay@ubuntu: ~
Package configuration
Configuring dash
The system shell is the default command interpreter for shell scripts.
Using dash as the system shell will improve the system's overall performance. It does not alter the shell presented to interactive users.
Use dash as the default system shell (/bin/sh)?
<Yes>
<No>

图 3-58 选择 No 选项

Activities
Terminal
Jul 12 22:26
bossay@ubuntu: ~
bossay@ubuntu:~$ sudo dpkg-reconfigure dash
Removing 'diversion of /bin/sh to /bin/sh.distrib by dash'
Adding 'diversion of /bin/sh to /bin/sh.distrib by bash'
Removing 'diversion of /usr/share/man/man1/sh.1.gz to /usr/share/man/man1/s
Files
distrib.1.gz by bash'
bossay@ubuntu:~$

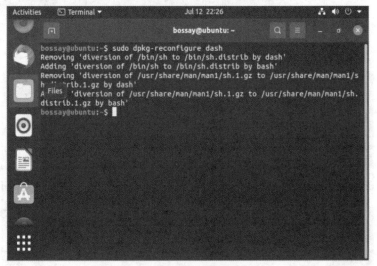

图 3-59 Ubuntu Shell 改为 bash

```
ls -l  /bin/sh
```

然后按回车键,显示的信息表明 Ubuntu Shell 已经改为 bash。

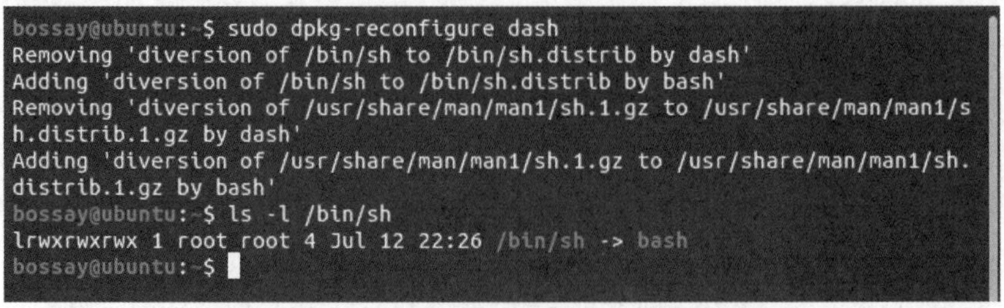

bossay@ubuntu:~$ sudo dpkg-reconfigure dash
Removing 'diversion of /bin/sh to /bin/sh.distrib by dash'
Adding 'diversion of /bin/sh to /bin/sh.distrib by bash'
Removing 'diversion of /usr/share/man/man1/sh.1.gz to /usr/share/man/man1/s
h.distrib.1.gz by dash'
Adding 'diversion of /usr/share/man/man1/sh.1.gz to /usr/share/man/man1/sh.
distrib.1.gz by bash'
bossay@ubuntu:~$ ls -l /bin/sh
lrwxrwxrwx 1 root root 4 Jul 12 22:26 /bin/sh -> bash
bossay@ubuntu:~$

图 3-60 检查 Ubuntu Shell 是否已改为 bash

5. 修改 Ubuntu 组件的在线安装源

为了安装鸿蒙 OS C 语言设备开发编译环境，还必须从网络下载和安装 Ubuntu 版 Linux 操作系统的一些组件，这些组件默认从 Ubuntu 官方网站下载，但 Ubuntu 官方网站访问人数多，下载和安装这些组件耗时过长，因此有必要将下载这些组件的来源网站修改为华为云网站。为此，执行以下 3 个命令，如图 3-61 所示。

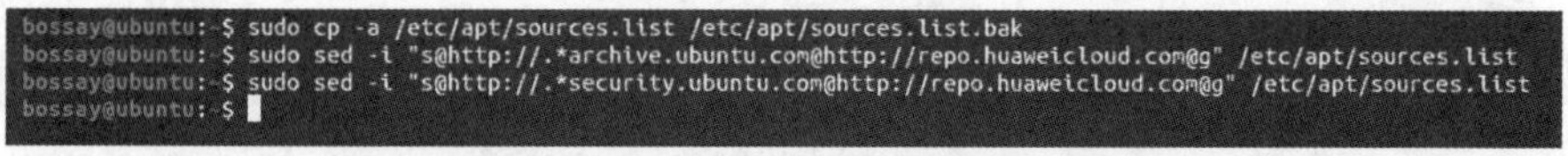

```
bossay@ubuntu:~$ sudo cp -a /etc/apt/sources.list /etc/apt/sources.list.bak
bossay@ubuntu:~$ sudo sed -i "s@http://.*archive.ubuntu.com@http://repo.huaweicloud.com@g" /etc/apt/sources.list
bossay@ubuntu:~$ sudo sed -i "s@http://.*security.ubuntu.com@http://repo.huaweicloud.com@g" /etc/apt/sources.list
bossay@ubuntu:~$
```

图 3-61　修改 Ubuntu 组件的在线安装源

在命令行提示符 bossay@ubuntu：~ $ 的后面输入下面的命令，然后按回车键，备份 sources.list 文件。

```
sudo cp -a /etc/apt/sources.list /etc/apt/sources.list.bak
```

在命令行提示符 bossay@ubuntu：~ $ 的后面输入下面的命令，然后按回车键，修改 sources.list 文件，将组件来源网站修改为华为云网站。

```
sudo sed -i  "s@http://.* archive.ubuntu.com@http://repo.huaweicloud.com@g"
/etc/apt/sources.list
```

执行完上述命令后，可以在命令行提示符 bossay@ubuntu：~ $ 的后面输入下面的命令，然后按回车键，查看 sources.list 文件中的相关内容是否已被修改。

```
cat /etc/apt/sources.list
```

6. 更新安装包管理工具 apt 的缓存

如图 3-62 所示，在命令行提示符 bossay@ubuntu：~ $ 的后面输入下面的命令，然后按回车键，更新安装包管理工具 apt 的缓存。

```
sudo apt update
```

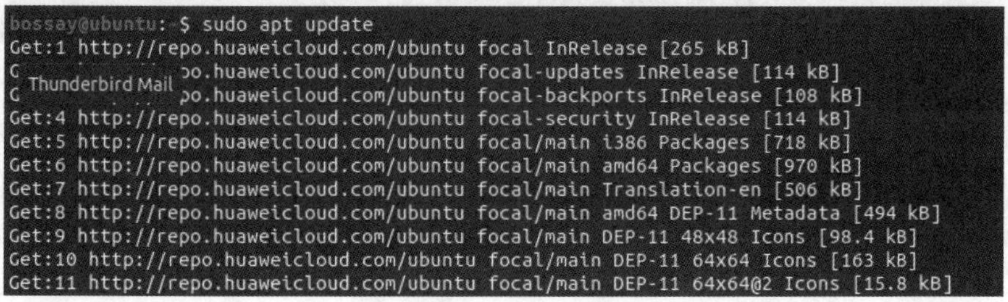

```
bossay@ubuntu:~$ sudo apt update
Get:1 http://repo.huaweicloud.com/ubuntu focal InRelease [265 kB]
G        po.huaweicloud.com/ubuntu focal-updates InRelease [114 kB]
G        po.huaweicloud.com/ubuntu focal-backports InRelease [108 kB]
Get:4 http://repo.huaweicloud.com/ubuntu focal-security InRelease [114 kB]
Get:5 http://repo.huaweicloud.com/ubuntu focal/main i386 Packages [718 kB]
Get:6 http://repo.huaweicloud.com/ubuntu focal/main amd64 Packages [970 kB]
Get:7 http://repo.huaweicloud.com/ubuntu focal/main Translation-en [506 kB]
Get:8 http://repo.huaweicloud.com/ubuntu focal/main amd64 DEP-11 Metadata [494 kB]
Get:9 http://repo.huaweicloud.com/ubuntu focal/main DEP-11 48x48 Icons [98.4 kB]
Get:10 http://repo.huaweicloud.com/ubuntu focal/main DEP-11 64x64 Icons [163 kB]
Get:11 http://repo.huaweicloud.com/ubuntu focal/main DEP-11 64x64@2 Icons [15.8 kB]
```


图 3-62　更新 apt 缓存

在输入上述命令并按回车键后，出现"[sudo]password for bossay:"的提示，要求输入密码，在此正确输入密码 bossay，然后按回车键，命令才会被执行。在执行过程中如果遇到提问，输入 y。如果命令执行结果如图 3-62 所示，表示命令被成功执行，apt 缓存更新完成，接下去执行第 7 步即可。

如果命令执行结果如图 3-63 所示,表示有些需要更新的 apt 缓存内容被 4755 号进程占用,导致 apt 缓存不能被正常更新。要解决这个问题,需要先参照下面第 7 步中的方法先将 4755 号进程杀死,然后在命令提示符 bossay@ubuntu:～$ 的后面输入下面的命令,按回车键,删除/var/lib/apt/lists/文件夹下面的所有内容。

```
sudo rm /var/lib/apt/lists/* -vf
```

再在命令提示符 bossay@ubuntu:～$ 的后面输入下面的命令,然后按回车键,更新 apt 缓存。

```
sudo apt update
```

图 3-63　更新 apt 缓存时出现问题

如果上面的命令执行结果如图 3-62 所示,则表示 apt 缓存成功得到更新,可以继续执行第 7 步了;如果还是不能更新 apt 缓存,则必须找到问题的原因,解决问题,直到成功更新 apt 缓存。

7. 升级 apt

如图 3-64 所示,在命令行提示符 bossay@ubuntu:～$ 的后面输入下面的命令,然后按回车键,升级 apt。

```
sudo apt upgrade
```

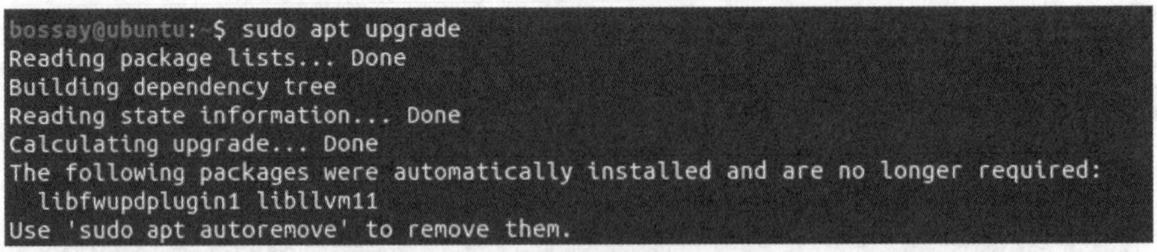

图 3-64　升级 apt

在输入上述命令并按回车键后,出现"[sudo]password for bossay:"的提示,要求输入密码,在此正确输入密码 bossay,然后按回车键,命令才会被执行。在执行过程中如果遇到提问,输入 y。如果命令执行结果如图 3-64 所示,表示命令被成功执行,apt 升级完成,接下去执行第 8 步即可。

如果命令执行结果如图 3-65 所示,表示有些需要升级的 apt 内容被 4755 号进程占用,导致 apt 升级失败。要解决这个问题,需要先在命令提示符 bossay@ubuntu:～$ 的后面输入下面的命令,如图 3-66 所示,然后按回车键,查看进程。

```
ps afx|grep apt
```

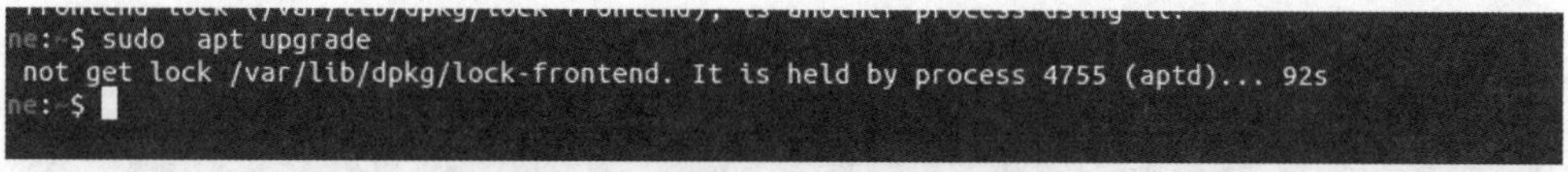

图 3-65　升级 apt 时出现的问题

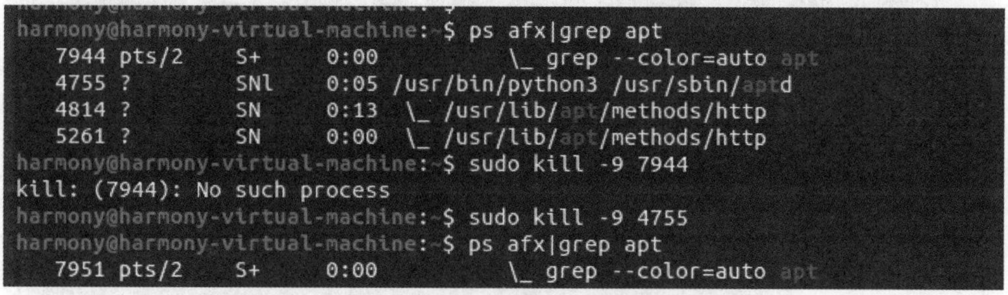

图 3-66　解决升级 apt 的问题

再在命令提示符 bossay@ubuntu：～$ 的后面输入下面的命令,如图 3-66 所示,然后按回车键,杀死 4755 号进程。

```
sudo kill - 9 4755
```

当然,在具体安装时,进程号不一定就是 4755,也可能是其他进程,杀死哪个进程要视具体情况而定。

接下来,在命令提示符 bossay@ubuntu：～$ 的后面输入下面的命令,然后按回车键,升级 apt。

```
sudo apt upgrade
```

如果上面的命令执行结果如图 3-64 所示,则表示 apt 成功得到升级,可以继续执行第 8 步;如果 apt 升级还是出现问题,则必须找到问题的原因,解决问题,直到 apt 成功升级方能进行第 8 步。

8. 安装 net-tools 网络管理工具

如图 3-67 所示,在命令行提示符 bossay@ubuntu：～$ 的后面输入下面的命令,然后按回车键,从网上下载并安装网络管理工具 net-tools。

```
sudo apt install net-tools
```

安装过程中遇到提问时从键盘输入 y。命令执行后就安装了 net-tools。

9. 安装开源文件传输工具 curl

如图 3-68 所示,在命令行提示符 bossay@ubuntu：～$ 的后面输入下面的命令,然后按回车键,从网上下载并安装开源文件传输工具 curl。

```
sudo apt install curl
```

此时出现"[sudo]password for bossay:"的提示,要求输入密码,在此正确输入密码 bossay

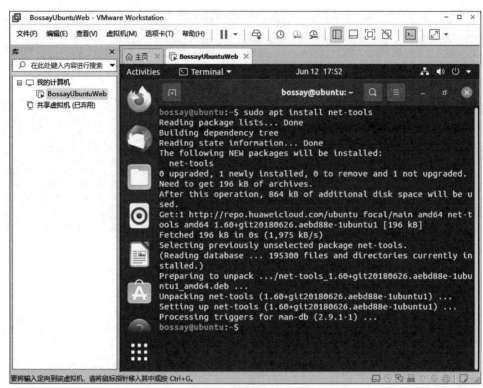

图 3-67   安装 net-tools

后按回车键,命令才会被执行。在执行过程中如果遇到提问,输入 y。命令执行后就安装了 curl。

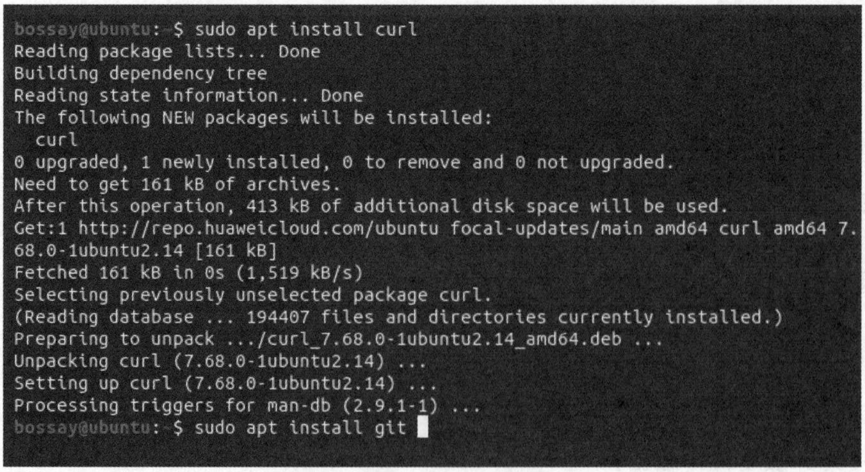

图 3-68   安装 curl 和 git

10. 安装开源分布式版本控制工具 git

如图 3-68 所示,在命令行提示符 bossay@ubuntu:～ $ 的后面输入下面的命令,然后按回车键,从网上下载并安装开源分布式版本控制工具 git。

```
sudo apt install git
```

此时出现"[sudo]password for bossay："的提示，要求输入密码，在此正确输入密码 bossay 后按回车键，命令才会被执行。在执行过程中如果遇到提问，输入 y。命令被执行后就安装了 git。

11. 安装编辑工具 vim

如图 3-69 所示，在命令行提示符 bossay@ubuntu：～ $ 的后面输入下面的命令，然后按回车键，从网上下载并安装编辑工具 vim。

```
sudo apt install vim
```

此时出现"[sudo]password for bossay："的提示，要求输入密码，在此正确输入密码 bossay 后按回车键，命令才会被执行。在执行过程中如果遇到提问，输入 y。命令执行后就安装了 vim。

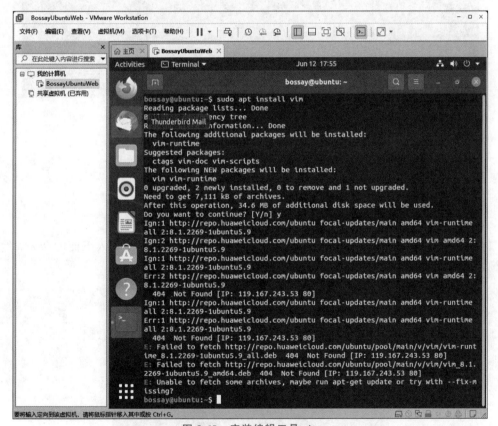

图 3-69　安装编辑工具 vim

12. 安装 openssh-server 服务器并启动 SSH 服务

首先，在 Ubuntu 系统的终端工作模式下安装 openssh-server 服务器。

openssh-server 是专为远程登录会话和其他网络服务提供具有安全性保障的服务器，它利用 SSH 协议有效地防止远程管理和客户端与服务器端之间传输数据时的信息泄露问题。

如图 3-70 所示,在命令行提示符 bossay@ubuntu：～ $ 的后面输入下面的命令,然后按回车键,从网上下载并安装用于远程登录的服务器 openssh-server。

```
sudo apt install openssh-server
```

此时出现"[sudo]password for bossay："的提示,要求输入密码。在此正确输入密码 bossay 后按回车键,命令才会被执行。在执行过程中如果遇到提问,输入 y。命令执行完毕后就安装了 openssh-server。

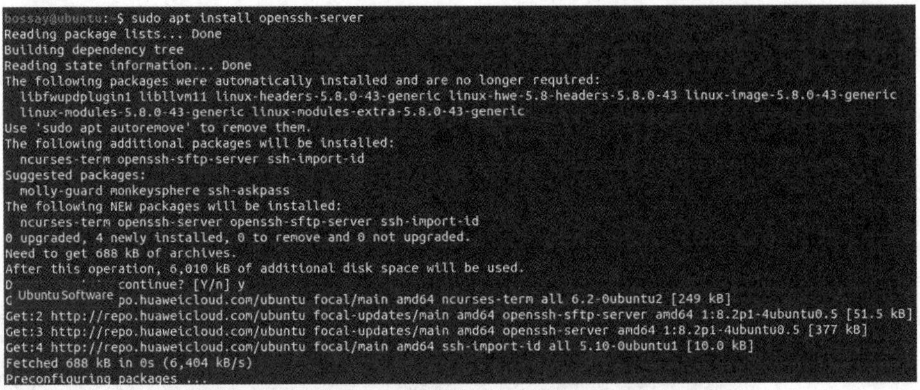

图 3-70　安装用于远程登录的服务器 openssh-server

然后,执行如下命令启动 SSH 服务：

```
sudo systemctl start ssh
```

执行完该命令后就启动了 SSH 服务。

13. 创建共享目录 share 并对用户授权

如图 3-71 所示,在命令行提示符 bossay@ubuntu：～ $ 的后面输入下面的命令,然后按回车键,在当前用户的根目录下创建共享目录 share。

```
sudo mkdir ~/share
```

然后输入下面的命令对全部用户授予该目录可读、可写、可执行的权限。

```
sudo chmod 777 ~/share
```

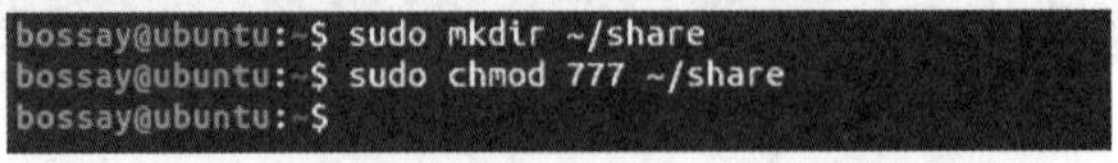

图 3-71　创建共享目录 share 并对用户授权

14. Samba 服务器的安装与配置

Samba 服务器的安装与配置分为以下 4 步。

1) 安装 Samba 服务器

如图 3-72 所示,在命令行提示符 bossay@ubuntu：～ $ 的后面输入下面的命令,然后按回车键,安装 Samba 服务器。

```
sudo apt install samba
```

安装过程中遇到提问时从键盘输入 y。

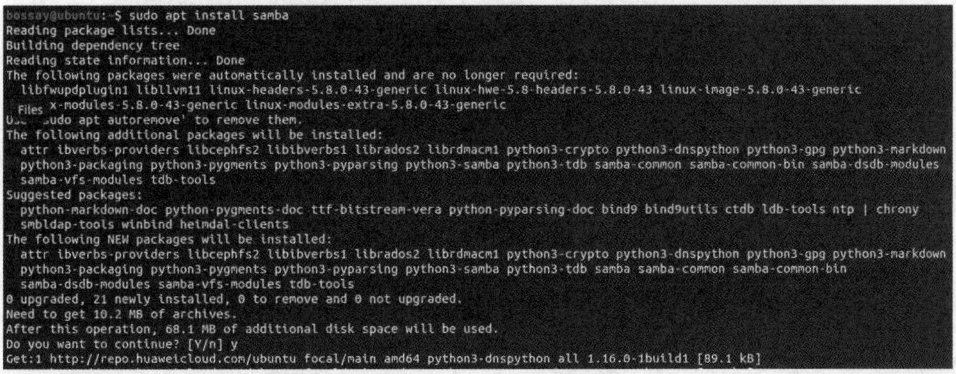

图 3-72　安装 Samba 服务器

Samba 服务器既可以充当文件共享服务器,也可以充当客户端。在 Linux 操作系统环境下安装 Samba 服务器后,Windows 客户端就可以通过 SMB 协议共享 Samba 服务器上的资源文件,同时 Samba 服务器也可以访问网络中其他 Windows 系统或者 Linux 系统共享的文件。

2) 创建 Samba 服务器的用户

如图 3-73 所示,在命令行提示符 bossay@ubuntu:～$ 的后面输入下面的命令创建 Samba 服务器的用户。

```
sudo smbpasswd - a bossay
```

这里是将 Ubuntu 版 Linux 操作系统虚拟机的用户 bossay 设定为 Samba 服务器的一个用户。-a 后面的 bossay 为安装虚拟机时的用户名称。执行上面的命令时需要输入 Samba 服务器的用户密码和确认密码,这里的用户密码和确认密码都输入 bossay。

图 3-73　创建 Samba 服务器的用户

3) 修改 Samba 服务器的配置文件

如图 3-74 所示,在命令行提示符 bossay@ubuntu:～$ 的后面输入下面的命令并按回车键,修改 Samba 服务器的配置文件 smb.conf。

```
sudo vim /etc/samba/smb.conf
```

执行上述命令,使用 vim 编辑器打开 Samba 服务器的配置文件 smb.conf,然后将光标移动到文件内容的最后面,按键盘的 A 键,进入编辑状态,然后在文件末尾添加如下代码

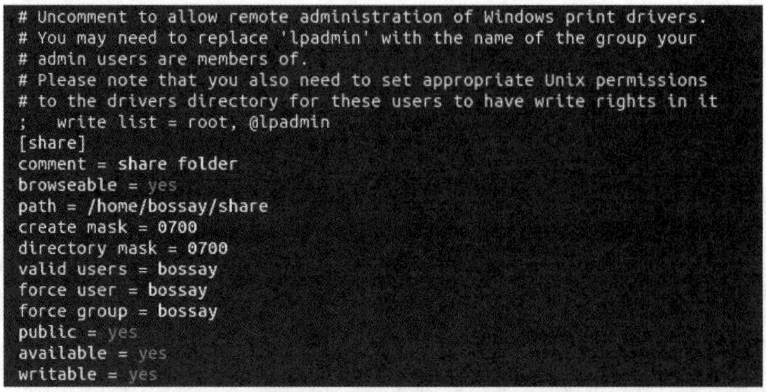

图 3-74　修改 Samba 服务器的配置文件

(代码中的具体内容依据安装虚拟机时创建的用户名称和共享目录名称而定,本书使用的用户名称是 bossay,共享目录名称是 share)。

```
[share]
comment = share folder
browseable = yes
path = /home/bossay/share
create mask = 0700
directory mask = 0700
valid users =bossay
force user = bossay
force group = bossay
public = yes
available = yes
writable = yes
```

在文件 smb.conf 的末尾添加完上述代码后,按 Esc 键,退出编辑状态,进入命令状态,先按下 Shift 键,然后按下":"键,释放 Shift 键,接着按下 W 键和 Q 键,就会保存 smb.conf 文件并退出 vim 编辑器。

4）重启 Samba 服务器

如图 3-75 所示,在命令行提示符 bossay@ubuntu:～$ 的后面输入下面的命令并按回车键重启 Samba 服务器。

```
service smbd restart
```

此时会弹出如图 3-76 所示的身份认证对话框,在密码输入框中正确输入用户 bossay 的密码 bossay(需要说明的是,这里用户 bossay 的密码也是 bossay。当然,用户名和密码可以由用户在安装虚拟机和安装 Samba 服务器时自己确定),然后按回车键,完成 Samba 服务器的重启。

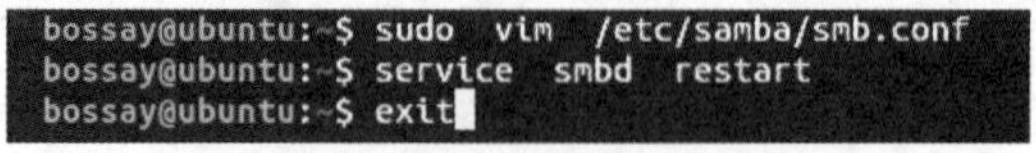

图 3-75　重启 Samba 服务器

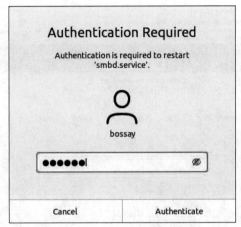

图 3-76 身份认证对话框

到这里为止,配置虚拟机 Linux 操作系统命令环境以及安装工具软件的工作就完成了,接下来将详细叙述如何安装虚拟机 Ubuntu 版 Linux 操作系统的鸿蒙 OS C 语言设备开发的编译工具 HUAWEI DevEco Device Tool。

3.4.4 安装编译环境构建工具 HUAWEI DevEco Device Tool

安装编译
环境构建
工具

利用虚拟机操作系统 Ubuntu 的 Firefox 浏览器下载并安装 Ubuntu 版 Linux 操作系统的鸿蒙 OS C 语言设备开发编译环境构建工具 HUAWEI DevEco Device Tool。

1. 退出 Ubuntu 命令终端

如图 3-75 所示,在命令行提示符 bossay@ubuntu:～$ 的后面输入命令 exit 并按回车键,退出 Ubuntu 版 Linux 操作系统的命令终端模式,回到操作系统图形桌面。

2. 找到 HUAWEI DevEco Device Tool 3.1 Beta1

单击 Ubuntu 操作系统图形桌面左上角的 Firefox 浏览器图标,运行 Firefox 浏览器程序,在地址栏输入 HarmonyOS 官网地址 www.harmonyos.com,打开鸿蒙 OS 官网,如图 3-77 所示。在此网页中单击导航条中的"开发",再单击下一行出现的"设备开发",打开设备开发网页,如图 3-78 所示。在此网页中单击 HarmonyOS Device 右侧的"开发",再单击下一行出现的 DevEco Device Tool,出现如图 3-79 所示的网页。单击此网页左下角的"立即下载"按钮,出现如图 3-80 所示的网页。

3. 下载 devicetool-linux-tool-3.1.0.300.zip

在如图 3-80 所示的网页上,单击 Linux(64-bit)平台所需的 HUAWEI DevEco Device Tool 安装软件的压缩文件 devicetool-linux-tool-3.1.0.300.zip 右侧的下载按钮,弹出"HUAWEI DevEco Device Tool 使用协议"对话框,如图 3-81 所示。

在如图 3-81 所示的对话框中,选择"我已阅读并同意 HUAWEI DevEco Device Tool 使用协议"复选框,然后单击"同意"按钮,开始下载压缩文件 devicetool-linux-tool-3.1.0.300.zip 并显示进度,如图 3-82 所示。该压缩文件被下载且存储到虚拟机的 Downloads 目录下。下载完毕后,单击浏览器右上角的"×"关闭浏览器。

4. 进入 Ubuntu 命令终端模式,转到 Downloads 目录

进入 Ubuntu 操作系统桌面,按 Ctrl+Alt+T 组合键,进入 Ubuntu 的命令终端模式,然后

图 3-77　鸿蒙 OS 官网

图 3-78　鸿蒙 OS 设备开发网页

在命令提示符 bossay@ubuntu：～ $ 的后面输入下面的命令,进入保存下载的 devicetool-linux-tool-3.1.0.300.zip 文件的 Downloads 目录。

```
bossay@ubuntu:~$ cd Downloads
```

图 3-79　HUAWEI DevEco Device Tool 网页

图 3-80　HUAWEI DevEco Device Tool 3.1 Beta1 网页

进入 Downloads 目录后，可用以下命令查看下载的文件 devicetool-linux-tool-3.1.0.300.zip。

```
bossay@ubuntu:/Downloads~$ ls  -l
```

命令执行结果如图 3-83 所示。

图 3-81 "HUAWEI DevEco Device Tool 使用协议"对话框

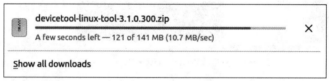

图 3-82 开始下载 devicetool-linux-tool-3.1.0.300.zip

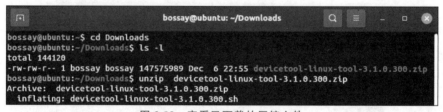

图 3-83 查看已下载的压缩文件

5. 安装 DevEco Device Tool

安装 DevEco Device Tool 的过程可分为以下 3 步,执行的命令如图 3-84 所示。

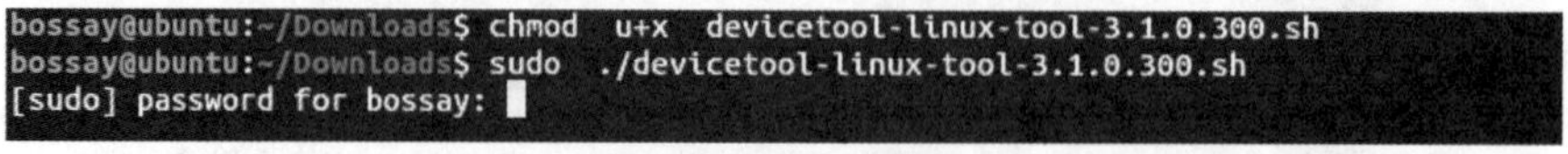

```
bossay@ubuntu:~/Downloads$ chmod  u+x  devicetool-linux-tool-3.1.0.300.sh
bossay@ubuntu:~/Downloads$ sudo  ./devicetool-linux-tool-3.1.0.300.sh
[sudo] password for bossay: █
```

图 3-84 安装 DevEco Device Tool 的命令

1) 解压 DevEco Device Tool 软件压缩文件

进入 DevEco Device Tool 软件压缩文件所在的目录 Downloads,对 devicetool-linux-tool-3.1.0.300.zip 进行解压,具体解压的文件名由实际下载的文件名决定,执行解压操作的命令如下:

```
unzip devicetool-linux-tool-3.1.0.300.zip
```

将 devicetool-linux-tool-3.1.0.300.zip 解压后,会在 Downloads 目录下得到解压后的文件 devicetool-linux-tool-3.1.0.300.sh。

2）赋予解压后的文件可执行权限

执行如下命令，对文件 devicetool-linux-tool-3.1.0.300.sh 赋予可执行权限。

```
chmod u+x devicetool-linux-tool-3.1.0.300.sh
```

3）安装 DevEco Device Tool

执行如下命令，安装 DevEco Device Tool。

```
sudo ./devicetool-linux-tool-3.1.0.300.sh
```

执行该命令时，要求输入用户的密码。正确输入密码 bossay 并按回车键后，出现如图 3-85 所示用户协议和隐私声明签署界面。在此应详细阅读用户协议和隐私声明，可通过键盘的上下箭头键进行选择。随后选择第 1 项"I agree to sign the user agreement and privacy statement"，并按回车键继续安装，直到出现 DevEco Device Tool successfully installed 的提示，表示 DevEco Device Tool 安装成功。

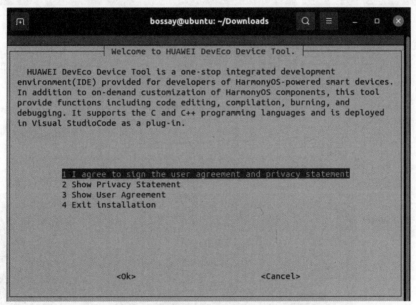

图 3-85　用户协议和隐私声明签署界面

6. 建立 Python 的软连接

因为在编译鸿蒙 OS C 语言程序时需要用到 Python，而安装的 Python 程序的名字是 python3，所以需要执行下面的命令给 python3 建立一个名字为 python 的软连接，相当于给 python3 创建了一个名字为 python 的快捷方式，如图 3-86 所示。

```
bossay@ubuntu:~$ sudo ln -s /usr/bin/python3 /usr/bin/python
```

7. 给编译程序 riscv32-unknown-elf-gcc 设置路径

在编译鸿蒙 OS C 语言设备程序时，需要使用 riscv32-unknown-elf-gcc.exe 程序进行编译。为了让计算机知道该编译程序的存储位置，从而在编译时找到并使用它编译用户开发

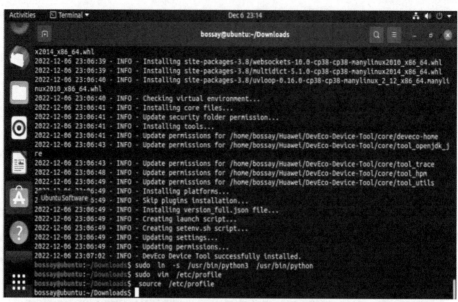

图 3-86　建立 Python 的软连接

的程序,就必须给它设置路径。方法如下。

如图 3-87 所示,在命令行提示符 bossay@ubuntu：~ \$ 的后面输入下面的命令并按回车键,打开 Ubuntu 操作系统的配置文件 profile。

```
sudo vim /etc/profile
```

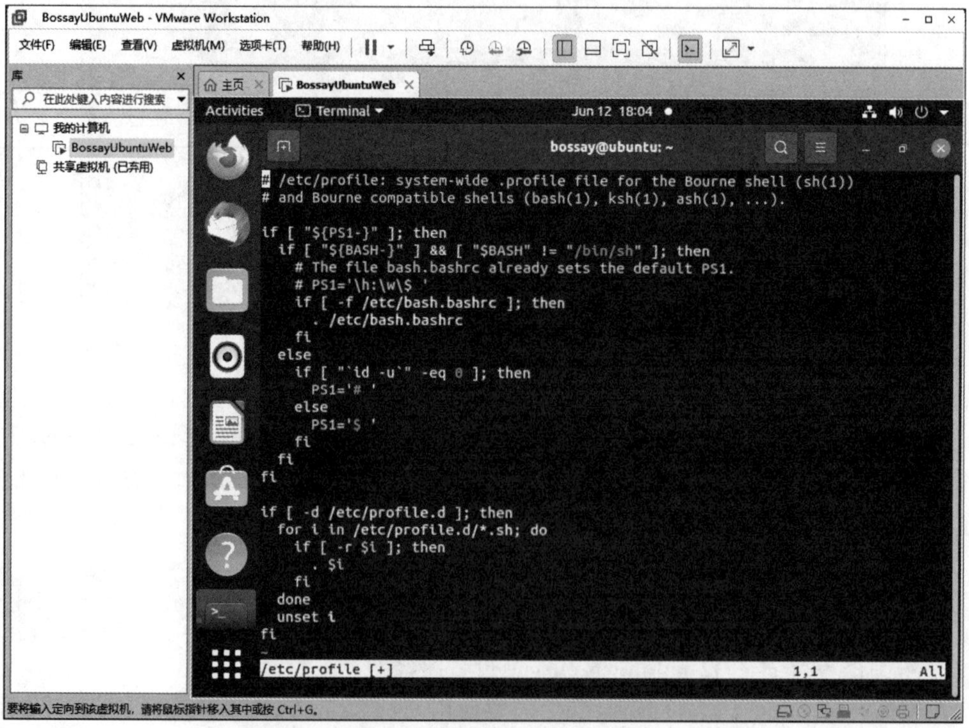

图 3-87　使用 vim 编辑器打开的配置文件 profile

使用 vim 编辑器打开的配置文件 profile 如图 3-86 所示。利用键盘上的箭头键将光标移动到文件的末尾,按 A 键,将文件设为追加输入编辑状态,然后按回车键,在 profile 文件的最后添加一个空白行,在 profile 文件的最后添加如下代码(添加的代码行用来设置 riscv32-unknown-elf-gcc 路径)。

```
export PATH=/home/bossay/.deveco-device-tool/tool_chains/compilers/riscv32-
unknown-elf-gcc/7.3.0/gcc_riscv32/bin:$PATH
```

设置了编译程序路径的环境配置文件 profile 如图 3-88 所示。

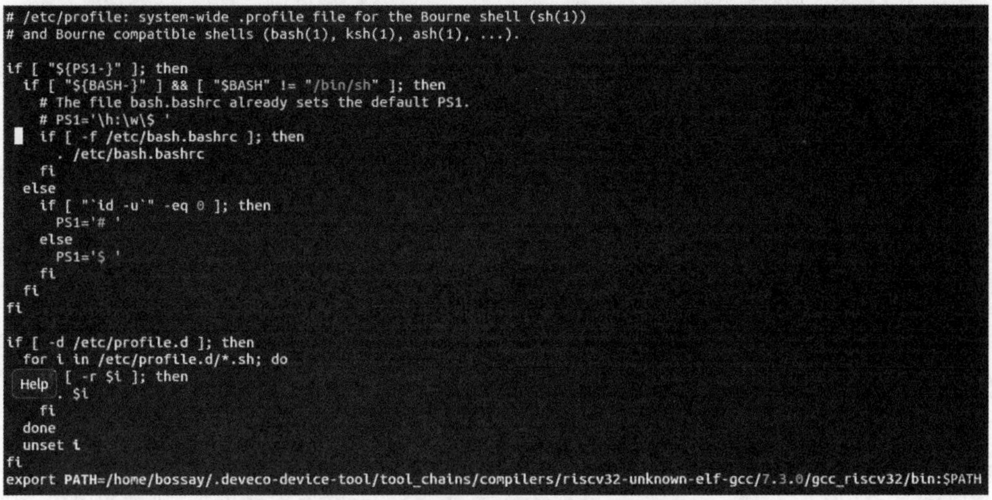

图 3-88　设置了编译程序路径的环境配置文件 profile

在配置文件 profile 的末尾添加完上述代码后,按 Esc 键,此时文件编辑处于命令输入状态,这时先按下 Shift 键,然后按“:”键,再释放 Shift 键,接着按 w 键和 q 键,就会保存 profile 文件并退出 vim 编辑器。

保存好 profile 文件后,执行下面的命令使路径设置起作用。

```
bossay@ubuntu:~$ source /etc/profile
```

到这里为止,鸿蒙 OS C 语言设备开发虚拟机的操作系统环境和编译环境就已经准备好了。接下来要准备的是 Windows 工作台的鸿蒙 OS C 语言设备开发环境。

◆ 3.5　安装 Windows 工作台鸿蒙 OS C 语言设备开发环境

注意:在安装 Windows 工作台鸿蒙 OS C 语言设备开发环境的整个过程中,要确保虚拟机 BossayUbuntu 处于启动状态。

Windows 工作台的鸿蒙 OS C 语言设备开发环境由 C 语言编辑软件(Visual Studio Code)、鸿蒙 OS C 语言设备开发环境构建软件(DevEco Device Tool)、Python 和远程连接服务软件(Remote SSH)4 个软件构成,其中 DevEco Device Tool 和 Remote SSH 是 Visual

Studio Code 的插件。除了上述 4 个软件外,还需要鸿蒙 OS 源代码和 Bossay 开发套件支持源代码。因此在 Windows 工作台上安装和配置鸿蒙 OS C 语言设备开发环境需要完成下列 6 项工作。

(1) 安装 C 语言编辑软件 Visual Studio Code。

(2) 安装鸿蒙 OS C 语言设备开发环境构建软件 DevEco Device Tool(Windows 版)。

(3) 安装 Python。

(4) 在 Visual Studio Code 中安装 Remote SSH 软件并通过它建立 Visual Studio Code 和 Ubuntu 版 Linux 虚拟机编译环境的连接。

(5) 下载鸿蒙 OS 源代码。

(6) 下载支持 Bossay 开发套件的源代码并进行系统配置。

需要说明的是,在完成上述 6 项工作的过程中,需要满足下列两个条件:

第一,在整个工作过程中,要保持网络畅通,因为需要从网络下载软件。

第二,要保持虚拟机 BossayUbuntu 处于正常运行状态,不能将其关闭。

下面分别介绍上述 6 项工作的步骤。

3.5.1　安装 DevEco Device Tool、Visual Studio Code 和 Python

安装 DevEco
Device Tool、
Visual Studio
Code 和
python

DevEco Device Tool、Visual Studio Code 和 Python 可以单独安装,也可以同时安装。本节采用的方法是同时安装 DevEco Device Tool、Visual Studio Code 和 Python,步骤如下。

1. 进入 Windows 操作系统

单击 VMware Workstation 右上角的最小化按钮,将虚拟机 BossayUbuntu 最小化,回到 Windows 操作系统图形桌面。如果当前处于 Windows 操作系统桌面,则略过此步,但要确保虚拟机 BossayUbuntu 处于启动状态。

2. 找到 Windows 版的 DevEco Device Tool

双击 Windows 操作系统图形桌面上的浏览器图标,这里使用的是 360 浏览器,在浏览器地址栏输入鸿蒙 OS 官网地址 www.harmonyos.com,打开鸿蒙 OS 官网,如图 3-89 所示。在此网页中单击 HarmonyOS 右侧的"开发",在下一行单击"设备开发",打开设备开发网页,如图 3-90 所示。在此网页中单击 HarmonyOS Device 右侧的"开发",在下一行单击 DevEco Device Tool,出现如图 3-91 所示的网页。单击此网页左下角的"立即下载"按钮,出现如图 3-92 所示的网页,可以在此网页中找到 Windows 版的鸿蒙 OS C 语言设备开发环境构建软件 DevEco Device Tool 3.1 版。

3. 下载安装压缩文件 devicetool-windows-tool-3.1.0.300.zip

在如图 3-92 所示的鸿蒙 OS 设备开发网页上,单击 devicetool-windows-tool-3.1.0.300.zip 右侧的下载按钮,弹出"HUAWEI DevEco Device Tool 使用协议"对话框,如图 3-81 所示。

在该对话框中,选择"我已经阅读并同意 HUAWEI DevEco Device Tool 使用协议"复选框,然后单击"同意"按钮,出现如图 3-93 所示的"新建下载任务"对话框,单击"浏览"按钮,可以设置 devicetool-windows-tool-3.1.0.300.zip 的保存位置,读者可以设置自己的下载文件保存路径,本书设置的下载文件保存路径是 D:\HarmonyOS C SETUP\Windows Workstation Setup。设置好保存路径后,单击"下载"按钮,该文件被下载且存储到 Windows 工作台的 D:\

图 3-89 鸿蒙 OS 官网

图 3-90 设备开发网页

HarmonyOS C SETUP\Windows Workstation Setup 文件夹下。下载完毕后单击浏览器右上角的"×"关闭浏览器。

4. 将 devicetool-windows-tool-3.1.0.300.zip 解压

关闭浏览器后,进入 D:\HarmonyOS C SETUP\Windows Workstation Setup 文件夹,找到下载的 devicetool-windows-tool-3.1.0.300.zip 压缩文件,然后双击它,将该压缩文件解

图 3-91　HUAWEI DevEco Device Tool 网页

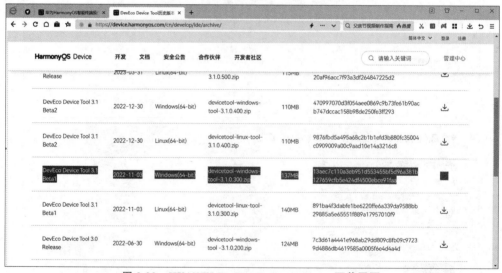

图 3-92　HUAWEI DevEco Device Tool 3.1 下载网页

压,在文件夹 devicetool-windows-tool-3.1.0.300 下面得到解压后的文件 devicetool-windows-tool-3.1.0.300.exe,如图 3-94 所示。

5. 运行 devicetool-windows-tool-3.1.0.300.exe 安装软件

双击 devicetool-windows-tool-3.1.0.300.exe 运行安装程序,出现如图 3-95 所示的 DevEco Device Tool 安装向导。单击 Next 按钮,出现如图 3-96 所示的对话框。

图 3-93　下载 DevEco Device Tool 压缩文件

图 3-94　下载的 DevEco Device Tool 压缩文件

图 3-95　DevEco Device Tool 安装向导

6. 设置 DevEco Device Tool 的安装路径

图 3-96 所示的对话框用来设置 DevEco Device Tool 的安装路径,在此可以保持安装路径 C:\Program Files\Huawei\DevEco-Device-Tool 不变,也可以通过键盘输入或者单击 Browse 按钮设置新的安装路径。设置好路径后,单击 Next 按钮,出现如图 3-97 所示的对话框。

7. 设置下载 Python 的网站

图 3-97 所示的窗口用来选择下载 Python 的网站。在安装 DevEco Device Tool 的同时,安装程序也会同时检查当前 Windows 工作台上是否已经安装了 Python。如果没有安装 Python,安装程序也会在安装 DevEco Device Tool 的同时从网络上下载和安装 Python,这里选择 Download from Huawei mirror 单选按钮,即从华为公司的镜像网站下载 Python,

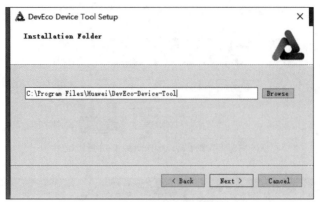

图 3-96　设置安装路径

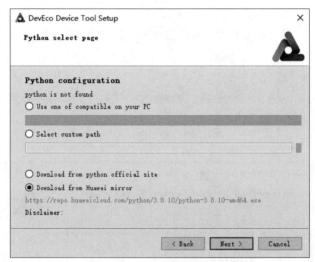

图 3-97　Python 配置对话框

然后单击 Next 按钮,继续下一步。

8. 判断是否需要同时安装 Visual Studio Code

安装程序执行到这一步的时候,会自动检查当前 Windows 工作台上是否已经安装过 Visual Studio Code。如果当前计算机没有安装 Visual Studio Code,就会出现如图 3-98 所示的对话框,在此对话框中选择 Install VSCode 1.66.2 automatically 复选框,表示同时安装 Visual Studio Code 软件,然后单击 Next 按钮,出现如图 3-99 所示的对话框,接下来执行第 9 步。如果当前 Windows 工作台上已经安装了 Visual Studio Code 软件,就会出现如图 3-100 所示的对话框,此时可以跳过第 9 步,直接执行第 10 步。

9. 设置 Visual Studio Code 软件的安装路径

图 3-99 所示的窗口用来设置 Visual Studio Code 的安装路径。在此可以保持安装路径 C:\Users\Administrator\AppData\Local\Programs\Microsoft VS Code 不变,也可以通过键盘输入或者单击 Browse 按钮设置新的安装路径。设置好路径后,选择 Create Visual Studio Code Desktop Shortcut 复选框,以创建 Visual Studio Code 的 Windows 桌面快捷方式,然后单击 Next 按钮,出现如图 3-100 所示的对话框。

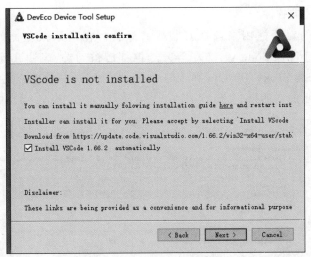

图 3-98　选择安装 Visual Studio Code

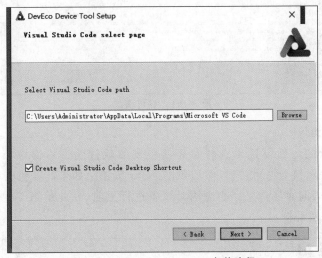

图 3-99　Visual Studio Code 安装路径

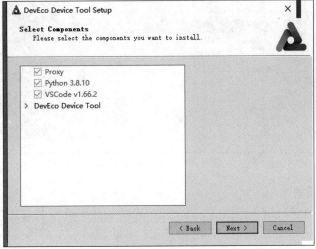

图 3-100　选择要安装的软件

10. 选择要安装的软件

图 3-100 所示的对话框用来选择安装哪些软件。在对话框左侧的列表中可以看到 Proxy、Python 3.8.10、VSCode v1.66.2 等复选框都已被勾选，表明在安装 DevEco Device Tool 的同时也会安装 Proxy、Python 和 Visual Studio Code 等软件。此时单击 Next 按钮，出现如图 3-101 所示的对话框。

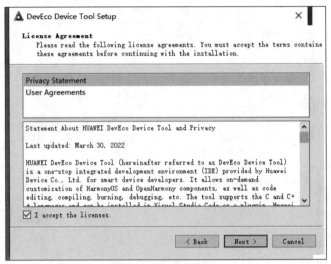

图 3-101　许可协议

11. 接受许可协议

图 3-101 所示的对话框用来选择是否接受安装软件的许可协议。选择 I accept the licenses 复选框，表示接受许可协议，然后单击 Next 按钮。如果计算机安装了防火墙，此时会弹出一个对话框，询问是否允许此应用对设备进行更改，在此单击 yes 按钮，接着会出现如图 3-102 所示的对话框。

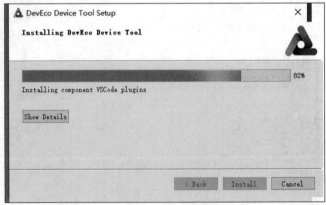

图 3-102　安装进度指示

12. 完成软件安装

图 3-102 所示的窗口用来指示安装的进度，表示正在下载安装程序并且正在将安装内容复制到前面设定的安装路径下。此时等待 DevEco Device Tool 安装向导自动安装选定

的安装软件,直至安装完成,出现如图 3-103 所示的对话框,表明软件安装完毕,单击 Finish 按钮,关闭 DevEco Device Tool 安装向导,在 Windows 桌面上会出现 Visual Studio Code 的快捷方式图标。

图 3-103　软件安装完毕

到此 DevEco Device Tool、Visual Studio Code 和 Python 这 3 个软件安装完毕。下面将介绍如何安装和配置 Visual Studio Code 的中文环境。

3.5.2　在 Visual Studio Code 中安装配置中文环境

接下来在 Visual Studio Code 中安装中文插件。配置 Visual Studio Code 中文环境的目的是将 Visual Studio Code 软件的操作界面由英文变成中文,便于初学者使用。其步骤如下。

在 Visual
Studio Code
中安装配置
中文环境

1. 启动 Visual Studio Code

在 Windows 操作系统桌面上找到 Visual Studio Code 快捷方式图标,双击该图标启动 Visual Studio Code,如图 3-104 所示。可以看到,Visual Studio Code 的操作界面是英文的,图 3-104 中标出了 Visual Studio Code 左侧工具栏中各个图标按钮的名称。

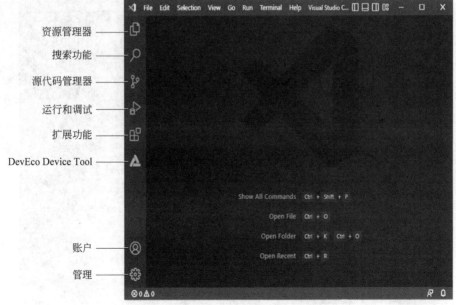

图 3-104　Visual Studio Code 主窗口

2. 使用扩展功能搜索并安装中文插件

单击如图 3-104 所示窗口左侧工具栏中部的扩展功能图标，出现如图 3-105 所示的窗口。在该窗口左上部的文本框中输入 Chinese，会在其下面出现 Chinese（simplified）等插件。单击其右下角的 Install 按钮，就会下载并安装中文插件。安装完毕后，出现如图 3-106 所示的信息，表明已经安装好中文插件了。

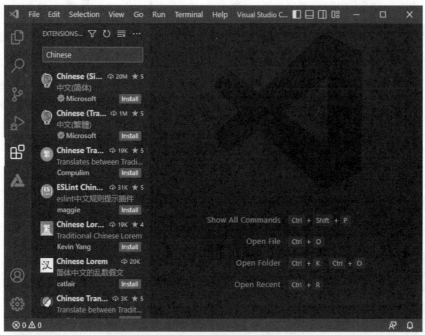

图 3-105　通过扩展功能搜索中文插件

图 3-106　成功安装中文插件

3. 重新启动 Visual Studio Code 进入中文界面

在如图 3-106 所示的窗口右下角，可以看到 in order to use VS Code in Chinese Simplified，VS Code needs to restart 的信息，单击此信息下方的 Restart 按钮，重新启动 Visual Studio Code 后就会出现 Visual Studio Code 中文界面，如图 3-107 所示，表示 Visual Studio Code 中文环境配置成功。

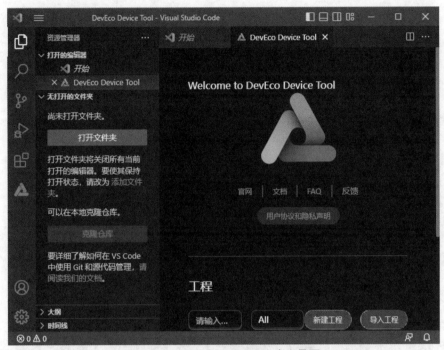

图 3-107　Visual Studio Code 中文界面

Visual Studio Code 中文环境配置好后，接下来将在 Visual Studio Code 中安装 SSH 插件，配置 Windows 工作台远程访问虚拟机的 Ubuntu 版 Linux 操作系统环境。

3.5.3　在 Visual Studio Code 中安装 SSH 插件

鸿蒙 OS C 语言设备开发程序要在 Windows 工作台的 Visual Studio Code 中进行编辑，然后在虚拟机 Ubuntu 版 Linux 编译环境中进行编译，因此必须实现 Windows 工作台 Visual Studio Code 远程访问虚拟机 Ubuntu 版 Linux 编译环境的功能，这个功能就靠 SSH 插件实现。本节介绍如何安装 Visual Studio Code 的 SSH 插件并对其进行配置。利用 SSH 插件可以实现 Visual Studio Code 和 3.4 节中完成的鸿蒙 OS C 语言设备开发编译环境的连接，这样就可以在 Visual Studio Code 中直接利用虚拟机中安装的鸿蒙 OS C 语言设备开发编译环境对 C 语言源程序进行编译，使 C 语言源程序代码成为在鸿蒙 OS 支持下能在设备上运行的可执行代码。安装和配置 SSH 插件的步骤如下。

1. 启动 Visual Studio Code

如果 Visual Studio Code 已经启动，则省略这一步；否则，双击 Windows 操作系统桌面上的 Visual Studio Code 快捷方式图标，启动 Visual Studio Code。

2. 在 Visual Studio Code 中搜索和安装 SSH 插件

在如图 3-107 所示的窗口中，单击左侧工具栏中部的扩展功能图标，在左上部的文本框中输入 ssh，搜索到 Remote-SSH 安装程序，如图 3-108 所示，然后单击 Remote-SSH 右下角的"安装"按钮开始安装。SSH 安装完毕如图 3-109 所示（注：有的 Visual Studio Code 版本也会显示"已安装"提示）。

图 3-108　通过扩展功能搜索 SSH 插件

图 3-109　成功安装 SSH 插件

3. 查询用于建立连接的虚拟机用户名称和主机 IP 地址

要建立与虚拟机的连接,必须首先使虚拟机和 Ubuntu 版 Linux 操作系统处于运行状态,还必须知道虚拟机的用户名称和主机 IP 地址。在前面的步骤中设置的虚拟机的用户名称是 bossay。要查询虚拟机的主机 IP 地址,操作如下。

在 Windows 桌面最下方的状态栏中找到被隐藏的最小化的虚拟机图标,双击该图标使虚拟机最大化显示,如图 3-110 所示,然后单击虚拟机的操作系统桌面使其显示 Ubuntu 登录界面,再单击用户名称 bossay,出现 bossay 用户密码输入框。在其中输入密码 bossay,注意,密码隐藏显示为点。密码输入正确后按回车键,以 bossay 用户身份登录虚拟机,进入 Ubuntu 操作系统桌面。此后按 Ctrl+Alt+T 组合键进入 Ubuntu 操作系统的 bossay 用户的终端界面,然后在命令提示符 bossay@ubuntu：~ $ 的后面输入下面的命令,如图 3-111 所示。

```
ifconfig
```

从该命令执行后显示的信息中可以查询到虚拟机的主机 IP 地址是 192.168.249.128。当然,不同的虚拟机,其地址可能不一样。

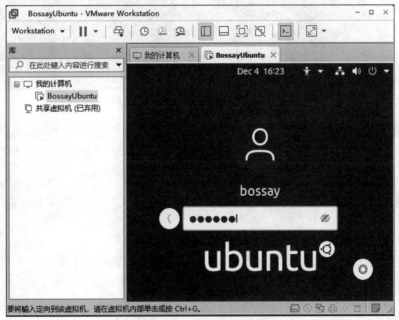

图 3-110　Ubuntu 登录界面

4. 设置 Windows 工作台 Visual Studio Code 和虚拟机的连接

知道了虚拟机的用户名称和主机 IP 地址后,就可以用这些信息设置 Windows 工作台 Visual Studio Code 和虚拟机的连接。首先单击虚拟机右上角的最小化按钮将虚拟机界面最小化,在保持虚拟机运行的前提下,将程序切换到 Windows 工作台的 Visual Studio Code,单击 Visual Studio Code 窗口左侧中部的远程资源管理器按钮,出现"远程资源管理器",如图 3-112 所示。将鼠标移动到"远程资源管理器"下方的 SSH 上后,会在它的右方出现新增远程访问目标图标按钮"+",此时单击"+",出现 Enter SSH Connection Command

图 3-111　虚拟机 BossayUbuntu 的主机 IP 地址

文本标签，在它下方出现文本框，其中显示 ssh hello@microsoft.com -A 文本，该文本实际上是提示用户输入命令的格式。如图 3-113 所示，按照该命令格式在文本框中输入建立 Windows 工作台 Visual Studio Code 和虚拟机连接的如下命令：

```
ssh bossay@192.168.249.128 -A
```

输入完上述命令后，按回车键确认，出现如图 3-114 所示的窗口。

注意：需要说明的是，上述连接命令是与本书配套的虚拟机以及安装的 Ubuntu 环境相对应的。如果安装的虚拟机用户名称和虚拟机的主机 IP 地址与本书不同，上述命令中的用户名和虚拟机的主机 IP 地址也要随之发生改变。

5. 保存 SSH 连接配置数据到配置文件中

接下来要将 SSH 连接配置数据保存到配置文件。在如图 3-114 所示的窗口中，在文本框的下方显示了可以保存 SSH 连接配置数据的文件列表，默认保存 SSH 连接配置数据的文件是以蓝底白字显示的 C:\Users\Administrator\ssh\config。此时可以使用键盘的上下箭头键选择将 SSH 连接配置数据保存到列表中的其他文件，也可以直接按回车键或者单击 C:\Users\Administrator\ssh\config。这里直接按回车键将 SSH 连接配置数据保存到默认的文件 C:\Users\Administrator\ssh\config 中，接着出现如图 3-115 所示的窗口。

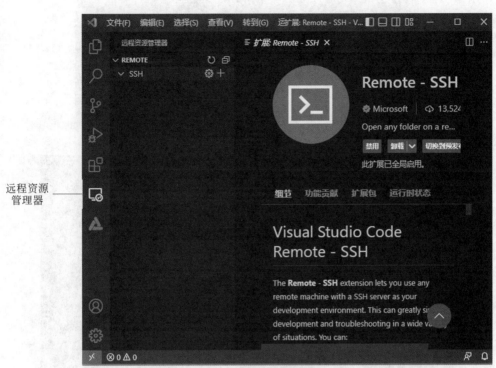

远程资源
管理器

图 3-112　新增远程访问目标

图 3-113　输入 SSH 连接命令

图 3-114　选择 SSH 配置文件

图 3-115　使用 SSH Connect 建立连接

6. 使用 SSH Connect 建立 Windows 工作台 Visual Studio Code 和虚拟机的连接

在如图 3-115 所示的窗口右下部找到 Connect（连接）按钮，通过该按钮创建 Windows 工作台 Visual Studio Code 和虚拟机的连接。单击 Connect 按钮，再单击窗口左侧工具栏中的远程资源管理器按钮，此时窗口如图 3-116 所示。然后单击窗口左上部"远程资源管理器"下的 SSH，其下面出现 192.168.249.128 的连接标识，如图 3-117 所示，到此已经做好了连接准备。

7. 打开 Windows 工作台和虚拟机的连接

接下来要打开 Windows 工作台和虚拟机 Ubuntu 主机 192.168.249.128 的连接。如图 3-118 所示，右击 192.168.249.128 这个连接标识，在其右下方弹出两个连接方式选项，其中，Connect in Current Window 表示通过当前窗口连接到虚拟机，Connect in New Window 表示通过一个新建立的窗口连接到虚拟机。可以在这两项中任意选择一种方式建立连接，这里选择 Connect to Host in Current Window 选项，出现如图 3-119 所示的窗口，窗口文本框中出现 Are you sure you want to continue，询问用户是否继续。此时单击文本框下面的 Continue 选择继续，出现如图 3-120 所示的 bossay 用户密码输入框，在此输入 bossay 用户

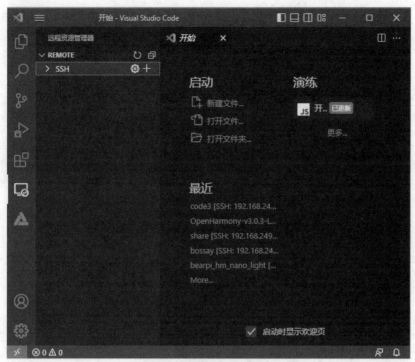

图 3-116　建立 SSH 连接

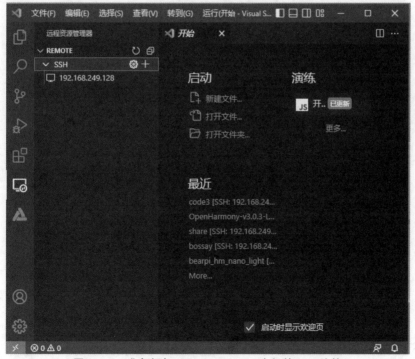

图 3-117　准备好与 192.168.249.129 主机的 SSH 连接

图 3-118 在当前窗口中建立连接

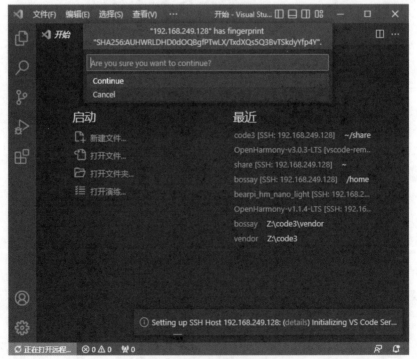

图 3-119 选择继续建立连接

的密码 bossay,输入的密码隐藏显示为点。确保密码输入正确后按回车键,在窗口左下角绿色框内出现"正在打开远程连接"的提示信息,等一会儿出现如图 3-121 所示的窗口,窗口左下角绿色框内出现"SSH:192.168.249.128",表示现在已经以 bossay 用户的身份从 Windows 工作台远程登录到虚拟机 Ubuntu 主机 192.168.249.128,建立了 Windows 工作台和虚拟机的连接。

图 3-120　输入用户 bossay 的密码

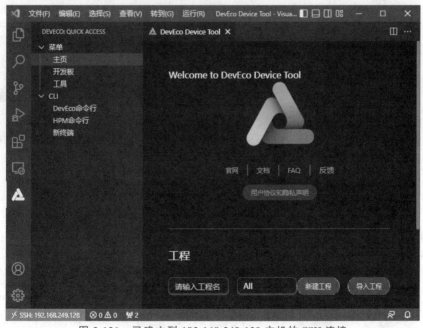

图 3-121　已建立到 192.168.249.129 主机的 SSH 连接

8. 对 Windows 工作台以 bossay 用户身份访问虚拟机进行永久授权

虽然已经建立了 Windows 工作台和虚拟机 Ubuntu 的连接，但是每次以 bossay 用户

图 3-122　利用"开始"菜单进入命令行工作模式

身份从 Windows 工作台连接到虚拟机时都需要输入密码进行身份认证，这给开发者带来了不便。为一劳永逸地解决这个问题，可以对 Windows 工作台以 bossay 用户身份访问虚拟机进行永久授权，授权后连接虚拟机时就不用再输入密码了。授权由以下 5 步实现。

（1）进入 Windows 操作系统命令行工作模式。

进入 Windows 操作系统命令行工作模式有以下两种方法。

第一种方法是利用 Windows 的"开始"菜单进入命令行工作模式。单击 Windows 操作系统桌面左下角的"开始"按钮，然后在弹出的菜单中选择"Windows 管理工具"→"命令提示符"选项，如图 3-122 所示，就进入了 Windows 操作系统命令行工作模式。

第二种方法是利用键盘进入命令行工作模式。在键盘上按住⊞键后再按 R 键，出现如图 3-123 所示的"运行"对话框，在"打开"文本框中输入命令 cmd 后按回车键或者单击"确定"按钮，也会出现如图 3-124 所示的"命令提示符"窗口，进入 Windows 操作系统命令行工作模式。

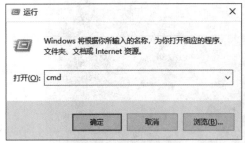

图 3-123　"运行"对话框

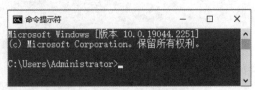

图 3-124　"命令提示符"窗口

（2）利用 RSA 公钥加密算法生成 bossay 用户的身份认证密钥。

接下来利用 RSA 公钥加密算法生成 bossay 用户的身份认证密钥的。在如图 3-124 所示的"命令提示符"窗口中输入命令 ssh-keygen，如图 3-125 所示，然后按回车键，首先出现 Enter file in which to save the key 的提示，意思是要求输入用来保存密钥的文件名称，这时直接按回车键，默认将密钥保存到 id_ras 文件中。接着会出现 Enter passphrase 的提示，意思是要求输入对密钥进行加密的密钥，这时还是直接按回车键。接下来对于 Enter same passphrase again 的提示还是直接按回车键，就会生成 bossay 用户的身份认证密钥，并将 bossay 用户的身份认证私钥保存在 id_rsa 文件中，将 bossay 用户身份认证公钥保存在

id_rsa.pub 文件中。到此生成 bossay 用户的身份认证密钥的任务就完成了。

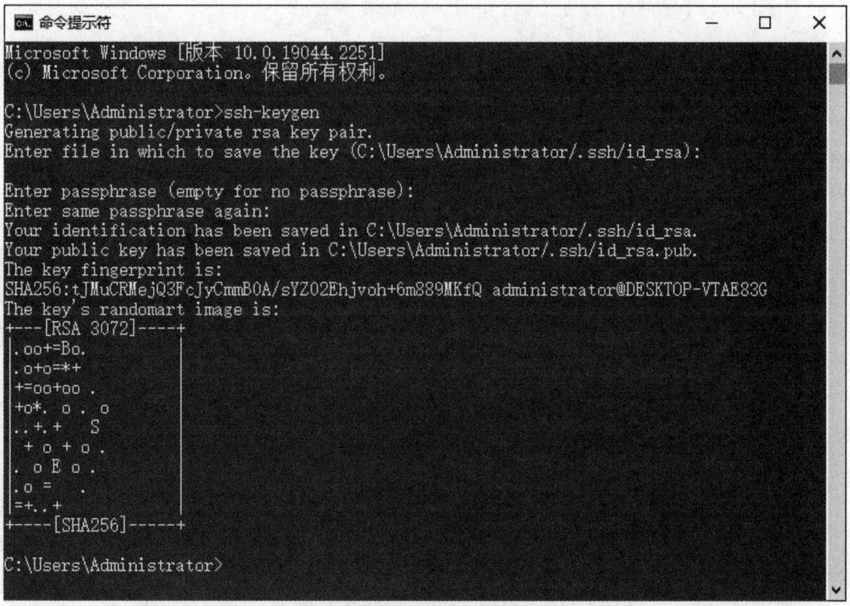

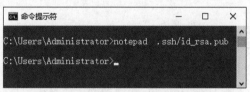

图 3-125　生成 bossay 用户的身份认证密钥

（3）使用记事本打开 bossay 用户身份认证公钥，复制公钥内容到剪贴板。

如图 3-126 所示，在"命令提示符"窗口中输入命令 notepad .ssh/id_rsa.pub，然后按回车键，出现如图 3-127 所示的记事本窗口，此时按 Ctrl＋A 组合键，窗口中的内容以蓝底白字显示，表示公钥内容被全部选中。按 Ctrl＋C 组合键，就将 bossay 用户的公钥内容复制到剪贴板中。

图 3-126　使用记事本打开公钥

图 3-127　从记事本中复制公钥内容

（4）进入虚拟机，创建 .ssh 文件夹，并在其中创建 authorized_keys 文件。

在 Windows 操作系统桌面状态栏靠右的位置找到正在运行的最小化的虚拟机图标，双击该图标将其打开，然后在虚拟机登录界面中输入登录密码 bossay 并按回车键，进入虚拟机 Ubuntu 操作系统的桌面。此时按 Ctrl＋Alt＋T 组合键，进入虚拟机 Ubuntu 的命令终端模式，然后如图 3-128 所示，分别执行如下 3 行命令：

```
bossay@ubuntu:~$ mkdir .ssh
```

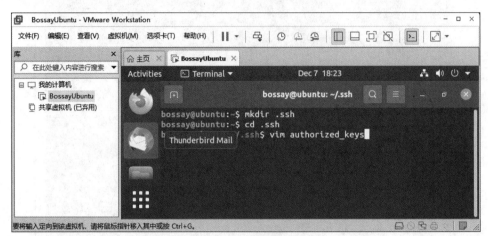

图 3-128　创建 .ssh/authorized_keys 文件

该命令创建 .ssh 文件夹。

```
bossay@ubuntu:~$ cd .ssh
```

该命令进入 .ssh 文件夹。

```
bossay@ubuntu:~$ vim authorized_keys
```

该命令使用 vim 编辑器在 .ssh 文件夹中创建文件 authorized_keys 以保存 bossay 用户的公钥，执行该行命令后打开 authorized_keys 文件，如图 3-129 所示。

（5）将剪贴板中的公钥内容复制到虚拟机的 authorized_keys 文件中。

如图 3-129 所示，右击窗口内部左上角，在弹出的快捷菜单中选择 paste 命令，就将保存在剪贴板中的 bossay 用户的公钥内容粘贴到 authorized_keys 文件中，如图 3-130 所示。然后按 Esc 键切换到命令输入状态，然后按住 Shift 键再按 “：”键，在 “：” 后面输入 w 和 q 并按回车键，保存 authorized_keys 文件并退出 vim 编辑器，回到如图 3-128 所示的窗口。至此就在虚拟机中永久保存了 bossay 用户的身份认证公钥，以后以 bossay 用户的身份从 Windows 工作台连接虚拟机时就不用输入密码了。

到此 Visual Studio Code 程序通过 SSH 与虚拟机建立连接的工作就完成了。接下来将讲述如何在 Visual Studio Code 中新建工程以及下载鸿蒙 OS 的源码。

3.5.4　在 Visual Studio Code 中新建鸿蒙 OS C 语言设备开发工程

在 Visual Studio Code 中新建鸿蒙 OS C 语言设备开发工程

鸿蒙 OS C 语言设备开发是在鸿蒙 OS 源码支持下进行的，需要根据要开发的设备的芯片类型，通过新建工程从华为官方网站或者其镜像网站下载支持芯片开发的鸿蒙 OS 源码，其步骤如下。

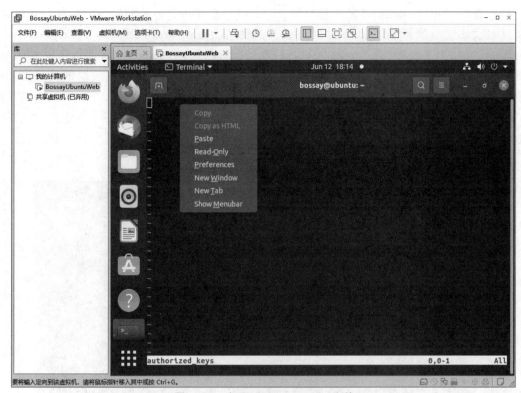

图 3-129 打开 authorized_keys 文件

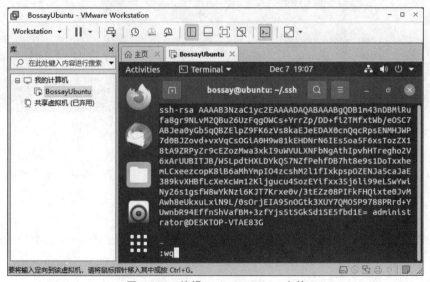

图 3-130 编辑 authorized_keys 文件

1. 建立 SSH 连接并启动 DevEco Device Tool

如果 Visual Studio Code 已经启动且 SSH 已经正常连接,则省略这一步;否则双击 Windows 操作系统桌面上的 Visual Studio Code 快捷方式图标,启动 Visual Studio Code, 如果已经按照 3.5.3 节所讲的办法在 Visual Studio Code 中安装了 SSH 插件,并且通过

SSH 配置了 Windows 远程访问虚拟机环境，则在启动 Visual Studio Code 的过程中会通过 SSH 自动建立与虚拟机主机的连接。如果在启动的过程中出现了 Could not establish connection to 192.168.249.128 的提示，就单击 Retry（重试）按钮，尝试重新建立 Visual Studio Code 与虚拟机主机的 SSH 连接，可以多尝试几次。如果 SSH 连接设置没有错误，一般重试一次就会建立连接，而且会正常启动 Visual Studio Code，如图 3-131 所示。启动 Visual Studio Code 后，单击 Visual Studio Code 窗口左侧工具栏中的 DevEco 图标，然后单击"DEVECO：QUICK ACCESS"下方"菜单"中的"主页"，就会在 Visual Studio Code 窗口右侧看到 DevEco Device Tool。

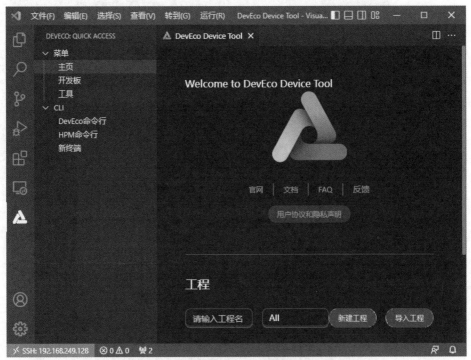

图 3-131　Visual Studio Code 与虚拟机已建立连接

2. 利用 DevEco Device Tool 新建工程

在如图 3-131 所示的窗口中，单击该窗口右下部的"新建工程"按钮，出现如图 3-132 所示的"新建工程"对话框。

3. 为新建工程选择 OpenHarmony 源码

在如图 3-132 所示的"新建工程"对话框中，单击上部的"OpenHarmony 源码"文本框右侧的"</>"（选择）按钮，出现如图 3-133 所示的对话框，选择 OpenHarmony-v3.0.3-LTS 单选按钮，下载 OpenHarmony 的 v3.0.3 版本，选择这个版本是因为它支持本书配套的开发硬件。然后单击"确定"按钮，回到"新建工程"对话框，如图 3-134 所示，此时可以看到 OpenHarmony 源码已设定为 OpenHarmony-v3.0.3-LTS。

4. 为新建工程设定工程名

在如图 3-134 所示的"新建工程"对话框中，在"工程名"文本框中输入 code3 作为工程名，取代默认的工程名 OpenHarmony-v3.0.3-LTS，如图 3-135 所示。这里使用 code3 作为

图 3-132　"新建工程"对话框

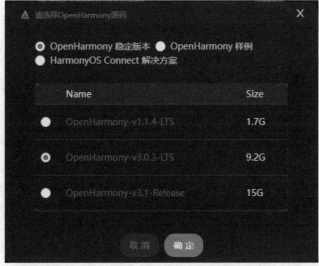

图 3-133　选择 OpenHarmony-v3.0.3-LTS

工程名,是考虑到 OpenHarmony 是版本 3,用 code3 表示简洁直观。当然也可以设定其他的工程名,具体由开发者自己确定。

5. 为新建工程设定工程路径

在如图 3-135 所示的"新建工程"对话框中,单击"工程路径"右边的 按钮,出现如图 3-136 所示的"请选择一个目录"对话框。单击/home/bossay/Documents/DevEco/Projects 目录列表中的 bossay,出现如图 3-137 所示的对话框。拖曳该对话框右侧的滑块,直到找到 share 目录,选中它,然后单击 OK 按钮,出现如图 3-138 所示的对话框。在这里设

图 3-134　OpenHarmony 源码为 3.0.3 版本

图 3-135　设定工程名

定工程路径为/home/bossay/share。share 目录是在虚拟机上安装 Ubuntu 版 Linux 操作系统时创建的，创建这个文件夹的目的就是保存要开发的设备程序。

6. 为新建工程选择支持的芯片类型

新建工程的路径设定好后就要选择 SOC，也就是选择下载的 OpenHarmony 源码要支持何种芯片。在如图 3-138 所示的对话框中，选择"选择 SOC"，弹出支持芯片的列表，如

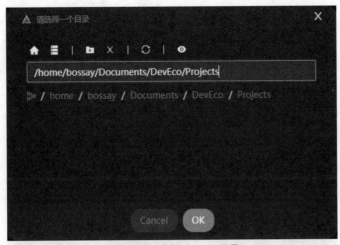

图 3-136　选择 bossay 目录

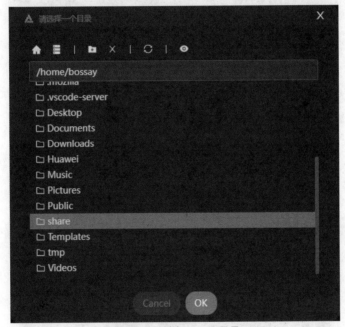

图 3-137　选择 share 目录

图 3-139 所示。在该列表中选择 Hi3861,出现如图 3-140 所示的对话框,到此新建工程的基础选项已经设定好了。

7. 下载支持新建工程的 OpenHarmony 源码

在如图 3-140 所示的对话框中,单击"确定"按钮,出现如图 3-141 所示的动态显示正在从 HarmonyOS 官方网站下载的 OpenHarmony 源码信息的窗口,等待 OpenHarmony 源码下载,直到该窗口显示如图 3-142 所示的信息,表明支持新建工程的 OpenHarmony 源码成功下载完毕。

8. 查看新建工程编译工具链中缺少的工具名称

支持新建工程的 OpenHarmony 源码成功下载完毕后,还需要下载编译工具链中缺少

图 3-138　设定工程路径为/home/bossay/share

图 3-139　选择 Hi3861 芯片

的工具,完善工程编译所需的编译工具链。查看新建工程编译工具链中缺少的工具名称的
方法是: 先单击如图 3-143 所示窗口中左侧列表中的 DevEco 工具图标▲,然后再单击其右
侧 PROJECT TASKS(项目任务)下面的 Build 选项,在窗口右下侧出现"依赖工具链未准
备完毕,单击'配置'跳转到工具链配置页面进行配置……"信息,在此单击"配置"按钮,跳转
到工具链配置页面,拖动窗口右侧滑块,如图 3-144 所示,此时窗口中出现"某些工具缺少,

图 3-140　设定好的新建工程的基础选项

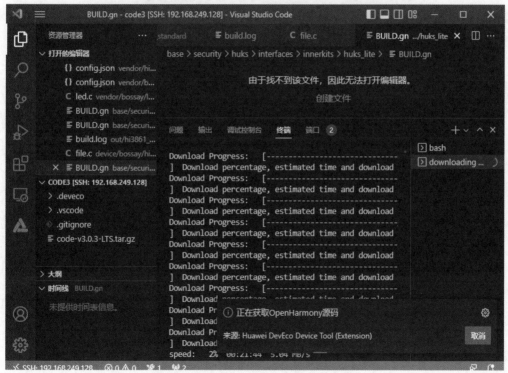

图 3-141　正在下载 OpenHarmony 源码

请单击'详情'按钮检查详细信息,然后单击'安装'按钮安装缺少的工具"信息,根据此提示操作,单击"详情"按钮,此时窗口如图 3-145 所示,在"详情"列表中列出了编译工具链缺少的工具名称。

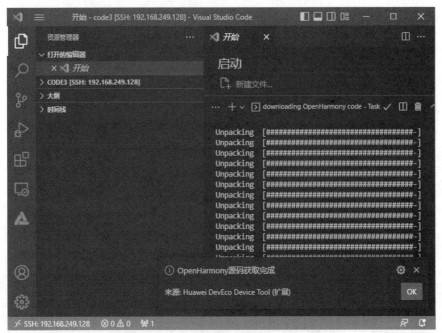

图 3-142　OpenHarmony 源码下载完成

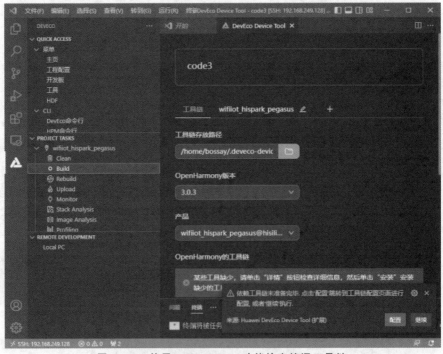

图 3-143　使用 DevEco Build 功能检查编译工具链

9. 下载缺少的工具,完善新建工程的编译工具链

　　单击如图 3-145 所示窗口中"详情"页面右侧的"×"将其关闭,此时窗口如图 3-146 所示,然后单击"安装"按钮,出现"将从网络下载工具,是否继续?"的提示,在此单击"是"按钮,开始从网络下载编译工具链缺少的工具,如图 3-147 所示。此时在窗口中部下方下载信息

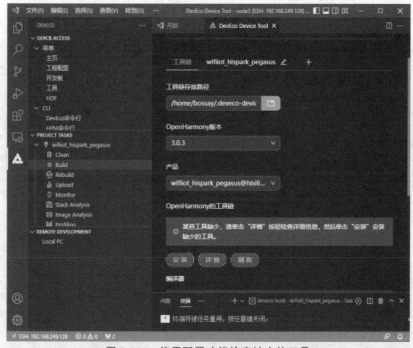

图 3-144 使用配置功能检查缺少的工具

图 3-145 查看缺少的编译工具的详情

窗口中出现"[sudo]password for boss"，要求输入密码，输入正确的密码 bossay 后按回车键，开始下载缺少的工具，如图 3-148 所示，直到全部缺少的工具都下载完毕。

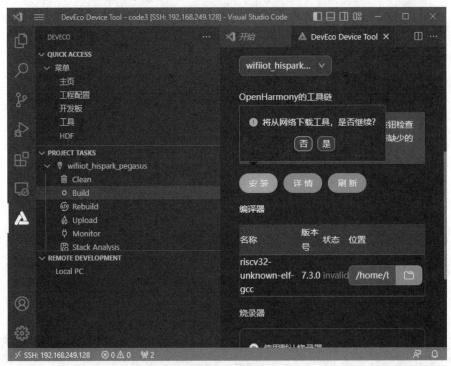

图 3-146　安装缺少的工具

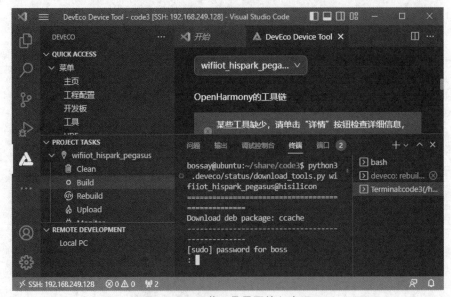

图 3-147　下载工具需要输入密码

10. 检查编译工具链的工具的有效情况

下载完缺少的工具后，单击如图 3-146 所示窗口中部的"刷新"按钮，进行编译工具链的重建。重建完成后，再次单击"详情"按钮，会看到如图 3-149 所示的"详情"页面，此时编译

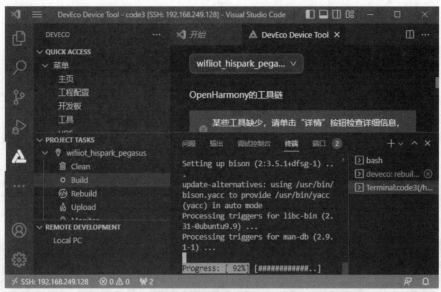

图 3-148　下载缺少的工具

工具链的所有工具已经全部下载并正确安装,所有的工具都已经从原来的 invalid(无效)变成 valid(有效)状态。如果有的工具还是无效状态,就要找到问题的原因,解决问题,直到所有的工具都呈现有效状态。检查完毕后,单击图 3-149 所示的"详情"页面右上角的"×"将其关闭。

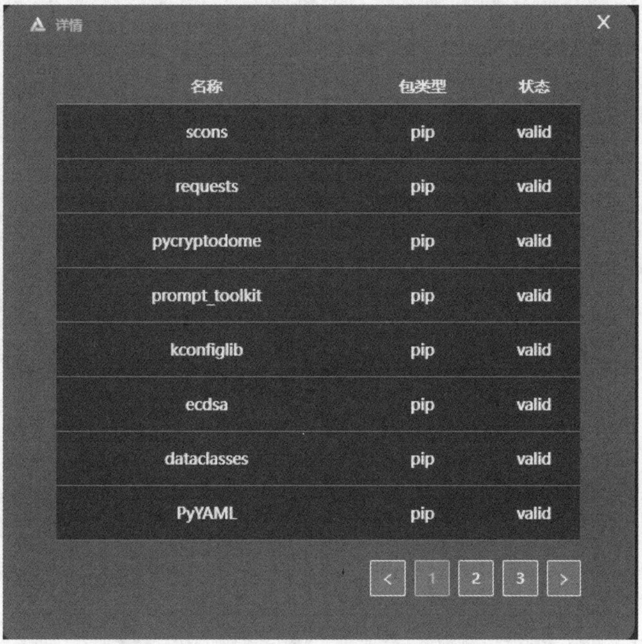

名称	包类型	状态
scons	pip	valid
requests	pip	valid
pycryptodome	pip	valid
prompt_toolkit	pip	valid
kconfiglib	pip	valid
ecdsa	pip	valid
dataclasses	pip	valid
PyYAML	pip	valid

< 1 2 3 >

图 3-149　无效的编译工具都已变成有效状态

11. 下载并配置支持开发实验板的鸿蒙 OS C 语言设备开发开源代码

要进行设备开发,还要下载并且配置好与设备开发密切相关的开源代码,只有在设备开发开源代码的支持下,才能进行设备开发工作。下载并配置开发实验板的鸿蒙 OS C 语言设备开发开源代码分为以下两步。

（1）下载开发实验板的鸿蒙 OS C 语言开发开源代码。

如图 3-150 所示，首先要求在窗口左下侧绿色长方形区域能看到"SSH：192.168.249.128"的 SSH 连接信息，这说明 Visual Studio Code 和虚拟机的连接正常，在此前提下单击图 3-150 所示窗口左侧列表中部 CLI 下面的"HPM 命令行"，会在右侧"终端"窗口出现 bossay@ubuntu：~/share/code3 $ 的命令提示符。如图 3-151 所示，在命令行提示符 bossay@ubuntu：~/share/code3 $ 的后面分别执行下面两行命令，下载开发实验板开源代码到 share 目录中。

```
cd ..                          //回退一级目录，回到 bossay@ubuntu:~/share/目录
git  clone  http://git.ibossay.com:3000/bosai/bossay_release_out.git
```

图 3-150　HPM 命令行

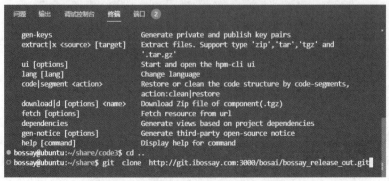

图 3-151　下载开发实验板开源代码的命令

命令 cd ..回到上一级目录,即回到 bossay@ubuntu：～/share/目录。

下载开发实验板开源代码的过程如图 3-152 所示。

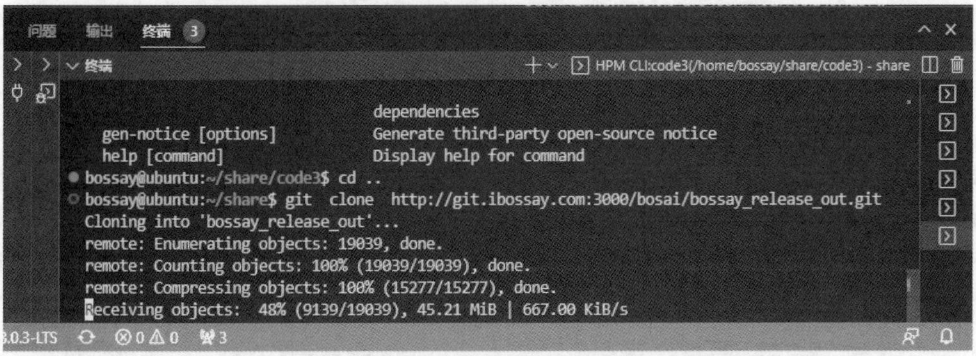

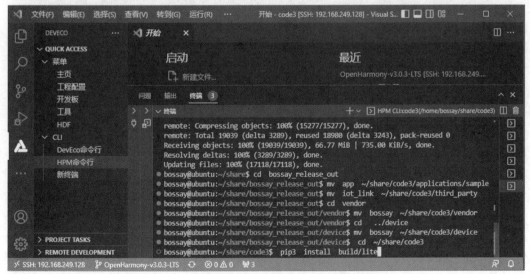

图 3-152　下载开发实验板开源代码的过程

(2) 移动开发实验板开源代码到相关目录。

如图 3-153 所示,在"终端"窗口命令提示符 bossay@ubuntu：～/share $ 的后面继续执行下面 7 个命令,将下载、解压后的开发实验板开源代码移动到相关目录下。

```
cd bossay_release_out
mv app ~/share/code3/applications/sample
mv iot_link ~/share/code3/third_party
cd vendor
mv bossay ~/share/code3/vendor
cd ../device
mv bossay ~/share/code3/device
```

图 3-153　移动开发实验板开源代码到相关目录

12. 使用 pip3 安装 hb 命令编译工具

在如图 3-153 所示"终端"页面命令提示符 bossay@ubuntu：～/share/code3 $ 的后面,

分别执行下面两个命令，安装 hb 命令编译工具。

```
cd ~/share/code3
pip3 install build/lite
```

13. 使用 Rebuild 功能检查新建工程的编译工具链是否完善

在如图 3-154 所示的窗口中，单击左侧工具栏中的 DevEco 工具图标打开 DevEco 工具，然后单击项目任务 PROJECT TASKS 下 wifiiot_hispark_pegasus 项目下的 Rebuild 选项，开始使用编译工具链对 wifiiot_hispark_pegasus 项目的所有程序文件进行重新编译，在"终端"页面中会持续显示编译日志信息。如果最终出现 wifiiot_hispark_pegasus 的 clean 和 buildprog 两个目标都显示 SUCCESS，就表明编译成功，编译工具链完善，编译环境安装配置成功。

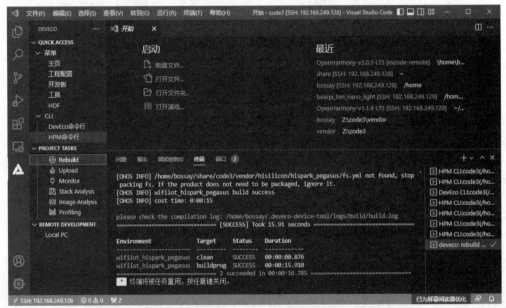

图 3-154   使用 Rebuild 功能检查新建工程的编译工具链是否完善

到这一步也就准备好了鸿蒙 OS C 语言设备开发的所有环境。

◆ 3.6   虚拟机及鸿蒙 OS C 语言设备开发编译环境的镜像文件制作及还原

从 3.5 节可以看出，安装和配置虚拟机 Ubuntu 版 Linux 操作系统及鸿蒙 OS C 语言设备开发编译环境是比较复杂的。对于初学者来说，可以利用虚拟机及鸿蒙 OS C 语言设备开发编译环境的镜像文件，在自己的计算机上安装和配置虚拟机及鸿蒙 OS C 语言设备开发编译环境，这比按照 3.5 节所讲的方法安装和配置虚拟机及鸿蒙 OS C 语言设备开发编译环境容易很多。初学者可以从与本书配套的资源网站下载虚拟机及鸿蒙 OS C 语言设备开发编译环境的镜像文件，利用这个镜像文件，按照 3.6.2 节所讲的办法，很容易安装和配置虚拟机及鸿蒙 OS C 语言设备开发编译环境。为此，以 3.5 节已经安装配置好的虚拟机及鸿蒙 OS C 语言设备开发编译环境为基础，本书介绍以下两方面的内容：

（1）如何使用已经安装和配置好的虚拟机及鸿蒙 OS C 语言设备开发编译环境制作镜像文件。

（2）如何使用虚拟机及鸿蒙 OS C 语言设备开发编译环境的镜像文件安装和生成虚拟机及鸿蒙 OS C 语言设备开发编译环境。

3.6.1　制作虚拟机及鸿蒙 OS C 语言设备开发编译环境的镜像文件

使用已经安装和配置好的虚拟机及鸿蒙 OS C 语言设备开发编译环境制作镜像文件分为以下 3 步。

1. 关闭虚拟机

如果虚拟机处于关闭状态，则略过此步；否则，必须先将虚拟机关闭。关闭虚拟机的方法是：右击图 3-155 所示的窗口左上角"我的计算机"下面的虚拟机 BossayUbuntu，然后在弹出的快捷菜单中选择"电源"→"关闭客户机"命令，弹出询问是否关闭虚拟机的对话框，如图 3-156 所示，此时单击"关机"按钮，稍等片刻，虚拟机被关闭，如图 3-157 所示。

制作虚拟机及鸿蒙 OS C 语言设备开发编译环境的镜像文件

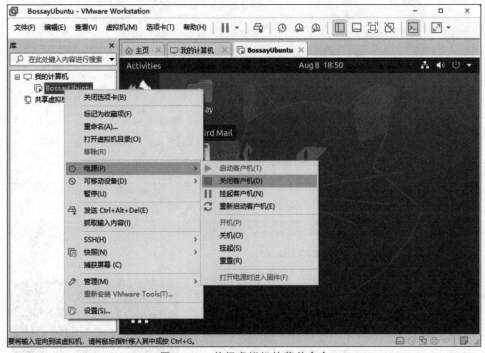

图 3-155　关闭虚拟机的菜单命令

图 3-156　询问是否关闭虚拟机的对话框

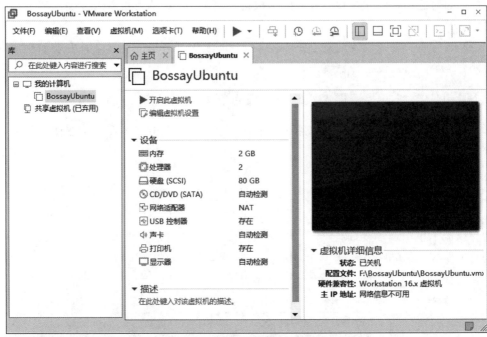

图 3-157　虚拟机被关闭

2. 选择导出为镜像文件的虚拟机

　　如图 3-158 所示,先选择要导出的虚拟机,这里选择的虚拟机是 BossayUbuntu(具体要导出的虚拟机要以安装配置好的虚拟机为准)。然后打开"文件"菜单,选项"导出为 OVF"命令,此时弹出如图 3-159 所示的"将虚拟机导出为 OVF"对话框。

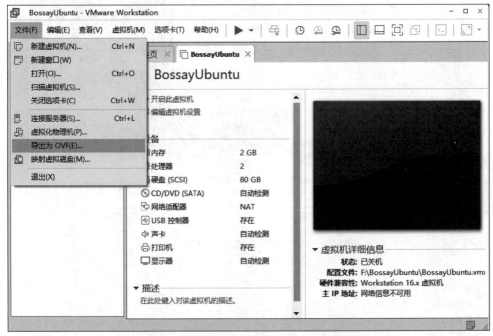

图 3-158　执行将虚拟机导出为镜像文件的操作

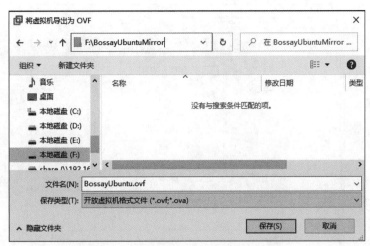

图 3-159　将虚拟机导出为 OVF 文件

3. 将虚拟机导出为镜像文件

如图 3-159 所示,先在对话框左侧列表中选择要将虚拟机导出到哪个磁盘,这里选择 F 盘(当然可以选择其他盘,如 D 盘),然后在对话框右侧的列表框中双击打开要存放虚拟机镜像文件的目录,这里打开的是预先在 F 盘上建立的 BossayUbuntuMirror 目录(导出虚拟机时,将虚拟机镜像文件保存在计算机哪个磁盘的什么目录下由用户自己决定)。然后,单击"保存"按钮,出现如图 3-160 所示的对话框,表示正在导出虚拟机 BossayUbuntu。等待一会儿,导出完成后,回到如图 3-157 所示的窗口,表明虚拟机已经成功导出为镜像文件,此时会在 F 盘的 BossayUbuntuMirror 目录下生成 BossayUbuntu.mf、BossayUbuntu.ovf 和 BossayUbuntu-disk.vmdk 3 个文件。这 3 个文件就是由虚拟机导出的镜像文件。

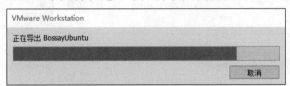

图 3-160　正在导出虚拟机

3.6.2　使用镜像文件安装生成虚拟机及鸿蒙 OS C 语言设备开发编译环境

使用镜像文
件安装生成
虚拟机及鸿
蒙 OS C 语
言设备开发
编译环境

使用虚拟机及鸿蒙 OS C 语言设备开发编译环境的镜像文件安装生成虚拟机及鸿蒙 OS C 语言设备开发编译环境包括以下 4 步。

1. 打开虚拟机管理程序 VMware Workstation

双击 Windows 操作系统桌面上的虚拟机管理程序 VMware Workstation 的快捷图标,打开 VMware Workstation,如图 3-161 所示。仔细观察会发现,窗口左上角列表中"我的计算机"下面并没有虚拟机。接下来就用 3.6.1 节生成的虚拟机镜像文件(或者用从本书配套的资源网站下载的虚拟机镜像文件)安装生成虚拟机及鸿蒙 OS C 语言设备开发编译环境。

如果能看到"文件"菜单,则直接打开它;否则单击如图 3-162 所示窗口左上角的 Workstation,在弹出的菜单中打开"文件"菜单,接着选择"打开"命令,出现如图 3-163 所示的对话框。

图 3-161　VMware Workstation 窗口

图 3-162　从 Workstation 中打开"文件"菜单

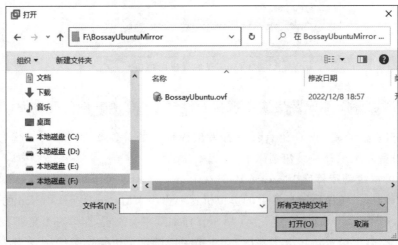

图 3-163　选择保存虚拟机镜像文件的磁盘和目录

2. 打开保存虚拟机镜像文件的目录

如图 3-163 所示，先拖动左侧列表框的滑块，找到 F 盘，然后选择它，接着拖动右侧列表框的滑块，找到保存虚拟机镜像文件的 BossayUbuntuMirror 目录，双击打开它或者选择它后再单击"打开"按钮,此时在打开的目录内发现 BossayUbuntu.ovf 文件,如图 3-164 所示。
选择这个文件,然后单击"打开"按钮,出现如图 3-165 所示的"导入虚拟机"对话框。

图 3-164　选择虚拟机镜像文件

图 3-165　"导入虚拟机"对话框

3. 设置新虚拟机的存储路径

在如图 3-165 所示的对话框中,可以看到新虚拟机的默认存储路径为 C:\Users\
Administrator\Documents\Virtual Machine,此时可以选择这个默认路径存储新虚拟机,也
可以根据计算机磁盘的存储空间的具体情况选择合适的磁盘和目录存储新虚拟机。这里采
用键盘输入的方式(注意,必须是英文输入方式)将新虚拟机的存储路径设置为 F:\
BossayUbuntu,如图 3-166 所示。

图 3-166　设置虚拟机存储路径

4. 导入虚拟机镜像文件生成虚拟机及鸿蒙 OS C 语言设备开发编译环境

在如图 3-166 所示的对话框中，单击"导入"按钮，出现如图 3-167 所示的对话框，表示正在导入虚拟机 BossayUbuntu。等待一会儿，导入完成后，返回如图 3-168 所示的 VMware Workstation 窗口，表明已经通过导入虚拟机镜像文件的方式新建了虚拟机 BossayUbuntu，并将虚拟机文件存储到 F:\BossayUbuntu 路径下。仔细观察图 3-168 所示的窗口会发现，虚拟机已经建好了，当然鸿蒙 OS C 语言设备开发编译环境也随之建好了。

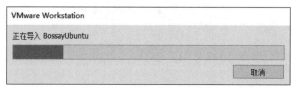

图 3-167　正在导入虚拟机

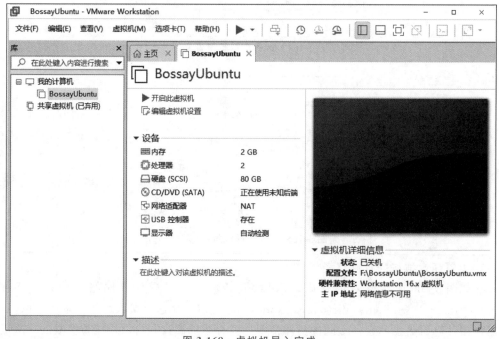

图 3-168　虚拟机导入完成

由此可见，使用虚拟机及鸿蒙 OS C 语言设备开发编译环境的镜像文件安装生成虚拟机及鸿蒙 OS C 语言设备开发编译环境是非常简单的。本书提供配套的虚拟机及鸿蒙 OS C 语言设备开发编译环境的镜像文件的压缩文件，读者可从本书配套资源网站下载并解压该压缩文件，然后通过镜像文件导入的方法安装和配置虚拟机及鸿蒙 OS C 语言设备开发编译环境。当然，前提是事先必须在计算机上安装好 Windows 操作系统和虚拟机管理软件 VMware Workstation。

◇ 3.7　安装配置鸿蒙 OS C 语言可执行程序烧录软件

安装配置鸿蒙 OS C 语言可执行程序烧录软件

鸿蒙 OS C 语言可执行程序烧录软件用来将编译好的可执行程序写入硬件设备。在 Windows 工作台上安装和配置鸿蒙 OS C 语言可执行程序烧录软件就是指安装下列两个软件并对软件运行环境进行配置。

(1) 安装 USB 接口转串口的驱动程序 CH341SER.EXE。

(2) 安装鸿蒙 OS C 语言可执行代码烧录软件 HiBurn。

以下分别详细介绍上述两个软件的安装与环境配置。

3.7.1 安装 USB 接口转串口驱动程序

目前绝大多数的计算机都不再配备串口,而烧录软件是采用串口通信方式将 C 语言的二进制可执行程序写入鸿蒙 OS C 语言设备开发实验板的,为此必须安装 USB 接口转串口驱动程序,将 USB 接口模拟为串口。下面介绍 USB 接口转串口驱动程序的安装步骤。

1. 下载 USB 接口转串口驱动程序

如图 3-169 所示,在计算机硬盘上找到下载的 USB 接口转串口驱动程序,这里使用的 USB 接口转串口驱动程序是 CH341SER.EXE,存放在 D:\HarmonyOS C SETTUP\ Windows Workstation Setup 目录中。读者可以从本书配套资源网站下载该版本或者其他版本的 USB 接口转串口驱动程序到自己的计算机中。

图 3-169 执行 CH341SER.EXE

双击该程序,程序开始执行,在执行过程中遇到提问时回答 Yes,稍等片刻,会弹出如图 3-170 所示的"驱动安装(X64)"对话框。

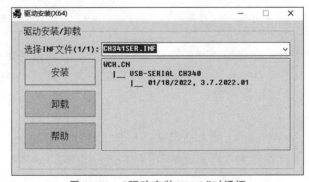

图 3-170 "驱动安装(X64)"对话框

2. 安装驱动程序

单击"安装"按钮，开始执行驱动程序安装，稍等片刻，出现如图 3-171 所示的对话框。

3. 检查 USB 接口转串口驱动程序是否安装成功

首先用 USB 接口转串口连接线将 Windows 工作台和博赛鸿蒙 OS C 语言开发实验板连接起来，然后如图 3-172 所示，右击 Windows 工作台桌面上的"我的电脑"图标，在弹出的快捷菜单中选择"管理"命令，出现图 3-173 所示的计算机管理窗口，在此窗口中选择左侧列表框中的"设备管理器"，接下来在中间的设备列表中选择"端口（COM 和 LPT）"，如果在其下面出现类似 USB-SERIAL CH340（COM3）硬件设备，表示 USB 接口转串口驱动程序已经安装成功了。当然端口号不一定是 COM3，不同的计算机的端口号可能会不一样。

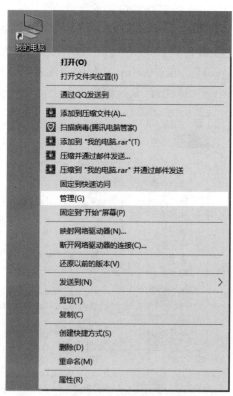

图 3-171 驱动程序安装成功   图 3-172 选择"管理"命令

3.7.2 烧录软件 HiBurn 的安装

烧录软件 HiBurn 是一个将编译好的鸿蒙 OS C 语言二进制可执行程序代码写入开发实验板的绿色软件，只需要直接将该软件复制到计算机的某个目录中就算安装好了。如果要运行它，直接找到它并双击执行即可。为了方便操作，最好建立烧录软件 HiBurn 的桌面快捷方式，方法如下。

如图 3-174 所示，在 Windows 工作台的本地硬盘上找到下载的烧录软件 HiBurn，在本书中烧录软件 HiBurn 存放在 D:\HarmonyOS C SETUP\Windows Workstation Setup 目录中。右击该程序，在弹出的快捷菜单中选择"发送到"→"桌面快捷方式"命令，就会在

图 3-173　"设备管理器"窗口

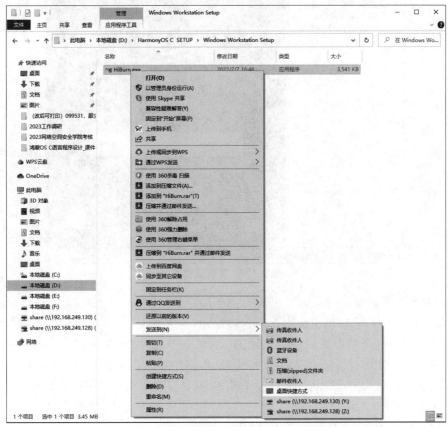

图 3-174　创建烧录软件 HiBurn 的桌面快捷方式

Windows 工作台桌面上建立烧录软件 HiBurn 的快捷方式。以后想运行这个软件时，只要双击 Windows 工作台桌面 HiBurn 的快捷方式即可。读者可以从本书配套资源网站下载该烧录软件到自己的计算机中。

将虚拟机文件夹映射为 Windows 工作台的磁盘

◆ 3.8 将虚拟机文件夹映射为 Windows 工作台的磁盘

为了便于在 Windows 工作台和虚拟机之间共享文件，需要利用在虚拟机中安装的文件共享服务器 Samba 将虚拟机 Ubuntu 版 Linux 操作系统的文件夹映射为 Windows 工作台的磁盘。在本书中，就是将虚拟机 Ubuntu 版 Linux 操作系统的 share 文件夹映射为 Windows 工作台的磁盘，步骤如下。

1. 运行虚拟机

如图 3-175 所示，首先打开并运行在 Windows 工作台上安装的 Ubuntu 版 Linux 虚拟机，本书的虚拟机是 BossayUbuntu。如果虚拟机已经运行，则省略此步。

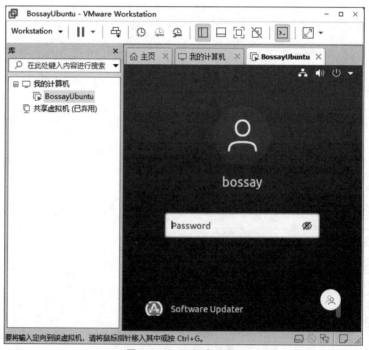

图 3-175　运行虚拟机

2. 映射网络驱动器

如图 3-176 所示，将虚拟机最小化运行，然后右击 Windows 工作台桌面上的"此电脑"图标，在弹出的快捷菜单中选择"映射网络驱动器"命令，出现如图 3-177 所示的"映射网络驱动器"对话框。在此对话框中部的"文件夹"文本框中输入虚拟机 BossayUbuntu 的 IP 地址和共享文件夹\\192.168.249.128\share(其中，IP 地址见 3.5.3 节，share 文件夹是在安装鸿蒙 OS C 语言编译环境时创建的)，然后选择"使用其他凭据连接"复选框。接下来单击"完成"按钮，出现如图 3-178 所示的对话框。

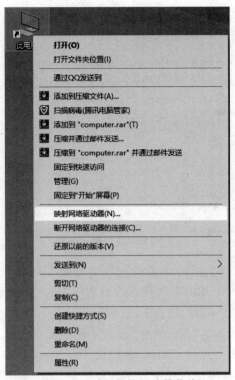

图 3-176　映射网络驱动器菜单

图 3-177　映射网络驱动器

3. 建立磁盘映射

在如图 3-178 所示的对话框中,检查一下是否要求输入 bossay 用户的网络凭据,也就是对话框中部文本框上边显示的是 bossay。如果此处显示的不是 bossay 用户而是其他用

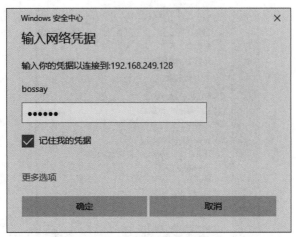

图 3-178　输入网络凭据

户名称(用虚拟机镜像文件生成的虚拟机往往会在建立磁盘映射时出现用户名称不是
bossay 的情况,此时需按照下面的方法将用户设为 bossay,才能建立正确的磁盘映射),必
须单击"更多选项",然后在弹出的列表中选择 bossay 用户,才能在 bossay 下面的文本框中
输入用户 bossay 的密码 bossay,然后选择"记住我的凭据"复选框,最后单击"确定"按钮,出
现如图 3-179 所示的窗口,表示已经将虚拟机 BossayUbuntu 的 share 文件夹映射为
Windows 工作台的 Z 盘(也可以选择映射到其他磁盘),此后就可以方便地实现虚拟机和
Windows 工作台之间的文件传递了。只需将文件复制到 Windows 工作台的 Z 盘,就等于
将文件复制到虚拟机 BossayUbuntu 的 share 文件夹。

图 3-179　将虚拟机的 share 文件夹映射为 Windows 工作台的 Z 盘

到此,鸿蒙 OS C 语言设备开发环境的配置已经全部完成了。读者可以按照上述方法
在自己的计算机上配置鸿蒙 OS C 语言设备开发环境。接下来的内容主要介绍如何利用上
面配置好的开发环境设计鸿蒙 OS C 语言设备程序。

3.9 鸿蒙 OS C 语言设备开发实验：点亮一只 LED 灯

本节以点亮一只 LED 灯的 C 语言程序为例，详细讲述利用已经配置好的鸿蒙 OS C 语言设备开发环境设计 C 语言程序的方法。

3.9.1 鸿蒙 OS C 语言设备开发方法

如图 3-180 所示，鸿蒙 OS C 语言设备开发必须同时使用 Windows 开发环境与 Linux 编译环境，程序开发使用基于 Hi3861 芯片的开发实验板。开发过程分为以下几个步骤：代码编写、代码编译、镜像烧录和串口调试。程序员在 Windows 开发环境中完成 C 语言程序源代码的编辑和修改，在 Linux 编译环境中将 C 语言程序源代码编译成二进制的 C 语言程序可执行代码，然后再利用 Windows 开发环境中的烧录软件 HiBurn 将 Linux 编译环境编译好的 C 语言程序可执行代码烧录到 Hi3861 开发实验板中，最后在 Hi3861 开发实验板中运行 C 语言程序可执行代码。

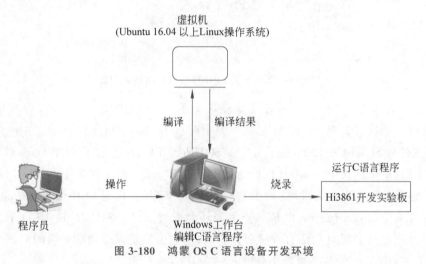

图 3-180 鸿蒙 OS C 语言设备开发环境

Linux 编译环境通过在 Windows 上搭建 Ubuntu 虚拟机的方式实现。通过 Samba 工具构建 Linux 本地虚拟机与 Windows 之间的共享文件夹，实现 Windows 环境与 Ubuntu 环境的资源共享。获取鸿蒙 OS 源码和支持开发实验板的源码之后，将全部源码解压存放在共享文件夹下（本书设定的共享文件夹是 share）。

开发方法是：首先在共享文件夹（share）下完成 C 语言程序源代码编辑；然后在 Ubuntu 虚拟机中完成 C 语言程序代码编译，编译生成的二进制可执行代码文件存放在源码目录下的 out 文件夹内，因为源码存放在共享文件夹下，所以编译生成的二进制可执行代码文件也存放在共享文件夹下；最后在 Windows 环境中获取编译生成二进制可执行代码文件，进行镜像烧录与运行调试。

从图 3-180 可以看出，在程序的开发过程中，软件的编译与执行不在同一设备上进行，编译在计算机端,编译结果在开发实验板上执行,这一过程称为交叉编译。在硬件设备的嵌入式开发中,使用交叉编译的开发方式是极其必要的,这主要是因为嵌入式操作系统的硬件资源过少,无法完成源代码的编译工作,这就需要将编译的工作交由资源更多的设备(计算机)进行,硬件设备只进行编译结果的执行工作。

鸿蒙 OS C 语言程序项目结构和内容

3.9.2　鸿蒙 OS C 语言程序项目结构和内容

通常情况下 C 语言程序不是由一个文件组成的,是由一些与该程序密切相关的源程序代码文件、资源文件(图形、图像、图标等)、数据文件、配置文件、操作说明书等多个文件共同组成的。所以准确地说,一个 C 语言程序通常被称为一个项目或者工程。当然,构成 C 语言程序项目的文件可视必要与否进行取舍。

本节以点亮 Hi3861 开发实验板上的一只 LED 灯的 C 语言程序项目为例,简要介绍鸿蒙 OS C 语言程序项目的结构和内容。

图 3-181 展示了本项目的结构和内容,其中带方框的 LED 和 SOURCE_LED 是文件夹,而且 SOURCE_LED 文件夹是 LED 文件夹下面的子文件夹。

图 3-181　点亮一只 LED 灯项目的结构和内容

图 3-181 表示将点亮 Hi3861 开发实验板上的一只 LED 灯的 C 语言程序项目放在 LED 主文件夹中进行管理,在 LED 主文件夹中存放了 BUILD.gn 和 config.json 两个文件和一个子文件夹 SOURCE_LED,在子文件夹 SOURCE_LED 中存放了 BUILD.gn 和 LED.c 两个文件。LED 主文件夹中的 BUILD.gn 和 SOURCE_LED 子文件夹中的 BUILD.gn 是与编译环境配置有关的两个文件,这两个文件虽然名字相同,但是内容和作用却是不同的;LED 主文件夹中的 config.json 也是一个编译环境配置文件。SOURCE_LED 子文件夹中的 LED.c 是程序员编写的 C 语言程序源代码文件,它由实现程序功能必需的 C 语言程序代码组成,这个文件的扩展名必须是小写的 c。

为便于组织和管理鸿蒙 OS C 语言程序项目,一般将鸿蒙 OS C 语言程序项目存放在特定的文件夹中,而且不同厂商的程序项目要存放在自己特定的文件夹下,这是因为一个鸿蒙 OS C 语言程序项目既有程序员自己编写的 C 语言程序源代码文件 LED.c,也有程序员自己编写的项目配置文件(如 config.json 和 BUILD.gn),还有构成程序项目必不可少的鸿蒙 OS 操作系统文件和支持鸿蒙 OS C 语言开发的设备厂商提供的项目支撑文件。所有这些文件相互依赖、相互协作,共同构成鸿蒙 OS C 语言程序项目,因此将它们放在特定的文件夹下,便于这种依赖关系的实施。

要想使用 C 语言程序来点亮 Hi3861 开发实验板上的一只 LED 灯,必须调用一些驱动开发实验板工作的 API(Application Programming Interface,应用程序编程接口)函数,本例中用到的 API 函数如表 3-3 所示。

表 3-3　点亮一只 LED 灯项目 API 函数一览表

API 函 数	功 能 描 述
unsigned int IoTGpioInit(OUT_GPIO7)	初始化 GPIO 端口
IoTGpioSetDir(WifiIotGpioIdx id, WifiIotGpioDir dir)	设置 GPIO 引脚的方向,id 参数用于指定引脚,dir 参数用于指定引脚用于输入或输出
IoTGpioSetOutputVal(WifiIotGpioIdx id, WifiIotGpioValue val)	设置 GPIO 引脚的输出状态,id 参数用于指定引脚,val 参数用于指定引脚为高电平或低电平
IoTGpioSetFunc(WifiIotName id, unsigned char val)	设置 GPIO 引脚的功能,id 参数用于指定引脚,val 参数用于指定引脚的功能
APP_FEATURE_INIT(LED)	用于开发实验板引导启动程序模块

点亮 Hi3861 开发实验板上的一只 LED 灯项目中各个文件的内容和作用分别介绍如下。

1. LED 主文件夹中的 BUILD.gn 文件的内容及作用

该 BUILD.gn 文件的代码如下:

```
group("LED")
{
    deps = ["SOURCE_LED:LED","//device/bossay/hi3861_l0/sdk_liteos:wifiiot_sdk"],
            "../common/iot_wifi:iot_wifi",
}
```

鸿蒙 OS C 语言设备程序的编译结果可以是静态库(static_library)、动态库(dynamic_library)、可执行文件或者组件(group)。组件是鸿蒙 OS 最小的可复用、可配置、可裁剪的功能单元,具有目录独立、可并行开发、可独立编译、可独立测试的特征。

该 BUILD.gn 文件是一个组件编译脚本文件,它的作用就是对组件的编译进行配置,也就是说,在编译鸿蒙 OS C 语言设备程序时,要根据该文件的内容进行编译和生成编译目标结果。该文件中的 group("LED")用于设置编译组件的目标名称为 LED,也就是组件的名称为 LED,它和 C 语言程序的项目名称 LED 保持一致,符合编译目标名称和组件一致的原则。在 deps = ["SOURCE_LED:LED","//device/bossay/hi3861_l0/sdk_liteos:wifiiot_sdk"],"../common/iot_wifi:iot_wifi"中,deps 是英文单词 depends 的缩写,意思是"依赖",因此这一句的含义:编译构建 LED 组件,需要依靠 LED 文件夹下面 SOURCE_LED 文件夹中的内容,以及保存在/device/bossay/hi3861_l0/sdk_liteos:wifiiot_sdk 和../common/iot_wifi:iot_wifi 中的鸿蒙 OS 无线网络开发包中的内容。

2. SOURCE_LED 子文件夹中的 BUILD.gn 文件的内容及作用

该 BUILD.gn 文件的代码如下:

```
static_library("LED")
{
    sources = ["LED.c",]
    include_dirs = ["//utils/native/lite/include",
                    "//base/iot_hardware/peripheral/interfaces/kits",
```

```
                    "//device/bossay/hi3861_10/iot_hardware_hals/include",
                    "//device/bossay/hi3861_10/sdk_liteos/include"
        ]
    }
```

该 BUILD.gn 文件也是一个组件编译脚本文件，它的作用是对程序 LED.c 的编译进行配置，也就是说，在编译 C 语言程序 LED.c 时，要根据该文件的内容进行编译和生成目标结果。static_library("LED")表明要将 LED.c 编译成静态库。sources = ["LED.c",]表明编译生成静态库的源代码文件来自 LED.c。include_dirs = [···]设置 LED.c 中♯include 语句包含的头文件的存储路径。

3. SOURCE_LED 主文件夹中的 LED.c 文件的内容及作用

LED.c 文件的代码如下：

```
#include<stdio.h>
#include "ohos_init.h"
#include "iot_gpio_ex.h"
#include "iot_gpio.h"
#define OUT_GPIO13 13
static void LED(void)                       //定义静态函数 LED
{
    IoTGpioInit(OUT_GPIO13);                //初始化 Hi3861 芯片 GPIO13 引脚(GPIO 端口)
    //设置 Hi3861 芯片 GPIO13 引脚的功能
    IoTGpioSetFunc(OUT_GPIO13, IOT_GPIO_FUNC_GPIO_13_GPIO);
    IoTGpioSetDir(OUT_GPIO13, IOT_GPIO_DIR_OUT);    //设置写 Hi3861 芯片 GPIO13 引脚
    IoTGpioSetOutputVal(OUT_GPIO13, 1);//设置写高电平到 Hi3861 芯片 GPIO13 引脚
}
APP_FEATURE_INIT(LED);                       //初始化并调用执行 LED 组件程序
```

Hi3861 芯片的 GPIO13 引脚连接开发实验板上的一只 LED 灯。实际上开发实验板上有排列成五角形的 5 只 LED 灯，分别对应连接 Hi3861 芯片的 GPIO9、GPIO10、GPIO11、GPIO12、GPIO13 引脚。将上述代码中的 13 分别改成 9、10、11、12，然后编译生成可执行代码，写入开发实验板，看看都有哪个 LED 灯被点亮。

4. LED 主文件夹中的 config.json 文件的内容及作用

config.json 文件的代码如下：

```
{
    "product_name": "LED",
    "ohos_version": "OpenHarmony 3.0",
    "device_company": "bossay",
    "board": "hi3861_10",
    "kernel_type": "liteos_m",
    "kernel_version": "",
    "subsystems":
    [
        {
            "subsystem": "iot_hardware",
```

```
        "components":
        [
            { "component": "iot_controller", "features":[] }
        ]
    },
    {
        "subsystem": "distributed_schedule",
        "components":
        [
            { "component": "samgr_lite", "features":[] }
        ]
    },
    {
        "subsystem": "security",
        "components":
        [
            { "component": "hichainsdk", "features":[] },
            { "component": "deviceauth_lite", "features":[] },
            { "component": "huks", "features":
                [
                    "huks_config_file = \"hks_config_lite.h\"",
                    "huks_mbedtls_path = \"//device/bossay/hi3861_l0/sdk_
                    liteos/third_party/mbedtls/include/\""
                ]
            }
        ]
    },
    {
        "subsystem": "startup",
        "components":
        [
            { "component": "bootstrap_lite", "features":[] },
            { "component": "syspara_lite", "features":
                [
                    "enable_ohos_startup_syspara_lite_use_thirdparty_
                    mbedtls = false"
                ]
            }
        ]
    },

    {
        "subsystem": "utils",
        "components":
        [
            { "component": "file", "features":[] },
            { "component": "kv_store", "features":[] },
            { "component": "os_dump", "features":[] }
        ]
```

```
        }
    ],
    "third_party_dir": "//device/bossay/hi3861_l0/sdk_liteos/third_party",
    "product_adapter_dir": "//vendor/bossay/hi3861_l0/hals"
}
```

config.json 文件是一个组件编译配置文件,该文件的作用是设置在编译生成 LED 产品组件时需要用到的鸿蒙 OS 源码和开发实验板的支持源码。因为鸿蒙 OS 是可裁剪的,在编译生成 LED 产品组件时,通过 config 文件配置必要的鸿蒙 OS 组件即可,例如在 config.json 中就配置了必要的鸿蒙 OS 的硬件子系统的 iot_controller 组件、分布式数据管理子系统的 samgr_lite 组件、安全子系统的部分组件和启动子系统的部分组件以及开发实验板的部分支持源码。

点亮一只
LED 灯项目
的开发步骤

3.9.3 点亮一只 LED 灯项目的开发步骤

本节以点亮一只 LED 灯项目为例,详细讲述鸿蒙 OS C 语言设备程序开发的步骤。

1. 准备好鸿蒙 OS C 语言程序编译环境

说明:在开发鸿蒙 OS C 语言程序之前,要先准备好鸿蒙 OS C 语言程序编译环境,也就是要先在 Windows 工作台上运行虚拟机管理程序 VMware Workstation,再在虚拟机管理程序中启动 Ubuntu 版 Linux 虚拟机 BossayUbuntu。

如果虚拟机管理程序 VMware Workstation 和 Linux 虚拟机 BossayUbuntu 已经运行,则省略此步;否则,如图 3-182 所示,运行虚拟机管理程序 VMware Workstation 并启动 Linux 虚拟机 BossayUbuntu,为鸿蒙 OS C 语言设备程序开发准备好编译环境。

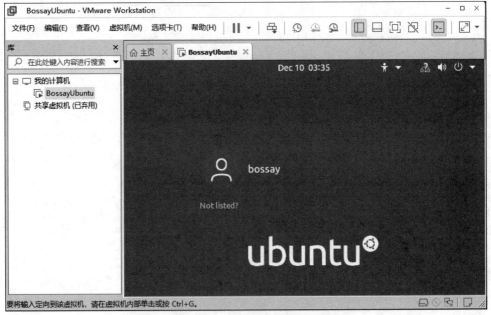

图 3-182　VMware Workstation 和虚拟机

2. Visual Studio Code 通过 SSH 建立与虚拟机的连接

说明:Visual Studio Code 是鸿蒙 OS C 语言程序的编辑软件。

如果 Visual Studio Code 程序已运行,则略过此步;否则,在 Windows 工作台的桌面上
找到如图 3-183 所示的 Visual Studio Code 的快捷方式图标,
双击它运行该程序,如果一切正常,会出现 Visual Studio Code
的主窗口,如图 3-184 所示。如果在启动 Visual Studio Code
的过程中出现如图 3-185 所示的提示 SSH 连接异常的对话
框,意味着 SSH 没有建立到 IP 地址为 192.168.249.128 的虚
拟机的连接,这有可能是由于虚拟机刚启动,其 SSH 服务还没
有启动。这时单击图 3-185 所示的对话框中的 Retry 按钮,尝
试再次进行 SSH 连接。如果连接成功,则出现如图 3-184 所示的窗口,Visual Studio Code
完成正常启动。如果尝试几次问题还得不到解决,极有可能是由于 SSH 连接配置存在问
题,需要重新检查并解决 SSH 连接配置中的问题。

图 3-183　Visual Studio Code
的快捷方式图标

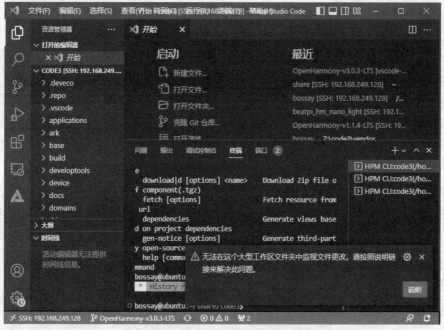

图 3-184　建立了 SSH 连接的 Visual Studio Code 的主窗口

3. 在 Visual Studio Code 中打开资源管理器,使用 DevEco 添加新产品

在如图 3-186 所示的窗口中,单击左侧工具栏中最上方的资源管理器图标,打开资源管
理器,然后单击"资源管理器"下方的 CODE3 项目,找到并且打开 vendor,然后右击 vendor
下面的 bossay,在弹出的快捷菜单中选择"[DevEco]开源鸿蒙"→"添加新产品"命令,弹出
产品创建向导,如图 3-187 所示。注意,产品创建向导可能显示不全。如果出现这种情况,
可以拖动窗口右侧的滑块或者调节各个局部的大小,将产品创建向导完全显示出来。

4. 使用 DevEco 的产品新建向导设定产品基础信息

在如图 3-187 所示的产品创建向导中,在"供应商名称"文本框中输入 bossay,在"产品
名称"文本框中输入 LED,在"开发板名称"下拉列表框中选择 hi3861_IO,其下面的"产品名
称"保持"无",设定好的产品基础信息如图 3-188 所示。单击产品创建向导的"确定"按钮,
回到 Visual Studio Code 窗口,如图 3-189 所示。要注意,刚回到该窗口时看不到新建的

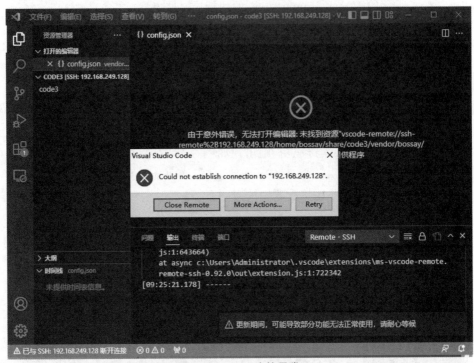

图 3-185　SSH 连接异常

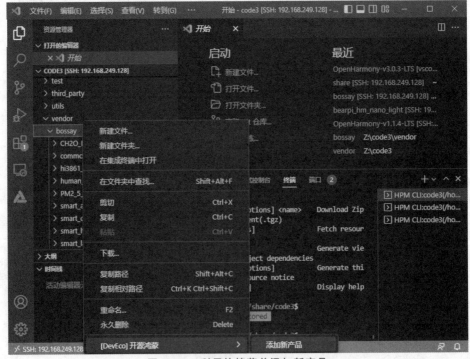

图 3-186　利用快捷菜单添加新产品

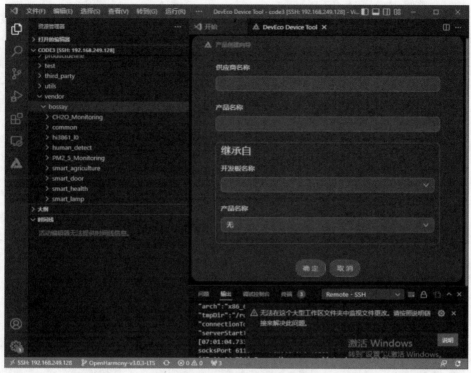

图 3-187　产品创建向导

LED 产品，这时必须单击 CODE3[SSH：192.168.249.128]右侧 4 个图标中的第三个，即刷新资源管理器图标，然后才能在 vendor 下面的 bossay 下看到新建的产品 LED。记住，以后每次新建项目、文件夹或文件后都需要单击这个刷新图标，才能在列表中看到它。

图 3-188　输入产品基础信息

5. 检查新创建的 LED 产品的基础内容

在如图 3-189 所示的窗口中，单击 LED 产品，在其下方列出该项目的两个文件——

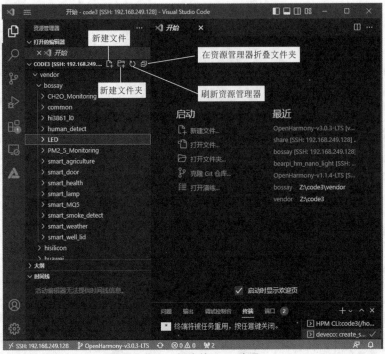

图 3-189　新建的 LED 产品

BUILD.gn 和 config.json，如图 3-190 所示。单击 BUILD.gn 文件，可以在右侧的文本编辑器中编辑 BUILD.gn 文件的内容，如图 3-191 所示；单击 config.json 文件，就可以在右侧的文本编辑器中编辑 config.json 文件的内容，如图 3-192 所示。

图 3-190　新建的 LED 产品的基础内容

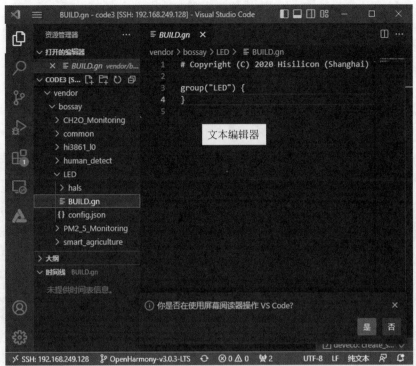

图 3-191　在文本编辑器中编辑 BUILD.gn 文件

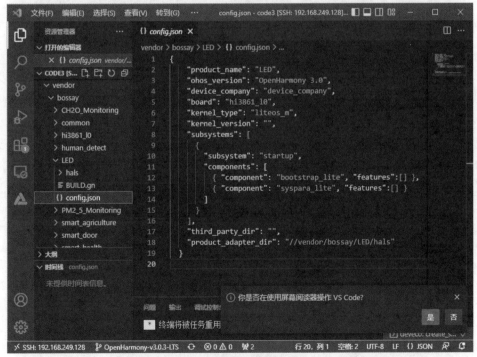

图 3-192　在文本编辑器中编辑 config.json 文件

6. 编辑 LED 项目根目录下的 BUILD.gn 文件

说明：这一步是程序员编辑 LED 项目根目录下的 BUILD.gn 文件，用键盘输入文件的内容，然后保存这个文件。

本操作由以下 3 步完成。

1）在文本编辑器中打开 LED 文件夹下的 BUILD.gn 文件

在 Visual Studio Code 窗口中，单击窗口左侧列表中的 LED 文件夹，然后单击该文件夹下面的 BUILD.gn 文件，将其在文本编辑器中打开，如图 3-193 所示。

图 3-193　在文本编辑器中打开 LED 文件夹中的 BUILD.gn

2）使用文本编辑器编辑 BUILD.gn 文件

如图 3-194 所示，在确保内容、格式严格符合 C 语言程序规范的前提下，采用键盘输入的方式，输入 3.9.2 节 LED 文件夹中的 BUILD.gn 代码，完成 BUILD.gn 文件内容的编辑。

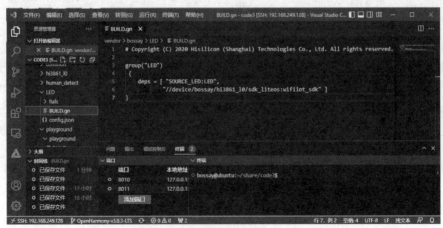

图 3-194　编辑 BUILD.gn 文件

3）保存 BUILD.gn 文件

如图 3-195 所示，打开"文件"菜单，然后选择"保存"命令，将 BUILD.gn 的内容保存到磁盘上。

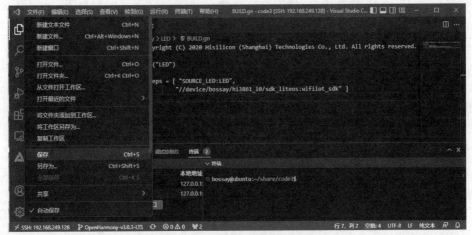

图 3-195　保存 BUILD.gn 文件

7. 编辑 LED 项目根目录下的 config.json 文件

本操作由以下 3 步完成。

1）在文本编辑器中打开 LED 文件夹下的 config.json 文件

在 Visual Studio Code 窗口中，单击窗口左侧列表中的 LED 文件夹，然后单击该文件夹下面的 config.json 文件，将其在文本编辑器中打开，如图 3-196 所示。

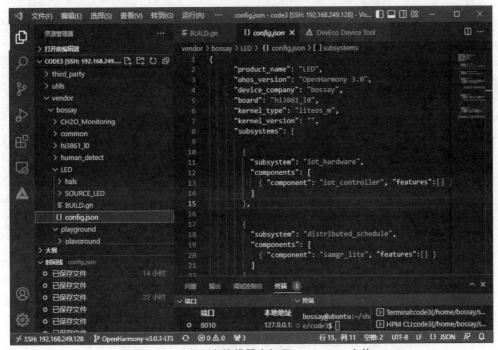

图 3-196　在文本编辑器中打开 config.json 文件

2）使用文本编辑器编辑 config.json 文件

编辑 config.json 文件内容有以下两种方法：

（1）使用键盘输入的方式编辑 config.json 文件。

如图 3-196 所示，在确保内容、格式严格符合 C 语言程序规范的前提下，采用键盘输入的方式，修改 config.json 文件，使它的内容与 3.9.2 节 LED 文件夹中的 config.json 内容完全一样。

（2）使用复制和粘贴的方式编辑 config.json 文件。

因为 config.json 文件的内容不但比较多，而且文件内容对于初学 C 语言的人来说也难以读懂。用键盘输入整个文件的内容，对于初学者来说有点困难，有时候还难免输入错误，所以，初学者可以用复制粘贴的方式编辑 config.json 文件的内容。与本书配套的网站提供了本书中所有的程序项目内容，也就是本书所有案例程序的文件都可以从网站下载。每个案例程序的文件都是一个压缩文件，其中都有一个 config.json 文件，所以初学者可以采用复制粘贴的方式编辑 config.json 文件的内容，方法如下：

① 从与本书配套的资源网站下载 LED 项目的压缩文件，然后将其解压，找到 LED 项目中的 config.json 文件，接下来用 Windows 操作系统的记事本程序打开它，然后按 Ctrl＋A 组合键，将文件内容全选，如图 3-197 所示，此时文件内容呈现蓝底白字显示。

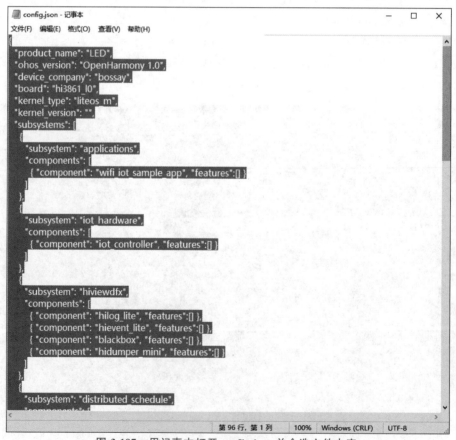

图 3-197　用记事本打开 config.json 并全选文件内容

② 按 Ctrl＋C 组合键,将文件内容复制到剪贴板。

③ 回到 Visual Studio Code 窗口,然后单击窗口左侧列表中的 config.json 文件,在文本编辑器中打开该文件,使它处于编辑状态,然后用 Delete 键或者 Backspace 键将该文件原有的内容全部删除,如图 3-198 所示。接下来在文本编辑器中右击,在弹出的快捷菜单中选择"粘贴"命令,如图 3-199 所示,将 config.json 文件内容从剪贴板复制到文本编辑器中,如图 3-200 所示。

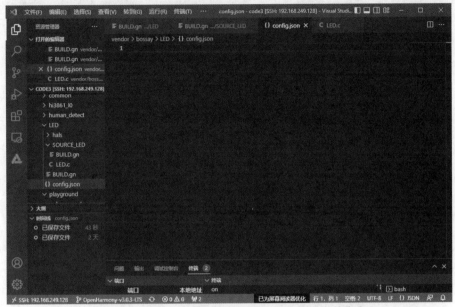

图 3-198　在文本编辑器中删除 config.json 原有的内容

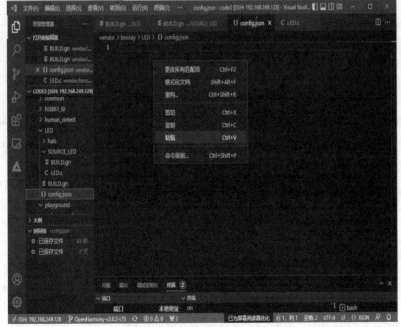

图 3-199　粘贴剪贴板中的内容

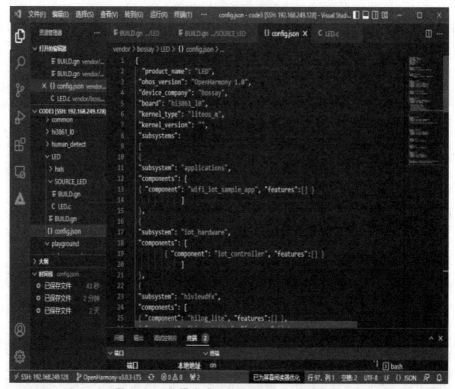

图 3-200　编辑完成后的 config.json 文件内容

3）保存 config.json 文件

编辑完 config.json 文件的内容后，打开"文件"菜单，然后选择"保存"命令，将 config. json 的内容保存到磁盘上。

8. 在 LED 项目的 LED 文件夹下新建 SOURCE_LED 子文件夹

说明：这一步是程序员在 LED 文件夹下创建 SOURCE_LED 子文件夹，在这个子文件夹下存放程序项目的源代码文件（如 LED.c）和编译配置文件（如 BUILD.gn），这个子文件夹的名字可以由程序员自己决定，但它要创建在 LED 文件夹下。

在 LED 文件夹下新建 SOURCE_LED 子文件夹有以下两种方法。

方法 1：在如图 3-201 所示的窗口中，右击 LED 文件夹，在弹出的快捷菜单中选择"新建文件夹"命令，在文本框中输入文件夹名称 SOURCE_LED，输入完成后按回车键，就在 LED 文件夹下建立了 SOURCE_LED 子文件夹，如图 3-203 所示。

方法 2：如图 3-202 所示。首先单击 LED 文件夹，然后单击窗口左侧列表中的 CODE3 ［SSH：192.168.249.128］右边的第 2 个图标（新建文件夹）按钮，接着在文本框中输入文件夹名称 SOURCE_LED，输入完成后按回车键，就在 LED 文件夹下建立了 SOURCE_LED 子文件夹，如图 3-203 所示。

9. 在 LED 文件夹的 SOURCE_LED 子文件夹下新建编译配置文件 BUILD.gn

说明：这一步是程序员在 LED 文件夹下的 SOURCE_LED 子文件夹中创建程序项目的编译配置文件 BUILD.gn，包括创建这个文件的文件名，利用键盘输入文件的内容，然后保存这个文件。要注意的是，这个文件和前面第 6 步编辑的文件虽然名称相同，但是它们的

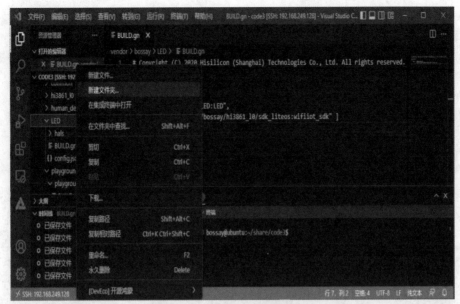

图 3-201　使用菜单新建子文件夹

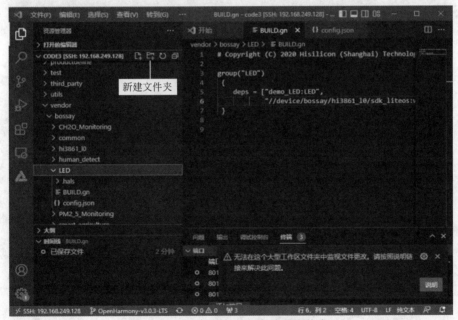

图 3-202　使用图标按钮新建子文件夹

内容不相同，作用也不一样，而且存放在不同的文件夹下。

本操作由以下 3 步完成。

1）在 SOURCE_LED 子文件夹下新建 BUILD.gn 文件

在 SOURCE_LED 子文件夹下新建 BUILD.gn 文件有以下两种方法。

方法 1：在 Visual Studio Code 窗口中，右击 SOURCE_LED 子文件夹，在弹出的快捷菜单中选择"新建文件"命令，如图 3-204 所示，在弹出的文本框中输入 BUILD.gn，输入完成后按回车键，就在 SOURCE_LED 子文件夹下新建了文件 BUILD.gn。

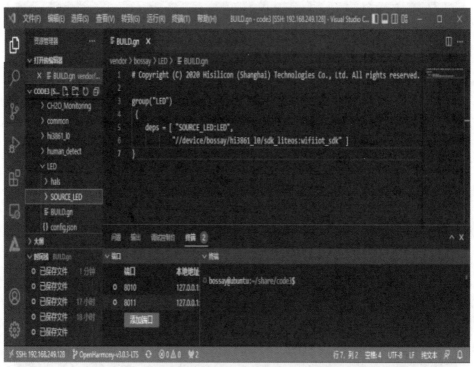

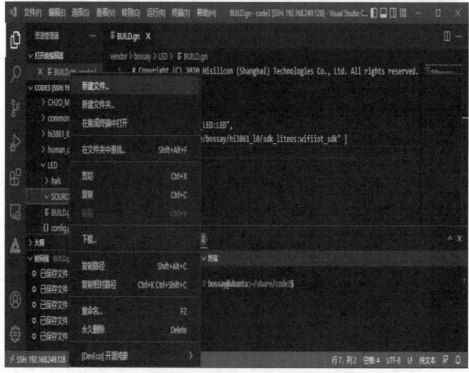

图 3-203　在 LED 文件夹下创建 SOURCE_LED 子文件夹

图 3-204　使用菜单在 SOURCE_LED 子文件夹下新建文件

方法 2：如图 3-205 所示。首先单击 SOURCE_LED 文件夹，然后单击窗口左侧列表中 CODE3[SSH：192.168.249.128]右边的第一个图标（新建文件）按钮，接着在弹出的文本框中输入 BUILD.gn，输入完成后按回车键，就在 SOURCE_LED 子文件夹下新建了 BUILD.gn 文件，如图 3-206 所示。

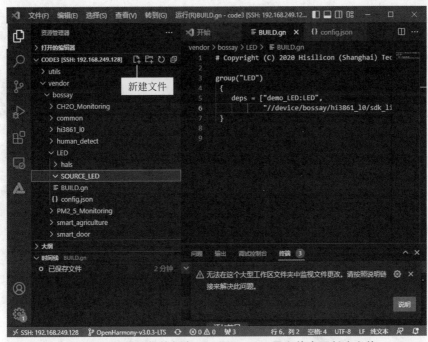

图 3-205　使用图标按钮在 SOURCE_LED 子文件夹下新建文件

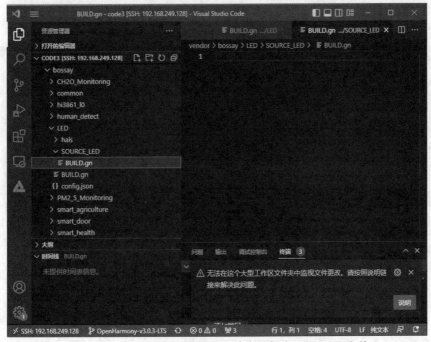

图 3-206　在 SOURCE_LED 子文件夹下新建 BUILD.gn 文件

2) 编辑新建的 BUILD.gn 文件

在如图 3-206 所示的窗口中,保持 BUILD.gn 文件处于编辑状态,然后在窗口右侧文本编辑器中输入 3.9.2 节中 SOURCE_LED 文件夹下的 BUILD.gn 文件的内容,如图 3-207 所示。需要说明的是,该文件内容的编辑也可以仿照第 7 步中介绍的复制粘贴方法完成。

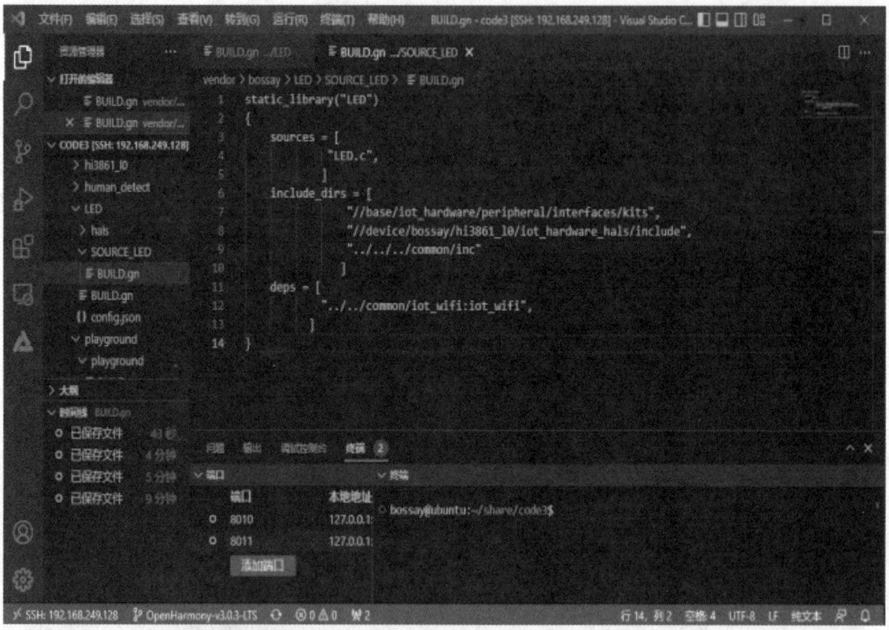

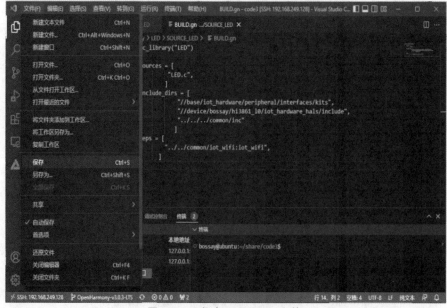

图 3-207 编辑 BUILD.gn 文件

3) 保存编辑好的 BUILD.gn 文件

如图 3-208 所示,编辑好文件 BUILD.gn 的内容后,打开 Visual Studio Code 的"文件"菜单,选择"保存"命令,及时将 BUILD.gn 的内容保存到磁盘上。

图 3-208 保存 BUILD.gn 文件

10. 在 LED 文件夹的 SOURCE_LED 子文件夹下新建 C 语言程序源代码文件 LED.c

说明：这一步是在 LED 文件夹下的 SOURCE_LED 子文件夹中创建程序项目的 C 语言程序源代码文件 LED.c，包括创建这个文件的文件名，利用键盘输入文件的内容，然后保存这个文件。需要说明的是，这个文件是由程序员根据程序的功能要求编写的 C 语言程序文件。

本操作由以下 3 步完成。

1) 在 SOURCE_LED 子文件夹下新建 LED.c 文件

在 SOURCE_LED 子文件夹下新建 LED.c 文件有两种方法。

方法 1：在如图 3-209 所示的窗口中，右击 SOURCE_LED 子文件夹，在弹出的快捷菜单中选择"新建文件"命令，在弹出的文本框中输入文件名称 LED.c，然后按回车键，就在 SOURCE_LED 子文件夹下新建了 LED.c 文件。

图 3-209　使用菜单在 SOURCE_LED 子文件夹下新建 LED.c 文件

方法 2：如图 3-210 所示，首先单击 SOURCE_LED 子文件夹，然后单击窗口左侧列表中 CODE3［SSH：192.168.249.128］右边的第一个图标（新建文件）按钮，接着在弹出的文本框中输入 LED.c，然后按回车键，就在 SOURCE_LED 子文件夹下新建了 LED.c 文件，如图 3-211 所示。

一定要注意文件的扩展名是小的字母 c。

2) 编辑 LED.c 文件

在如图 3-211 所示的窗口中，保持文件 LED.c 处于编辑状态，然后在窗口右侧的文件编辑器中输入 3.9.2 节中 SOURCE_LED 子文件夹下的 LED.c 文件的内容，如图 3-212 所示。需要说明的是，该文件内容的编辑也可以仿照第 7 步中介绍的复制粘贴方法完成。

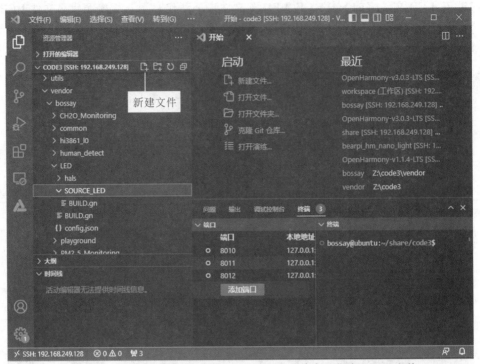

图 3-210　使用图标按钮在 SOURCE_LED 子文件夹下新建 LED.c 文件

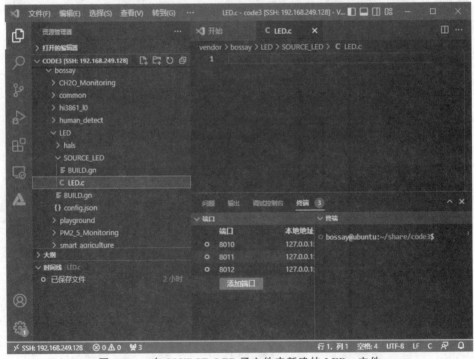

图 3-211　在 SOURCE_LED 子文件夹新建的 LED.c 文件

3）保存 LED.c 文件

如图 3-213 所示，打开 Visual Studio Code 的"文件"菜单，然后选择"保存"命令，及时将

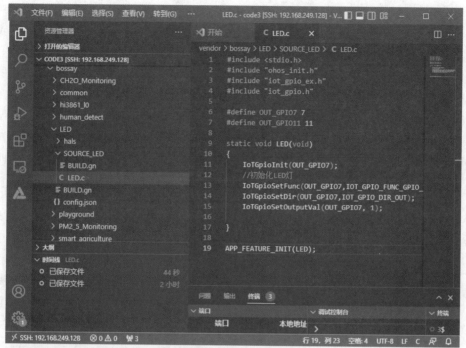

图 3-212　编辑 LED.c 文件

LED.c 的内容保存到磁盘上。

图 3-213　保存 LED.c 文件

　　到这里,点亮一只 LED 灯项目的所有文件就编辑完了。需要说明的是,对所有相关文件夹的创建和文件的编写必须认真对待,包括文件夹和文件的名称、文件中字母的大小写都必须严格遵循 C 语言项目的规范和要求,初学者更应如此,稍有偏差,都会造成后续程序编译出现错误。出现错误不可怕,要有发现错误和改正错误的信心,每一个合格的程序员都是在发现程序错误、改正程序错误的过程中不断成长的。

11. 编译点亮一只 LED 灯项目

说明:这一步是程序员利用鸿蒙 OS C 语言程序编译环境,对点亮一只 LED 灯项目进行编译,将 C 语言程序源代码编译成名字为 Hi3861_wifiiot_app_allinone.bin 的可执行二进制代码文件,并将该文件存放于 code3\out\hi3861_l0\LED 路径下。

完成本操作共有 4 种方法,其中本章讲述的鸿蒙 OS C 语言设备开发环境支持前 3 种编译方法。

方法 1:在 Visual Studio Code 中利用 DevEco 的 ReBuild 或者 Build 功能编译项目。

1) 在 Visual Studio Code 中利用 DevEco 的 Rebuild 功能编译项目

如果一个项目是第一次编译,一般采用 DevEco 的 ReBuild 功能进行程序编译,以编译点亮一只 LED 灯项目为例,步骤如下:

(1) 如图 3-214 所示,单击 Visual Studio Code 窗口左侧中部的 DevEco 图标,然后在PROJECT TASKS 下方的列表中找到 LED 项目,单击 LED 项目,在其下方单击 Rebuild,出现如图 3-215 所示的窗口。

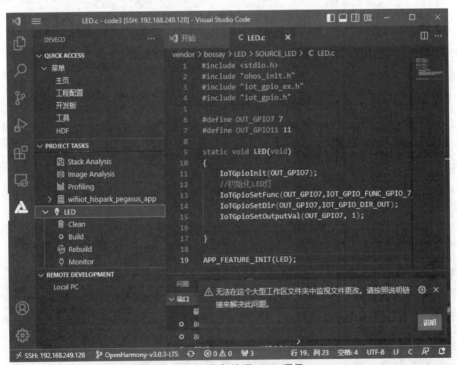

图 3-214 准备编译 LED 项目

(2) 在如图 3-215 所示的窗口中,单击"继续"按钮,利用编译工具链对构成 LED 项目的所有文件进行编译和连接,直到出现如图 3-216 所示的窗口,在此窗口中可以看到 LED 的clean 和 buildprog 目标均为 SUCCESS 状态,如果看到这两行信息,表明 LED 项目已经成功完成编译,此时会在 code3\out\hi3861_l0\LED 路径中生成可执行二进制程序代码文件

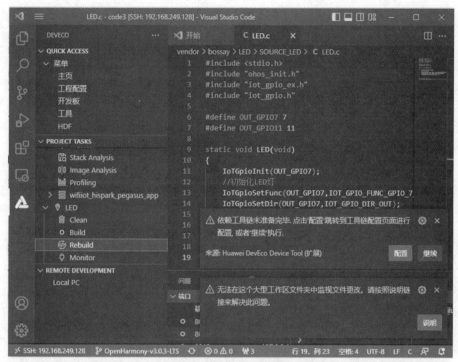

图 3-215　使用 Rebuild 功能编译 LED 项目

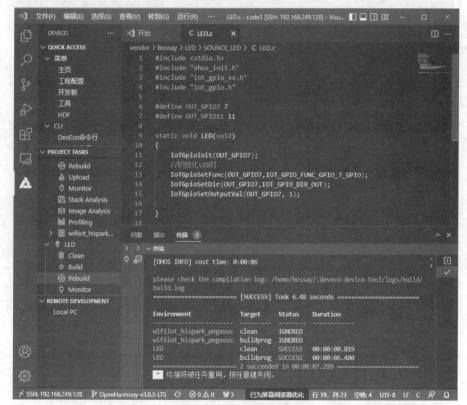

图 3-216　LED 项目编译成功

Hi3861_wifiiot_app_allinone.bin。如果看不到这两行信息，而是看到错误信息，就要查找和改正错误，然后重新进行编译。当然，如果编译工具链还不完善，在单击"继续"按钮编译之前，需要先单击"配置"按钮，完善编译工具链，然后才能编译项目。

2）在 Visual Studio Code 中使用 DevEco 的 Build 功能编译项目

如果一个程序项目已经编译过，不是第一次编译，一般采用 DevEco 的 Build 功能进行程序编译，编译方法跟使用 DevEco 的 Rebuild 功能进行程序编译类似，只不过编译时只对修改过的程序文件进行编译。

方法 2：在 Visual Studio Code 中利用 DevEco 命令行或者 HPM 命令行编译项目。

当采用这种程序编译方式时，在 Visual Studio Code 中，在 SSH 连接的支持下，在 DevEco 命令行或者 HPM 命令行方式下，利用 hb 编译程序对 LED 项目进行编译。这两种命令行方式的具体方法类似，下面以 HPM 命令行方式为例予以介绍。

（1）单击 Visual Studio Code 窗口左侧中部的 DevEco 图标，然后在窗口中 CLI 下方列表中单击"HPM 命令行"，在窗口右侧下部的"终端"区域执行 hpm --help 命令查询 hb 命令的用法。

（2）在"终端"区域命令提示符 bossay@ubuntu：~/share/code3 $ 后面输入命令 hb set 后按回车键，如图 3-217 所示，在"终端"区域中看到 bossay 下面列出了一些项目名称，如图 3-218 所示。此时用键盘的箭头键移动光标，使 LED 以红色显示，表示选中 LED 项目，然后按回车键，窗口如图 3-219 所示。

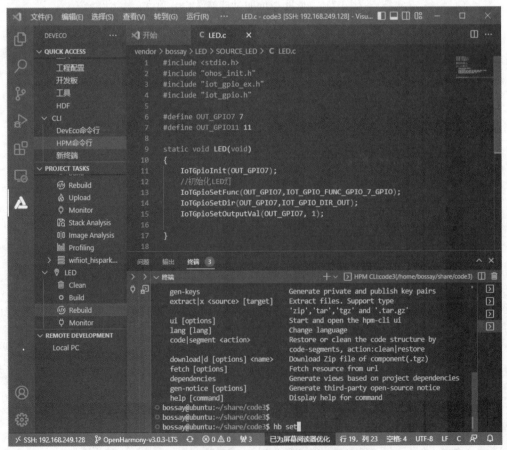

图 3-217　使用 hb set 命令选择编译项目

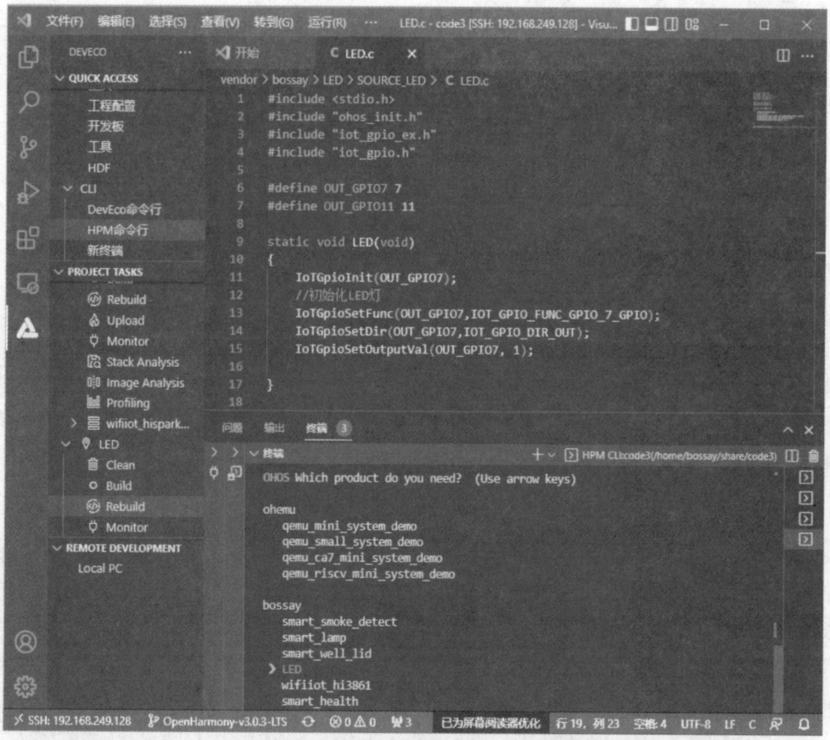

图 3-218　选中 LED 项目进行编译

图 3-219　使用 hb build -f 命令编译 LED 项目

（3）在"终端"区域命令提示符 bossay@ubuntu：～/share/code3 $ 后面输入命令 hb build -f 后按回车键，利用 hb 编译工具对构成 LED 项目的所有文件进行编译和连接，直到出现如图 3-220 所示的窗口，在此窗口中可以看到 LED build success 这行信息，这表明 LED 项目成功完成编译，且在 code3\out\hi3861_l0\LED 路径中生成了二进制可执行代码文件 Hi3861_wifiiot_app_allinone.bin。如果看不到这行信息而是看到错误信息，就要查找和改正错误，然后重新进行编译。如果不是第一次编译项目，此时输入的命令可以是 hb build，这个命令只对编译后又修改过的文件进行编译，然后连接所有的项目文件生成可执行代码。

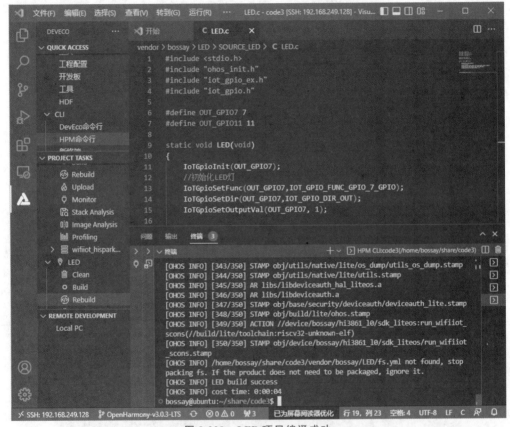

图 3-220　LED 项目编译成功

方法 3：利用虚拟机终端命令行方式编译项目。

说明：这种程序编译方式是程序员离开 Visual Studio Code，进入 Linux 虚拟机中已搭建好的鸿蒙 OS C 语言程序编译环境，对点亮一只 LED 灯项目进行编译，将 C 语言程序源代码编译成可执行代码文件。

本操作由以下 5 步完成。

1）退出 Visual Studio Code，登录虚拟机

先保存好 Visual Studio Code 编辑的所有文件，然后单击 Visual Studio Code 主窗口右上角的关闭按钮或者最小化按钮将 Visual Studio Code 关闭或者最小化，然后启动虚拟机 BossayUbuntu，如图 3-221 所示，此时在用户 bossay 的登录密码输入框中输入密码 bossay，

登录虚拟机后的窗口如图 3-222 所示。如果已经以用户 bossay 身份登录了虚拟机,则省略该步。

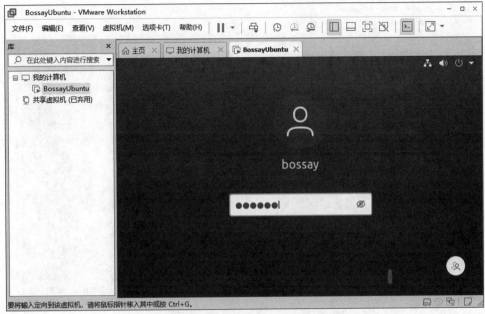

图 3-221　启动虚拟机 BossayUbuntu

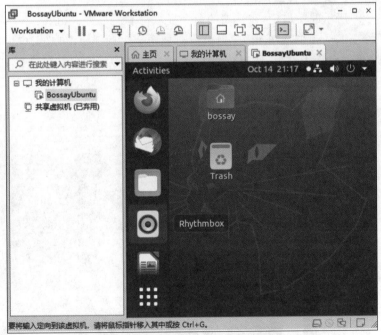

图 3-222　登录了虚拟机后的窗口

2) 进入 share 文件夹下的 code3 文件夹

在如图 3-222 所示的窗口中,按 Ctrl＋Alt＋T 组合键,转到虚拟机操作的用户终端模式,如图 3-223 所示。然后在终端的命令提示符 bossay@ubuntu：～＄的后面输入命令 cd share 后按回车键，进入 share 文件夹，然后在命令提示符 bossay@ubuntu：~/share $ 的后面输入命令 cd code3 后按回车键，进入 code3 文件夹。

图 3-223　进入虚拟机的 code3 文件夹

3）执行 hb set 命令选择编译项目

在如图 3-224 所示的窗口中，在终端的命令提示符 bossay@ubuntu：~/share/code3 $ 的后面输入命令 hb set 后按回车键，虚拟机窗口如图 3-225 所示，在此窗口中按箭头键，直到 LED 的颜色由白色变为红色，然后按回车键，此时的虚拟机窗口如图 3-226 所示，表示选定 LED 项目作为要编译的项目。

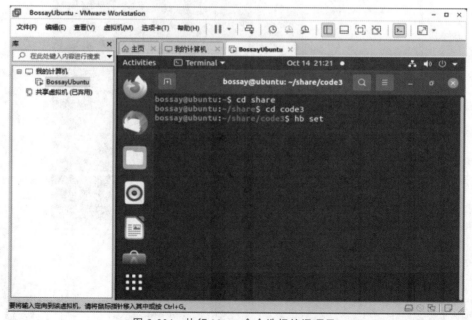

图 3-224　执行 hb set 命令选择编译项目

图 3-225　选择 LED 项目进行编译

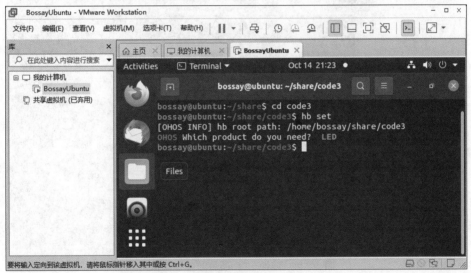

图 3-226　选定编译项目后的虚拟机窗口

4）执行 hb build -f 命令对选择的项目进行编译

在如图 3-227 所示的窗口中，在终端的命令提示符 bossay@ubuntu：～/share/code3 $ 的后面输入命令 hb build -f 或者 hb build 后按回车键，出现如图 3-228 所示的窗口，表示正在编译选定的 LED 项目，需要说明的是，hb build -f 命令是对构成项目的所有文件都重新编译一次，而 hb build 命令只编译上一次编译后修改过的文件。

如果项目文件没有任何语法错误，则在如图 3-228 所示的窗口中出现 LED build success 信息，表示项目编译成功，此时会在 code3\out\hi3861_l0\LED 路径中生成二进制可执行代码文件 Hi3861_wifiiot_app_allinone.bin，接下来可以将该文件烧录到开发实验板

图 3-227　执行 hb build -f 命令编译选定的项目

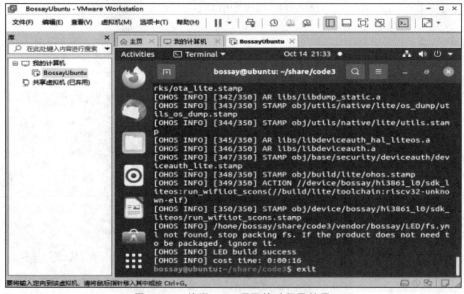

图 3-228　编译 LED 项目的过程及结果

中运行。如果没有出现 LED build success 信息而出现编译出错信息，表示项目编译失败，需要程序员再次打开 Visual Studio Code，查找并且改正程序中存在的任何错误。需要强调的是，程序编译通过只说明程序没有语法错误，但程序执行结果不一定正确，也就是说程序可能存在功能设计上的错误，也需要找到这种错误并将其改正。

5）项目编译成功后执行 exit 命令退出用户终端

如果项目编译成功，则在终端的命令提示符 bossay@ubuntu：～/share/code3 $ 的后面输入 exit 命令，回到如图 3-222 所示的窗口，表示退出了虚拟机的用户终端模式。

除了上述 3 种编译方法外，还有一种编译方法，也就是使用编译网页编译项目，但使用这种方法编译项目时，必须从本书配套资源网站下载鸿蒙 OS C 语言设备开发虚拟机镜像文件,导入鸿蒙 OS C 语言设备开发虚拟机编译环境,具体参照 2.5.5 节讲述的方法进行。需要注意的是,这里生成的项目的二进制可执行代码文件的名称和存储路径与前面讲的 3 种方法不一样,需要在选择烧录文件时注意。

12. 将编译生成的可执行程序烧录到开发实验板上并运行程序

说明:这一步是利用 HiBurn 烧录软件将已经编译好的,存放在共享文件夹 share 下的,路径为 code3\out\hi3861_l0\LED 的二进制可执行代码文件 Hi3861_wifiiot_app_allinone.bin 烧录到开发实验板中,然后执行程序,验证程序执行结果——点亮一只 LED 灯。

本操作由以下 5 步完成。

1) 打开虚拟机(BossayUbuntu)处于运行状态

如图 3-229 所示,开始烧录操作之前,要先运行虚拟机,只有虚拟机处于运行状态,才能访问共享文件夹 share 里面保存的 Hi3861_wifiiot_app_allinone.bin 并进行文件烧录操作。如果不确定文件夹 share 是否处于共享状态,可以如图 3-230 所示,通过打开"我的电脑"或者"此电脑"检查存储器的共享文件夹 share(\\192.168.249.128)(Z:)前面是否有红色的"×"。如果没有红色的"×",表示文件夹 share 正常工作;如果有红色的"×",则表示文件夹 share 没有正常工作,很可能是虚拟机处于关闭状态,此时要先打开运行虚拟机。如果虚拟机已经处于运行状态,则省略此步。

图 3-229　运行虚拟机 BossayUbuntu

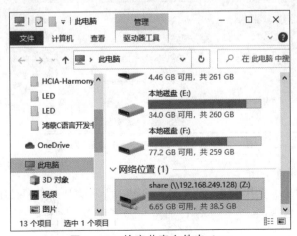

图 3-230　检查共享文件夹 share

2）使用 USB Type-C 数据线连接计算机和 Bossay 开发核心板

如图 3-231 所示，使用 USB Type-C 数据线将计算机（Windows 工作台）和 Bossay 开发核心板连接起来，USB 端插入计算机 USB 接口，另一端连接 Bossay 开发核心板，连接核心板之前要先插上点亮一只 LED 灯项目的实验板。在进行连接时，计算机屏幕上会出现如图 3-232 所示的"检测到新的 USB 设备"对话框，此时选择"连接到主机"单选按钮，然后单击"确定"按钮，确保建立 Bossay 开发核心板和 Windows 工作台的连接。

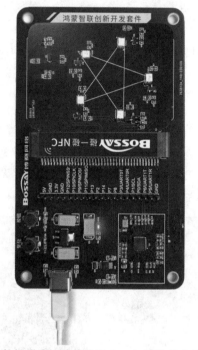

图 3-231　用 USB Type-C 数据线连接计算机和 Bossay 开发核心板

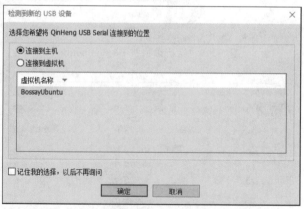

图 3-232　"检测到新的 USB 设备"对话框

3）烧录文件的准备工作

在计算机（Windows 工作台）上找到如图 3-233 所示的烧录软件 HiBurn 的快捷方式图标，双击该图标运行 HiBurn，它的主窗口如图 3-234 所示。接下来要做以下几项工作。

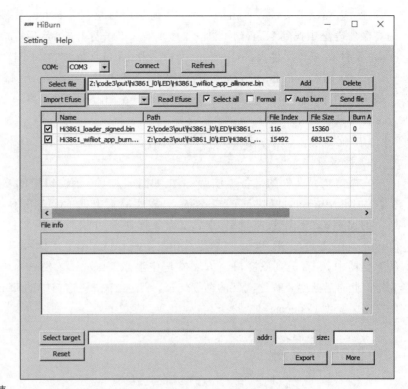

图 3-233 HiBurn 快捷
方式图标

图 3-234 烧录软件 HiBurn 主窗口

(1) 对连接的串口(COM)进行设置。打开 COM 右侧的串口列表,从中选择连接 Bossay 开发实验板的串口即可,这里选择的是 COM3。不同的计算机采用的串口会有不同,必须选择正确的串口才能进行成功的烧录。选择好串口后,还必须对串口进行设置。打开烧录软件 HiBurn 的 Setting 菜单,选择 Com settings 命令,弹出如图 3-235 所示的串口设置对话框,在此设置串口通信参数,设置串口通信的波特率(Baud)为 115 200 或者 9600 等,数据位数(Data Bit)为 8,停止位(Stop Bit)为 1,奇偶校验(Parity)为 None,流量控制(Flow ctrl)为 None,强制读取时间(Force Read Time)为 10(单位为秒)。设置完成后,单击"确定"按钮回到如图 2-234 所示的烧录软件主窗口。

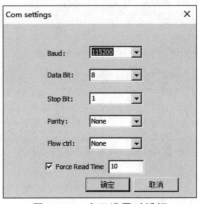

图 3-235 串口设置对话框

（2）选择烧录文件。单击如图 3-234 所示窗口左上方 Select file 按钮，在弹出的对话框的左侧列表框中找到 share(192.168.249.128)，单击打开它，然后在右侧列表框中依次打开 code3 文件夹、out 文件夹、hi3861_l0 文件夹和 LED 文件夹，在 LED 文件夹下找到 Hi3861_wifiiot_app_allinone.bin 文件，双击打开它。此时在图 3-234 所示窗口中间列表框中列出了要烧录的两个文件，一个是 Hi3861_wifiiot_app_allinone.bin，另一个是引导文件。到此烧录文件就选择好了。

（3）配置烧录选项。在如图 3-234 所示的窗口中选择 Select all 和 Auto burn 复选框。

4）烧录程序文件

在做好烧录文件的准备工作后，单击如图 3-234 所示窗口中的 Connect 按钮，此按钮文字变为 Disconnect，此时按一下 Bossay 开发实验板上的 Reset（复位）按钮，出现如图 3-236 所示的窗口，表示烧录文件开始了。烧录程序将可执行代码文件 Hi3861_wifiiot_app_allinone.bin 通过 USB Type-C 数据线由计算机（Windows 工作台）写入 Bossay 开发实验板的存储器中，一直等到该窗口下方文本框中显示 Execution Successful 信息，表示文件烧录完毕。此时务必停止程序文件的继续烧录，方法是单击该窗口中的 Disconnect 按钮（该按钮上的文字又变为 Connect）。

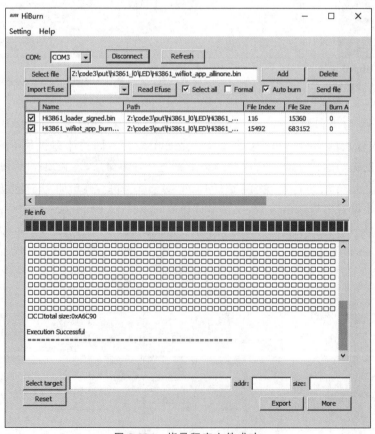

图 3-236　烧录程序文件成功

5）执行程序

完成程序文件烧录后，就可以在 Bossay 开发实验板中执行烧录好的程序了，方法非常简单,只要按一下 Bossay 开发实验板上的 Reset 按钮,即可看到程序执行结果——LED 灯(紫色)被点亮,如图 3-237 所示。

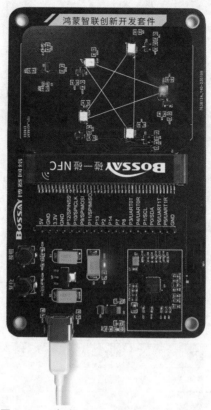

图 3-237　点亮一只 LED 灯程序执行结果

到此,点亮一只 LED 灯的鸿蒙 OS C 语言程序就开发完了。本书后续各章的鸿蒙 OS C 语言程序设计案例都参照本节介绍的方法即可。

3.9.4　点亮一只 LED 灯实验工作原理

点亮一只 LED 灯实验工作原理

开发实验板可编程 LED 灯部分的工作原理如图 3-238 所示。

在原理图中,LED8 就是一只 LED 灯,它的一端通过电阻值为 1kΩ 的 R24 分压电阻连接到 5V 的电源,另一端通过 NPN 型三极管 Q8 和限流电阻 R23 与 Hi3861 的 GPIO13 引脚相连。

NPN 型三极管用于驱动 LED 灯。当 GPIO13 输出高电平时,Q8 的 BE 极会有一个弱电流,驱动 Q8 的 CE 极导通。5V 电源串联 R24、LED8,通过 Q8 导通形成回路,LED8 点亮。在单片机启动时 I/O 引脚处于不稳定期,此时 GPIO13 引脚有可能会输出高电平,而下拉电阻 R22 主要起到保持 Q8 的 B 极默认下拉到地,使 LED8 不会错误点亮的作用。

由于 LED 和主控芯片 Hi3861 的 GPIO13 引脚相连,因此 Hi3861 的 GPIO13 引脚输出不同电平,即可控制 LED 亮和灭。结合图 3-238 进行分析,Hi3861 的 GPIO13 引脚输出电平和 LED 灯的状态如表 3-4 所示。

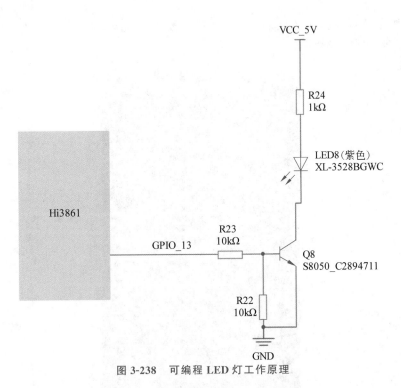

图 3-238　可编程 LED 灯工作原理

表 3-4　Hi3861 的 GPIO13 引脚输出电平和 LED 灯的状态

GPIO13 引脚输出电平	LED 灯的状态
高电平	亮
低电平	灭

◆ 3.10　习　　题

一、单项选择题

1. 鸿蒙 OS 系统功能设计按照（　　　）的顺序从整体到局部逐级展开。

A. 系统→功能→子系统→模块　　　　B. 模块→功能→子系统→系统

C. 系统→子系统→功能→模块　　　　D. 模块→子系统→功能→系统

2. 鸿蒙 OS 的技术架构从下往上分别为（　　　）。

A. 应用层、系统服务层、框架层、内核层　B. 内核层、系统服务层、框架层、应用层

C. 系统服务层、框架层、应用层、内核层　D. 框架层、内核层、系统服务层、应用层

3. 鸿蒙 OS 具备（　　　）三大核心能力。

A. 分布式软总线、分布式设备虚拟化、分布式数据管理

B. 分布式设备虚拟化、分布式数据管理、分布式任务调度

C. 分布式软总线、分布式数据管理、分布式安全

D. 分布式设备虚拟化、分布式数据管理、分布式安全

二、问答题

1. 鸿蒙 OS 的设计理念是什么？

2. 如何理解鸿蒙 OS 应用的一次开发、多终端部署？

3. 如何理解鸿蒙 OS 的系统统一、弹性部署？

4. 什么是鸿蒙 OS 的"1＋8＋N"多场景战略？

5. 鸿蒙 OS C 语言设备开发硬件由哪 4 部分组成？

6. 鸿蒙 OS C 语言设备开发软件工具主要有哪些？各自的作用是什么？

三、实验题

1. 按照本章所学，在自己的计算机上下载和安装、配置必要的软件，搭建一个完整的鸿蒙 OS C 语言设备开发环境。

2. Bossay 开发实验板的扩展板上有 5 个 LED 灯，端口分别是 GPIO9～GPIO13。编程完成点亮开发实验板上全部 LED 灯的实验。

第4章

C 语言的控制结构

本章主要内容：

(1) 顺序结构。

(2) 选择结构：if 选择结构，switch 选择结构。

(3) 循环结构：while 循环，do while 循环，for 循环，循环嵌套。

(4) break 语句，continue 语句。

(5) 闪烁的 LED 灯实验。

(6) 呼吸灯实验。

C 语言有顺序结构、选择结构、循环结构 3 种控制结构，它们对程序中代码的执行顺序起控制作用。

◇ 4.1 顺序结构

【例 4-1】 从键盘输入圆的半径，计算并输出圆的面积。

程序代码：

```
/*******************************************************************
源程序名:D:\C_Example\4_Control\order.c
功能:从键盘输入圆的半径,计算并输出圆的面积
输入数据:圆的半径 radius 的值
输出数据:圆的面积 area 的值
*******************************************************************/
#include<stdio.h>                        //文件包含语句
int main()                               //程序的主函数
{                                        //主函数体开始
  double radius, area;                   //定义实数变量:圆的半径、圆的面积
  printf("请输入圆的半径 radius=");      //提示输入圆的半径
  scanf("%lf",&radius);                  //输入圆的半径
  area = 3.14 * radius * radius;         //计算圆的面积
  printf("圆的面积 area=%.2f\n",area);   //输出圆的面积
  return  1;                             //程序结束,返回操作系统
}
```

用第 1 章所学的 Dev-C++ 工具编辑、编译和运行例 4-1 的程序。运行结果如

图 4-1 所示。

　　如图 4-2 所示,顺序结构就是按照 C 语言语句在程序中的先后次序执行的控制结构。顺序结构主要由表达式语句和输入输出语句等组成。例 4-1 程序的控制结构就是典型的顺序结构,主要包含数据的赋值或输入语句、数据的运算表达式语句、数据的输出语句,其基本流程是按照语句的排列顺序依次执行。

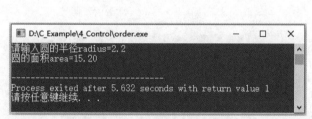

图 4-1　order.exe 程序运行结果

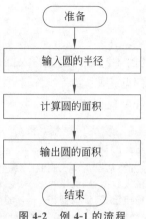

图 4-2　例 4-1 的流程

　　顺序结构是系统预置的控制结构。如非特别指出,计算机总是按指令编写的顺序一条一条执行。选择结构和循环结构就需要有特定的语句定义和组织。

◈ 4.2　选 择 结 构

　　思考一下例 4-1 的程序存在什么问题。它确实存在问题,假如在输入圆的半径时不小心输入了一个负数怎么办? 类似这种问题的求解需要对输入的数据是否是负数进行判断,这就需要用到选择结构。

　　选择结构也叫分支结构,是通过对条件进行判断,从而决定执行哪一个分支的结构。C 语言使用 if 语句和 switch 语句构成选择结构。

4.2.1　if 语句

if 语句分为 3 种形式:if 形式、if-else 形式和 if-else if 形式。

1. if 形式

if 形式的语句格式如下:

if 语句

```
if(表达式)
{
    语句;                          //此处代表复合语句,只有一个语句时可省略大括号
}
```

　　其语义是:如果表达式的值为真,则执行括号内的语句;否则不执行该语句。这种 if 语句适用于单分支选择结构,其流程如图 4-3 所示。下面在例 4-2 中使用 if 形式的语句解决圆的半径为负数的问题。

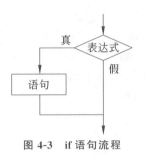

图 4-3　if 语句流程

【例 4-2】　从键盘输入圆的半径，计算并输出圆的面积。注意解决输入圆的半径为负数的问题。

程序代码：

```
/**********************************************************************
源程序名:D:\C_Example\4_Control\ifSelect.c
功能:从键盘输入圆的半径,计算并输出圆的面积
输入数据:圆的半径 radius 的值,注意圆的半径输入负数问题
输出数据:圆的面积 area 的值
**********************************************************************/
#include<stdio.h>
#include<stdlib.h>
int main()
{
  double radius, area;
  double pi=3.14;                              //定义圆周率
  printf("请输入圆的半径 radius=");
  scanf("%lf",&radius);
  if(radius>=0)                                //判断输入的值是否为负数
  {                                            //复合语句开始
    area = pi * radius * radius;
    printf("圆的面积 area=%.2f\n",area);
  }                                            //复合语句结束
  return  1;
}
```

编辑、编译和运行例 4-2 的程序。当运行程序时，如果输入的圆的半径不是负数，运行结果如图 4-4 所示；如果是负数，运行结果如图 4-5 所示。

图 4-4　输入的圆的半径不是负数时的运行结果

从运行结果可以看出，当输入的圆的半径是负数时，计算圆的面积和输出圆的面积的两个语句没有被执行。

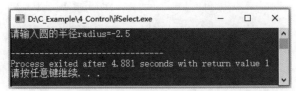

图 4-5　输入的圆的半径是负数时的运行结果

　　思考一下,圆的半径为负数的问题解决了吗? 解决了。解决得好吗? 似乎还不圆满,因为程序对于圆的半径为负数这一问题没有给出任何提示,圆满的解决办法应该是当输入的圆的半径是负数时,程序应该提醒操作者:"请注意,你输入的圆的半径是负数!"。针对类似的问题,if-else 形式的选择结构能圆满地解决。

2. if-else 形式

if-else 形式的语句格式如下:

```
if(表达式)
{
   语句 1;
}
else
{
   语句 2;
}
```

　　其语义是:如果表达式的值为真,则执行语句 1;否则执行语句 2。这种带有 else 子句的 if 语句适用于双分支选择结构,其流程如图 4-6 所示。

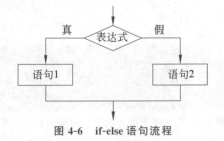

图 4-6　if-else 语句流程

　　【例 4-3】 从键盘输入圆的半径,计算并输出圆的面积。注意解决输入圆的半径为负数的问题。当输入的圆的半径是负数时,程序要给予提示。

　　程序代码:

```
/**********************************************************************
源程序名:D:\C_Example\4_Control\ifElseSelect.c
功能:从键盘输入圆的半径,计算并输出圆的面积
输入数据:圆的半径 radius 的值,注意解决圆的半径为负数的问题
输出数据:圆的面积 area 的值或者提示输入的圆的半径是负数
**********************************************************************/
#include<stdio.h>
#include<stdlib.h>
```

```
int main()
{
  double radius, area;
  double pi=3.14;
  printf("请输入圆的半径 radius=");
  scanf("%lf",&radius);
  if(radius>=0)
  {
    area = pi * radius * radius;
    printf("圆的面积 area=%.2f\n",area);
  }
  else
  {
   printf("请注意,你输入的圆的半径的值是负数!\n");        //输出提示信息
  }
  return  1;
}
```

编辑、编译和运行例 4-3 的程序。当运行程序时,如果输入的圆的半径不是负数,运行结果如图 4-7 所示;如果是负数,运行结果如图 4-8 所示。

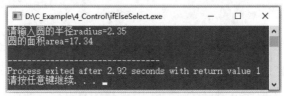

图 4-7　输入的圆的半径不是负数时的运行结果

图 4-8　输入的圆的半径是负数时的运行结果

思考一下,如何增加例 4-3 的程序的功能,使它不但能够计算圆的面积,还能够计算圆柱体和圆锥体的体积呢? 要解决这个问题,就要用到 if-else if 形式的选择结构。

3. if-else if 形式

对于有多个分支的选择结构,可采用 if-else if 语句,其一般形式如下:

```
if(表达式 1)
{
  语句 1;
}
else if(表达式 2)
{
  语句 2;
```

```
    }
    …
    else if(表达式 n-1)
    {
      语句 n-1;
    }
    else
    {
      语句 n;
    }
```

其语义是：依次判断表达式的值。当出现某个表达式的值为真时,则执行其对应的语句,然后跳到整个 if 语句之后继续执行;如果所有的表达式均为假,则执行语句 n,然后继续执行 if 语句后面的语句。这种形式的 if 语句流程清晰直观,适用于多分支选择结构,其流程如图 4-9 所示。

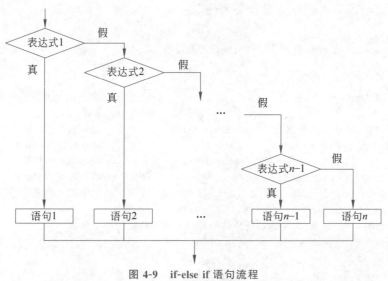

图 4-9　if-else if 语句流程

【例 4-4】　设计一个程序求圆的面积、圆柱体的体积和圆锥体的体积。从键盘输入圆的半径,计算并输出圆的面积;从键盘输入圆柱体的底面半径和高度,计算并输出圆柱体的体积;从键盘输入圆锥体的底面半径和高度,计算并输出圆锥体的体积。注意解决输入的圆的半径和高度为负数的问题,当输入的值是负数时,程序要给予相应的提示。

程序代码:

```
/*********************************************************************
源程序名:D:\C_Example\4_Control\ifElseIfSelect.c
功能:从键盘输入圆的半径,计算并输出圆的面积;从键盘输入圆柱体的底面半径和高度,计算并输
出圆柱体的体积;从键盘输入圆锥体的底面半径和高度,计算并输出圆锥体的体积
输入数据:输入 1、2、3 分别对应圆、圆柱体、圆锥体;输入圆的半径 radius、圆柱体或圆锥体的高度
        height,注意解决输入负数问题
输出数据:圆的面积 area、圆柱体的体积 volume、圆锥体的体积 volume 或者输入的值是负数的提示
        *********************************************************************/
```

```
#include<stdio.h>
int main()
{
  int category;                                    //定义类别变量
  double pi=3.14;
  double radius, height, area,volume;       //定义双精度实数变量：半径、高度、面积、体积
  printf("请输入类别:(1-圆, 2-圆柱体, 3-圆锥体) category=");    //提示输入类别
  scanf("%d",&category);                          //1 为圆,2 为圆柱体,3 为圆锥体
  if(category == 1)                               //输入 1,计算圆的面积
  {
    printf("请输入圆的半径 radius=");
    scanf("%lf",&radius);
    if(radius>=0)
    {
      area = pi * radius * radius;
      printf("圆的面积 area=%.2f\n",area);
    }
    else
    {
      printf("请注意,你输入的圆的半径的值是负数!\n");
    }
  }
  else if (category == 2)                        //输入 2,计算圆柱体的体积
  {
    printf("请输入圆柱体的半径 radius=");         //提示输入圆柱体的底面半径
    scanf("%lf",&radius);                         //输入圆柱体的底面半径
    printf("请输入圆柱体的高度 height=");         //提示输入圆柱体的高度
    scanf("%lf",&height);                         //输入圆柱体的高度
    if((radius<0) || (height<0))                  //判断输入的值是否都不是负数
    {
      printf("请注意,你输入的圆柱体半径的值或者高度的值是负数!\n");
    }
    else
    {
      volume = pi * radius * radius * height;     //计算圆柱体的体积
      printf("圆柱体的体积 volume=%.2f\n",volume); //输出圆柱体的体积
    }
  }
  else if (category == 3)                        //输入 3,计算圆锥体的体积
  {
    printf("请输入圆锥体的半径 radius=");         //提示输入圆锥体的底面半径
    scanf("%lf",&radius);                         //输入圆锥体的底面半径
    printf("请输入圆锥体的高度 height=");         //提示输入圆锥体的高度
    scanf("%lf",&height);                         //输入圆锥体的高度
    if((radius<0) || (height<0))
    {
      printf("请注意,你输入的圆锥体半径的值或者高度的值是负数!\n");
    }
    else
```

```
    {
        volume = 1.0/3 * pi * radius * radius * height;   //计算圆锥体的体积
        printf("圆锥体的体积 volume=%.2f\n",volume);  //输出圆锥体的体积
    }
    }
    else                                    //当输入的 category 的值不是 1、2、3 时
    {
        printf("你输入的类别 category 有误!");
    }
    return 1;
}
```

编辑、编译和运行例 4-4 的程序。运行结果分别如图 4-10～图 4-13 所示。

图 4-10　计算圆的面积

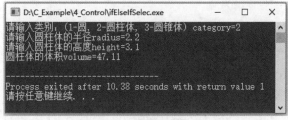

图 4-11　计算圆柱体的体积

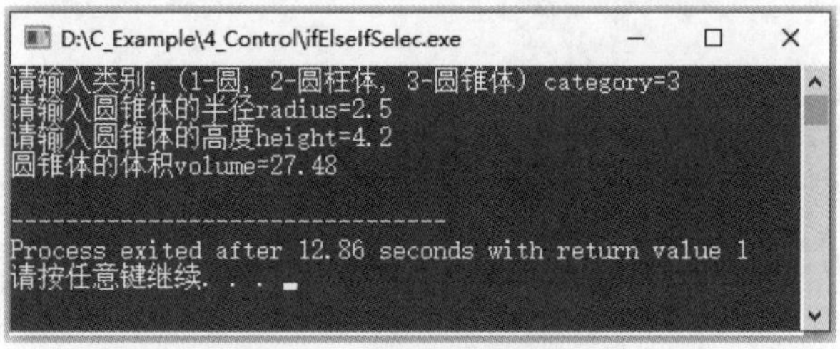

图 4-12　计算圆锥体的体积

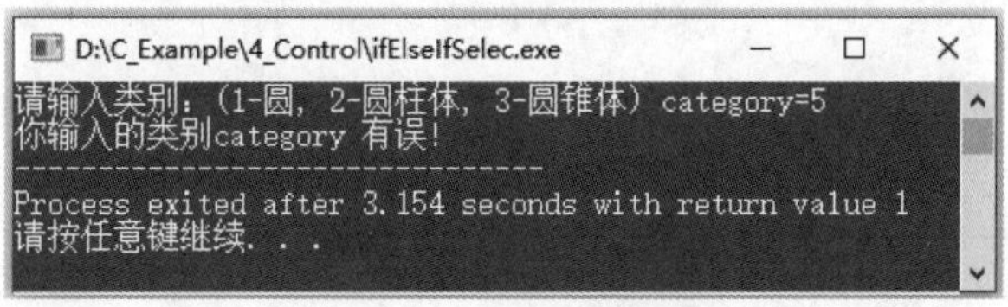

图 4-13　类别输入错误

4.2.2　if 语句的嵌套

C 语言程序允许 if 语句嵌套使用。当 if 语句中执行的语句又是 if 语句时，就构成了 if 语句的嵌套。其一般形式如下：

```
if(表达式)
{
  if 语句;
}
else
{
  if 语句;
}
```

若嵌套的 if 语句又是 if-else 型的，这将会出现多个 if 和多个 else 的情况，这时要特别注意 if 和 else 的配对问题。为了避免出现二义性，C 语言规定，else 总是与它前面最近的尚未配对的 if 配对。

4.2.3　条件表达式

条件表达式是使用条件运算符“?:”组成的表达式，它是 C 语言中的一个三元运算符，对应的条件表达式的一般形式为

表达式 1 ? 表达式 2 : 表达式 3

其运算规则为：首先计算表达式 1 的值。如果其值为非 0（真），则取表达式 2 的值作为条件表达式的值；否则，则取表达式 3 的值作为条件表达式的值。

【例 4-5】　从键盘任意输入两个实数，分别赋值给 b、c 两个变量，比较 b、c 的大小，将较大的值赋给 max 变量并输出。用 if-else 语句和条件表达式分别实现它。

程序代码：

```
/************************************************************************
源程序名:D:\C_Example\4_Control\conditionExpress.c
功能:从键盘任意输入两个实数,判断大小并输出较大的数
输入数据:任意输入两个实数,分别赋值给变量 b 和 c
输出数据:将变量 b 和 c 中较大的数赋值给 max 变量并将其输出
************************************************************************/
#include<stdio.h>                    //文件包含语句,将输入输出函数包含进来
int main()                           //程序的主函数
{                                    //主函数体开始
  double b, c, max;                  //定义双精度浮点数(实数)类型变量 x 和 y
  /*使用 if-else 条件判断语句实现*/
  printf("if else: 请输入 b、c 的值,用空格分开:");
  scanf("%lf%lf",&b,&c);
  if(b>c)
    max = b;
```

```
    else
      max = c;
    printf("if-else max=%.2f\n\n", max);    //输出 max 的值
    /* if-else 条件判断语句实现结束 */

    /* 使用条件表达式实现 */
    printf("条件表达式:请输入 b、c 的值,用空格分开:");
    scanf("%lf%lf",&b,&c);
    max = (b>c)?b:c;
    printf("条件表达式 max=%.2f\n", max);    //输出 max 的值
    /* 条件表达式实现结束 */
    return 1;
}
```

编辑、编译和运行例 4-5 的程序,运行结果如图 4-14 所示。

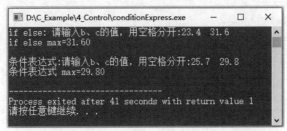

图 4-14　conditionExpress.exe 程序运行结果

该程序中应用条件表达式实现的语句为

```
max = (b>c) ? b : c;
```

该语句的功能是:判断条件 b>c。为真时,取 b 的值作为条件表达式的值赋给 max;为假时,则取 c 的值作为条件表达式的值赋给 max。

因此,if 语句可以应用条件表达式实现。

4.2.4　switch 语句

switch 语句

switch 语句是多分支选择结构,比 if-else 语句嵌套实现的多分支选择结构更直观。其一般形式如下:

```
switch (表达式)
{   case 常数 1: 语句序列 1; break;
    case 常数 2: 语句序列 2; break;
        ⋮
    case 常数 n: 语句序列 n; break;
    default: 语句序列 n+1;
}
```

switch 语句的执行顺序为:首先对表达式进行计算,求得一个数值,然后从上而下将该值与 case 后面的常数值进行匹配。如果匹配成功,则执行该 case 后面的语句,直到 break

结束并跳出 switch 语句；如果没有匹配任何一个常数值，则执行 default 后面的语句。

【例 4-6】 将百分制成绩转换为五分制成绩并输出，使用 switch 语句实现多分支结构。

程序代码：

```
/********************************************************************************
源程序名:D:\C_Example\4_Control\switchStructure.c
功能:将百分制成绩转换为五分制成绩并输出
输入数据:百分制成绩
输出数据:五分制成绩
********************************************************************************/
#include<stdio.h>
int main()
{
    int score;                              //百分制成绩
    printf("请输入百分制成绩:score=");
    scanf("%d",&score);
    if(score<0||score>100)
    {
        printf("输入的百分制成绩有错误!\n");
        exit(1);
    }
    switch (score/10)
    {
        case 10:
        case 9: printf("A\n"); break;
        case 8: printf("B\n"); break;
        case 7: printf("C\n"); break;
        case 6: printf("D\n"); break;
        default: printf("E\n");
    }
    return 1;
}
```

编辑、编译和运行例 4-6 的程序，运行结果如图 4-15 所示。

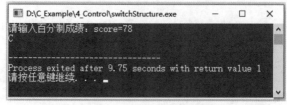

图 4-15　switchStructure.exe 程序运行结果

注意：switch 语句中的表达式一般为整型、字符型、枚举型，与 case 后的常量类型一致；各个分支后的 break 语句用于退出 switch 结构。如果在分支中不加 break 语句，则会继续执行下一个分支。

◆ 4.3　循　环　结　构

回顾例 4-6，每一次运行程序只能完成一个百分制成绩到五分制成绩的转换。如果要完成多个成绩的转换，应该怎么实现呢？可以采用循环结构实现。循环结构在给定条件成立时反复执行某程序段，直到条件不成立时才停止。

循环结构中给定的条件称为循环条件，反复执行的程序段称为循环体。C 语言提供了 3 种循环结构，分别是 while 循环、do-while 循环和 for 循环。

4.3.1　while 循环

while 循环

while 循环的一般形式为

```
while (条件表达式)                              //循环条件
{
    循环体;
}
```

while 语句首先对条件表达式进行判断。若值为假(0)，就跳过循环体执行 while 语句后面的语句；若值为真(非 0)，就重复执行循环体，直到条件表达式的值为假时退出循环结构。即"先判断后执行"。while 语句流程如图 4-16 所示。

注意：设计循环结构时，除了循环条件和循环体这两个要素之外，还要注意循环结构前面应有为循环变量赋初值的语句，循环体中应有改变循环变量的值的语句。

【例 4-7】　计算 sum= 1+2+…+100。

程序代码：

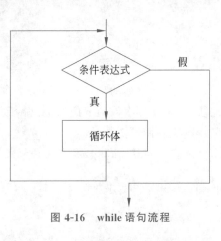

图 4-16　while 语句流程

```
/*********************************************************************
源程序名:D:\C_Example\4_Control\while.c
功能:计算 sum = 1+2+…+100 并输出
输入数据:无
输出数据:1+2+…+100=5050
*********************************************************************/
#include<stdio.h>
int main()
{
    int n=1;                          //定义自增变量 n，并赋初值
    int sum = 0;                      //定义存放累加和的变量
    sum = 0;                          //为存放累加和的变量 sum 赋初值 0(初始化)
    while (n<=100)
    {
      sum =sum + n;
```

222

```
    n = n + 1;
  }
  printf("1+2+…+100=%d\n",sum);
  return 1;
}
```

编辑、编译和运行例 4-7 的程序,运行结果如图 4-17 所示。

图 4-17　while.exe 程序运行结果

这是一个循环累加求和的问题,设置一个累加器变量 sum,实现累加求和计算。累加过程如下:

```
sum = 0;                           //赋初值 0
sum= sum+1;                        //计算 0+1,写入 sum, sum = 1
sum = sum+2;                       //计算 1+2,写入 sum, sum = 3
sum =sum+3;                        //计算 3+3,写入 sum, sum = 6
 ⋮
```

显然,被累加的变量 n 的值从 1 自增到 100,并循环累加到变量 sum 中,共执行 100 次加法运算,循环次数与 n 的取值是一致的,因此,变量 n 既作为加数参与求和运算,又作为循环变量控制循环次数。

注意:while 循环只有在条件满足时才进行循环,条件不满足时一次也不执行。

do-while
循环

4.3.2　do-while 循环

do-while 循环的一般形式为

```
do
{
    循环体;
}while (条件表达式);
```

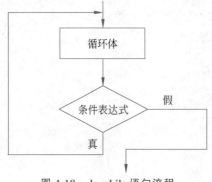

图 4-18　do-while 语句流程

do-while 语句首先执行一次循环体,然后判断条件表达式的值。如果条件表达式为真(非 0 值),则重复执行循环体,直到表达式结果为假时退出循环,执行循环体后面的程序语句。即"先执行后判断"。do-while 语句流程如图 4-18 所示。

【例 4-8】　用 do-while 语句计算 sum = 1 + 2 + … + 100。

程序代码:

```
/**********************************************************************
源程序名:D:\C_Example\4_Control\doWhile.c
功能:计算 sum = 1+2+…+100 并输出
输入数据:无
输出数据:1+2+…+100=5050
**********************************************************************/
#include<stdio.h>
int main()
{
    int n;                          //定义自增变量 n
    long int sum;                   //定义存放累加和的变量
    sum = 0;                        //存放累加和的变量 sum 赋初值 0(初始化)
    n=1;                            //自增变量 n 赋初值 1(初始化)
    do
    {
        sum = sum + n;
        n = n + 1;
    } while (n<=100);
    printf("1+2+…+100=%d\n",sum);
    return 1;
}
```

编辑、编译和运行例 4-8 的程序,运行结果如图 4-19 所示。

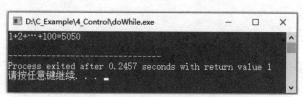

图 4-19　doWhile.exe 程序运行结果

比较例 4-7 和例 4-8 可以发现,用 while 语句和 do-while 语句可以实现相同的功能。但如果改变循环条件为 n<1,则以下两个程序段执行的结果不同。

```
sum=0;                          sum=0;
n=1;                            n=1;
do                              while(n<1)
{                               {
    sum=sum +n;                     sum=sum +n;
    n=n+1;                          n=n+1;
} while(n<1);                    }
```

当使用 do-while 语句时,先执行一次循环体后,sum 的值为 1,n 的值为 2,然后判断条件为假,循环结束。但是对于 while 语句,因为首先判断条件不满足,循环体一次也不被执行就结束循环,因此,sum 的值为 0,n 的值为 1。

注意:当使用 do-while 语句时,至少执行一次循环体。

4.3.3　for 循环

for 循环的一般形式为

for 循环

```
for (表达式 1; 表达式 2; 表达式 3)
{
    循环体;
}
```

其中,表达式 1 为初始化表达式,一般用于为循环变量赋初值;表达式 2 为循环控制表达式,其值为真时重复执行循环体,为假时退出循环结构;表达式 3 在循环体执行之后执行,常用来对循环变量进行修改。for 语句流程如图 4-20 所示。

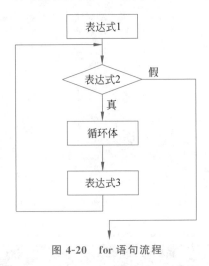

图 4-20　for 语句流程

【例 4-9】 用 for 循环语句计算 sum = 1+2+⋯+100。
程序代码:

```
/***********************************************************************
源程序名:D:\C_Example\4_Control\for.c
功能:计算 sum = 1+2+⋯+100 并输出
输入数据:无
输出数据:1+2+⋯+100=5050
***********************************************************************/
#include<stdio.h>
int main()
{
  int i;                        //定义自增变量 i
  long int sum;                 //定义存放累加和的变量
  sum = 0;                      //存放累加和的变量 sum 赋初值 0
  for(i=1; i<=100; i++)
  {
    sum = sum + i;
  }
  printf("1+2+⋯+100=%d\n",sum);
  return 1;
}
```

编辑、编译和运行例 4-9 的程序,运行结果如图 4-21 所示。

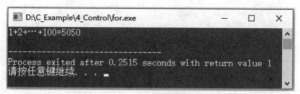

图 4-21　for.exe 程序运行结果

上述程序中求和运算的 for 循环语句还可以采用以下形式:

(1) 省略表达式 1。

```
sum = 0;
i = 1;
for(; i<=100; i++)                  //变量初始化语句放到 for 语句之前
{ sum = sum + i; }
```

(2) 省略表达式 1 和表达式 3。

```
sum = 0;
i = 1;
for(; i<=100; )
{
    sum = sum + i;
    i++;                            //变量修改放在循环体内实现
}
```

(3) 循环体为空。

```
for(sum = 0,i = 1; i<= 100; sum = sum +i, i++);
```

这种形式将累加计算放到表达式 3 处,构成逗号表达式,则循环体为空。

以上 3 种 for 语句都可以实现累加求和的计算。因此,for 语句使用非常灵活,但要注意,省略表达式时,分隔符";"不能省略。

while、do-while、for 这 3 种循环语句是可以相互转换的。一般来说,如果是循环次数明确的循环结构,常选择 for 语句实现;如果是通过特定的循环条件控制的循环结构,则选择 while 或 do-while 语句;而如果在循环之前就明确了循环条件相关变量值,则选择 while 语句;需要执行一次循环体才能明确循环条件相关变量值时则选择 do-while 语句。

需要注意的是,这里只是使用连续求和问题讲解循环和累加的程序编写。在实际编程中遇到类似问题时建议直接使用等差序列求和公式。

【例 4-10】　从键盘连续输入一串字符并按回车键结束,判断和统计字符串中的大小写字母、数字及其他类型的字符的个数。

程序代码:

```
/***************************************************************************
源程序名:D:\C_Example\4_Control\characterCount.c
功能:统计输入字符串中的大小写字母、数字及其他类型的字符的个数
```

```
输入数据:一串字符,以回车键结束
输出数据:大写字母、小写字母、数字及其他类型的字符的个数
***********************************************************************/
#include<stdio.h>
int main()
{
    int countNum,countUpper,countLower,countOther;          //定义变量
    char ch;
    countNum = countUpper = countLower = countOther = 0;    //变量初始化
    printf("Please input a string:");                       //提示输入字符串
    do                          //判断读取的字符是不是回车符,不是则进入循环体
    {
      scanf("%c",&ch);                  //从输入的字符串中读取一个字符
      if(ch>= '0' && ch<= '9')          //判断读取的字符是不是数字
        countNum++;                     //读取的字符是数字,数字个数加 1
      else if(ch>= 'A' && ch<= 'Z')     //判断读取的字符是不是大写字母
        countUpper++;                   //读取的字符是大写字母,大写字母个数加 1
      else if(ch>= 'a' && ch<= 'z')     //判断读取的字符是不是小写字母
        countLower++;                   //读取的字符是小写字母,小写字母个数加 1
      else if(ch != '\n')               //读取的字符不是换行符
        countOther++;                   //其他字符个数加 1
    }while(ch != '\n');
    printf("digit count:%d\n",countNum);                    //输出数字个数
    printf("capital letter count:%d\n", countUpper);        //输出大写字母个数
    printf("small letter count:%d\n", countLower);          //输出小写字母个数
    printf("other letter count:%d\n", countOther);          //输出其他字符个数
    return 1;
}
```

编辑、编译和运行例 4-10 的程序,运行结果如图 4-22 所示。

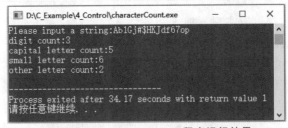

图 4-22　characterCount.exe 程序运行结果

连续输入多个字符,然后按回车键结束,换行符就是判断循环执行是否结束的字符,转义字符'\n'就是换行符,循环条件表达式就是 ch !='\n'。用 while 语句实现循环结构,程序中设置 4 个计数器变量,其中 countNum 用于统计数字个数,countUpper 用于统计大写字母个数,countLower 用于统计小写字母个数,countOther 用于统计其他字符个数。

4.3.4　多重循环

【例 4-11】　我国古代的《张丘建算经》里有一个百钱买百鸡问题,即:公鸡一只 5 元,母鸡一只 3 元,小鸡 3 只 1 元。用 100 元钱买 100 只鸡,要求公鸡、母鸡、小鸡至少各买一只,

公鸡、母鸡、小鸡各能买多少只?

问题分析:假设买了 x 只公鸡、y 只母鸡和 z 只小鸡,则得到的三元一次方程组为

$$\begin{cases} x+y+z=100 & (1) \\ 5x+3y+z/3=100 & (2) \end{cases}$$

这是一个著名的不定方程问题,该方程组中的 3 个未知量存在多组解,可以采用穷举法求解。所谓穷举法,就是将问题所有可能的取值组合都进行一一测试,从中找出符合条件的组合,即为解。本例中,由题意知:100 元最多能买 20 只公鸡,显然 x 的取值范围为 0~20;同理,100 元最多买 33 只母鸡,所以 y 的取值范围为 0~33;而买的小鸡数 $z=100-x-y$。把所有在取值范围内的 x、y、z 代入方程式(2),若方程式(2)成立,则相应的 x、y、z 的值就是一组解。

对所有的 x、y 的取值组合进行测试,应用三重循环结构就很容易实现。

程序代码:

```
/******************************************************************************
源程序名:D:\C_Example\4_Control\buyChicken.c
功能:用 100 元钱买 100 只鸡,求公鸡、母鸡、小鸡各能买多少只
输入数据:无
输出数据:用 100 元钱买 100 只鸡时公鸡、母鸡、小鸡的数量
******************************************************************************/
#include<stdio.h>
int main()
{
  int x,y,z;                              //定义存放公鸡、母鸡、小鸡数量的变量
  for (x=1; x<=100;x++)
  {
    for (y=1;y<=100-x; y++)
    {
      for (z=1;z<=100-x-y; z++)
      {
        if((fabs(x * 5+y * 3+z/3.0-100)<0.1 && (x+y+z)==100))
        {
          printf("Cock number:%d", x);    //输出购买公鸡的数量
          printf("Hen number:%d", y);     //输出购买母鸡的数量
          printf("Chick number:%d\n", z); //输出购买小鸡的数量
        }
      }                                   //z 循环结束
    }                                     //y 循环结束
  }                                       //x 循环结束
  return 1;
}
```

编辑、编译和运行例 4-11 的程序,运行结果如图 4-23 所示。实际上,上述程序还可以继续优化,用两层循环就可以实现问题的求解。

【例 4-12】　从键盘输入一个 1~9 的正整数 n,输出 n 层的数字金字塔。

程序代码:

```
D:\C_Example\4_Control\buyChicken.exe                    —    □    ×
Cock number:4      Hen number:18      Chick number:78
Cock number:8      Hen number:11      Chick number:81
Cock number:12     Hen number:4       Chick number:84
-------------------------------
Process exited after 0.2609 seconds with return value 1
请按任意键继续. . .
```

图 4-23　buyChicken.exe 程序运行结果

```
/********************************************************************************
源程序名:D:\C_Example\4_Control\pyramid.c
功能:从键盘输入一个 1~9 的正整数 n,输出 n 层的数字金字塔
输入数据:金字塔层数
输出数据:数字金字塔
********************************************************************************/
#include<stdio.h>
int main()
{
  int i,j,k,l,n;                    //定义循环变量
  printf("输入金字塔层数 n=");       //输入金字塔层数
  scanf("%d",&n);                   //输入金字塔层数
  for (i=1; i<=n;i++)               //控制层数循环
  {
    for(j=1;j<=(n-i);j++)           //控制输出每行空格的循环
      printf(" ");                  //输出每行空格
    for(k=1;k<=i;k++)               //控制输出金字塔每行左半部分的循环
      printf("%d",k);               //输出金字塔每行左半部分
    for(l=i-1;l>=1;l--)             //控制输出金字塔每行右半部分的循环
      printf("%d",l);               //输出金字塔每行右半部分
    printf("\n");                   //输完一行后换行
  }
  return 1;
}
```

编辑、编译和运行例 4-12 的程序,运行结果如图 4-24 所示。

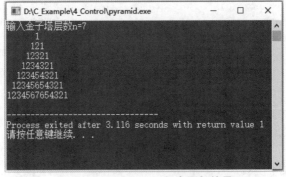

```
D:\C_Example\4_Control\pyramid.exe                    —    □    ×
输入金子塔层数n=7
      1
     121
    12321
   1234321
  123454321
 12345654321
1234567654321

-------------------------------
Process exited after 3.116 seconds with return value 1
请按任意键继续. . .
```

图 4-24　pyramid.exe 程序运行结果

在本例中,要注意循环变量取值相互影响、相互制约的情况,这种情况在程序设计中是很常见的。

◈ 4.4　其他控制语句

除了顺序结构、选择结构、循环结构外,影响程序执行流程的语句还有 break、continue、return 和 goto 语句。这些语句是对上述 3 种程序控制机制的补充。

1. break 语句

break 语句用于无条件地结束 switch 语句或循环语句,转而执行 switch 语句或者循环语句的后续语句。

【例 4-13】　猜数游戏。计算机随机设定一个 1~100 的整数,用户输入一个整数作为对计算机设定的整数的猜测。如果猜对了,则计算机给出信息"猜对了";否则给出用户所猜的数是大还是小的提示信息。要求最多猜 10 次,如果提前猜中,游戏就提前结束。显然,猜数过程是一个已知循环次数的循环结构,但如果猜中就需要应用 break 语句提前跳出循环。

程序代码:

```
/***********************************************************************
源程序名:D:\C_Example\4_Control\guessNumber.c
功能:猜数游戏
输入数据:无
输出数据:猜数结果
***********************************************************************/
#include<stdio.h>
#include<stdlib.h>                      //为了使用 rand 函数
int main()
{
  int count = 0, flag, magic, guess;
  magic = rand() % 100 + 1;            //利用 rand 函数设定一个 1~100 的整数
  flag = 0;                            //条件标志,为 0 表示没猜中,为 1 表示猜中了
  for(count = 1; count <= 10; count++) //循环 10 次(最多猜 10 次)
  {
    printf("Enter your guess number: "); //提示输入猜的数
    scanf("%d",&guess);                //输入猜的数
    if(guess==magic)                   //比较猜的数和计算机设定的数
    {
      printf("猜对了\n");
      flag = 1;
      break;                           //猜中,游戏结束,终止循环
    }
    else if(guess>magic )
      printf("大了\n");
    else
      printf("小了\n");
  }
  if (flag==0)                         //猜了 10 次却没有猜中
  printf("10 次没有猜中,游戏结束!\n");
  return 1;
}
```

编辑、编译和运行例 4-13 的程序,运行结果如图 4-25 所示。

```
■ D:\C_Example\4_Control\guessNumber.exe        —  □  ×
Enter your guess number: 70
大了
Enter your guess number: 46
大了
Enter your guess number: 23
小了
Enter your guess number: 40
小了
Enter your guess number: 45
大了
Enter your guess number: 44
大了
Enter your guess number: 42
猜对了
--------------------------------
Process exited after 34.73 seconds with return value 1
请按任意键继续. . .
```

图 4-25　guessNumber.exe 程序运行结果

2. continue 语句

continue 语句用于结束循环体内的本次循环,继续执行下一次循环,即跳过本次循环体中尚未执行的语句。

【例 4-14】　输出 100 以内被 7 整除的数。

程序代码:

```
/******************************************************************************
源程序名:D:\C_Example\4_Control\exactDivision.c
功能:输出 100 以内被 7 整除的数
输入数据:无
输出数据:输出 100 以内被 7 整除的数
******************************************************************************/
#include<stdio.h>
int main()
{
  int i;
  for(i= 1; i<100; i++)
  {
    if(i%7 != 0)
      continue;                    //不能被 7 整除就结束本次循环
    printf(" %d",i);
  }
  return 1;
}
```

编辑、编译和运行例 4-14 的程序,运行结果如图 4-26 所示。

```
■ D:\C_Example\4_Control\exactDivision.exe        —  □  ×
7 14 21 28 35 42 49 56 63 70 77 84 91 98
--------------------------------
Process exited after 0.2769 seconds with return value 1
请按任意键继续. . .
```

图 4-26　exactDivision.exe 程序运行结果

3. return 语句

return 语句用于中断函数的执行,返回表达式的值,并把控制权返回调用处,详见 5.1 节。

4. goto 语句

goto 是无条件转向语句,与标号语句配合使用。该语句因为很容易导致控制逻辑的混乱,所以一般不推荐使用。

goto 语句的一般形式为

```
goto  标号;
```

例如:

```
int x = 1, y = 1;
loop :  if(x<= 7)                            //标号语句
         {
             y * = x++;
             goto loop;
         }
```

◆ 4.5　循环结构典型算法程序举例

顺序结构、选择结构和循环结构是结构化程序设计的基本控制结构,熟练应用这 3 种控制结构可以解决常用的甚至复杂的数学计算问题。

【例 4-15】　有一对小兔子,从出生后的第 3 个月起每个月都生一对小兔子;新出生的小兔子长到第 3 个月又生一对小兔子。假设所有兔子都不会死。从这一对小兔子出生到第 12 个月,每个月的兔子总数为多少?

这个问题在数学上被称为经典的斐波那契(Fibonacci)数列问题。斐波那契数列来源于著名的兔子繁殖问题,也就是自第 3 个月起每个月的兔子总对数是前两个月之和。所以有以下斐波那契数列:

1,1,2,3,5,8,13,21,34,55,…

问题分析:可抽象出斐波那契数列的递推公式。

$$f_1 = 1 \qquad\qquad (n=1)$$
$$f_2 = 1 \qquad\qquad (n=2)$$
$$f_n = f_{n-1} + f_{n-2} \qquad (n \geqslant 3)$$

因此,求解每个月兔子的总对数就是计算斐波那契数列的前 12 项并输出。要计算其前 12 项,不能一一定义变量计算,但可以不断用前两项推出新项的值,然后新项再作为前项参与推出新的项,依次循环。应用迭代算法思想实现,即不断地由旧值递推出变量的新值,或用新值取代变量的旧值。该过程只利用两个变量 f1、f2 迭代实现,两者的初始值为 1。

程序代码:

```
/***********************************************************************
源程序名:D:\C_Example\4_Control\rabbitNumber.c
```

```
功能:输出 12 个月中每个月的兔子总对数
输入数据:无
输出数据:输出 12 个月中每个月的兔子总对数
************************************************************************/
#include<stdio.h>
int main()
{
  long int f1,f2;
  int i;
  f1 = 1;
  f2 = 1;
  for(i = 1;i<=6 ;i++)
  {
    printf("  %d  %d",f1,f2);          //每次循环输出两个月的兔子总对数
    f1 = f1+f2;                        //每次循环计算两个月的兔子总对数
    f2 = f2+f1;
  }
  return 1;
}
```

编辑、编译和运行例 4-15 的程序,运行结果如图 4-27 所示。

图 4-27   rabbitNumber.exe 程序运行结果

结构化
程序设计

◆ 4.6   结构化程序设计

结构化程序设计(Structured Programming,SP)方法是由计算机科学家 E.W.Dijkstra 提出的,是 20 世纪七八十年代软件开发设计领域的主流技术。当时流行的结构化程序设计语言包括 C、FORTRAN、Pascal 等语言。结构化程序设计方法强调程序设计的良好风格和程序结构的规范化。其基本思想主要包括以下 3 点。

1. 采用自顶向下、逐步求精的程序分析和设计方法

为了设计实现一个复杂的系统,先从系统整体(顶层)入手开始分析,将完整的系统分解为若干功能相对独立的子系统,然后对子系统继续分解,直到子系统相对简单且容易通过编程实现其功能为止。系统的分解过程也是系统的细化和逐步求精的过程。也就是说,分析和设计系统时应先考虑总体,后考虑细节,避免一开始就关注细节。

2. 采用模块化程序设计方法

采用系统化设计思路,认为一个完整的系统是由一个个功能相对独立的子系统构成,经过自顶向下的系统分析和功能分解后,就将一个完整的系统分解成一个个功能相对独立的子系统,称为模块,然后对每个模块进行设计。模块设计要遵循功能独立性原则,即一个模块只完成一个功能,模块之间的联系应尽可能少,以减少彼此之间的影响,即模块应满足高

聚合、低耦合的要求。针对每个模块,在 C 语言中用一个函数实现它。

3. 采用顺序、选择、循环 3 种基本控制结构构造程序

在系统模块化设计的基础上,每个模块都可采用顺序、选择、循环 3 种基本控制结构完成程序编码。用这 3 种基本控制结构编写的程序满足:只有唯一的入口和唯一的出口;无死语句,即没有永远执行不到的语句;无死循环,即没有执行不完的循环。

按照结构化程序设计方法设计的程序具有结构清晰、容易阅读、容易修改等特点。

◆ 4.7　鸿蒙 OS C 语言设备开发实验:闪烁的 LED 灯

第 3 章的鸿蒙 OS C 语言设备开发实验点亮了一只 LED 灯。本节利用循环控制实现一只闪烁的 LED 灯。

4.7.1　闪烁的 LED 灯项目的结构和内容

闪烁的 LED 灯项目由一个 C 语言源程序文件 FLASHING.c、两个 BUILD.gn 文件和一个 config.json 文件组成,如图 4-28 所示。

图 4-28　闪烁的 LED 灯项目结构

在图 4-28 中,外带方框的 FLASHING 和 SOURCE_FLASHING 是文件夹,而且 SOURCE_FLASHING 文件夹是 FLASHING 文件夹的子文件夹。在 FLASHING 文件夹下有 BUILD.gn 和 config.json 两个文件,在 SOURCE_FLASHING 子文件夹下也有一个 BUILD.gn 文件,同时有一个 FLASHING.c 文件。其中,config.json 文件的内容和第 3 章的点亮一只 LED 灯项目的 config.json 文件内容基本相同,只有第一行 product_name 后面的项目名称有区别,因为是两个不同的项目,当然名称不一样。点亮一只 LED 灯的项目名称为 LED,闪烁的 LED 灯的项目名称为 FLASHING。下面介绍本项目中各文件的内容。

FLASHING 文件夹下的 BUILD.gn 文件内容如下:

```
group("FLASHING")
{
    deps = [
            "SOURCE_FLASHING:FLASHING",
            "//device/bossay/hi3861_l0/sdk_liteos:wifiiot_sdk",
            "../common/iot_wifi:iot_wifi",
        ]
}
```

FLASHING 文件夹下的 config.json 文件内容如下:

```
{
    "product_name": "FLASHING",
    ...
}
```

从第 2 行开始，剩余的内容跟点亮一只 LED 灯项目的 config.json 文件从第 2 行开始的各行内容相同，在此不再赘述。

SOURCE_FLASHING 文件夹下的 BUILD.gn 文件内容如下：

```
static_library("FLASHING")
{
    sources = [ "FLASHING.c",  ]
    include_dirs = [
                    "//utils/native/lite/include",
                    "//base/iot_hardware/peripheral/interfaces/kits",
                    "//device/bossay/hi3861_10/iot_hardware_hals/include",
                    "//device/bossay/hi3861_10/sdk_liteos/include"
                   ]
}
```

SOURCE_FLASHING 文件夹下的 FLASHING.c 文件内容如下：

```c
#include<stdio.h>
#include "ohos_init.h"
#include "iot_gpio.h"
#include "iot_gpio_ex.h"
#define LED_GPIO 9
static void led(void* args)
{
  printf("led running...");
  IoTGpioInit(LED_GPIO);
  IoTGpioSetDir(LED_GPIO,IOT_GPIO_DIR_OUT);
  IoTGpioSetFunc(LED_GPIO,IOT_GPIO_FUNC_GPIO_9_GPIO);
  int v = 1;
  while(1)
  {
    IoTGpioSetOutputVal(LED_GPIO,v);
    v = 1-v;
    usleep(200 * 1000);
  }
}
APP_FEATURE_INIT(led);
```

闪烁的 LED
灯实验过程

4.7.2　闪烁的 LED 灯实验过程

参照本书第 2 章网页编译的方法，将源程序 FLASHING.c 的代码复制到网页中进行编译，生成可执行目标代码；也可以参照第 3 章的方法，利用 Visual Studio Code 的 DevEco 工具建立闪烁的 LED 灯项目，编辑程序代码，编译生成可执行目标代码。然后使用 USB-

Type 数据线连接计算机和开发实验板,利用 HiBurn 工具将可执行目标代码烧录到开发实验板上。最后按下开发实验板上的复位按钮运行项目程序。程序运行效果如图 4-29 所示。

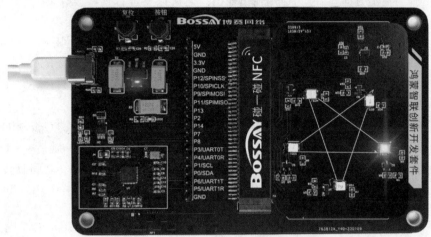

图 4-29　闪烁的 LED 灯项目程序运行效果

4.7.3　闪烁的 LED 灯实验工作原理

图 4-30 给出了 Hi3861 芯片的引脚。大多数引脚有多重功能。例如本实验使用的 GPIO9 实际上是 27 号引脚,它可以作为通用输入输出端口,也可以作为串口通信的控制引脚(UART2_RTS)、SPI 协议的发送引脚(SPI0_TXD)、I2C 协议的时钟线(I2C0_SCL)、模拟输入引脚(ADC4)、SDIO 协议的 D2 引脚(SDIO_D2)或者 I2S 协议的引脚(I2S0_MCK)。这些通信协议有些在本书后续章节中有所涉及,有些则没有,这对本实验没有影响。

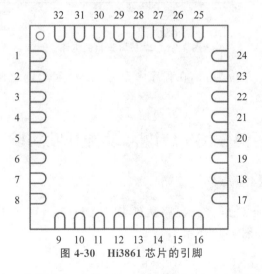

图 4-30　Hi3861 芯片的引脚

闪烁的 LED 灯项目程序代码开头使用 include 包含了 4 个类库,其中,标准输入输出库 stdio 包含 printf 函数的定义,ohos_init 包含宏 APP_FEATURE_INIT 的定义,iot_gpio 包含控制 Hi3861 芯片的引脚 GPIO 驱动函数的定义,iot_gpio_ex 包含 IOT_GPIO_FUNC_GPIO_9_GPIO 的定义。

APP_FEATURE_INIT 指出程序入口为 led 函数。该函数中使用 printf 打印提示信息,并对 Hi3861 芯片的 27 号引脚的 GPIO 功能进行初始化。通过 IoTGpioSetDir 函数设定 27 号引脚为输出方向,功能为通用输出输出。之所以要进行这些设计,是因为芯片中的引脚是有限的,引脚多了会使芯片的面积增大,外部电路设计也会变得复杂。

27 号引脚一共有 9 种功能,在使用时需要用程序告诉芯片当前使用哪一种功能。在 iot_gpio_ex 中对这些功能进行了定义。代码中的 IOT_GPIO_FUNC_GPIO_9_GPIO 实际上是 0,所以这里也可以直接写 0。但 0 的可读性差,不如用 IOT_GPIO_FUNC_GPIO_9_GPIO 直观。

程序的主体是一个 while 循环,关键变量是 v,其初始值为 1,使用 IoTGpioSetOutputVal 将 v 的值设置到如图 4-31 所示的 GPIO_09 上。第一次循环 v 的值为 1,随后 v=1-v,v 的值变为 0,下次循环将 0 输出后,v 的值又翻转为 1。v 的值一直在 1 和 0 之间翻转。GPIO 输出的电压也在 1 代表的高电平和 0 代表的低电平之间反复转换,这样 GPIO_09 连接的 LED 灯也会在亮和灭之间切换,形成闪烁的效果。

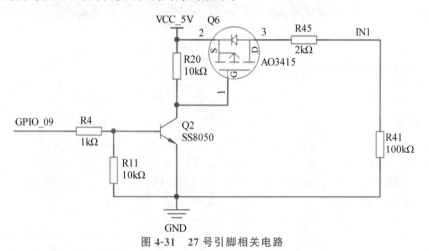

图 4-31   27 号引脚相关电路

usleep 为延迟函数,单位为 μs,在程序中设为 0.2s。可以通过修改 usleep 函数的参数观察闪烁频率的变化。

◆ 4.8   鸿蒙 OS C 语言设备开发实验:呼吸灯

4.8.1   呼吸灯实验程序源码

呼吸灯项目由一个 C 语言源程序文件 BREATHE.c、两个 BUILD.gn 文件和一个 config.json 文件组成,如图 4-32 所示。

图 4-32   呼吸灯项目结构

图 4-32 中外带方框的 BREATHE 和 SOURCE_BREATHE 是文件夹,而且 SOURCE_
BREATHE 文件夹是 BREATHE 文件夹的子文件夹。在 BREATHE 文件夹下有 BUILD.gn
和 config.json 两个文件,在 SOURCE_BREATHE 子文件夹下也有一个 BUILD.gn 文件,
同时有一个 BREATHE.c 文件。其中 config.json 文件内容和第 3 章的点亮一只 LED 灯项
目的 config.json 文件内容基本相同,只有第一行 product_name 后面的项目名称有区别,点
亮一只 LED 灯项目的项目名称为 LED,呼吸灯项目的项目名称为 BREATHE。下面介绍
本项目各文件的内容。

BREATHE 文件夹下的 BUILD.gn 文件内容如下:

```
group("BREATHE")
{
    deps = [
            "SOURCE_BREATHE:BREATHE",
            "//device/bossay/hi3861_l0/sdk_liteos:wifiiot_sdk",
            "../common/iot_wifi:iot_wifi",
        ]
}
```

BREATHE 文件夹下的 config.json 文件内容如下:

```
{
    "product_name": "BREATHE",
    …
}
```

从第 2 行开始,剩余的内容跟点亮一只 LED 灯项目的 config.json 文件从第 2 行开始的
各行内容相同,在此不再赘述。

SOURCE_BREATHE 文件夹下的 BUILD.gn 文件内容如下:

```
static_library("BREATHE")
{
    sources = [ "BREATHE.c",  ]
    include_dirs = [
                    "//utils/native/lite/include",
                    "//base/iot_hardware/peripheral/interfaces/kits",
                    "//device/bossay/hi3861_l0/iot_hardware_hals/include",
                    "//device/bossay/hi3861_l0/sdk_liteos/include"
                ]
}
```

SOURCE_BREATHE 文件夹下的 BREATHE.c 文件内容如下:

```
#include<stdio.h>
#include "ohos_init.h"
#include "iot_gpio.h"
#include "iot_gpio_ex.h"
```

```
#include "iot_pwm.h"
#define PWM_GPIO 9
void pwm_entry()
{
  printf("pwm_entry called \n");
  IoTGpioInit(PWM_GPIO);
  IoTGpioSetDir(PWM_GPIO,IOT_GPIO_DIR_OUT);
  IoTGpioSetFunc(PWM_GPIO,IOT_GPIO_FUNC_GPIO_9_PWM0_OUT);
  IoTPwmInit(0);
  int speed = 30;                       //请修改这个值,试一试是否影响电动机的速度
  int i;
  while(1)
  {
    for(i=0;i<100;i++)
    {
      IoTPwmStart(0,i,40000);
      usleep(1000 * 10);
    }
    for(i=100;i>=0;i--)
    {
      IoTPwmStart(0,i,40000);
      usleep(1000 * 10);
    }
  }
}
APP_FEATURE_INIT(pwm_entry);
```

呼吸灯
实验过程

4.8.2　呼吸灯实验过程

参照本书第 2 章网页编译的方法,将源程序 BREATHE.c 的代码复制到网页中进行编译,生成可执行目标代码;也可以参照第 3 章的方法,利用 Visual Studio Code 的 DevEco 工具建立呼吸灯项目,编辑程序代码,编译生成可执行目标代码。然后使用 USB-Type 数据线连接计算机和开发实验板,利用 HiBurn 工具将可执行目标代码烧录到开发实验板上。最后按下开发实验板上的复位按钮运行项目程序。实验的演示效果无法用静态图片给出,在此略去。

呼吸灯实验
工作原理

4.8.3　呼吸灯实验工作原理

呼吸灯是像呼吸一样慢慢变亮又慢慢变暗的亮度发生周期性变化的 LED 灯。单片机中无法输出像 1.2V、1.3V、1.4V、1.5V 这种不断变化的模拟信号,必须配合相应的电路才能实现。那么,怎样控制 LED 灯的亮度呢? 单片机提供了一种通用的解决方案:脉冲宽度调制(Pulse Width Modulation,PWM)方案,即使用周期性的脉冲输出代替持续稳定的电压输出。图 4-33 给出了使用 PWM 模拟 2.5V、3.75V 和 1V 电压输出的示例。该示例中 5V 是基准电压。如果只有一半的时间输出高电平(占空比 50%),那么对于同一个负载来说,功率就是原来的一半,这样就可以模拟 2.5V 电压。基于同样的原理,如果只有 20% 的时间输出高电平,结果就是原来电压的 1/5,即 1V;如果有 75% 的时间输出高电平,则为 3.75V。

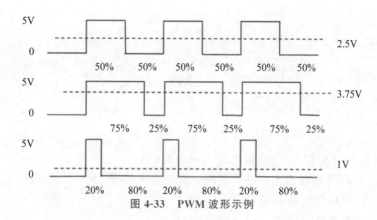

图 4-33　PWM 波形示例

　　当然,这样输出的电压是周期性变化的。如果想保持特定电压的稳定输出,就需要使PWM 输出的信号通过带有电容的滤波电路。对于驱动一个 LED 灯来说,显然不需要通过这样的滤波电路。那么,使用周期性变化的信号驱动点亮 LED 会不会让人眼看到闪烁呢?问这个问题等价于问看电影时能不能看到闪烁一样,答案是:只要闪烁得足够快,就看不到闪烁。

　　Hi3861 芯片不仅支持 6 路硬件 PWM 输出,而且也可以通过程序代码控制 PWM 的输出,PWM 的输出不过是周期性地快速拉高拉低电平而产生的,使用 GPIO 操作就可以实现,这种方法可以称为软 PWM。硬件 PWM 的好处是可以达到更高的频率,频率越高越不容易看到闪烁。另外,程序只需要启动硬件 PWM 就可以去做别的事情,而不需要进入一个不断拉高拉低引脚电平的循环,这样 CPU 空闲以后就可以做别的事情。

　　鸿蒙 OS 提供了一组 API 函数实现引脚的 PWM 功能控制。首先通过 IoTGpioInit 函数初始化引脚,随后使用 IoTGpioSetDir 函数将方向设为输出,最重要的是使用 IoTGpioSetFunc 函数将功能设置为 PWM。前面提到,Hi3861 支持 6 路硬件 PWM 输出,这意味着只有 6 个引脚可以支持硬件 PWM,它们分别是 GPIO9、GPIO10、GPIO5、GPIO12、GPIO13、GPIO14,分别对应 PWM0 到 PWM5,这些可以从 Hi3861 的用户指南中查到。这里使用 GPIO9 引脚(即 PWM0)进行实验。

　　IoTPwmInit 函数传入 PWM 的编号 0,实现了初始化。IoTPwmStart 函数则实现了PWM 的启动。其中,第一个参数传入 0,表示操作的是 PWM0;第二个参数 i 为占空比;第三个参数为频率,传入 40 000。

　　为了实现 LED 灯慢慢变亮的效果,程序将占空比从 0 逐渐调整到 100,再慢慢降低至0。第一个循环实现从 0 到 99,第二个循环实现从 100 到 0。

　　外层嵌套的 while 循环保证这个过程持续运行。这样,一个会呼吸的 LED 灯就实现了。

◆ 4.9　习　　题

一、单项选择题

1. 下列程序段的输出结果是(　　　)。

```
int a=2,b=-1,c=2;
if(a<b)
    if(b<0)
        c=0;
    else c++;
printf("%d",c);
```

    A. 0   B. 1   C. 2   D. 3

2. 在嵌套使用 if 语句时，C 语言规定 else 总是（　　　）。

    A. 和之前与其具有相同缩进位置的 if 配对

    B. 和之前与其最近的 if 配对

    C. 和之前与其最近且不带 else 的 if 配对

    D. 和之前的第一个 if 配对

3. 若有 int i=10,j=0;，则执行完下面的语句后 i 的值为（　　　）。

```
if (j == 0)
    i++;
else
    i--;
```

    A. 11   B. 10   C. 9   D. 8

4. 设有语句 int i=2;，则执行下列语句后 i 的值为（　　　）。

```
switch( i )
{
    case 1 : i++ ;
    case 2 : i=1;
    case 3 : ++i; break;
    default : i++ ;
}
```

    A. 1   B. 2   C. 3   D. 4

5. 设有声明语句 int a=1;，则执行下列语句后的输出结果为（　　　）。

```
switch(a)
{
    case 1:printf("**0**");
    case 2:printf("**1**");break;
    default: printf("**2**");
}
```

    A. **0**   B. **0****1**   C. **1**   D. **2**

6. while 和 do-while 循环的主要区别是（　　　）。

    A. do-while 的循环体至少无条件执行一次

    B. while 的循环控制条件比 do-while 严格

    C. do-while 允许从循环体外部转到循环体内

　　D. do-while 的循环体不能是复合语句

7. while(x)语句中的 x 与下面的条件表达式(　　)等价。

　　A. x==0　　　　　　B. x==1　　　　　　C. x!=1　　　　　　D. x!=0

8. 以下关于循环的描述中错误的是(　　)。

　　A. 可以用 for 语句实现的循环一定可以用 while 语句实现

　　B. 可以用 while 语句实现的循环一定可以用 for 语句实现

　　C. 可以用 do-while 语句实现的循环一定可以用 while 语句实现

　　D. do-while 语句与 while 语句的区别仅仅是关键字 while 的位置不同

9. 用于跳过其后面的语句,直接进入下一轮循环的语句是(　　)。

　　A. for　　　　　　　B. continue　　　　　　C. break　　　　　　D. switch

10. 执行下列程序段后,sum 的值是(　　)。

```
for(i=1;i<=10;i++)
{  sum=0; sum = sum + i; }
```

　　A. 10　　　　　　　B. 1　　　　　　　　C. 45　　　　　　　　D. 55

二、判断对错题

1. 在 if 语句中,必须出现 else。　　　　　　　　　　　　　　　　　　　　　(　　)

2. 在 if 语句的 3 种形式中,如果要想在满足条件时执行一组(多个)语句,则必须把这一组语句用一对花括号括起来组成一个复合语句。　　　　　　　　　　　　　　(　　)

3. if-else 语句的一般形式如下。若表达式的值为真,执行语句 2;否则执行语句 1。

　　　　　　　　　　　　　　　　　　　　　　　　　　　　　　　　　　　　(　　)

```
if (表达式)
    语句 1
else
    语句 2
```

4. 在 switch 语句中,可以根据需要使用或不使用 break 语句。　　　　　　　(　　)

5. 在 switch 语句中,default 语句是必需的。　　　　　　　　　　　　　　　(　　)

6. while 循环的循环体最少要执行一次。　　　　　　　　　　　　　　　　　(　　)

7. do-while 循环的循环体最少要执行一次。　　　　　　　　　　　　　　　(　　)

8. continue 语句的作用不是结束本次循环,而是终止整个循环的执行。　　　(　　)

9. 循环体如果包括一个以上的语句,则必须用一对花括号括起来,组成复合语句。复合语句在语法上被认为是一条语句。　　　　　　　　　　　　　　　　　　　　　(　　)

10. 在嵌套循环(多层循环)的每一层循环中都不应该改变其他层使用的循环变量的值,以免互相干扰。　　　　　　　　　　　　　　　　　　　　　　　　　　　　　(　　)

三、编程题

1. 使用求根公式求解一元二次方程 $ax^2+bx+c=0$ 的根。求根公式如下:

$$r = \frac{-b \pm \sqrt{b^2 - 4ac}}{2a}$$

注意,需要判断判别式是否非零,如果非零提示"没有实数解"。求算术平方根的函数为
sqrt,下面的例子给出 sqrt 的使用示例。

```
#include <math.h>
int main(){
    printf("%f", sqrt(3));
}
```

2. 求解二元一次线性方程组 $\begin{cases} ax+by=e \\ cx+dy=f \end{cases}$。如果无解,提示"无解"。求解公式如下:

$$x=\frac{ed-bf}{ad-bc}, y=\frac{af-ec}{ad-bc}$$

3. 甲、乙、丙、丁、戊、己、庚、辛、壬、癸是所谓的十天干,对应数字 1~10。请编写程序随
机输出一个天干。提示:在 math.h 中定义了 rand 函数,可以生成大于或等于 0 且小于 1
的数,该函数不需要参数。

4. 求 BMI(身体质量指数)的值。提示用户输入自己的身高(单位为 m)和体重(单位为
kg),根据下面的公式得到 BMI 的值并给出诊断。当 BMI 大于或等于 40 时提示危险性肥
胖,大于或等于 28 且小于 40 时提示肥胖,小于 18.5 时提示体重过轻,其余值提示正常。

$$\text{BMI}=\frac{\text{体重}}{\text{身高}^2}$$

5. 整钱找零问题。现有 1 元、5 元、10 元、50 元、100 元纸币。对用户输入的应付、实付
(均取整数)的金额,给出找零金额和找零方案,要求找零纸币数量最少。例如,应付 32 元,
实付 100 元,应找零 68 元,找零方案为 50 元 1 张、10 元 1 张、5 元一张、1 元 3 张。

6. 对 3 个整数进行排序。提示用户输入 3 个整数,并将其从小到大输出。

7. 检查 ISBN 的合法性。ISBN(国际标准书号)为 10 位数字 $d_1 d_2 d_3 d_4 d_5 d_6 d_7 d_8 d_9 d_{10}$。
第 10 位 d_{10} 为校验位,满足下面的公式:

$$d_{10}=(d_1+2d_2+3d_3+4d_4+5d_5+6d_6+7d_7+8d_8+9d_9)\%11$$

如果校验和为 10,则 d_{10} 应为 X。要求不使用循环结构。

程序提示用户输入一个字符串,检验这个字符串是否为合法 ISBN。

8. 判断点是否在单位圆之内。单位圆的圆心位于(0,0),半径为 1。编写程序,输入点
的坐标(x,y),注意为小数,输出"在圆内"或"不在圆内"。

9. 石头剪子布。这是一个程序和用户一起玩的游戏。程序随机生成 0、1 或 2 这 3 个整
数,用户输入 0、1 或 2,设 0、1 和 2 分别代表剪子、布和石头。给出胜负结果。

10. 输出特定年月的天数。提示用户输入年份和月份,给出该月的天数。提示:按照阳
历,闰年二月为 29 天,平年二月为 28 天。

11. 加法训练。程序随机生成两个整数并输出,要求用户输入这两个数的和。如果用
户输入正确,提示"正确";否则提示"失败",提示用户再次输入直到正确。

12. 倒排数字。程序提示用户输入一个数字,程序输出该数字的倒排结果。例如,用户
输入 123456,程序输出 654321。

13. 计算三角形的周长和面积。要求用户输入三角形 3 个边的长度 a、b 和 c,输出三角
形的周长和面积。面积计算公式如下(海伦公式):

$$s = \sqrt{p(p-a)(p-b)(p-c)}\,,\text{其中 } p = \frac{a+b+c}{2}$$

14. 使用随机算法求 π 的近似值。随机生成一个点的坐标 (x,y),要求 x 和 y 是 $0 \sim 1$ 的随机数。判断其是否落在单位圆内。进行 n 次实验,并统计出落在单位圆内的次数 c,则可以按以下公式求出 π 的近似值:

$$\pi = \frac{4c}{n}$$

15. 判断两个圆是否存在重合区域。要求用户输入两个圆的半径和圆心,计算它们是否存在重合点并输出。

16. 时间转换。输入 24 小时制的时间,输出 12 小时制的时间。

17. 要求用户输入若干数字,当用户输入 0 时代表输入终止。统计输入的数字中正数和负数的个数并输出。

18. 重复加法训练。随机产生 10 个 $1 \sim 10$ 的随机数并输出,要求用户输入这 10 个数的和。程序判断其对错并输出提示信息。

19. 计算将来的学费。假设学费今年为 10 000 元,每年增长 5%,即明年学费为 10 500,计算 10 年后的学费和从今年开始的 4 年内的总学费。

20. 计算最高分。要求用户输入若干分数,以输入 0 结束。程序输出最高的 3 个分数。

21. 找出能被 5 或 6 整除,但不能被两者同时整除的前 50 个数。

22. 求满足 $n^2 > 132\,222$ 的 n 的最小值。

23. 求满足 $n^3 < 66\,666\,666$ 的 n 的最大值。

24. 计算最大公约数。提示用户输入两个数,程序输出这两个数的最大公约数。

25. ASCII 码表打印。打印从"!"到"～"的所有字符,每行输出 16 个字符。

26. 因子计算。要求用户输入一个数字,求出其所有的因子并输出。

27. 打印 $2 \sim 10\,000$ 的所有素数。

28. 要求用户输出一个整数 n,求下面公式的值。

$$1 + \frac{1}{2} + \frac{1}{3} + \frac{1}{4} + \cdots + \frac{1}{n}$$

提示:为了减少抵消误差,建议从右向左计算。抵消误差是指当一个大数字与小数字相加时小数字被忽略。

29. 数列求和。求下面的数列的和:

$$\frac{1}{3}, \frac{3}{5}, \frac{5}{7}, \cdots, \frac{97}{99}$$

30. 计算 π。使用下面的公式计算 π 的近似值。

$$\pi = 4\left(1 - \frac{1}{3} + \frac{1}{5} - \frac{1}{7} + \cdots\right)$$

提示:项数越多结果越精确。

31. 计算 e。使用下面的公式计算 e 的近似值。

$$e = 1 + \frac{1}{1!} + \frac{1}{2!} + \frac{1}{3!} + \cdots$$

32. 显示闰年。请输出公元 100—2100 年中所有的闰年,每行显示 10 项。

33. 已知 2022 年 1 月 1 日为星期六。提示用户输入 2022 年的月和日，输出该日为星期几。

34. 打印日历。参见第 33 题，输出 2022 年全年的日历（每个月为一个单位）。

35. 彩票游戏。生成两个不相等的 1～10 的数字，让用户猜测（输入）。如果猜对，提示"恭喜"；否则提示用户重试，直到正确。

36. 使用循环结构简化第 7 题的 ISBN 检查程序。

37. 十进制数转八进制数。要求用户输出一个整数，输出其八进制的值。

38. 模拟抛硬币。使用 rand 函数模拟 1 万次抛硬币操作，统计正面和反面的次数并输出。

39. 求平均值和方差。要求用户输入若干整数，以输入 0 结束，求这些数的平均值和方差。

40. 处理字符串。要求用户输入一个字符串，输出奇数位置的字符。例如，用户输入 Beijing，输出 Biig。

41. 统计字母出现次数。要求用户输入一行文本，输出每个字符的出现次数。

42. 最长公共前缀。提示用户输入两个字符串，求两个字符串的最长公共前缀并输出。例如，hello java 和 hello c 的公共前缀为"hello "（空格也包括在内）。

四、实验题

Bossay 开发实验板上呈五角形分布的 5 个 LED 灯的 GPIO 分别是 GPIO9、GPIO10、GPIO11、GPIO12、GPIO13。

（1）设计程序实现流水灯功能，让开发实验板上呈五角形分布的 LED 灯循环依次点亮。

（2）设计程序让实验板上呈五角形分布的 LED 灯全部闪烁。

C 语言的函数

本章主要内容：
(1) 函数。
(2) 局部变量和全局变量。
(3) 动态存储和静态存储。
(4) 跑马灯实验。

◇ 5.1 函　　数

函数

函数是 C 语言支持程序模块化设计的基本单元。程序员可以直接调用系统提供的库函数，从而简化程序的开发；也可以根据需要自己定义函数，从而实现一个独立的功能模块。函数的使用使程序结构层次清晰，便于阅读和调试。函数也是代码重用的一种重要手段。

【例 5-1】　从键盘任意输入一个正整数 n，计算 1 到 n 之间所有奇数的和并输出。

程序代码：

```
/*****************************************************************
源程序名:D:\C_Example\5_Function\oddSum.c
功能:计算 1 到正整数 n 之间所有奇数的和并输出
输入数据:正整数 n 的值
输出数据:1 到正整数 n 之间所有奇数的和
*****************************************************************/
#include<stdio.h>
int oddSum(int m)              //函数定义
{
  int i, s;
  s=0;                         //存放奇数和的变量初始化
  for(i=1;i<=m;i++)            //循环 n 次,判断 1 到 n 之间的每个整数是否是奇数
    if((i%2)!=0)               //判断是否是奇数
      s=s+i;                   //奇数累加
  return s;
}
int main()
```

```
{
    long int sum;                    //定义存放奇数和的变量 sum
    int n;
    printf("请输入正整数 n=");
    scanf("%d",&n);                  //输入正整数 n
    sum = oddSum(n);                 //调用求奇数和的函数
    printf("奇数和 sum=%d",sum);     //输出奇数和
    return 1;
}
```

编辑、编译和运行例 5-1 的程序，运行结果如图 5-1 所示。

1. 函数的定义

函数定义的一般形式如图 5-2 所示。

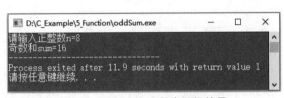

图 5-1　oddSum.exe 程序运行结果

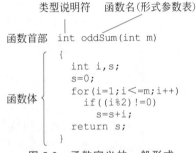

图 5-2　函数定义的一般形式

类型说明符是函数返回值的类型。当函数有返回值时，要通过 return 语句返回，因此 return 语句中的表达式类型或者返回值的类型应该与类型说明符保持一致；当函数无返回值时，类型说明符为 void。函数名是用户自定义的函数名称。形式参数表是用逗号分隔的参数列表，参数是实现函数与外部传递数据的通道。若不需要传递数据则参数为空，称为无参函数；否则为带参函数。

2. 函数的调用

函数调用的一般形式为

```
函数名(实际参数表);              //无参函数省略实际参数表
```

例 5-1 中的 int oddSum(int m) 语句是 oddSum 函数的定义，其中参数 m 称为形式参数，简称形参，形参在内存中没有分配存储空间；sum = oddSum(n) 语句是对 oddSum 函数的调用，其中参数 n 称为实际参数，简称实参，是在 main 函数中定义的变量。

参数是调用函数与被调用函数之间交换数据的通道。当函数被调用时，系统才为形参在内存中分配存储空间，并将实参 n 的值传递给形参 m，完成数据传递。函数执行结束时，为形参分配的存储空间将被释放。

注意：函数调用时提供的实参个数、类型、顺序应与定义的形参一致。

函数的参数可以是一般变量、指针或引用形式，分别传递变量值、地址值。当形参是变量值时，函数调用时实参向形参单向传递值，它们各自占用不同的存储空间，因而形参值的改变不会影响实参值。当形参是指针时，传递的是地址值，具体参见 6.1 节。

3. 函数原型

函数只有通过调用才能被执行,与函数的定义位置无关。在例 5-1 的程序中,是将被调用函数 oddSum(int m)定义在主调函数 main 之前,现在将 oddSum(int m)函数定义在 main 函数之后,但在编译时函数调用语句 sum = oddSum(n);将会出现编译错误:"' oddSum ':undeclared identifier",这是因为函数必须在使用之前进行声明或者定义。

函数原型是对函数的声明,其作用是告诉编译器有关函数的接口信息,包括:函数的名称,函数的参数个数、类型和顺序,函数的返回值类型。编译器需要根据这些信息检查函数调用是否正确。

函数原型声明的一般形式为

返回值类型 函数名(形参类型　形参名[,…]);

如果函数定义在被调用函数之前,则可省略函数原型的声明。因为,函数定义中就给出了函数的原型信息。在例 5-1 的程序中添加函数声明语句,并将 oddSum 函数定义在 main 函数之后,代码如下:

```
/******************************************************************************
源程序名:D:\C_Example\5_Function\oddSum01.c
功能:计算 1 到正整数 n 之间所有奇数的和并输出
输入数据:正整数 n 的值
输出数据:1 到正整数 n 之间所有奇数的和
******************************************************************************/
#include<stdio.h>
int oddSum(int m);                      //函数声明
int main()
{
  long int sum;
  int n;
  printf("请输入正整数 n=");
  scanf("%d",&n);
  sum = oddSum(n);
  printf("奇数和 sum=%d",sum);
  return 1;
}
int oddSum(int m)
{
  int i, s;
  s=0;
  for(i=1;i<=m;i++)
    if((i%2)!=0)
      s=s+i;
  return s;
}
```

◆ 5.2 C 语言的局部变量和全局变量

在前面的程序中,使用变量时要考虑的基本特性包括变量名、变量的数据类型和变量的值。除此之外,C 语言的变量还分为局部变量和全局变量,这两种变量在 C 语言程序中的作用域是不同的。

变量的作用域是指变量在程序中的有效作用范围,即被声明的变量在程序中的有效代码区域,也称变量在该区域是可见的或可用的。下面首先通过例 5-2 展示局部变量和全局变量及其作用域问题。

【例 5-2】 从键盘任意输入两个整数,将其中较大的数输出。

程序代码:

```
/***************************************************************
源程序名:D:\C_Example\5_Function\maxData.c
功能:展示变量作用域,局部变量和全局变量
输入数据:任意输入两个整数
输出数据:两个整数中较大的数以及变量的地址
***************************************************************/
#include<stdio.h>
void maxdata(int a,int b);              //函数参数中定义局部变量 a 和 b
int max;                                //定义全局变量 max
int main()
{
  int a,b;                              //定义局部变量 a 和 b
  max = 0;
  printf("请输入两个整数 a=");
  scanf("%d",&a);
  printf("请输入两个整数 b=");
  scanf("%d",&b);
  printf("\n\n");
  printf("main 函数中复合语句前面变量 a 的地址:%x\n",&a);
  printf("main 函数中复合语句前面变量 a 的值 a=%d\n",a);
  printf("main 函数中复合语句前面变量 b 的地址:%x\n",&b);
  printf("main 函数中复合语句前面变量 b 的值 b=%d\n",b);
  printf("main 函数中复合语句前面变量 max 的地址:%x\n",&max);
  printf("main 函数中复合语句前面变量 max 的值 max=%d\n",max);
  printf("\n\n");
  {                                     //复合语句开始
    int a,b,max;
    a=3; b=5;max=3;
    printf("复合语句中变量 a 的地址:%x\n",&a);
    printf("复合语句中变量 a 的值 a=%d\n",a);
    printf("复合语句中变量 b 的地址:%x\n",&b);
    printf("复合语句中变量 b 的值 b=%d\n",b);
    printf("复合语句中变量 max 的地址:%x\n",&max);
    printf("复合语句中变量 max 的值 max=%d\n",max);
    printf("\n\n");
```

```
        }                                              //复合语句结束
    printf("main 函数中复合语句后面变量 a 的地址:%x\n",&a);
    printf("main 函数中复合语句后面变量 a 的值x=%d\n",a);
    printf("main 函数中复合语句后面变量 b 的地址:%x\n",&b);
    printf("main 函数中复合语句后面变量 b 的值b=%d\n",b);
    printf("\n\n");
    maxdata(a,b);                                      //调用 maxdata()为全局变量 max 赋值
    printf("maxdata 函数执行后 main 函数中变量 max 的地址:%x\n",&max);
    printf("maxdata 函数执行后 main 函数中变量 max 的值max=%d\n",max);
    printf("\n\n");
    printf("%d,%d 中的最大的数是:%d",a,b,max); //引用全局变量
    return 1;
}
void maxdata(int a,int b)                              //为全局变量赋值,函数不需要返回值
{
    if(a>=b)
        max=a;
    else
        max=b;                                         //引用全局变量
    printf("maxdata 函数中变量 a 的地址:%x\n",&a);
    printf("maxdata 函数中变量 a 的值a=%d\n",a);
    printf("maxdata 函数中变量 b 的地址:%x\n",&b);
    printf("maxdata 函数中变量 b 的值b=%d\n",b);
    printf("maxdata 函数中变量 max 的地址:%x\n",&max);
    printf("maxdata 函数中变量 max 的值max=%d\n",max);
}
```

在例 5-2 的程序中分别定义了如下变量：

（1）在所有函数的外部、main 函数的前面用 int max;定义了整型变量 max。

（2）在 main 函数内部第一行用 int a,b;定义了整型变量 a 和 b。

（3）在 main 函数内部用一对花括号括起来的复合语句中用 int a,b,max;定义了整型变量 a、b 和 max。

（4）在 void maxdata(int a,int b)函数用圆括号括起来的形参表中用 int a 和 int b 定义了整型变量 a 和 b。

可以看出,在例 5-2 的程序中存在 2 个重名的 max 变量、3 个重名的 a 变量和 3 个重名的 b 变量。那么,这些变量中同名的变量是同一个变量吗?它们之间存在什么关系?它们之间又有什么差别呢?

要想搞清楚这些问题,首先编辑、编译和运行例 5-2 的程序,观察运行结果,如图 5-3 所示。需要强调的是,由于计算机内存大小不同,正在运行的操作系统以及正在执行的程序也不同,不同的计算机运行例 5-2 的程序,得到的各个变量的地址会不一样。也就是不同的计算机执行例 5-2 的程序的结果会跟图 5-3 类似,但可能有区别。

图 5-3 显示了程序中定义的这些变量的地址和存储的值,图 5-4 是根据这些变量的地址以及这些变量所存储的值绘制的变量占用内存的示意图。从图 5-3 和图 5-4 可以得出变量、变量地址、变量存储的值的关系,如表 5-1 所示。

图 5-3 maxData.c 程序执行结果

右侧内存地址表：

0x407994	
0x407993	max 的空间
0x407992	max 的空间
0x407991	max 的空间
全局变量 max 的首地址: 0x407990	max 的空间

0x22fe4f	a 的空间
0x22fe4e	a 的空间
0x22fe4d	a 的空间
main函数中变量 a 的首地址: 0x22fe4c	a 的空间
0x22fe4b	b 的空间
0x22fe4a	b 的空间
0x22fe49	b 的空间
main函数中变量 b 的首地址: 0x22fe48	b 的空间
0x22fe47	a 的空间
0x22fe46	a 的空间
0x22fe45	a 的空间
复合语句中变量 a 的首地址: 0x22fe44	a 的空间
0x22fe43	b 的空间
0x22fe42	b 的空间
0x22fe41	b 的空间
复合语句中变量 b 的首地址: 0x22fe40	b 的空间
0x22fe3f	max 的空间
0x22fe3e	max 的空间
0x22fe3d	max 的空间
复合语句中变量 max 的首地址: 0x22fe3c	max 的空间

0x22fe1b	b 的空间
0x22fe1a	b 的空间
0x22fe19	b 的空间
maxdata 函数中变量 b 的首地址: 0x22fe18	b 的空间

0x22fe13	a 的空间
0x22fe12	a 的空间
0x22fe11	a 的空间
maxdata 函数中变量 a 的首地址: 0x22fe10	a 的空间
0x22fe0f	

图 5-4 maxData.c 程序变量内存地址

表 5-1　程序 maxdata.c 中的变量、变量地址、变量存储的值的关系

序号	变量所属函数		变量类型和名称	变量地址	变量存储的值	变量类别
1	无		int max	0x407990	0→35	全局变量
2	main 函数		int a	0x22fe4c	23	局部变量
3			int b	0x22fe48	35	局部变量
4	main 函数	复合语句	int max	0x22fe3c	3	局部变量
5		复合语句	int a	0x22fe44	3	局部变量
6		复合语句	int b	0x22fe40	5	局部变量
7	maxdata 函数		int a	0x22fe10	23	局部变量
8			int b	0x22fe18	35	局部变量
9			max	0x407990	35	全局变量

从表 5-1 中可以清晰地看出：

（1）前两个 max 变量（序号 1 和 4）不但地址不同，存储的数据也不同，显然是两个不同的变量。其中，第一个 max 变量不属于任何函数，被称为全局变量；第二个 max 变量是在 main 函数内部的复合语句中定义的变量，被称为局部变量。

（2）第一个和第三个 max 变量（序号 1 和 9）地址相同（都是 0x407990），存储的数据也相同（都是 35），实际上它们是同一个变量，也就是程序唯一的全局变量，通过这个全局变量实现了变量 max 在函数 main 和 maxdata 之间的共享应用，起到在不同函数之间传递数值 35 的作用。

（3）3 个 a 变量（序号为 2、5、7）虽然同名，但地址不相同，就像 3 个不同的人尽管取了相同的名字，仍然是 3 个不同的人一样，它们是 3 个不同的变量，属于不同的函数或者复合语句，被称为局部变量。

（4）3 个 b 变量（序号为 3、6、8）和上面讲的 a 变量类似，它们的地址也不相同，属于不同的函数或者复合语句，也是局部变量。

全局变量（global variable）是指定义在函数外，不属于任何函数的变量，其作用域是从定义位置开始到程序所在文件结束。全局变量的定义格式与局部变量完全相同，只是定义位置不同，它可以定义在程序的开始、中间等任何位置。全局变量对定义位置之后的所有函数都有效。因此，全局变量成为多个函数共享的变量，可以用于函数之间的数据传递。例如，在例 5-2 中，main 函数前面定义的全局变量 max 既在 main 函数中得到使用，也在 maxdata(int a,int b)函数中得到使用，起到了传递数值 35 的作用，将 maxdata(int a,int b) 函数中的变量 a 和 b 中较大的值通过 max 传递给 main 函数。

局部变量（local variable）通常是指在函数的形参表、函数内部、复合语句内部定义的变量，例如在 maxdata 函数中定义的 3 个局部变量。局部变量的作用域局限于函数内部或者复合语句内部，从定义位置开始至本函数或者本复合语句结束。使用局部变量可以避免不同函数之间同名变量的互相干扰，也就是说不同函数内部可以出现同名变量，它们有各自的存储空间和作用范围，不会产生冲突。图 5-4 直观地展示了局部变量的这种情况。

在复合语句内定义的局部变量，其作用域只限于复合语句内；在函数原型声明语句内的局部变量，其作用域只限于函数原型。具体可参见例 5-2 中此种变量的作用情况。

注意：函数原型声明语句 void maxdata(int a,int b)；等价于 void maxdata(int,int)；。

函数原型声明语句中的形参作用域只在声明语句内。因此,声明语句中的函数形参名是可以省略的。即使函数原型中带有形参名,编译器在编译时也将忽略它。

注意：使用全局变量会破坏函数的独立性,容易使函数之间相互干扰,因此要谨慎使用。

由于作用域的不同,程序中可能出现全局变量与局部变量同名,例如,例 5-2 在 main 函数外部定义了全局变量 max,在 main 函数内部复合语句中定义了局部变量 max,在这种情况下,复合语句内部的局部变量 max 会屏蔽全局变量 max,也就是只有局部变量 max 有效。

C 语言变量
的静态存储
和动态存储

◆ 5.3　C 语言变量的静态存储和动态存储

C 语言变量不但分为全局变量和局部变量,在变量存储类别上还分为静态存储和动态存储。变量存储类别决定了变量的生命周期,也就是变量在内存中的生存时间,对应变量从开始获得存储空间到最后释放存储空间的整个过程。为了更好地理解变量的静态存储和动态存储,首先看一个变量静态存储和动态存储的 C 语言程序。

【例 5-3】　变量静态存储和动态存储示例。

程序代码：

```
/********************************************************************************
源程序名:D:\C_Example\5_Function\variableStorage.c
功能:展示变量静态存储和动态存储
输入数据:无
输出数据:见图 5-5
********************************************************************************/
#include<stdio.h>
int Fun();
int main()
{
  int f,i;                          //自动变量
  printf("f 和 i 未初始化时的值:f = %d, i= %d\n\n",f,i);
  for(i = 1;i<= 5;i++)
  {
    f = Fun();
    printf("  自动变量:f = %d\n",f);
  }
  return 0;
}
int Fun()
{
  int m = 0;                        //自动变量
  static int n=0;                   //静态局部变量
  m++;
  printf("  自动变量:m = %d ",m);
  n++;
  printf("  静态局部变量:n = %d ",n);
  return n;
}
```

编辑、编译和运行例 5-3 的程序,运行结果如图 5-5 所示。从程序运行结果可以看出,在函

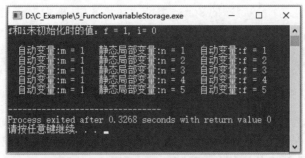

图 5-5　variableStorage.exe 程序运行结果

数 Fun 中定义的变量 m 和 n 差异比较大,比较一下这两个变量在函数 Fun 中的定义、初始化和运算:两个变量的初始化分别是 int m = 0;和 static int n=0;,两个变量都进行自增运算。两者的差别在于变量 n 的定义前面加了 static,就是因为这一差别,导致两个变量运算的值差异巨大:变量 m 的值每次调用函数 Fun 时一直是 1;变量 n 的值每次调用函数 fun 时都会增加1,一直到 5。原因就在于 m 变量是动态存储的,变量 n 因为定义时前面加了 static,所以就成为静态存储的变量。其实,例 5-3 程序的 main 函数中定义的变量 f 和 i 也都是动态存储的。

1. 动态存储

采用动态存储方式时,由系统自动完成内存的分配和释放。动态存储由系统的堆栈实现,系统自动根据函数的执行情况为变量分配和回收堆栈空间。动态存储分配的数据区就是动态存储区,存放程序中函数内部的局部变量,例如例 5-3 的 main 函数中定义的变量 f、i 以及例 5-2 的 maxdata(int a,int b)函数形参中定义的变量 a、b 等。

局部变量和形参都默认为 auto 存储类别。auto 类型的变量也称自动变量,都采用动态存储方式。一般自动变量在定义时都省略 auto。

因此,int a,b;等价于 auto int a,b;,这两种定义的效果是一样的。

自动变量只有在函数被调用时才由系统分配相应的存储单元;到函数调用结束时,存储单元被自动释放。这一切由系统自动完成。在例 5-3 的 Fun 函数中,m 被定义为自动变量。在运行程序的过程中,Fun 函数被循环调用 5 次。每次被调用时,m 变量均被分配存储空间,并被初始化为 0;然后通过 m++ 运算自增其值,变为 1,并输出 m=1;最后在函数结束时 m 变量的存储空间被释放,进入下一轮循环。这样就导致每次循环执行时都是输出 m=1,一共输出 5 次。因此,局部变量、形参在函数被调用之前并不占有存储单元。

注意:自动变量如果未被赋初值,则其值是随机的,因此,程序中一定要注意自动变量的初始化。例如,例 5-3 的 main 函数中定义的自动变量 f 和 i 在未被初始化时输出的随机值分别是 1 和 0。

2. 静态存储

与动态存储不同的是,静态存储方式是在变量定义时就由系统分配了存储空间并保持不变,直至整个程序结束。全局变量和 static 类型的局部变量都是静态存储方式,被分配在静态存储区。

全局变量在整个程序运行期间都占用存储空间,其生命周期贯穿于整个程序。全局变量在定义时如果未被初始化,系统将自动为其赋初值 0,例如例 5-2 的 main 函数前定义的全局变量 max。

除了全局变量,还有一种特殊的 static 类型的局部变量,称为静态局部变量。当局部变量在定义时加上 static 就成为静态存储方式的局部变量。

例如,在例 5-3 的 Fun 函数中,static int n; 将 n 定义为静态局部变量。在运行程序过程中,Fun 函数被循环调用 5 次。第一次被调用时 n 变量被分配存储空间并被初始化为 0,然后通过 n++ 运算自增其值变为 1,输出 n=1,在 Fun 函数结束时 n 变量的空间依然保留;随后进入第二次调用,此时 n 变量的空间不但存在,而且 n=1,在此基础上通过 n++ 运算自增其值变为 2,Fun 函数执行结束;随后进入第三次调用,使 n=3;随后进入第四次调用,使 n=4;最后进入第五次调用,使 n=5。

因此,静态局部变量在函数第一次被调用时获得存储单元,其后一直保持该存储单元,直到程序运行结束,即使所在的函数被调用结束,存储空间也不会被回收,只有整个程序执行结束时,静态变量占据的存储空间才被释放和回收。静态局部变量只在第一次使用时完成初始化。如果变量未被赋值,系统自动将其初始化为 0。其后变量的值一直保持到下一次函数被调用时。

如果要指定变量的存储类别,其一般定义形式为

存储类别 类型标识符 变量名 1[,…];

例如:

```
auto int x,y;                    //auto 可以省略
static float f1,f2;              //static 不能省略
```

虽然静态局部变量与全局变量的生命周期都贯穿了整个程序的运行过程,但静态局部变量只能在其定义的函数内使用,不能用于其他函数,也就是其作用域始终不变。

C 语言程序
在内存中的
存储结构

◆ 5.4　C 语言程序在内存中的存储结构

C 语言程序在内存中的存储结构主要由代码区、常量区、静态区、堆区和栈区组成。

(1) 代码区。顾名思义,用于存放编写的 C 语言程序的代码(编译后的二进制代码)。

(2) 常量区。常量(包括数值常量、字符常量和字符串常量)存储在该区域,不允许修改。

(3) 静态区。存储全局变量和静态变量的区域,初始化的全局变量和静态变量在一块区域,未初始化的全局变量和静态变量在相邻的另一块区域。在程序结束后,该区域内的变量由系统释放。

(4) 堆区。在程序运行过程中,通过 new、malloc、realloc 函数申请分配的内存块称为堆区。编译器不会负责该区域的释放工作,需要由程序员编写执行释放内存的程序代码予以释放。堆区的分配方式类似于数据结构中的链表。内存泄漏通常说的就是堆区。堆区往地址增大方向增长。

(5) 栈区。用于存放函数的参数值、函数内部的局部变量等,由编译器自动分配和释放,通常在函数执行完后就释放了,其操作方式类似于数据结构中的栈。栈的内存分配运算内置于 CPU 的指令集,效率很高,但是分配的内存量有限,例如 iOS 中栈区的大小是 2MB。栈区往地址减小方向增长。

【例 5-4】　从键盘任意输入两个整数,将其中较大的数输出。

程序代码:

```
/*********************************************************************
源程序名:D:\C_Example\5_Function\bigData.c
功能:展示变量作用域,全局变量和局部变量
输入数据:任意输入两个整数
输出数据:两个整数中的较大的数、变量的地址
*********************************************************************/
# include<stdio.h>
int Ga =20;                         //全局变量
static int SGb =26;                 //静态全局变量
void swap(int x, int y)             //局部变量
{
  int temp;                         //局部变量
  printf("交换前 x=%d, y=%d\n",x, y);
  temp =x;
  x =y;
  y =temp;
  printf("交换后 x=%d, y=%d\n",x ,y);
}
int main()
{
  int La =56;                       //局部变量
  static Lb = 68;                   //静态局部常量
  swap(La, Lb);
}
```

本例 C 语言程序在内存中的存储结构如图 5-6 所示。

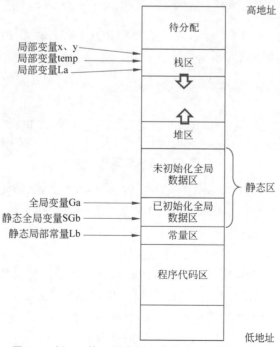

图 5-6　例 5-4 的 C 语言程序在内存中的存储结构

◆ 5.5 鸿蒙 OS C 语言设备开发实验:跑马灯

Bossay 开发实验板上有 5 只 LED 灯,如图 5-7 所示。前面点亮一只 LED、闪烁的 LED 和呼吸灯 3 个项目都只使用了一只 LED 灯,本实验将使用全部的 5 只 LED 灯。在电路板设计中将这 5 只 LED 灯分别连接 Hi3861 芯片的 GPIO9～GPIO13 引脚,这样,使用一个循环就可以周期性地让这些 LED 灯亮起来。

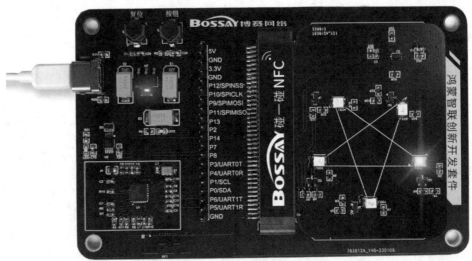

图 5-7　Bossay 开发实验板上布局呈五角星形的 5 只 LED 灯

5.5.1　跑马灯实验程序源码

跑马灯项目由一个 C 语言源程序文件 MARQUEE.c、两个 BUILD.gn 文件和一个 config.json 文件组成,如图 5-8 所示。

图 5-8　呼吸灯项目结构

在图 5-8 中,外带方框的 MARQUEE 和 SOURCE_MARQUEE 是文件夹,而且 SOURCE_MARQUEE 文件夹是 MARQUEE 文件夹的子文件夹。在 MARQUEE 文件夹下有 BUILD.gn 和 config.json 两个文件;在 SOURCE_MARQUEE 子文件夹下也有一个 BUILD.gn 文件,同时有一个 MARQUEE.c 文件。其中 config.json 文件内容和前面的项目的 config.json 文件内容基本相同,只有第一行 product_name 后面的项目名称有区别。例如,点亮一只 LED 灯项目的名称为 LED,呼吸灯项目的名称为 BREATHE,本项目的名称为 MARQUEE。下面介绍本项目中各文件的内容。

MARQUEE 文件夹下的 BUILD.gn 文件内容如下:

```
group("MARQUEE")
{
    deps = [
            "SOURCE_MARQUEE:MARQUEE",
            "//device/bossay/hi3861_10/sdk_liteos:wifiiot_sdk",
            "../common/iot_wifi:iot_wifi",
            ]
}
```

MARQUEE 文件夹下的 config.json 文件内容如下：

```
{
    "product_name": "MARQUEE",
    ...
}
```

从第 2 行开始，剩余的内容跟前几章项目的 config.json 文件从第 2 行开始的内容相同，在此不再赘述。

SOURCE_MARQUEE 文件夹下的 BUILD.gn 文件内容如下：

```
static_library("MARQUEE")
{
    sources = [ "MARQUEE.c",  ]
    include_dirs = [
                    "//utils/native/lite/include",
                    "//base/iot_hardware/peripheral/interfaces/kits",
                    "//device/bossay/hi3861_10/iot_hardware_hals/include",
                    "//device/bossay/hi3861_10/sdk_liteos/include"
                    ]
}
```

SOURCE_MARQUEE 文件夹下的 MARQUEE.c 文件内容如下：

```
#include<stdio.h>
#include "ohos_init.h"
#include "iot_gpio.h"
#include "iot_gpio_ex.h"
void led(void* args )
{
  int i;
  printf("led thread running...");
  for(i=9;i<=13;i++)
  {
    IoTGpioInit(i);
    IoTGpioSetDir(i,IOT_GPIO_DIR_OUT);
    IoTGpioSetFunc(i,0);
  }
  IoTGpioSetFunc(13,IOT_GPIO_FUNC_GPIO_13_GPIO);
  int c = 9;
```

```
    while(1)
    {
      for(i = 9;i<=13;i++)
      {
        if (i == 9)
        {
          IoTGpioSetOutputVal(13,0);
        }else
        {
          IoTGpioSetOutputVal(i-1,0);
        }
        IoTGpioSetOutputVal(i,1);
        usleep(200 * 1000);
      }
    }
  }
  APP_FEATURE_INIT(led);
```

跑马灯
实验过程

5.5.2　跑马灯实验过程

参照第 2 章网页编译的方法，将源程序 MARQUEE.c 的代码复制到网页中进行编译，生成可执行目标代码；也可以参照第 3 章的方法，利用 Visual Studio Code 的 DevEco 工具建立跑马灯项目，编辑程序代码，编译生成可执行目标代码。然后使用 USB-Type 数据线连接计算机和开发实验板，利用 HiBurn 工具将可执行目标代码烧录到开发实验板上，按下开发实验板上的复位按钮运行跑马灯程序，可以看到 5 只 LED 灯逐个点亮，然后按照点亮顺序逐个熄灭。实验的演示效果无法用静态图片给出，在此略去。

跑马灯实验
工作原理

5.5.3　跑马灯实验工作原理

跑马灯程序的入口为 led 函数，使用 for 循环对 GPIO9～GPIO13 这 5 个端口进行初始化，并将方向设置为输出，将功能设置为 GPIO。前面在使用 IoTGpioSetFunc 函数时，传入了 IOT_GPIO_FUNC_ GPIO_7_GPIO 这个在 iot_gpio_ex.h 中定义的量，它的值为 0。实际上 GPIO9～GPIO13 对应的 GPIO 的定义都为 0，所以这里直接传入 0。每一只 LED 灯的点亮和熄灭的工作原理与第 3 章点亮一只 LED 灯是一样的，在此不再赘述。

实际上硬件的不同端口存在差异是很正常的，而对每个端口进行的宏定义也不一样。例如，IOT_GPIO_FUNC_ GPIO_7_GPIO 定义的值为 0，而 IOT_GPIO_FUNC_ GPIO_13_GPIO 定义的值为 4。如果不注意区分这些差异，就会给端口的使用带来麻烦和错误。

后面的 while 循环保证持续运行，而 while 循环中的 for 循环则做两件事情，第一件是关闭上一只 LED 灯，第二件是打开下一只 LED 灯。当 i 为 GPIO9 时，关 GPIO13，开 GPIO9；当 i 为 GPIO10 时，关 GPIO9，开 GPIO10；当 i 为 GPIO11、GPIO12、GPIO13 时与上面类似。这样跑马灯的效果就实现了。

可以通过修改程序代码得到其他绚丽的效果，例如：

（1）5 只 LED 灯逐个点亮，然后按照点亮顺序逐个熄灭。

（2）5 只 LED 灯逐个点亮，然后按照点亮顺序的逆序逐个熄灭。

(3) 3 只点亮的 LED 灯像蛇一样向前移动。

在实验中,读者可以尝试实现这些效果。

◇ 5.6 习　　题

一、单项选择题

1. C 语言中有两种类型的函数,分别是(　　)。

    A. 输入输出函数与数学函数
    B. 输入输出函数与自定义函数

    C. 标准库函数与数学函数
    D. 标准库函数与自定义函数

2. 以下函数声明形式中正确的是(　　)。

    A. int func(int x, int y)
    B. int func(int, int);

    C. int func(int x; int y);
    D. int func(int x, y);

3. 以下函数原型中正确的是(　　)。

    A. f1(int x; int y);
    B. void f1(x, y);

    C. void f1(int x, y);
    D. void f1(int, int);

4. 在 C 语言中,函数形参的默认存储类别是(　　)。

    A. auto
    B. register
    C. static
    D. extern

5. 若定义一个函数的返回类型为 void,以下叙述中正确的是(　　)。

    A. 函数返回值需要强类型转换
    B. 函数不执行任何操作

    C. 函数没有返回值
    D. 函数不能修改实参的值

6. 以下描述中错误的是(　　)。

    A. 函数可以有多个形参
    B. 函数内可以嵌套定义函数

    C. 函数可以没有返回值
    D. 函数可以被其他函数调用

7. 设有语句 fun(m,8,sqrt(4));,则该函数包含的实参个数是(　　)。

    A. 1
    B. 3
    C. 4
    D. 8

8. 在 C 语言程序中,当调用函数时(　　)。

    A. 实参和形参各占一个独立的存储单元

    B. 实参和形参可以共用存储单元

    C. 可以由用户指定实参和形参是否共用存储单元

    D. 系统自动确定实参和形参是否共用存储单元

9. 有如下的 C 语言程序:

```c
#include "stdio.h"
int x;
int f( int z)
{
  int y;
  y=z;
  return y;
}
int main(void)
```

```
{
  int a=1;
  x = f(a);
  printf("%d %d", a, x);
  return 0;
}
```

下列说法中正确的是(　　)。

　　A. x 和 a 是全局变量,y 和 z 是局部变量

　　B. x 是全局变量,y、z 和 a 是局部变量

　　C. x 和 z 是全局变量,y 和 a 是局部变量

　　D. y、z 和 a 是全局变量,x 是局部变量

10. 若 a、b 均为 int 型变量,x、y 均为 float 型变量,正确的输入函数调用是(　　)。

　　A. scanf("%d%f",&a,&b);　　　　　B. scanf("%d%f",&a,&x);

　　C. scanf("%d%d",a,b);　　　　　　D. scanf("%f%f",a,b);

二、判断对错题

1. 在 C 语言程序中,自定义的函数如果在 main 函数后定义,就必须在 main 函数前声明,否则会在编译程序时出现错误。　　　　　　　　　　　　　　　　　　(　　)

2. C 语言中有标准库函数和自定义函数两种类型的函数。　　　　　　　　(　　)

3. 在函数的定义和调用中,函数的形参和与其对应的实参占用相同的内存空间。
　　　　　　　　　　　　　　　　　　　　　　　　　　　　　　　　　(　　)

4. 在 C 语言中允许不同的函数使用相同的变量名,它们代表不同的对象,系统为其分配不同的内存单元。　　　　　　　　　　　　　　　　　　　　　　　　(　　)

5. C 语言中每个函数的返回值都是整型的。　　　　　　　　　　　　　　(　　)

6. 自动变量和全局变量如果定义时没有赋初值,则其存储单元将被系统自动初始化为 0。
　　　　　　　　　　　　　　　　　　　　　　　　　　　　　　　　　(　　)

7. 程序中的静态局部变量在程序运行结束时其存储空间才被释放,因此在整个程序运行期间各个函数都可以访问它。　　　　　　　　　　　　　　　　　　　　(　　)

8. C 语言程序中不允许在函数内嵌套定义函数,但允许函数进行嵌套调用。　(　　)

9. 在函数的定义和调用中,形参和实参必须一一对应且个数、类型和顺序相同。
　　　　　　　　　　　　　　　　　　　　　　　　　　　　　　　　　(　　)

10. 按照 C 语言的规定,全局变量与局部变量的作用范围相同,不允许它们同名。
　　　　　　　　　　　　　　　　　　　　　　　　　　　　　　　　　(　　)

三、编程题

1. $n(3n-1)/2$ 是第 n 个五角数。编写一个函数返回一个五角数。函数声明如下:

```
int getPenNumber(int n);
```

2. 编写一个函数实现求整数各个数位和的功能,例如,123 对应的值为 6。函数声明如下:

```
int sumDigits(int n);
```

3. 编写一个函数实现数字各个数位的逆转,例如,123 对应的值为 321,120 对应的值为 21。函数声明如下:

```
int reverse(int x);
```

4. 回文数。编写一个函数判断用户输入的一个数字是否为回文数,例如,12321 是回文数,12345 不是回文数。该函数如果判断用户输入的数字是回文数返回 1,否则返回 0。函数声明如下:

```
int isPali(int x);
```

5. 编写一个函数实现求 3 个数的最大值的功能。函数声明如下:

```
int max3(int a,int b,int c);
```

6. 编写一个函数显示下面的图案。

```
          1
          1 2
          1 2 3
          …
          1 2 3 … n
```

函数原型为 int draw(int n);。

7. 编写两个函数实现摄氏度和华氏度之间的转换。函数声明如下:

```
double c2f(double c);              //摄氏度转华氏度
double f2c(double f);              //华氏度转摄氏度
```

转换公式如下:

$$C = (F - 32)/1.8$$
$$F = 32 + 1.8C$$

其中,C 为摄氏度值,F 为华氏度值。

8. 编写两个函数实现英尺和米之间的转换。函数声明如下:

```
double f2m(double f);              //英尺转米
double m2f(double m);              //米转英尺
```

9. 编写一个函数判断一个数是否为素数,是则返回 1,否则返回 0。函数声明如下:

```
int isPrime(int n);
```

10. 编写一个函数打印两个 ASCII 字符之间所有的字符,每行显示的字符个数由参数 n 指定。函数声明如下:

```
void printASCII(char from, char to, int n);
```

11. 编写一个函数计算圆周率的值,函数声明如下:

```
double getPI();
```

圆周率计算公式如下:

$$pi = 4\left(1 - \frac{1}{3} + \frac{1}{5} - \frac{1}{7} + \cdots\right)$$

12. 编写一个函数返回一年的天数。函数声明如下:

```
int daysOfYear(int year);
```

13. 编写一个函数打印随机方阵,方阵的阶数由参数 n 指定。函数声明如下:

```
int printRandMatrix(int n);
```

14. 编写一个函数,根据给出的 3 个边的长度返回三角形的面积。函数声明如下:

```
double area3(double a,double b,double c);
```

根据 3 个边长度计算三角形面积的公式如下(海伦公式):

$$s = \sqrt{p(p-a)(p-b)(p-c)}, \text{其中 } p = \frac{a+b+c}{2}$$

15. 有一种通过迭代计算 n 的平方根的巴比伦法,公式如下:

$$next = (now + n/now)/2$$

其中,now 为当前的猜测值,next 为下一次迭代的猜测值。最初的猜测值可以为任意正数,如 1。如果发现 next 和 now 的差小于某个小数,如 0.000 01,则算法结束。

编写一个函数实现它。函数声明如下:

```
double bbSqrt(double n);
```

16. 编写一个函数统计一个数字中所有数码出现的次数。例如,在 131415 中,1 出现 3次,3、4、5 各出现 1 次。

17. 一个数如果既是回文又是素数就称为回文素数。编写一个程序输出前 100 个回文素数。函数声明如下:

```
void print100hs();
```

注意:程序中可以包含多个函数,例如,一个函数用于检验是否为回文,一个函数用于检验是否为素数,一个函数用于调用这两个函数实现打印。

18. 反素数指一个非回文素数在反转后也是一个素数。例如,17 为非回文素数,71 也是素数。编写一个函数打印前 100 个反素数。

19. 编写一个函数输出 10 个 1~100 的不同的随机数。函数声明如下:

```
void print100Rand();
```

20. 编写一个函数打印指定年月的日历。函数声明如下：

```
void printCal(int year, int month);
```

21. 编写一个函数，对于指定的边长 s，返回正五边形的面积。函数声明如下：

```
double area5(double s);
```

正 n 边形面积计算公式如下：

$$S = \frac{n \times s^2}{4 \times \tan(\pi/n)}$$

22. 编写一个函数实现将一个小数 f 保留小数点后 n 位的操作。函数声明如下：

```
double fmt(double f, int n);
```

23. 编写一个函数实现判断点是否在圆内的功能。函数声明如下：

```
int inCircle(int x, int y, int cx, int cy, double r);
```

其中，(x,y)为点的坐标，(cx,cy)为圆心的坐标，r 为半径。

四、实验题

1. 设计程序，实现 Bossay 开发实验板 5 只 LED 灯逐个点亮，然后按照点亮顺序逐个熄灭。

2. 设计程序，实现 Bossay 开发实验板 5 只 LED 灯逐个点亮，然后按照点亮顺序的逆序逐个熄灭。

3. 设计程序，实现 Bossay 开发实验板 3 只点亮的 LED 灯像蛇一样向前移动。例如，9、10、11 点亮；随后，9 熄灭，12 点亮；随后，10 熄灭，13 点亮。

第
6
章

指　针

本章主要内容：
(1) 指针。
(2) 数据的输入输出。
(3) 读取开发实验板按钮状态。
(4) 电子秤实验。

初识指针

6.1　初识指针

　　初学 C 语言的人往往难以搞清楚什么是指针。为了更好地理解指针这个概念，我们先来思考地址这个概念。在一个拥有千家万户的大城市中，如果想随意找到一户人家，首先必须要知道这户人家的家庭住址，也就是这户人家的详细地址。为此，城市管理者给城市的道路、小区、楼、单元等进行了编号，每一户人家就拥有了一个详细的地址。

　　计算机利用存储器存储大量的数据信息，存储器由一个个存储单元构成，计算机存储的信息就保存在大量的存储单元中。对存储器中的每一个存储单元进行地址编号，是一种快速找到具体数据信息的有效方法。一个理想的存储器只要给出一个地址编号，就可以根据这个地址编号快速地找到对应的内容，这种存储器称为随机存储器(Random Access Memory，RAM)，内存就是这样一种存储器。构成内存的每一个存储单元的编号称为内存地址。这和给房间进行编号(如 12-3-502 代表 12 号楼 3 单元 502 房间)一样，都可以提高寻址效率。只要留下自己的家庭地址，快递员就可以准确地将快件送到家中。

　　理解了地址，就很容易理解指针了。指针是用来存储一个内存地址的变量。可以从 3 方面理解指针：第一，指针也是 C 语言的一种变量；第二，指针中存储的是计算机内存的地址；第三，指针这种变量和前面几章讲述的各种各样的变量是有区别的，指针中存储的是计算机内存的地址，而前面几章讲述的变量中存储的是数据。

　　图 6-1 给出了一个 32 位计算机的内存、变量和指针的示意图，它可以帮助初学者更好地理解什么是指针。在图 6-1 中，计算机的内存由一个个存储单元组成，每一个存储单元能存储 1 字节，也就是 8 位，一个存储单元就是 1 字节的存储空间。每一个存储单元都有一个 32 位编码的二进制地址，内存地址由低地址向高地

址编码。

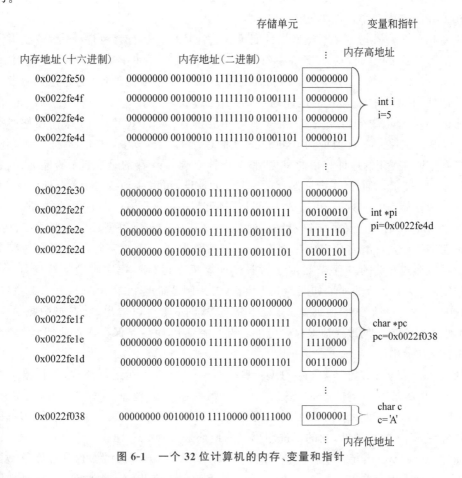

图 6-1　一个 32 位计算机的内存、变量和指针

假设在某一 C 语言程序中有如下语句：

```
int i;
int * pi;
char c;
char * pc;
i = 5;
c = 'A';
pi = &i;
pc = &c;
```

下面结合这段程序和图 6-1 说明内存、变量和指针之间的关系。

在上面的 C 语言程序中,通过 int i;语句定义了整型变量 i;通过 i = 5;语句将整数 5 赋予整型变量 i,也就是在变量 i 的内存空间中保存了整数 5。假设计算机在运行该程序时给整型变量 i 分配 4 字节的空间,这 4 字节当中每一字节的地址如图 6-1 所示,其中地址 00000000 00100010 11111110 01001101 是变量 i 的第 1 字节的地址,也称为变量 i 的首地址。为了便于对内存地址的读写,一般将二进制地址表示为十六进制形式,如此变量 i 的十六进制形式的首地址就是 0x0022fe4d。从图 6-1 可以看出,整数 5 转换为二进制 00000000

00000000 00000000 00000101 的形式被保存在变量 i 的 4 字节中，也就是保存在首地址为 0x0022fe4d 的连续 4 个存储单元中。

通过 int ＊pi;语句定义了整型指针变量 pi。计算机在运行该程序时，给整型指针变量 pi 也分配 4 字节的空间，这 4 字节中每一字节的地址如图 6-1 所示，其中地址 00000000 00100010 11111110 00101101 是整型指针变量 pi 的第 1 字节的地址，也称为整型指针变量 pi 的首地址，它的二进制形式的地址是 0x0022fe2d。

通过 pi ＝ &i;语句将变量 i 的 4 个存储单元的首地址 0x0022fe4d 保存在整型指针变量 pi 中，也就是保存在首地址为 0x0022fe2d 的连续的 4 字节中，其中 & 符号称为取地址符，&i 就是取变量 i 的地址。由此可见，整型指针变量 pi 保存的是变量 i 的地址，也表述为 pi 指针指向 i 变量。通过 pi 指针保存的变量 i 的地址，可以找到变量 i 的存储空间，可以读或者写变量存储空间的数据，也表述为通过指针变量 pi 可以访问变量 i 中的数据。

通过 char c;语句定义了字符变量 c，通过 c ＝'A';语句将字符型数据'A'赋予字符变量 c，也就是在字符变量 c 的内存空间中保存了字符型数据'A'。因为字符型数据在内存中是以 ASCII 码的形式存储的，1 字节足够了。假设计算机在运行该程序时给字符变量 c 分配 1 字节的空间，这 1 字节的地址如图 6-1 所示，其二进制地址是 00000000 00100010 11110000 00111000，十六进制形式的地址是 0x0022f038。从图 6-1 可以看出，字符型数据'A'转换为 ASCII 码值 01000001 的形式被保存在变量 c 的 1 字节中，也就是保存在首地址为 0x0022f038 的一个存储单元中。

通过 char ＊pc;语句定义了字符型指针变量 pc。计算机在运行该程序时，给字符型指针变量 pc 也分配 4 字节的空间，这 4 字节中每一字节的地址如图 6-1 所示，其中地址 00000000 00100010 11111110 00011101 是字符型指针变量 pc 的第 1 字节的地址，也称为字符型指针变量 pc 的首地址，它的二进制形式的地址是 0x0022fe1d。

通过 pc ＝ &c;语句将字符变量 c 的存储单元的地址 0x0022f038 保存在字符型指针变量 pc 中，也就是保存在首地址为 0x0022fe1d 的连续的 4 字节中。由此可见，字符型指针变量 pc 保存的是字符变量 c 的地址，也表述为 pc 指针指向 c 变量。通过 pc 指针保存的变量 c 的地址，可以找到变量 c 的存储空间，可以读或者写变量 c 存储空间的数据，也表述为通过指针变量 pc 可以访问变量 c 中的数据。

一定要注意的是，指针变量也区分类型。整型指针变量和字符型指针变量虽然都是指针变量，都保存的是地址，但它们是有区别的。整型指针变量只能保存整型变量的地址，只能访问整型变量存储空间的数据；字符型指针变量只能保存字符变量的地址，只能访问字符型形变量存储空间的数据。除此以外，还有浮点数类型、函数类型、结构类型等指针变量，在后续章节会陆续介绍。

指针一般出现在比较接近机器语言的程序设计语言，如汇编语言或 C 语言当中。指针一般指向一个函数或一个变量。在使用一个指针时，一个程序既可以直接使用这个指针保存的存储地址，又可以使用这个地址中保存的函数的值。

C 语言提供了两种操作以实现变量和值的互相转换。执行取地址操作获取一个变量的地址，将这个地址保存到指针变量中，就得到了一个有效的指针。针对指针变量执行取值操作就可以得到该指针指向的变量的值。下面通过几个案例介绍这两种操作。

两个数交换

◆ 6.2 两个数交换

例 6-1 是编写一个函数交换两个变量的值。这个问题似乎很简单,而实际上并不简单。例如例 6-1 给出的函数似乎能够实现两个数的交换,但实际上却是失败的。

【例 6-1】 编写一个函数交换两个变量的值。

程序代码:

```
/*******************************************************************
源程序名:D:\C_Example\6_Pointer\swapVariable01.c
功能:交换两个变量的值
输入数据:x=3, y=4
输出数据:x=3, y=4(交换失败)
*******************************************************************/
int swap(int a, int b)
{
    int t = a;
    a = b;
    b = t;
}
int main()
{
    int x = 3, y = 4;
    swap(x, y);
    printf("x = %d, y = %d \n", x, y);
    return 0;
}
```

使用 Dev-C++ 工具验证这个程序,程序运行结果如图 6-2 所示,可以看到没有达到交换变量 x 和 y 的值的目标。

图 6-2 例 6-1 程序运行结果

具体分析一下这个程序。这里声明了一个名为 swap 的函数,它有两个形参 a 和 b。该函数中声明了临时变量 t,借助这个变量实现 a 和 b 的值的交换。下面假设 a 为 3,b 为 4,借助图 6-3 分析 swap 函数中变量 a 和 b 的值的交换过程。

首先 t=a 将 a 的值 3 赋值给 t,然后 a=b 将 b 的值 4 赋值给 a,最后将 t 的值 3(也就是原本 a 的值)赋予 b,这样就实现了 swap 函数中 a 和 b 的值的交换。也就是说,在同一个函数中可以使用这种方式交换变量的值,如例 6-2 的 main 函数所示。

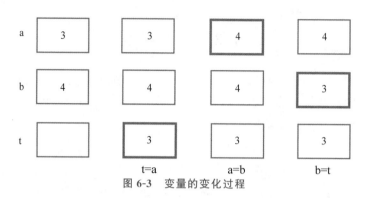

图 6-3 变量的变化过程

【例 6-2】 编写一个程序交换两个变量的值。

程序代码:

```
/*******************************************************************************
源程序名:D:\C_Example\6_Pointer\swapVariable02.c
功能:交换两个变量的值
输入数据:a=3, b=4
输出数据:a=4, b=3(交换成功)
*******************************************************************************/
int main()
{
    int a = 3,b=4;
    int t = a;
    a = b;
    b = t;
    printf("a = %d , b = %d \n",a,b);
}
```

使用 Dev-C++ 工具验证这个程序,程序运行结果如图 6-4 所示,可以看到实现了交换变量 a 和 b 的值的目标。

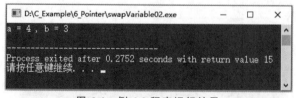

图 6-4 例 6-2 程序运行结果

然而,运行上面编写的例 6-1 程序并没有实现 x 和 y 的值的交换。重新审视这段没有达到预期目的代码,首先在 main 函数中声明了 x、y 两个变量,x 为 3,y 为 4。随后将实参 x 的值和 y 的值分别传递给 swap 函数的形参 a 和 b,在 swap 函数中实现了形参 a 和 b 的值的交换。这个过程如图 6-5 所示。

可以看到,x、y 的值被赋予 a、b。随后对 a、b 进行了交换,然而对 x 和 y 并无影响。这样就没有成功实现 x 和 y 的值的交换。参数 a、b 和 t 都是临时变量,会在退出 swap 函数后被销毁。举个例子,同学小张借了你的笔记抄了一遍,随后对自己抄的笔记进行了修改,他

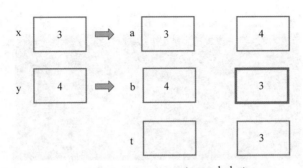

t=a; a=b; b=t;
图 6-5 swap 被调用的执行过程

虽然修改了自己的笔记,但是没有对你的笔记产生影响。这跟 swap 函数没有成功交换 x 和 y 两个变量的值如出一辙。

要想通过这个 swap 函数实现变量 x 和 y 的值的交换,就需要使用指针。在示意图中,一般把指针绘制成一个箭头,指向它所保存的内存地址所对应的变量。在程序中可以通过指针获取它所指向的变量的值。

指针既然是一个变量,就必然有大小。它的大小取决于地址的长度。在 32 位的计算机系统中,地址是 32 位,指针变量占用 4 字节的内存空间;在 64 位的计算机系统中,地址是 64 位,指针变量占用 8 字节的内存空间。

【例 6-3】 编写一个程序展示指针变量的定义和使用。

程序代码:

```
/********************************************************************
源程序名:D:\C_Example\6_Pointer\pointerVariable.c
功能:展示指针变量的定义和使用
输入数据:无
输出数据:见图 6-6
********************************************************************/
#include<stdio.h>
int main(){
    int a = 0x11223344;
    printf("the address of a=%x\n", &a);
    printf("the value of a=%x\n", a);
    int * b= &a;
    printf("the address of b=%x\n", &b);
    printf("the value of b=%x\n", b);
    printf("the value of  a=%x\n", * b);
    char * c = (char * ) &a;
    printf("the address of c=%x\n", c);
    printf("the value of c=%x\n", * c);
    * b = 0x55;
    printf("the value of a=%x\n",a);
}
```

使用 Dev-C++ 工具验证这个程序,程序运行结果如图 6-6 所示。

在上面这个例子中,a 是一个整型变量,值为 0x11223344,int * b 声明了 b 为一个整型

图 6-6　例 6-3 程序运行结果

的指针变量,随后通过取地址符号 & 获取了 a 的地址,将这个地址赋予 b。经过这步操作后,b 中就包含了 a 的地址,在示意图中会绘制一个 b 指向 a 的箭头。

在图 6-7 中,a 的值为 0x11223344,a 的地址为 0x0062fe14;b 作为一个指针也是一个变量,也有自己的地址,为 0x0062fe08,其值为 a 的地址 0x0062fe14。

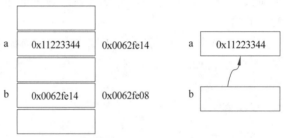

图 6-7　变量内存示意图(左)与简化画法(右)

图 6-8 是例 6-3 程序在 Dev-C++ 中调试的效果。首先编写好程序,随后在第 7 行双击 7,当前行变红,这样就添加了一个断点。单击工具栏中的对号图标开始调试,程序会停止在第 7 行,因为这里添加了一个断点。这个时候,可以将鼠标放在边梁上查看变量的值,也可以在左下角添加查看窗口,将 a 和 b 分别加入,可以看到,b 的值为 0x62fe14;a 的值是十进制 287454020,表示为十六进制就是 0x11223344。b 的值(a 的地址)因操作系统和编译器的不同而不同。如有兴趣,可自行在 Linux 下进行尝试,或使用 Visual Studio Code 进行尝试。

在 printf 中使用 *b 获取 b 指向变量 a 的值,使用%x 输出这个值的十六进制表示:11223344。可以看到,*b 可以当作 a 使用。

前面提到,b 是一个整型的变量。那么,既然指针是内存地址,为什么还要有类型? 这里需要思考一下 *b 这个取值操作,利用 b 中保存的地址从内存中获取值,那么,应该获取几字节呢? 单纯的地址是没有大小信息的,这时就需要指针类型,int * 表示取 4 字节,char * 表示取 1 字节,其他指针类型可根据数据类型类推。为了能清楚地表示这一点,例 6-3 程序中使用了 char * 指向 a。因为 a 是整型的,所以 &a 默认为 int *,如果直接赋值给 char * 会报错,所以这里通过(char *)进行了强制类型转换,这样指针 c 就指向了变量 a。如图 6-9 所示,指针 c 内存储的地址和指针 b 内存储的地址完全相同,都是 a 的地址,但在执行取值操作时得到的结果并不相同。

图 6-9 中 a 按照小端序存储数据,即先存低字节。b 和 c 同时指向 a 的起始地址,但因

图 6-8 在 Dev-C++ 中调试例 6-3 程序

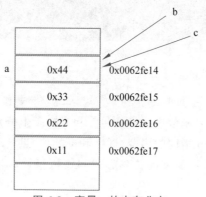

图 6-9 变量 a 的内存分布

为 b 和 c 的类型不同，所以取值操作 * b 和 * c 的结果不相同。例如，在如图 6-6 所示的程序运行结果中，第 4 行输出的 * b 的值与 a 的值相同，但第 7 行输出的是 44，只输出了整型变量的 4 字节中最低字节的值。

程序最后的 * b=0x55;可以对 * b 进行赋值，这样就修改了 a 的值。程序最后一行打印 a 的值，可以看到 a 的值确实被修改了。

有了以上这些关于指针使用的基础知识，下面就来看看如何编写 swap 函数以实现变量的值的交换。

【例 6-4】 编写一个函数交换两个变量的值。

程序代码：

```
/*********************************************************************
源程序名:D:\C_Example\6_Pointer\swapVariable03.c
功能:交换两个变量的值
输入数据:x=3, y=4
输出数据:x=4, y=3(交换成功)
*********************************************************************/
int swap(int * a, int * b)
{
    int t = * a;
    * a = * b;
    * b = t;
}
int main()
{
    int x= 3,y = 4;
    swap(&x, &y);
    printf("x=%d, y=%d\n",x,y);
}
```

使用 Dev-C++ 工具编辑、编译和运行这个程序，程序运行结果如图 6-10 所示。

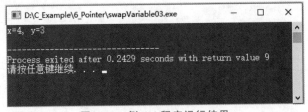

图 6-10　例 6-4 程序运行结果

可以看到，swap 函数的参数类型发生了变化，a 和 b 均为整型的指针。在 main 函数中使用取地址符号 & 获取了 a 和 b 的地址，换句话说，将 x 和 y 转变成了指针类型，传入 swap 函数中。这样，在 swap 函数中指针变量 a 和 b 实际上分别保存了变量 x 和 y 的地址。

在 swap 函数中对 a 和 b 指向的内容（即 x 和 y 的值）进行了交换，这样 x 和 y 的值就真正被交换了。这种参数为指针类型的传参方式叫作传指针，与之相对应的例 6-1 程序中的传参方式叫作传值。

传值方式会对变量的值进行复制，修改形参的值并不影响实参的值。而传指针方式并没有进行值的复制，只对内存地址进行了复制，所以 swap 函数中的形参 a 和 b 这两个指针就分别指向了 x 和 y 这两个变量。对 * a 进行复制就可以修改 x 的值，同理 y 的值也可以被修改。

关于指针的使用总结如下：

（1）可以使用 & 运算符取地址赋给指针。

（2）可以用 ＊ 实现取值或者赋值操作，就是将指针类型转变成类似变量的方式访问。例如，＊b 放在赋值符右侧可以取出值，放在赋值符左侧可以对指针指向的变量的值进行赋值。

（3）函数的参数可以是指针类型，在函数内部可以修改外部变量的值。如果是传值方式，修改局部变量的值不影响实参的值。

◆ 6.3 数据输入和输出

数据输入
和输出

在前面的所有例子中，需要使用的数据全部是在程序中写死的，这种程序只能输出不能输入，并不具备多大的实用价值，它们的价值只是便于读者理解 C 语言的语法以及学习简单的算法。计算机最根本的功能还是计算，计算需要数据，数据通过输入获得，计算机对数据进行运算，将结果输出，这是一个完整的流程。举个例子，你的妈妈给你 20 块钱让你去买醋，你买到了醋，拿回来。对于你的妈妈来说，她给你输入了 20 块钱，你输出了一瓶醋。

数据输入这么重要的内容为什么到现在才讲呢？这是因为在 C 语言中使用最广泛的数据输入函数 scanf 需要用到指针的知识。

下面给出一个简单的演示，输入两个整数并输出它们的和。

【例 6-5】 编写一个程序实现输入两个整数并输出它们的和。

程序代码：

```
/***********************************************************************
源程序名:D:\C_Example\6_Pointer\addTwoData01.c
功能:输入两个整数并输出它们的和
输入数据:a, b
输出数据:a+b
***********************************************************************/
#include<stdio.h>
int main()
{
    int a,b;
    scanf("%d%d",&a,&b);
    printf("%d",a+b);
}
```

使用 Dev-C++ 工具编辑、编译和运行这个程序，程序运行结果如图 6-11 所示。

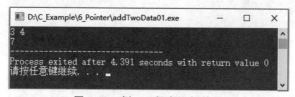

图 6-11 例 6-5 程序运行结果

可以看到，scanf 函数和 printf 函数的使用格式非常相似。scanf 函数的第一个参数是格式化字符串，第二个参数是要输入或者输出的变量。参数"%d%d"表示输入整数，在实

际输入时可以通过回车键、空格键、Tab 键将输入的两个整数分隔开。例如输入

```
3 4
```

scanf 函数会将 3 赋予 a,将 4 赋予 b,赋值采用传指针的参数传递方式,也叫地址传递方式,否则无法给 a 和 b 赋值。

除了函数的参数传递以外,还有一种传递值的方式,那就是返回值。然而在 C 语言中,函数只能返回一个值,不能返回两个或者两个以上的值,所以只能通过这种指针传递的方式实现两个或两个以上的值的传递,这种参数通常被称作传出参数。

有一些高级语言可以返回两个或两个以上的参数,此时类似 swap 这种交换函数的实现就变得非常简单。例如下面这段用 Python 语言实现的代码:

```python
def swap(a,b):
return b,a
x = 1
y = 2
x,y = swap(x,y)
print(x,y)
```

代码中使用 def 声明了 swap 函数,传入了 a 和 b,返回了 b 和 a。将顺序颠倒了一下传出,使用 x、y 进行接收。这样 x 和 y 就被成功交换了。上述代码还有更简洁的写法:

```python
x,y = y,x
```

那么为什么不直接学 Python,而要先学 C 语言呢?确实可以直接学 Python 语言,但直接学 Python 语言无助于真正理解计算机底层的实现逻辑。作为未来的计算机专业人员,C 语言还是必须掌握的。

值得一提的是 scanf 中的两个 %d 之间并无间隔,也没有其他额外的输出,那么是否可以加间隔和其他提示符呢?试试下面的例子。

【例 6-6】 编写一个程序实现两个数的输入和输出。

程序代码:

```c
/*******************************************************************
源程序名:D:\C_Example\6_Pointer\addTwoData02.c
功能:输入两个整数并输出它们
输入数据:a, b
输出数据:a+b
*******************************************************************/
#include<stdio.h>
int main()
{
    int a,b;
    scanf("a=%d,b=%d",&a, &b);
    printf("%d,a+b);
}
```

使用 Dev-C++ 工具编辑、编译和运行这个程序，以"11 22"的形式输入数据，程序运行结果如图 6-12 所示，没有将正确的数据输入给 a 和 b。给 a 和 b 输入其他数据，程序运行结果是不是一样呢？

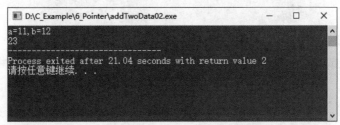

图 6-12 例 6-6 程序输入"11 22"后的运行结果

所以使用 scanf 函数的第一条准则是不要在该函数的第一个参数中放任何额外的东西，否则在输入数据时会给自己带来麻烦。例如，如果要使例 6-6 的程序中的 a 取得 11 的值，b 取得 22 的值，就应该以如图 6-13 所示的方式输入数据，即通过键盘输入"a＝11，b＝22"。

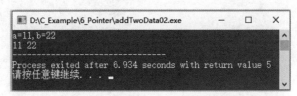

图 6-13 例 6-6 程序输入"a＝11，b＝22"后的运行结果

例 6-6 的程序在运行过程中需要输入和输出数据时没有任何提示，会让人感到困惑。如果想在程序中对要输入和输出的数据进行合适的提示，常用的方法是借助 printf 函数。

【例 6-7】 编写一个程序实现输入两个整数并输出它们的和。

程序代码：

```
/********************************************************************
源程序名:D:\C_Example\6_Pointer\addTwoData03.c
功能:输入两个整数并输出它们的和
输入数据:a, b
输出数据:a+b
********************************************************************/
#include<stdio.h>
int main()
{
    int a,b;
    printf("请输入两个以空格或者英文逗号分开的整数:");
    scanf("%d%d",&a,&b);
    printf("a+b=%d",a+b);
}
```

使用 Dev-C++ 工具编辑、编译和运行这个程序，程序运行结果如图 6-14 所示。

276

图 6-14　例 6-7 程序运行结果

与 printf 函数类似,scanf 函数除了读取整数以外,还可以读取其他类型的变量,例如下面的代码:

```
int a;
char c;
float f,t;
double d;
long g;                    //长整型也是 4 字节
long long gg;              //真正 8 字节的长整型
scanf("%d",&a);            //以十进制方式读取,如输入 3344
scanf("%x",&a);            //以十六进制方式读取,如输入 aa66
scanf("%c",&c);            //读取一个字符,如输入 a
scanf("%f",&f);            //读取一个浮点型值
scanf("%lf",&d);           //读取一个双精度浮点型值
scanf("%d",&g);            //读取一个长整型值
scanf("%lld",&gg);         //读取一个 8 字节长整型值
scanf("%f%f",&f,&t);       //读取两个浮点型值
```

上面对 scanf 函数和 printf 函数的使用进行了最基本的介绍。如果想对它们有更深入的了解,可以查阅有关资料进行自学。

◇ 6.4　使用指针的利与弊

使用指针的利和弊

指针既是天使也是恶魔。说指针是天使,是因为它有时候对于程序设计非常便利;说它是恶魔,是因为如果不能正确使用指针,它就会带来大麻烦,而且出现的问题往往难以排查,例如下面的例子。

【例 6-8】　编写一个程序演示指针使用不当的情况。

程序代码:

```
/********************************************************************
源程序名:D:\C_Example\6_Pointer\errorPointerUse.c
功能:演示指针使用不当的情况
输入数据:无
输出数据:见图 6-15
********************************************************************/
#include<stdio.h>
int main()
{
    int a = 0;
    char c = 'A';
    int * p = (int * )&c;
    * p = 0xaabbccdd;
```

```
        printf("a=%x\n",a);
        printf("addr_a = %x, addr_c= %x",&a,&c);
}
```

使用 Dev-C++ 工具编辑、编译和运行这个程序,程序运行结果如图 6-15 所示。

图 6-15　例 6-8 程序运行结果

分析一下这个程序的运行情况。a 的初始值为 0,程序中没有修改 a 的值的语句,但输出的 a 的值却变成了 aabbcc。以 %x 方式输出 &a 和 &c,可以打印出 a 和 c 的地址。可以看到,c 的地址为 62fe13,而 a 的地址为 62fe14,两者相邻,如图 6-16 所示。

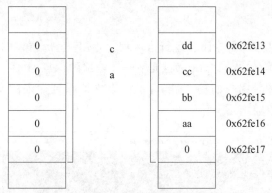

图 6-16　变量 a 和 c 赋值前后的内存分布

使用整型指针 p 指向 c,并对其赋值为 0xaabbccdd,那么 0xdd 会被赋予 c,但 0xaabbcc 这 3 字节的数据就溢出到 a 的存储空间中,将与它相邻的 a 变量修改了,所以输出的 a 的结果为 aabbcc。

这种错误在代码检查中很难被发现,但是会给程序带来很大的危害。航天集团的一家企业有一条奇怪的代码规范:除了文件管理操作以外,其他的程序源代码禁止使用指针。禁止使用指针在某些情况下会带来很大的性能开销,但对于航空航天这种可靠性要求极高的场景,做出禁用指针的规定是有必要的。

◆ 6.5　读 取 字 符

读取字符

除数据输入函数 scanf 外,C 语言也提供其他的数据输入函数,如读取字符的函数 getch 和 getchar。getch 函数读取一个字符但不回显,也就是按键输入的任何字符在屏幕上都看不到。getchar 函数则提供回显,但字符输入完成后需要按回车键才会真正被读入。

【例 6-9】 编写一个程序检验 getch 和 getchar 函数的用法。

程序代码:

```
/**********************************************************************
源程序名:D:\C_Example\6_Pointer\inputChar.c
功能:检验 getch 和 getchar 函数的用法
输入数据: a  b
输出数据:见图 6-17
**********************************************************************/
#include<stdio.h>
#include<conio.h>
int main()
{
    char ch = getch();
    printf("you input %c\n",ch);
    ch = getchar();
    printf("%c\n",ch);
    return 0;
}
```

使用 Dev-C++ 工具编辑、编译和运行这个程序,程序运行结果如图 6-17 所示。程序启动后输入字符 a,程序显示 you input a,这是 printf 输出的信息,并不是回显。随后输入 b 并按回车键,可以看到,随着用户的输入,屏幕上可以立即看到输入的字符 b,这就是回显,随后程序使用 printf 函数输出了 b。

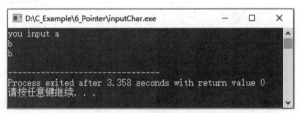

图 6-17　例 6-9 程序运行结果

除了上面介绍的输入字符的函数外,C 语言还提供了输入字符串的 gets 函数,但因为该函数涉及尚未介绍的内容,所以后面再介绍它。

◇ 6.6　鸿蒙 OS C 语言设备开发实验:读取按钮状态

6.6.1　读取按钮状态实验设备

按钮是各种电器中常见的输入部件。按钮不是都设在外面,也有的是隐藏的,像有些扫地机器人的碰撞检测装置就是一种按键式开关,由一个塑料壳内加一个按钮构成。虽然按钮外观各式各样,但本质上都是按钮。

按钮的电气工作原理很简单,一般的按钮按下时导通,松开时断开。也有带锁定装置的按钮,按一次锁定,再按一次松开,这种锁定功能可以用软件实现。因为带有锁定功能的按钮成本更高,所以不带锁定功能的按钮较为常见。

如图 6-18 所示,在 Bossay 核心板上有两个按钮,一个是复位按钮,另一个则可以用于本例读取按钮状态的实验。因此本实验只需要 Bossay 核心板即可,不需要扩展板。

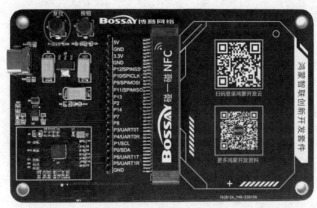

图 6-18　Bossay 核心板上的复位按钮和一般按钮

实验时将 Bossay 核心板与计算机连接,使用 HiBurn 烧写固件,并通过串口调试器观察 Bossay 核心板的输出。

本实验只给出了读取按钮状态程序的源码 BUTTON.c。读者可参考第 3～5 章的鸿蒙 OS C 语言设备开发实验,自己建立读取按钮状态项目进行实验。也可以参考第 2 章的方法,将程序的源码 BUTTON.c 利用编译网页生成目标代码进行实验。

6.6.2　读取按钮状态实验程序源码

读取按钮
状态实验
程序源码

【例 6-10】　使用 Bossay 核心板进行读取按钮状态实验。

程序代码:

```
/**********************************************************************
源程序名:D:\C_Example\6_Pointer\BUTTON.c
功能:读取 Bossay 核心板按钮状态
输入数据:按下和松开 Bossay 核心板上的按钮
输出数据:按钮状态,如图 6-19 所示
**********************************************************************/
#include<stdio.h>
#include "ohos_init.h"
#include "iot_gpio.h"
#include "iot_gpio_ex.h"
#define BUTTON_GPIO 14
/*
 * 这是基于轮询方式的按钮处理
 */
void button(void* args)
{
  printf("button thread running...");
  IoTGpioInit(BUTTON_GPIO);
  IoTGpioSetDir(BUTTON_GPIO,IOT_GPIO_DIR_IN);
  IoTGpioSetPull(BUTTON_GPIO,IOT_GPIO_PULL_UP);
```

```
IoTGpioSetFunc(BUTTON_GPIO,IOT_GPIO_FUNC_GPIO_14_GPIO);

int v;

while(1)
{
  IoTGpioGetInputVal(BUTTON_GPIO,&v);
  printf("read data 0x%x \n",v);
  usleep(200 * 1000);
}
}
APP_FEATURE_INIT(button);
```

参照第 2 章网页编译的方法,将源程序 BUTTON.c 的代码复制到网页中进行编译,生成可执行目标代码;也可以参照第 3 章的方法,利用 Visual Studio Code 的 DevEco 工具建立读取按钮状态项目 BUTTON,编辑程序代码,编译生成可执行目标代码。然后使用 USB-Type 数据线连接计算机和开发实验板,利用 HiBurn 工具将可执行目标代码烧录到开发实验板上,按下复位按钮运行读取按钮状态程序,在运行该程序的同时打开 QCOM 程序,设置 QCOM 的 COM 通信端口参数,如图 6-19 所示,然后单击 Open Port 按钮,测试按下和松开开发实验板上的按钮时的数据。QCOM 程序读取的按钮状态如图 6-19 所示。

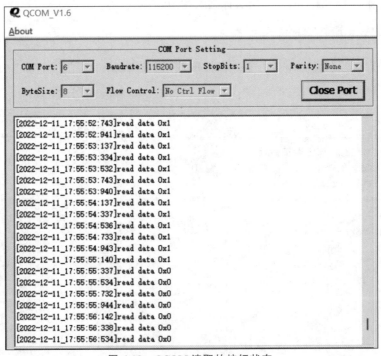

图 6-19　QCOM 读取的按钮状态

6.6.3　读取按钮状态实验工作原理

Bossay 核心板上 Hi3861 主控芯片的 GPIO14 引脚与该按钮相连,如果想获取按钮的

读取按钮
状态实验
工作原理

状态,必须使用图 6-20 所示的电路将按钮的联通状态转换成电平状态。

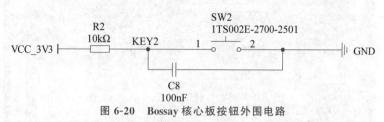

图 6-20　Bossay 核心板按钮外围电路

电路中 KEY2 与 Hi3861 主控芯片的 GPIO14 引脚相连(图 6-20 中未画出)。当按钮 SW2 未被按下时,VCC_3V3 和 KEY2 之间没有电流,KEY2 的电压为 3.3V;当按钮 SW2 按下时,KEY2 和 GND 直接导通,电压为 0。这样,按钮按下和松开时 KEY2 分别处于低电平和高电平两种状态。使用程序代码读取 GPIO14 的值,即可得知按钮的按下和松开状态。

这种将芯片引脚通过一个电阻(这里是 10kΩ)和高电平相连的方式称为上拉,该电阻称为上拉电阻。这种连接方式保证了芯片引脚和其他部分没有连通时为高电平。相应地,如果芯片引脚通过一个电阻和地(GND)相连,就称为下拉。一般单片机内部都设计了实现上拉和下拉的电路,使用时可以进行配置。

在进行程序设计时,首先对 GPIO14 引脚功能进行初始化,然后将引脚数据传输方向设置为 IOT_GPIO_DIR_IN,即输入,并使用 IoTGpioSetPull 函数进行上拉,将 14 端口的功能设置为 GPIO 端口。实际上,因为外部硬件包含了上拉电路,所以设置内部上拉的 IoTGpioSetPull 语句可以省略;如果没有外部上拉电路,这里就必须设定为上拉,不然按钮会出现读数不稳定的状态。

实验中,先将代码写好,然后进行编译,将编译得到的可执行二进制 bin 代码烧录到开发实验板上。烧录后断开烧录软件 HiBurn 的连接,使用串口调试工具 QCOM 进行连接,QCOM 工具的参数设置如图 6-19 所示。按复位按钮重启开发实验板后,可以在 QCOM 中看到 read data 0x1 的字样。这时按下要测试状态的按钮,发现输出变为 read data 0x0 的字样,看到这样的结果,实验就成功了。

◆ 6.7　鸿蒙 OS C 语言设备开发实验:电子秤

6.7.1　电子秤实验设备

电子秤是日常生活和工业生产中常用的一种设备。本实验将实现一个简单的电子秤。

图 6-21 是本实验的核心板和扩展板。扩展板中有一个栅格状的器件,用不同力度下压,其电阻会发生改变,也就是说,本实验通过可变电阻工作原理实现一个电子秤。图 6-22 为其对应的原理图。

当电子秤上没有放置物体时,R5 的电阻值最小;在放置物体后,R5 的电阻值会随着重量的增加而增大,因为 R1 和 R5 会根据电阻值分压。当 R5 的电阻值增大时,GPIO13 上的电压就会增大。所以通过对电压值的观测就可以间接得知放置在电子秤上的物体的重量。

那么,如何读取 GPIO13 上的电压值呢? 读取按钮状态实验中通过 IoTGpioGetInputVal

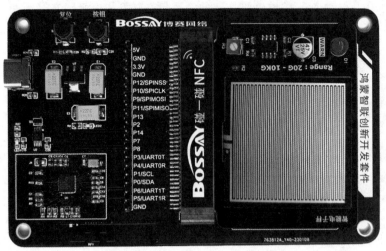

图 6-21　电子秤实验的核心板和扩展板

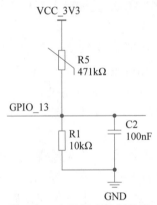

图 6-22　电子秤实验原理图

函数获取的结果非 0 即 1,也就是说读取的是数字量。而读取的电压值是模拟量。单片机读取模拟量并将它转换成一个数值的操作称为模数转换（Analog-to-Digital Conversion,ADC）。Hi3861 支持 7 路 ADC 的输入,分别是 GPIO12、GPIO04、GPIO05、GPIO07、GPIO09、GPIO11、GPIO13,对应模数转换 ADC0 到 ADC6。

　　本实验只给出了程序的源码 ESCALE.c,读者可参考第 3～5 章的鸿蒙 OS C 语言设备开发实验,自己建立电子秤项目进行实验。也可以参考第 2 章将程序的源码 ESCALE.c 使用网页编译生成目标代码进行实验。

6.7.2　电子秤实验程序源码

电子秤实验
程序源码

鸿蒙 OS 同样为 ADC 封装了一组函数,使用这些函数可以轻松实现模拟量的读取。

【例 6-11】　使用开发实验板实现一个电子秤。

程序代码:

```
/**********************************************************************
源程序名:D:\C_Example\6_Pointer\ESCALE.c
```

```
功能:实现一个电子秤
输入数据:无
输出数据:见图 6-23
**********************************************************************************/
#include<stdio.h>
#include "ohos_init.h"
#include "iot_gpio.h"
#include "iot_gpio_ex.h"
#include "iot_adc.h"
#define ADC_PIN 13
#define ADC_IDX 6
#ifndef IOT_SUCCESS
#define IOT_SUCCESS 0
#endif
void adc_entry()
{
  printf("pwm_entry called \n");
  IoTGpioInit(ADC_PIN);
  IoTGpioSetDir(ADC_PIN,IOT_GPIO_DIR_IN);
  IoTGpioSetFunc(ADC_PIN,IOT_GPIO_FUNC_GPIO_13_GPIO);
  while(1)
  {
    unsigned short data = 0;
    int ret = IoTAdcRead(ADC_IDX, &data, IOT_ADC_EQU_MODEL_1, IOT_ADC_CUR_BAIS_
DEFAULT, 0);
    if(ret == IOT_SUCCESS)
    {
      printf("read %d\n",(int)data);
    }else
    {
      printf("read error\n");
    }
    usleep(1000 * 1000);
  }
}
APP_FEATURE_INIT(adc_entry);
```

参照本书第 2 章网页编译的方法,将源程序 ESCALE.c 的代码复制到网页中进行编译,生成可执行目标代码;也可以参照第 3 章的方法,利用 Visual Studio Code 的 DevEco 工具建立电子秤项目 ESCALE,编辑程序代码,编译生成可执行目标代码。然后使用 USB-Type 数据线连接计算机和开发板,利用 HiBurn 工具将可执行目标代码烧录到开发实验板上,按下复位按钮运行电子秤程序,在运行程序的同时打开 QCOM 串口调试工具,设置 COM 通信参数,单击 Open Port 按钮,使用 QCOM 工具查看程序运行结果,如图 6-23 所示。程序运行时用手指按压开发实验板模拟称重的物体,可以看到在手指不同的按压力度下,采集到的数据会发生变化。

6.7.3 电子秤实验工作原理

本实验的硬件连接决定了 Hi3861 的引脚 GPIO13(即 ADC6)用来实现电子秤的数据

电子秤实验
工作原理

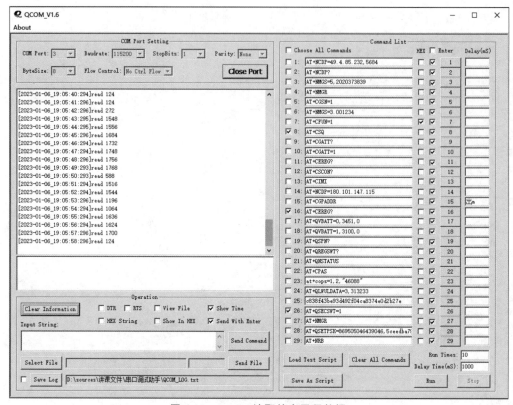

图 6-23　QCOM 读取的电子秤数据

采集输入。所以，首先对 13 号引脚进行初始化，随后将方向设为输入，将引脚功能设为 IOT_GPIO_FUNC_GPIO_13_GPIO，即 GPIO 端口。下面就是使用 IoTAdcRead 函数实现 ADC 数据读取。这个函数参数较多：第一个参数为 ADC 的下标，这里传入 6，因为 GPIO13 是 ADC6；第二个参数为一个指针，该函数会将读取的数据放到这个无符号短整型变量中；后面 3 个参数可暂不理会。

　　程序随后将读取的 ADC 数据输出到串口上。实验过程参照第 2 章的编辑、编译、烧录步骤和方法，然后使用 QCOM 观察输出。随后在开发实验板上电子秤区域放置物体或用手按压，可以看到串口输出的数值随着物体重量或手的按压力度的增加而逐渐减小。

　　本实验到这里已经实现了电子秤数据的读取和模数转换。至于如何将读取的串口输出数据转换为重量，下面提供一个如图 6-24 所示的思路，读者可以自行尝试实现。

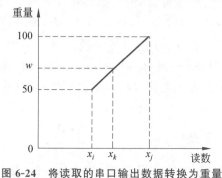

图 6-24　将读取的串口输出数据转换为重量

（1）取各种重量的砝码进行测试，例如取 20g、50g、100g、200g、500g、1kg、2kg、5kg、10kg，观察串口输出的数据并进行记录。

（2）将各种重量的砝码和采集到的相应数据的关系看成线性关系，得到一个分段线性函数。对于放置的未知重量的物体时采集到的测量值，可以利用这个线性函数计算物体的重量。例如，假设放置 50g 物体读取的数值为 x_j，放置 100g 物体读取的数值为 x_i。现在放了一个未知重量的物体，读取的数值为 x_k，则 x_k 在 x_i 和 x_j 之间，即 $x_i \leqslant x_k \leqslant x_j$。因为设计的电子秤保证 x_i 到 x_j 这一段读数对应重量关系为线性的，根据数学知识，可以得到式(6-1)。其中 x_i、x_j 和 x_k 都是读取的数值，这样物体的重量 w 就可以通过式(6-1)计算得到。

$$\frac{100-w}{x_j-x_k}=\frac{w-50}{x_k-x_i} \tag{6-1}$$

读者可以借鉴这个实验实现一个真正的电子秤。

6.8 习　题

一、单项选择题

1. int * p 的含义是（　　　）。

　　A. p 是一个指针，用来存放一个整型数

　　B. p 是一个整型变量

　　C. p 是一个指针，用来存放一个整型数据在内存中的地址

　　D. 以上都不对

2. 若有 int * p1; int x;，要使 p1 指向 x，（　　　）是正确的。

　　A. p1＝&x　　　　　B. * p1＝3　　　　C. p1＝x　　　　　D. p1＝* x

3. 下列函数（　　　）。

```
void Exchange(int * p1,int * p2)
{
    int p;
    p= * p1; * p1= * p2; * p2=p;
}
```

　　A. 用于交换 * p1 和 * p2 的值　　　　B. 正确，但无法改变 * p1 和 * p2 的值

　　C. 用于交换 * p1 和 * p2 的地址　　　D. 运行错误

4. 下列函数中能够对主调函数中的数据实现交换功能的是（　　　）。

　　A. void Exchange(int x,int y)　　　 {int t;t=x;x=y;y=t;}

　　B. void Exchange(int * x,int * y)　 {int * t;t=x;x=y;y=t;}

　　C. void Exchange(int * x,int * y)　 {int t;t= * x; * x= * y; * y=t;}

　　D. void Exchange(int x,int y)　　　 {int * t;t=x;x=y;y=t;}

5. 有函数原型 void fun(int *);，正确的调用是（　　　）。

　　A. double x = 2.17;　 fun(&x);　　　　B. int a = 15;　 fun(a * 3.14);

　　C. int b = 100;　 fun(&b);　　　　　　D. fun(256);

6. 若有定义 int i,j=2, * p=&j;，则与 i=j 功能等价的语句是（　　　）。

    A. j= * p;   B. p=&i;   C. i= * p;   D. i=**p;

7. 下面的语句输出的结果是(　　)。

```
printf("%d\n",NULL);
```

    A. 结果不确定   B. 0   C. −1   D. 1

8. 下面的程序输出的结果是(　　)。

```
#include<stdio.h>
void fun(int x,int y,int * p)
{
  * p = y-x;
}
int main()
{
  int a,b,c;
  fun(10,5,&a);
  fun(7,a,&b);
  fun(a,b,&c);
  printf("%d %d %d",a,b,c);
}
```

    A. 5 2 4   B. -5 -12 -7   C. -5 -12 -17   D. 5 -2 -7

9. 下面的程序输出的结果是(　　)。

```
#include<stdio.h>
void fun(int * x)
{
  printf("%d\n", ++ * x);
}
int main()
{
  int a=25;
  fun(&a);
}
```

    A. 23   B. 24   C. 25   D. 26

10. 下面的程序输出的结果是(　　)。

```
#include<stdio.h>
void fun(double * a,double * b)
{
  double w;
  * a = * a+ * a;
  w = * a;
  * a = * b;
  * b = w;
}
```

```
int main()
{
  double x = 2, y = 3, * px = &x, * py = &y;
  fun(px,py);
  printf("%2.0f,%2.0f\n",x,y);
}
```

A. 4,3   B. 2,3   C. 3,4   D. 3,2

二、判断对错题

1. 按照 C 语言的规定,在参数传递过程中,既可以将实参的值传递给形参,也可以将形参的值传递给实参,这种参数传递是双向的。   ( )

2. 指针变量可以存放数值、字符等内容。   ( )

3. 两个相同类型的指针可以用关系运算符比较大小。   ( )

4. 函数的实参传递给形参有两种方式:值传递和地址传递。   ( )

三、编程题

1. 编写一个程序,用一个函数读取两个数 a 和 b,并以传递参数方式返回。函数声明如下:

```
int read2(int * a,int * b);
```

2. 编写一个程序,用一个函数将传入的两个浮点数的和、差以传递参数的方式传出。函数声明如下:

```
int compute(int a,int b,int * sum,int * sub);
```

3. 编写一个程序,用一个函数将传入的 3 个整数中的最大值和最小值返回。函数声明如下:

```
int max_min(int a,int b,int c,int * max,int * min);
```

4. 编写一个程序,用一个函数将传入的 3 个整数按从小到大排序并以形参返回。函数声明如下:

```
void order(int * a,int * b,int * c);
```

5. 编写一个程序,打印局部变量 a 和 b 的地址,并观察它们的值的关系。函数声明如下:

```
int main()
{
  int a,b;
  //todo
}
```

四、实验题

1. 设计程序，实现 Bossay 开发实验板按下按钮 LED 灯点亮，松开按钮 LED 灯熄灭的功能。

2. 设计程序，实现 Bossay 开发实验板按下按钮 LED 灯点亮，再单击按钮 LED 灯熄灭的功能。

3. 设计程序，完善本章电子秤实验，按照 6.7.3 节提供的原理实现物体重量输出。

第 7 章

数 组

本章主要内容：

(1) 一维数组和二维数组。

(2) 指向数组的指针。

(3) 均值滤波算法。

(4) 有序数组。

(5) 选择排序。

(6) 动态内存。

(7) 点阵显示。

变量是存储数据的载体。一个程序如果有 3 个数据需要存储，需要定义 3 个变量；如果有 10 个数据需要存储，需要定义 10 个变量。如果要存储 10 000 个数据，岂不是要定义 10 000 个变量？那么，有什么办法可以存储大量数据吗？自然是有的。一个整型数据 4 字节，如果要存储 10 000 个整数，可以用一个连续的 40 000 字节存储，给它们取一个统一的名字，例如 a，并给每个元素一个整数编号，开始的 4 字节可以记为 $a[0]$，随后的 4 字节可以记为 $a[1]$，以此类推。如图 7-1 所示，这种在 C 语言中使用连续内存空间存储同一种类型数据的存储方式称为数组。

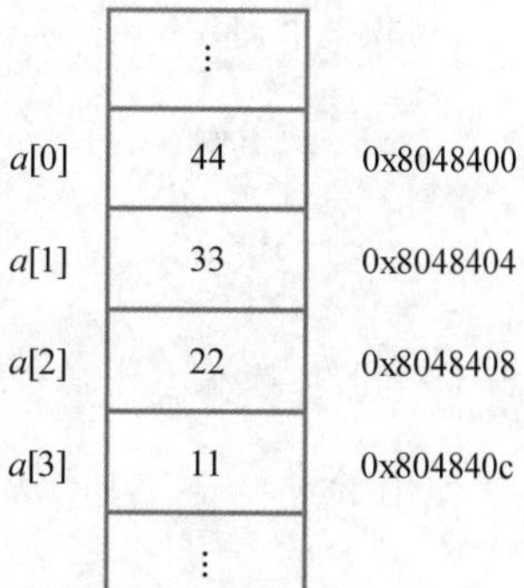

	⋮	
$a[0]$	44	0x8048400
$a[1]$	33	0x8048404
$a[2]$	22	0x8048408
$a[3]$	11	0x804840c
	⋮	

图 7-1　数组在内存中的存储方式

假设数组 a 的地址是 0x8048400，那么数组的第一个元素 $a[0]$ 的地址也是 0x8048400，$a[1]$ 的地址是 0x8048404。同理可以推导出第 i 个元素的地址的一般公式：

$$a[i] \text{的地址} = a[0] \text{的地址} + i \times \text{每个元素的大小}$$

在 C 语言中，数组元素的下标从 0 开始；但在有的编程语言（如 BASIC）中，数据元素的下标是从 1 开始的，这个时候数组元素地址计算公式就稍有不同。不过无须自行推导公式，编程语言会做这件事。下标最大为数组长度减 1。例如，某一数组长度为 10，则该数组元素的下标范围为 0~9。

在使用数组变量时，只需要用数组名加上用方括号括起来的下标的形式即可访问数组中的元素，如 $a[3]$。下面通过例子介绍一维数组的定义和使用。

7.1 一维数组

一维数组的
定义和使用

7.1.1 一维数组的定义和使用

【例 7-1】 编程定义一个数组，输出数组中的内容。

程序代码：

```
/******************************************************************
源程序名:D:\C_Example\7_Array\arrayData.c
功能:定义一个数组,输出数组中的内容
输入数据:无
输出数据:见图7-2
******************************************************************/
#include<stdio.h>
int main()
{
  int a[10]={1,3,5,7,9,11,13,15,17,19};
  int i;
  for(i=0;i<10;i++)
  {
    printf("%d ",a[i]);
  }
  printf("\n");
  for(i=9;i>=0;i--)
  {
    printf("%d",a[i]);
  }
  printf("\n");
  return 0;
}
```

使用 Dev-C++ 工具编辑、编译和运行这个程序，程序运行结果如图 7-2 所示。

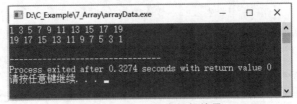

图 7-2 例 7-1 程序运行结果

本例首先声明了一个整型数组 a，并给数组 a 中的每个元素赋予了初始值。在 C 语言中可以只声明数组而不给数组元素赋予初始值。例如，下列语句声明了一个长度为 10 的整型数组 a，可以知道该数组占用 40 字节。

```
int a[10];
```

每个数组都有一个类型，指明数组类型的目的是确定数组中每个元素的大小。方括号中的 10 用于定义数组中的元素个数,通常称为数组大小或数组长度。

定义数组时可以同时给出数组元素的初始值,如下面的例子所示:

```
int x[3] = {1,2,3};
int y[4] = {1};
int z[2] = {1,2,3};          //此行报错: too many initializers for 'int [2]'
```

在上面定义的 3 个数组中,x 是长度为 3 的整型数组,后面用花括号给出了初始值,其意义为:x[0]为 1,x[1]为 2,x[2]为 3。y 是长度为 4 的整型数组,但随后的花括号中只给出了一个初始值,表明 y[0]的值为 1,其他 3 个元素没有初始值。这种情况下,其他没有给定初始值的数组元素默认值为 0。关于 z 数组的例子是一个错误的定义,等号左面指出 z 包含两个元素,但等号右面给出了 3 个初始值,这样就会报"太多的初始值"错误。也就是说,初始值的个数可以等于数组大小,也可以小于数组大小(不足的自动填 0),但不能大于数组长度。

```
int m[4] ;
m = {3,4,5,6};              //错误,只能在声明时使用花括号初始化
```

上面关于 m 数组的声明也是错的。先声明数组,后给出数组元素的初始值,这在 C 语言中是不允许的。

在存在初始值的情况下,可以不指明数组的长度。这时数组长度由初始值的个数确定。例如,下面定义的数组 n 的长度为 3。

```
int n[] = {3,4,5};
```

如果不给数组任何初始值,那么数组中每个元素的值就是不确定的。计算机会给整个数组分配内存,但并不对数组占据的内存空间进行清理,如果这个内存空间本身有上次使用后的残留数据,那么这个数据还在。因此,在使用数组时尤其要注意数组的初始化。

【例 7-2】　编程定义一个数组,输出数组占据的内存空间中的残留数据。
程序代码:

```
/*******************************************************************************
源程序名:D:\C_Example\7_Array\arrayRemainData.c
功能:定义一个数组,输出数组占据的内存空间中的残留内容
输入数据:无
输出数据:见图 7-3
*******************************************************************************/
#include<stdio.h>
int demo()
{
    int a[4];
    printf("a[0]address:%x;\n",&a[0]);
    printf("a[1]address:%x;\n",&a[1]);
    printf("a[2]address:%x;\n",&a[2]);
    printf("a[3]address:%x;\n",&a[3]);
```

```
    printf("%08x %08x %08x %08x",a[0],a[1],a[2],a[3]);
}
int main()
{
    demo();
}
```

使用 Dev-C++ 工具编辑、编译和运行这个程序,程序运行结果如图 7-3 所示。

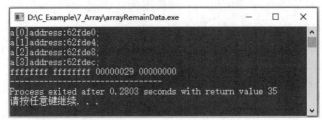

图 7-3　例 7-2 程序运行结果

每个人做实验的时候或许会得到不同的结果,但道理是一样的。所以数组一定要初始化后再使用,否则会导致错误。另外,图 7-3 所示的程序执行结果也展示了数组元素在内存中的存储情况。

初始化并非一定要在数组声明时进行,还可以通过循环的方法对数组元素赋值,示例如下:

```
int a[10];
int b[10];
for(int i=0;i<10;i++)
{
    a[i] = i;
}
```

a[i]的值被初始化为 i,通过一个循环对 a 中每个元素的值进行了初始化。

```
for(int i=0;i<10;i++)
{
    scanf("%d",&b[i]);
}
```

b[i]通过 scanf 函数读取键盘的输入进行了初始化。

从上面的例子还可以看出,数组元素 a[i]被当作一般的整型变量使用,而实际上也确实如此,可以用数组名配合下标表示一个变量。

7.1.2　计算数组元素的均值

对于求数据均值这个任务,程序需要知道数据的个数和每个数据的值,这往往依赖于读取。计算均值要求出数据的和,这里可以直接累加而不使用数组。但为了后续求方差方便,在下面的例子中使用数组存储用户输入的数据。

【例 7-3】 设计一个程序,求任意 n 个整数的均值。
程序代码:

```
/****************************************************************************
源程序名:D:\C_Example\7_Array\arrayAverageData.c
功能:求任意 n 个整数的均值
输入数据:数组大小和数组元素的值
输出数据:见图 7-4
****************************************************************************/
#include<stdio.h>
int read(int * a,int len)
{
    int c;
    int i;
    printf("请输入数组元素个数:");
    scanf("%d",&c);
    if(c > len)
    {
        printf("数组太大,处理不了\n");
        return -1;
    }
    for(i=0;i<c;i++)
    {
        printf("请输入第%d数组元素的值:",i+1);
        scanf("%d",&a[i]);
    }
}
void print(int * a,int c)
{
    int i;
    for(i=0;i<c;i++)
    {
        printf("%d ",a[i]);
    }
    printf("\n");
}
double mean(int * a,int c)
{
    int sum;
    int i;
    for(i=0;i<c;i++)
    {
        sum+=a[i];
    }
    return sum * 1.0/c;
}
int main()
{
    int a[100];
```

```
    int c = read(a,100);
    print(a,c);
    double m = mean(a,c);
    printf("average = %lf\n",m);
}
```

使用 Dev-C++ 工具编辑、编译和运行这个程序，程序运行结果如图 7-4 所示。

图 7-4　例 7-3 程序运行结果

这个例子略长，但它结构清晰。阅读分析 C 语言程序代码一般从 main 函数开始。本例 main 函数中首先声明了一个长度为 100 的数组，然后使用 read 函数从键盘读取了这个数组的大小和每个数组元素的值，调用 print 函数输出了这个数组每个元素的值，调用 mean 函数求出了数组元素的均值，最后调用 printf 函数输出了这个均值。

下面逐一分析每个函数的实现。read 函数有两个参数：第一个为指针类型；第二个为整型。在 main 函数中直接将数组 a 作为第一个参数，将数组的长度 100 作为第二个参数传入了。那么，C 语言不是要求形参和实参类型匹配吗？为什么可以将数组传递给指针使用？

这里就涉及数组名的本质了。数组名可以被看作常量指针，也就是不能被修改的指针，数组名本质上就是整个数组的首地址，也就是下标为 0 的数组元素的首字节地址。下面的例子会报错误，这是因为不能直接对数组 a 进行赋值，只能对数组元素 a[i] 进行赋值。但最后一句用指针 p 指向数组 a 则是可以的。

```
int a[10];
int b[10];
a = b;                      //报错：assignment to expression with array type
int * p = a;                //正确
```

因为指针和数组名本质上是一个东西，里面保存的都是地址，所以可以使用访问数组的方括号访问指针。学习计算机语言时通过写一段小程序验证语法特性是不二法门。

```
int a = 1;
int * p = &a;
printf("%d\n",p[0]);
```

上面这段代码可以正常输出 a 的值 1。回到例 7-3。read 函数的参数类型为 int *，传入数组和数组的长度。在 read 函数中输出提示，从键盘输入读取数组长度，随后从键盘输入每个元素的值,read 函数返回元素个数。在 main 函数中用一个名为 c 的变量接收返回值。在调用 print 函数和 mean 函数时,都将数组长度和数组元素的个数传入,这是一个数组传参的常用做法。数组的长度通常和数组元素的个数不一致,这就像上课的教室有 60 个座位,但只坐了 52 个同学。

下面看一下 scanf 函数。首先 a 是一个指针,a[i]是一个整型变量,&a[i]又变为一个指针。所以,这种写法等价为 a+i。其中,a 是指针;i 是整数,表示指针向后移动 i 个数组元素。每个数组元素的大小由类型确定,整型的指针对应每个数组元素占用 4 字节的存储单元。

```
scanf("%d",&a[i]);
scanf("%d",a+i);                        //等价写法
```

在 read 函数中还对参数进行了检查,如果用户输入的元素个数大于数组长度则报错。访问数组越界会导致各种内存问题。如果只是读取内容还无伤大雅;如果修改越界内存的指针,那么就会出大问题。

一个长度为 10 的数组 a,它合理的下标是 0~9,下标 10 就越界了。

【例 7-4】 编程检验数组的越界问题。

程序代码:

```
/***************************************************************************
源程序名:D:\C_Example\7_Array\arrayDataOut.c
功能:检验数组的越界问题
输入数据:无
输出数据:见图 7-5
***************************************************************************/
int main()
{
    int a[4];
    int i;
    for(i=0;i<10;i++)
    {
        printf("a[%d] = %x\n",i,a[i]);
    }
    for(i=0;i<100;i++)
    {
        printf("a[%d] set\n",i);
        a[i] = 0xaa;
    }
}
```

使用 Dev-C++ 工具编辑、编译和运行这个程序,程序运行结果如图 7-5 所示。

可以看到,长度为 4 的数组输出到 a[9]也不会有问题;但是修改越界数据到 a[8]时,程序就死掉了。

可以看到 Process exited after 0.2623 seconds with return value 7 的信息。前面程序的运行结果一般显示 return value 20,这个值是什么值呢?再看下面的例子。

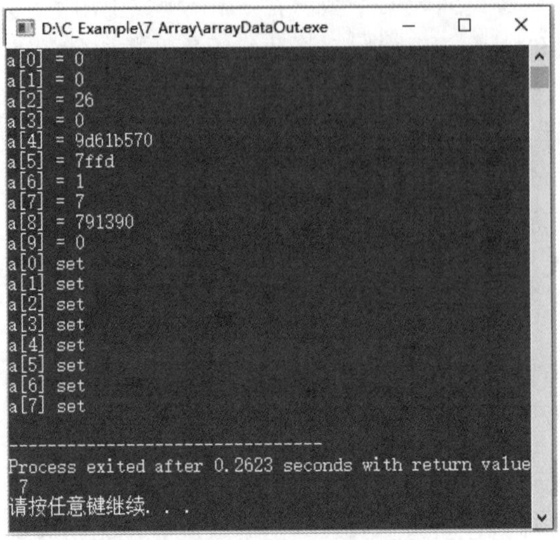

图 7-5　例 7-4 程序运行结果

【例 7-5】 返回值测试程序。

程序代码:

```
/***********************************************************************
源程序名:D:\C_Example\7_Array\returnValue.c
功能:函数返回值测试
输入数据:无
输出数据:见图 7-6
***********************************************************************/
int main(){
    return 100;
}
```

程序输出结果如图 7-6 所示,显示 return value 100,可以看到这就是 main 函数的返回值。main 函数是 C 语言程序的入口,它将返回值传给操作系统(当然,严格地讲,main 函数还要经过几层封装才会和操作系统交互,main 函数的调用者实际上是 C 语言函数库中的 _libc_start_main 函数)。

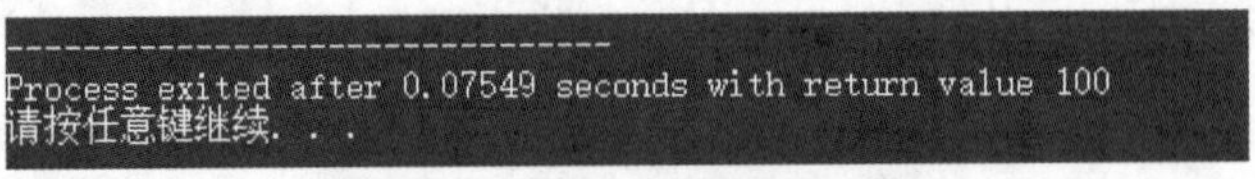

```
Process exited after 0.07549 seconds with return value 100
请按任意键继续. . .
```

图 7-6　例 7-5 程序运行结果

操作系统如果收到的是 0,表示程序是正常退出;如果收到非零值,则是异常退出。为什么这和 0 为假、非零为真的 C 语言的设定相违背呢? 因为程序成功执行只有一种情况,但错误有很多种情况,所以使用 0 这个特殊的数代表成功,而以非零作为错误码。

7.1.3　利用指针计算数组元素均值

下面的程序给出了均值函数的另一种实现。为了保持接口的统一,函数的名称、参数和返回值均与基于数组的函数保持一致。

利用指针
计算数组
元素均值

```
double mean(int * a,int c)
{
  int sum;
  int * last = a+c;
  while(a<last)
  {
    sum+= * a;
    a++;
  }
  return sum * 1.0/c;
}
```

首先,mean 函数中声明了一个名为 last 的指针,last 指针指向的最后存储空间的地址值为 a+c,其中,a 是一个指针类型的参数,c 是一个整数。a+c 的意思为得到指针从 a 数组首地址向后移动 c 个元素后的地址。a+c 这个操作并不修改 a 数组的地址值,只是表达式的值为运算后得到的地址。每个元素占用字节的大小由指针类型决定。例如,整型的指针加 1,指针内部的地址实际上增加了 4,因为一个整型为 4 字节。这里 last 设置为 a+c,然后使用 a<last 作为循环条件。循环内部使用 a++将指针后移一个元素。仔细分析会发现循环仍然执行 c 次。

循环内使用 * a 获取 a 指向的存储空间的值并将其累加到 sum 中。最后 sum 除以 c 得到均值。

值得一提的是,在函数内部修改参数的值是 C 语言程序中很常见的一个操作,上面例子里的 a 数组元素的值就被修改了。

7.1.4　均值滤波算法

均值滤波
算法

在开发鸿蒙 OS C 语言设备程序时,需要经常从传感器中读取数据,但由于噪声数据的干扰,如果直接使用这些数据会带来很多精度不足的问题,需要通过滤波的方式去除干扰。最常见的滤波方式就是均值滤波,也就是对相邻的 n 个检测数据求均值后以其作为检测结果。图 7-6 中展示的数据形成比较明显的正弦曲线,但不是完美的正弦曲线。如果要设计一个算法统计波峰的数量,对于一条完美的正弦曲线,可以用"前一个点<当前点"且"当前点>下一个点"的简单算法判断当前点是否为波峰。但是对于图 7-7 所示的带有干扰的正弦曲线,这种算法就不适合用,这时就需要进行滤波。例 7-6 的程序给出了一个滤波算法。

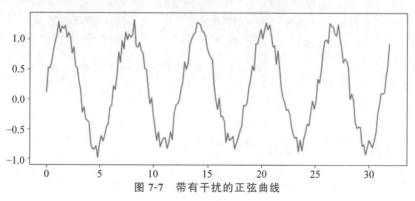

图 7-7　带有干扰的正弦曲线

【例 7-6】 均值滤波问题。

程序代码：

```
/*************************************************************************
源程序名:D:\C_Example\7_Array\averageDataFilter.c
功能:求最近 wsize 个点的均值,外界每读取一个值调用一次本函数
输入数据:
输出数据:均值滤波后的值,见图 7-8
*************************************************************************/
#include<stdio.h>
double win[30] = {0};                  //全局变量,用于计算均值的缓冲区数组
int win_idx = -1;                      //当前值的下标
double mean_filter(double x,int wsize)
{
  int i;
  double sum = 0;
  if(wsize > 30)
  { //如果超出缓冲区大小,不做任何操作,直接返回
    return x;
  }
  //首次执行,使用相同填充(same-padding)
  if(win_idx == -1)
  {
    for(i=0;i<wsize;i++)
    {
      win[i] = x;
    }
    win_idx = 0;
    return x;
  }
  win_idx = (win_idx+1)%30;
  win[win_idx] = x;
  for(i = 0;i< wsize;i++)
  { //此处可以不用优化
    sum += win[i];
  }
  return sum/wsize;
}
int main()
{
  //可以将配套资源中的 wave.txt 中的数据放到此处。这里仅列出前 6 个数据
  double data[] = {0.11446,0.52125,0.51534,0.62773,0.82171,0.95764};
  int i;
  int wsize = 5;                       //这个值控制平滑程度,可以根据需求调节
  int n = sizeof(data)/sizeof(double);
  for(i = 0;i<n;i++)
  {
    data[i] = mean_filter(data[i],wsize);
    printf("%lf ",data[i]);
  }
}
```

使用 Dev-C++ 工具编辑、编译和运行这个程序,程序运行结果如图 7-8 所示。

图 7-8　例 7-6 程序运行结果

程序中的 mean_filter 函数实现了均值滤波。它接收数值 x 和窗口大小 wsize 两个参数，返回经过滤波后的值。所谓窗口大小就是求均值的点的个数。程序中在 mean_filter 函数外声明了 win 和 win_idx 两个变量，这种在函数外声明的变量称为全局变量，它不会因为函数执行完成而销毁，而是在程序的整个运行过程中都存在。win 用来存储最近的 n 个点的数据，这里声明了一个足够大的空间 30 作为数组大小存储 n 个点的数据。如果 mean_filter 的 wsize 大于 30，就直接放弃均值滤波操作，原样返回。窗口大小的设置需要一些经验，当然也可以根据实验设定。那么，如果需要的窗口大小真的超过了 30 怎么办？一种方法是增大缓冲区；另一种方法是目前尚未介绍的技术——动态内存分配，这将在 7.3 节详细讨论。

mean_filter 函数的下一步操作是判断均值计算函数是否是第一次执行。如果是第一次执行，就用第一次的值对窗口中的全部数组元素进行赋值。为什么要这么操作呢？假设传入的数据序列全是 4，窗口大小是 4，按照正常理解，用均值处理后仍应是 4 的序列。然而，如果如表 7-1 所示不对边缘的数据进行处理，第一次做均值处理时的数据就是 {4,0,0,0}，那么结果是 $(4+0+0+0)/4=1$，这个值严重偏离了均值；第二次做均值处理时的数据是 {4,4,0,0}，均值为 2；第三个均值为 3，第四个均值为 4。如果进行了边缘填充，那么当接收到第一个数 4 后，缓冲区就变成了 {4,4,4,4}，输出为 4，接收到第二个数后输出也为 4，这就和期望的输出一致了。

表 7-1　不进行边缘填充时的均值

win 数　组	均　　值
4 0 0 0	1
4 4 0 0	2
4 4 4 0	3
4 4 4 4	4

后面的算法就简单了，将得到的参数 x 的值循环放入 win 数组中。如果输入的序列为 {1,2,3,4,5,6,7,8}，窗口大小为 4，那么缓冲区的值的变化过程如表 7-2 所示。

表 7-2　进行边缘填充时的数据

输　　入	win 数组	输　　入	win 数组
1	1 1 1 1	5	5 2 3 4
2	1 2 1 1	6	5 6 3 4
3	1 2 3 1	7	5 6 7 4
4	1 2 3 4	8	5 6 7 8

mean_filter 函数最后使用一个 for 循环对 win 数组中的数据求均值并返回。这个函数每来一个数据被调用一次。

main 函数中定义了一个 data 数组，这个数组为待处理的数据。图 7-7 所示的带有噪声的曲线中包含 200 个数据，但将 200 个数据列在代码中显得特别臃肿。目前又尚未介绍文件读写的知识，所以这里只列出了前 6 个数据。如果想做完整实验，可以从 wave.txt 中获取所有数据。

使用绘图工具对经过窗口大小为 5 的均值滤波后的数据进行绘图，得到如图 7-9 所示的正弦曲线。可以看到，此时曲线已经比较光滑了，现在想统计峰值的个数，就可以尝试用"前一个点＜当前点"且"当前点＞下一个点"的算法实现了。

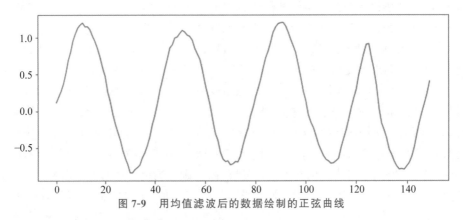

图 7-9 用均值滤波后的数据绘制的正弦曲线

当然，这个曲线仍有毛刺，可以扩大窗口再次尝试。

有序数组
插入算法

7.1.5 有序数组插入算法

假设有一个元素从小到大排列的数组，当插入一个新元素后，仍要保持数组元素从小到大的有序排列，就必须将这个新插入的元素放到合适的位置。例如，有一个数组为{1,3,5,6,8}，希望插入 4，就应该插入 3 和 5 之间，插入的结果是{1,3,4,5,6,8}，插入完成后仍然有序。下面的程序就实现了有序数组插入算法。

【例 7-7】 有序数组的数据插入问题。

程序代码：

```
/********************************************************************
源程序名:D:\C_Example\7_Array\orderArray.c
功能:插入数据到有序数组后仍保持有序
输入数据:无
输出数据:见图 7-10
********************************************************************/
#include<stdio.h>
void insert(int * a,int len,int x)
{
  int i;
  for(i= len-1;i>=0;i--)
  {
```

```
      if(a[i] <= x) break;
      a[i+1] = a[i];
    }
    a[i+1] = x;
}
void print(int * a,int len)
{
    int i;
    for( i=0;i<len;i++)
    {
        printf("%d ",a[i]);
    }
    printf("\n");
}
int main()
{
    int a[10] = {1,3,5,6,8};
    insert(a,5,4);
    print(a,6);
}
```

使用 Dev-C++ 工具编辑、编译和运行这个程序,程序运行结果如图 7-10 所示。

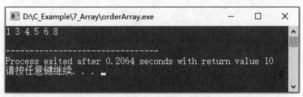

图 7-10 例 7-7 程序运行结果

程序中的 insert 函数实现了插入功能。有序数组插入算法的思路如图 7-11 所示,也就是将比待插入数据 x 大的元素向后移动,留出一个空位,将数据插入。

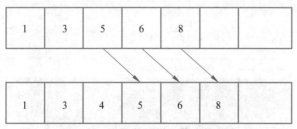

图 7-11 有序数组插入算法的思路

循环是从后向前执行的,i 初始值为存储最后一个数值的数组元素的下标,i 最小为 0。在循环体内,判断第 i 个元素 a[i] 是否小于待插入数据 x。如果 a[i] 小于 x,则无须后移,直接在 i+1 的位置插入数据即可;如果 a[i] 仍然大于 x,则需要后移 a[i] 至 a[i+1],并继续处理。

main 函数中数组 a 长度为 10,其中有 5 个元素。调用 insert 函数时将数组 a、现有元素个数 5 和待插入数据 4 传入。程序运行结果为{1,3,4,5,6,8},和预想的相同。

求最小值
算法

7.1.6 求最小值算法

求最小值就是在数组中找到最小的元素，与之类似的是求最大值。例 7-8 给出了求最小值算法。

【例 7-8】 求最小值算法。

程序代码：

```
/*************************************************************************
源程序名:D:\C_Example\7_Array\minArrayData.c
功能:求出数组中的最小值
输入数据:无
输出数据:最小值,见图 7-12
*************************************************************************/
#include<stdio.h>
int min(int * arr,int n)
{
  int i,min = 0;
  for(i = 1;i<n;i++)
  {
    if(arr[i] < arr[min])
      min = i;
  }
  return arr[min];
}
int main()
{
  int a[] = {3,7,6,5,2,1,4};
  printf("min = %d \n", min(a,7));
}
```

使用 Dev-C++ 工具编辑、编译和运行这个程序，程序运行结果如图 7-12 所示。

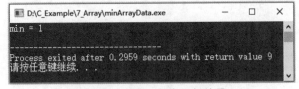

图 7-12 例 7-8 程序运行结果

函数 min 有两个参数，分别为数组指针 arr 和数组元素个数 n。首先假设第 0 个元素最小，声明局部变量 min 保存最小值所在的下标 0。然后利用循环逐个向后扫描，如果遇到比 arr[min] 更小的 arr[i]，就将 min 设置为新的值 i。这样，在扫描过所有元素后，min 必定指向最小值的位置，返回最小值即可。

7.1.7　选择排序算法

排序是一种常见的操作,如学习成绩排序、身高排序等。排序可以分为从小到大的升序和从大到小的降序两种,两者的实现方式相似。本节以升序为例。

一个简单的思路是:先选择一个最小值放到最前面,再从剩余的元素中选择一个最小值放到第二个位置,n 个数的排序进行 $n-1$ 次选择就可以完成排序,剩下的那个是最大值。

【例 7-9】　选择排序算法。

程序代码:

```
/*********************************************************************************
源程序名:D:\C_Example\7_Array\minArrayData.c
功能:将数值按从小到大的升序排列
输入数据:无
输出数据:排序后的数据,见图 7-13
*********************************************************************************/
#include<stdio.h>
void select_sort(int * arr,int n)
{
  int i,j,min,t;
  for(i=0;i<n-1;i++)
  {
    min=i;
    for(j=i+1;j<n;j++)
    {
      if(arr[j]<arr[min])
        min=j;                          //找到一个更小的数值
    }
    if(min!=i)
    { //如果最开始选择的数值不是最小的,就交换
      t=arr[min];
      arr[min]=arr[i];
      arr[i]=t;
    }
  }
}
void print_arr(int * arr,int n)
{
  int i;
  for(i=0;i<n;i++)
  {
    printf("%d ",arr[i]);
  }
  putchar('\n');
}
int main()
{
  int a[] = {3,7,6,5,2,1,4};
  select_sort(a,7);
```

```
    print_arr(a,7);
}
```

使用 Dev-C++ 工具编辑、编译和运行这个程序,程序运行结果如图 7-13 所示。

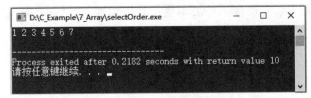

图 7-13　例 7-9 程序运行结果

程序中的 select_sort 函数实现了核心的排序功能。程序为二重循环。外层循环执行 $n-1$ 次,代表 $n-1$ 次选择;内层循环为求最小值算法,原理与 7.1.6 节相同。

◆ 7.2　二维数组

二维数组
的定义

7.2.1　二维数组的定义

一维数组是多个同类型的数据紧密排列而成的。在 C 语言程序设计中也常用到二维数组。一维数组通过一个下标确定数组中的元素,而二维数组则是需要通过两个下标确定数组元素的一种数据结构。

首先通过一个例子更好地理解二维数组。小明根据要求在参加四级考试前连续 7 天每天早、午、晚测量体温,并将如表 7-3 所示的体温测量表上交。

表 7-3　小明 7 天体温测量表

时　　间	早/℃	午/℃	晚/℃
2022 年 7 月 1 日	36.3	36.5	36.4
2022 年 7 月 2 日	36.2	36.3	36.4
2022 年 7 月 3 日	36.3	36.5	36.4
2022 年 7 月 4 日	36.2	36.4	36.4
2022 年 7 月 5 日	36.4	36.4	36.4
2022 年 7 月 6 日	36.5	36.6	36.6
2022 年 7 月 7 日	36.7	36.5	36.5

小明的体温数据由 7 行 3 列构成,用 C 语言如何存储小明的体温数据呢? 使用前面所讲的长度为 $7 \times 3 = 21$ 个元素的一维数组可以将其存储起来,数组中的前 3 个元素为表格第一行的数据,接下来 3 个元素为表格第二行数据,再后面 3 个元素存储第三行数据,以此类推,这种方式完全可以将表 7-3 中的体温数据存储到一维数组中,但使用起来却并不简洁直观。C 语言为了方便存储这种多行多列的数据,给出了二维数组的定义:

类型说明符 数组名[常量表达式][常量表达式];

这里的行数和列数必须是常量表达式,即在程序编译的时候必须能确定其大小。例如,上面的体温数据可以用下面定义的二维数组存储:

```
double temp[7][3];
```

其中,double 是数组中每个元素的类型,数组名为 temp,共有 7 行 3 列。

访问二维数组元素的方法为

```
数组名[行号][列号]
```

例如 temp[2][3]。

与一维数组相似,二维数组合法的行号从 0 开始,到行号－1 结束;合法的列号从 0 开始,到列号－1 结束。例如,temp[0][2]表示第 0 行第 2 列的数字,该表达式为 double 类型。

可以使用这种方式获取二维数组中元素的值,例如:

```
double t = temp[0][2];
```

也可以对该变量进行赋值,例如:

```
temp[0][2]= 36.6;
```

二维数组在声明时就可以给数组元素赋初始值。上面的二维数组可以如下定义和赋值:

```
double temp[7][3]={
    {36.3,36.5,36.4},
    {36.2,36.3,36.4},
    {36.3,36.5,36.4},
    {36.2,36.4,36.4},
    {36.4,36.5,36.4},
    {36.5,36.6,36.6},
    {36.7,36.5,36.5}
};
```

上面在定义数组的同时给所有的数组元素都赋予了初始值。也可以在定义数组时只对数组的部分元素赋予初始值,例如:

```
double temp[7][3]={
    {36.3,36.5,36.4},
    {36.2,36.3}
};
```

这样赋予初始值,没有被赋值的数组元素的初始值会被自动赋值为 0。

定义二维数组时,对于同时赋予初始值的情况,可以省略数组定义第一个维度的大小数据,例如:

```
double temp[][3] = {
    {36.3,36.5,36.4},
    {36.2,36.3}
};
```

这种声明表明 temp 为 2 行 3 列。然而,不能省略第二个维度,即列数不能省略。为什么第二个维度不能省略呢? 因为二维数组本质上是以一维数组作为数组元素的数组,即数组的数组,二维数组在内存中是以一维数组的形式存在的。所以实际上上面的 temp 数组等价于

```
double temp[] = {36.3,36.5,36.4,36.2,36.3,0};
```

如果二维数组中不指定列数,就无法得知第二行的第一个元素在什么位置。

二维数组又称为矩阵,行列数相等的矩阵称为方阵。在对称方阵中 $a[i][j]=a[j][i]$。在对角方阵中主对角线以外的元素都是 0。

$A[m][n]$ 是一个 m 行 n 列的二维数组。假设 t 为数组元素的字节数,$a[i][j]$ 为 A 的第一个元素,即二维数组的行下标从 i 到 $m+i$,列下标从 j 到 $n+j$,按行优先顺序存储时,元素 $a[x][y]$ 的内存地址为

$$\mathrm{LOC}(a[x][y])=\mathrm{LOC}(a[i][j])+((x-i)n+(y-j))t$$

按列优先顺序存储时,$a[x][y]$ 的内存地址为

$$\mathrm{LOC}(a[x][y])=\mathrm{LOC}(a[i][j])+((y-j)m+(x-i))t$$

存放该数组至少需要 $(m-i+1)(n-j+1)t$ 字节。

7.2.2 二维数组的使用

二维数组
的使用

二维数组的使用与一维数组类似,例如,temp[0][2]表示访问 temp 数组的第 0 行第 2 列元素。因为 temp 为 double 类型的二维数组,所以 temp[0][2]是 double 类型的。

实际上,在 C 语言中访问二维数组的方法非常灵活。一个二维数组实际上可以看成是由多个一维数组构成的。例如,7 行 3 列的二维数组 temp 可以看作由 temp[0],temp[1],…,temp[6]共 7 个一维数组构成。temp[0]可以使用一维数组的语法进行访问。下面通过一个例子进行演示。

【例 7-10】 演示二维数组和数组元素数据的访问。

程序代码:

```
/*************************************************************
源程序名:D:\C_Example\7_Array\twoArrayDemo.c
功能:演示二维数组和数组元素数据的访问
输入数据:无
输出数据:输出数组数据,见图 7-14
*************************************************************/
#include<stdio.h>
int main()
{
    double temp[7][3]=
    {
```

```
      {36.3,36.5,36.4},
      {36.2,36.7,36.8},
      {36.1,36.6,36.9}
   };
   printf("%f\n", * temp[1]);
   printf("%f\n",temp[1][2]);
   printf("%f\n", * (temp[1]+2));
   printf("%f\n", * ( * (temp+1)+2));
   printf("%f\n", * ( * temp+1 * 3+2));
}
```

使用 Dev-C++ 工具编辑、编译和运行这个程序,程序运行结果如图 7-14 所示。

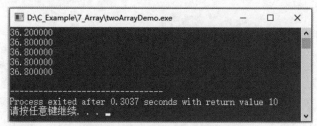

图 7-14　例 7-10 程序运行结果

例 7-10 的程序中包含了多种访问二维数组元素数据的方法。因为数组下标从 0 开始编号,所以 temp[1]为数组的第 2 行,表示一个一维数组,使用 * 对它取值,得到第 2 行第 0 列的元素的值 36.2。程序执行时给出了默认的精度,即小数点后保留 6 位。temp[1][2]为最常见的访问方式,也是推荐的访问方式,取得第 2 行第 3 列元素的值 36.8。

表达式 temp[1]表示二维数组 temp 中第二个一维数组的开始,即二维数组的第 2 行的开始元素。前面提到,一维数组可以看作一个常量指针,所以 * (temp[1]+2)的意思为第 2 行的第 3 列元素的值,与 temp[1][2]的访问方式等价,结果也是 36.8。

表达式 * (* (temp+1)+2))有两个括号,里层括号中的 temp 为二维数组名,可以看成一个指针。注意,因为 temp 是二维数组,所以在把其当作指针时,temp+1 指向的是第 2 行。 * (temp+1)获得的是一个一维数组,和 temp[1]等价。所以,这个表达式等价于 * (temp[1]+2),值也是 36.8。

表达式 * (* temp+1 * 3+2)中的 * temp 等价于 temp[0]。temp[0]为一维数组,加上 1 * 3 就指向了第 2 行,即等价于 temp[1]。所以,这个表达式同样等价于 * (temp[1]+2),值也是 36.8。

在例 7-10 的程序中,除了第 1 个 printf 语句中的表达式以外,后面 4 种访问数组元素的方式都是等价的。

可以看出,使用指针访问的方式让一个简单的数组元素的访问变得晦涩难懂。实际上很多高级语言已经屏蔽了指针这种易于出错的类型。但有时候指针使用又有着无穷的魔力,可以大大简化一个程序的结构,所以用或不用指针就要看程序员的抉择了。

7.2.3　二维数组求和案例

求和是对数组元素的常见操作,例 7-11 演示了 3 种二维数组元素求和的方法。

二维数组
求和案例

【例 7-11】 演示 3 种二维数组元素求和的方法。

程序代码：

```
/********************************************************************************
源程序名:D:\C_Example\7_Array\sumArrayDemo.c
功能：演示 3 种二维数组元素求和的方法
输入数据:无
输出数据:见图 7-15
********************************************************************************/
#include<stdio.h>
int main()
{
  double temp[7][3] =
  {
    {36.3,36.5,36.4},
    {36.2,36.3,36.4},
    {36.3,36.5,36.4}
  };
  int i,j;                            //行号和列号
  double sum=0;                       //累加和
  //第一种求和的方法
  for(i=0;i<7;i++)
  {
    for(j=0;j<3;j++)
    {
      sum += temp[i][j];
    }
  }
  printf("sum = %f\n",sum);
  //第二种求和的方法
  sum = 0;
  double * p = * temp;
  for(i=0;i<7*3;i++)
  {
    sum += * p;
    p++;
  }
  printf("sum = %f\n",sum);
  //第三种求和的方法
  sum = 0;
  double * q = * temp;
  for(i=0;i<7*3;i++)
  {
    sum += q[i];
  }
  printf("sum = %f\n",sum);
}
```

使用 Dev-C++ 工具编辑、编译和运行这个程序，程序运行结果如图 7-15 所示。

例 7-11 的程序中给出了 3 种数组元素求和的方法。

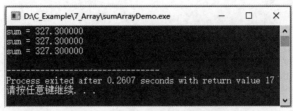

图 7-15　例 7-11 程序运行结果

第一种数组元素求和的方法是使用标准的二重循环对数组元素进行访问,两个循环变量 i 和 j 充当数组元素的行号和列号,sum 作为累加和存储求和的结果。

第二种数组元素求和的方法是直接使用 * p 这个一维数组指针指向二维数组的内存区域,后面的 7×3＝21 个元素为二维数组中的 21 个元素,直接进行一维数组求和即可。既然二维数组的元素本质上仍然使用一块连续内存进行存储,那么就可以使用访问一维数组的方法访问二维数组。方法二使用一维数组的指针 * p 配合 p＋＋实现数组元素的遍历。

第三种数组元素求和的方法则是使用正规的一维数组访问 p[i]实现求和。

7.2.4　矩阵相加案例

矩阵相加案例

线性代数中给出了矩阵相加的方法。在 C 语言中用二维数组表示矩阵,只有相同大小的两个数组才可以相加,相加时对应的元素求和作为结果矩阵中的元素。下面是矩阵相加的例子。

【例 7-12】　使用二维数组演示两个矩阵相加。

程序代码:

```
/********************************************************************************
源程序名:D:\C_Example\7_Array\matrixArraySum.c
功能:使用二维数组演示两个矩阵相加
输入数据:无
输出数据:见图 7-16
********************************************************************************/
#include<stdio.h>
void read_matrix(double m[10][10],int * prows,int * pcols)
{
  int i,j;
  printf("size:");
  scanf("%d%d",prows,pcols);
  printf("input all items :");
  for(i=0;i< * prows;i++)
  {
    for(j=0;j< * pcols;j++)
    {
      scanf("%lf",&m[i][j]);
    }
  }
}
void print_matrix(double m[][10],int rows,int cols)
{
```

```
    int i,j;
    for(i=0;i<rows;i++)
    {
      for(j=0;j<cols;j++)
      {
        printf("%4lf ",m[i][j]);
      }
      printf("\n");
    }
}
void add_matrix(double (* a)[10],double (* b)[10],double (* c)[10],int rows,int
cols)
{
    int i,j;
    for(i=0;i<rows;i++)
    {
      for(j=0;j<cols;j++)
      {
        c[i][j] = a[i][j]+b[i][j];
      }
    }
}
int main()
{
    int rows_a,cols_a;
    int rows_b,cols_b;
    double a[10][10],b[10][10],c[10][10];
    printf("input matrix a\n");
    read_matrix(a,&rows_a,&cols_a);
    printf("input matrix b\n");
    read_matrix(b,&rows_b,&cols_b);
    if(rows_a!=rows_b || cols_a != cols_b)
    {
      printf("matrix not the same size \n");
      return -1;
    }
    add_matrix(a,b,c,rows_a,cols_a);
    printf("sum is?:\n");
    print_matrix(c,rows_a,cols_a);
    return 0;
}
```

使用 Dev-C++ 工具编辑、编译和运行这个程序,程序运行结果如图 7-16 所示。

在例 7-12 的程序中,main 函数声明了 3 个二维数组,大小均为 10×10。随后调用 read_matrix 函数读取了两个二维数组,调用 add_matrix 函数实现了两个二维数组相加的操作,使用 print_matrix 函数实现了两个二维数组相加后结果的打印。读取、相加和打印 3 个函数分别展示了 3 种二维数组传参的方法:

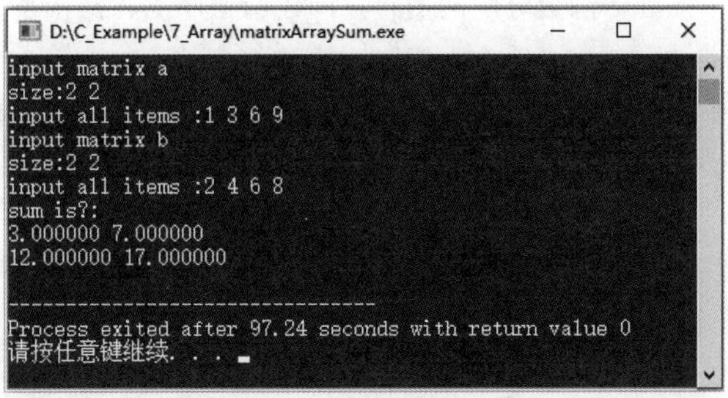

图 7-16 例 7-12 程序运行结果

```
double m[10][10];
double m[][10];
double ( * a)[10];
```

可以看到这 3 种方法有一个共同的特点,就是传递了数组的列数。这是 C 语言中二维数组能正常计算数组元素地址的基础。列数这个信息在编译的时候使用,在编译后的程序中实际上面对的就是一块内存地址,没有了数组的概念,当然也就没有了行和列。

一个值得思考的问题是,程序使用 int a[10][10]这种方式定义数组,这就限制了数组的大小,如果用户输入的数组行数和列数大于 10,这个数组就无法处理。那么,有什么方法可以解决这个问题呢?

最直接的方法是预先分配更大的数组,如 int a[1000][1000],这样就能处理更多的数组元素了。这种方法对于数据规模可以预知的情况是可行的;但是,如果数据的规模无法预知,即不知道矩阵到底有多大,那么这种方法就不可行了。另外,如果只需要一个 3 行 3 列的矩阵,预先分配那么大的内存是一种很大的浪费。产生这种问题的根本原因在于必须在编译的时候就指定数组的大小。那么,能否在运行时再决定使用多大的内存呢? 这就涉及动态内存分配。

◆ 7.3 动态内存

7.3.1 动态内存分配

面对在程序运行时才能确定所需内存大小的问题,C 语言提供了动态内存分配机制。可以使用 malloc 函数实现动态内存分配,使用 free 函数进行动态分配的内存的释放,两个函数原型如下:

```
void * malloc(long NumBytes);
```

该函数分配 NumBytes 字节的内存,并返回指向这块内存的指针。如果分配失败,则返回一个空指针(NULL)。分配失败的原因有很多种,例如内存空间不足就是一种。

```
void free(void * FirstByte);
```

该函数将以前用 malloc 函数分配的内存空间还给程序或者操作系统，也就是释放这块内存，让它重新得到自由。

前面接触到的内存指针均有类型，如 int *、float *。这是在程序中定义指针时指定的，告诉编译器应该如何对待这个变量。然而 malloc 函数分配的内存空间并没有指定类型，该函数实际上只返回了一个内存地址。这种内存指针称为无类型指针，即 void *。例如：

```
int * p = (int *) malloc( 4 * 10);
free(p);
```

第一行代码分配了 40 字节的内存空间，并使用强制类型转换将类型转换为 int 类型，赋值给 p 这个变量。第二行代码释放了这块内存空间。

使用 malloc 函数分配的内存被放在一个称为堆的内存空间中，而函数的局部变量被存储在称为栈的内存空间中。在栈中的变量由程序自动释放内存空间，而在堆中的变量则需要手动调用 free 函数释放。第二行代码就采用了手动释放的方法。

在大型程序中，内存管理是一个非常重要的方面。如果分配的内存无法及时得到释放，程序所占用的内存就越来越多，很快就会无内存空间可用。下面一段代码演示了这个过程，有兴趣的读者可以试一下。

```
while(1){
    malloc(1024 * 1024);                //分配 1MB 内存
}
```

同一块内存只能释放一次，如果多次释放会引发 double-free 的漏洞。攻击者经过精心设计，就可以通过这种漏洞获取系统权限，给系统带来危害。例如：

```
double * p=(double *)malloc(8);
free(p);
free(p);
```

所以一个比较好的释放内存的方式是

```
if(p!=NULL)
{
  free(p);
  p = NULL;
}
```

释放完内存后就将指针 p 清空，这样第二次调用的时候发现 p 为空就会跳过。

7.3.2　基于动态内存分配的矩阵

下面用动态内存分配的方式改写矩阵相加程序。值得注意的是，malloc 函数返回的是一维数组的指针，所以这里实际上需要用一维数组表示二维数组。

【例 7-13】　使用动态内存分配演示两个矩阵相加。

程序代码：

```
/*******************************************************************************
源程序名:D:\C_Example\7_Array\matrixDArraySum.c
功能:使用动态内存分配演示两个矩阵相加
输入数据:无
输出数据:见图 7-17
*******************************************************************************/
#include<stdio.h>
double *  read_matrix(int * prows,int * pcols)
{
  int i,j;
  double  * m,  * p;
  printf("size:");
  scanf("%d%d",prows,pcols);
  printf("input all items :");
  m = (double * )malloc(sizeof(double) * ( * prows) * ( * pcols));
  p = m;
  for(i=0;i< * prows;i++)
  {
    for(j=0;j< * pcols;j++)
    {
      scanf("%lf",p);
      p++;
    }
  }
  return m;
}
void print_matrix(double  * m,int rows,int cols)
{
  int i,j;
  for(i=0;i<rows;i++)
  {
    for(j=0;j<cols;j++)
    {
      printf("%4lf ",m[i * cols+j]);
    }
    printf("\n");
  }
}
double *  add_matrix(double * a,double  * b, int rows,int cols)
{
  int i,j;
  double *  c = (double * )malloc(sizeof(double) * rows * cols);
  for(i=0;i<rows;i++)
  {
    for(j=0;j<cols;j++)
    {
      c[i * cols+j] = a[i * cols+j]+b[i * cols+j];
    }
  }
  return c;
```

```
}
int main()
{
  int rows_a,cols_a;
  int rows_b,cols_b;
  double * a, * b , * c;
  printf("input matrix a\n");
  a = read_matrix(&rows_a,&cols_a);
  printf("input matrix b\n");
  b = read_matrix(&rows_b,&cols_b);
  if(rows_a!=rows_b || cols_a != cols_b)
  {
    printf("matrix not the same size \n");
    return -1;
  }
  c = add_matrix(a,b,rows_a,cols_a);
  printf("sum is?:\n");
  print_matrix(c,rows_a,cols_a);
  free(a);
  free(b);
  free(c);
  return 0;
}
```

使用 Dev-C++ 工具编辑、编译和运行这个程序,程序运行结果如图 7-17 所示。

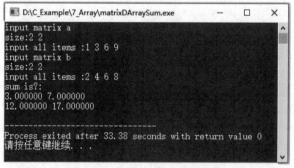

图 7-17   例 7-13 程序运行结果

在例 7-13 的程序中,使用一维数组的 m[i * cols+j]表示二维数组的第 i 行第 j 列。这个表示方式在 add_matrix 函数和 print_matrix 函数中使用。在 read_matrix 函数中使用 double 型指针 p 进行变量的逐个读取。

读取矩阵的 read_matrix 函数返回 3 个数据:行数、列数和矩阵指针。因为 C 语言函数的返回值只能有一个,所以使用指针将行数和列数返回。

read_matrix 函数使用 malloc 函数分配了行数×列数×8 字节。sizeof(double)返回 double 型元素的大小 8, * prows 为行数, * pcols 为列数。

在 add_matrix 函数中同样有内存分配,这些内存均在 main 函数中使用 free 函数进行了释放。

虽然例 7-13 的实现方式不同,但程序运行结果与例 7-12 的相同,此处不再赘述。

为了使程序简洁,程序中省略了一些参数检查,如果用户输入了非法的行号和列号,如负数,就需要报错。另外,内存分配也有可能失败,这时候 malloc 函数会返回 NULL,对这种情况也需要处理。请读者自行添加判断语句解决这些问题。

◆ 7.4　鸿蒙 OS C 语言设备开发实验:点阵显示

7.4.1　点阵显示实验设备及工作原理

如图 7-18 所示,点阵屏是一种常见的显示设备,既有单色的也有彩色的,大的点阵屏常由多个小的 8×8 的点阵屏构成。

点阵显示实验设备及工作原理

图 7-18　点阵屏

如图 7-19 所示,本实验使用的扩展板包含 8×8 的点阵和 4 个七段数码管,本实验使用扩展板的点阵屏实现。观察可知,该点阵屏由 8×8＝64 个 LED 灯构成,即点阵屏本质上是一组 LED 灯。让 LED 灯点亮的方法无非是给它加一个电压差。如果使用单片机直接驱动点阵屏,则至少需要 16 个 GPIO 端口。

图 7-19　本实验使用的核心板与扩展板

图 7-20 给出了一个 16 脚点阵的原理示意图。16 个引脚分为两组,即 8 个行引脚和 8 个列引脚。每个点阵的 LED 都是输入接行引脚、输出接列引脚。那么想将所有的灯点亮就可以给所有的行高电平,给所有的列低电平,效果如图 7-19 所示。

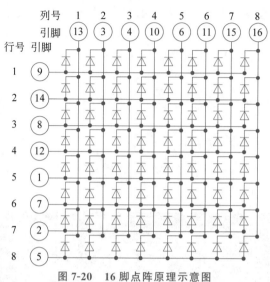

图 7-20　16 脚点阵原理示意图

　　Hi3861 芯片引脚总数为 32 个,将这 32 个引脚分出 16 个驱动一个点阵屏显然不够划算。为此,本实验的扩展板使用 PCA9535PW 作为 I/O 扩展芯片,该芯片的输入为两根 GPIO 线,输出为 16 根 GPIO 线,相当于将两根 GPIO 线扩展为 16 根 GPIO 线。该芯片的两根输入 GPIO 线和 Hi3861 芯片的两个引脚相连。

　　Hi3861 芯片和 PCA9535PW 之间使用 I2C 总线进行通信。I2C 总线使用两根数据线实现数据的串行传输。Hi3861 支持两组硬件 I2C 总线,分别为 I2C0 和 I2C1。其中,I2C0 可以使用 Hi3861 芯片的 GPIO09 和 GPIO10 或者 GPIO13 和 GPIO14,I2C1 可以使用 GPIO00 和 GPIO01 或者 GPIO03 和 GPIO04。图 7-21 中 PCA9535PW 的引脚 22 和引脚 23 就是该芯片的两个 GPIO 输入引脚,该芯片使用引脚 22 和引脚 23 与 Hi3861 芯片的 GPIO03 和 GPIO04 连接,接收 Hi3861 芯片的输出。

　　如图 7-22 所示,I2C 总线有两条线:一条为时钟线,称为 SCL;另一条为数据线,称为 SDA。当 SCL 保持高电平时将 SDA 拉低,表示一次数据传输的开始,称为起始信号;当 SCL 保持高电平时将 SDA 拉高,表示一次数据传输的结束,称为停止信号。在传输数据时,总是先将 SCL 置为低电平,设置 SDA 的数据,然后拉高 SCL。这意味着当 SCL 为高电平时 SDA 不允许变化。总结如下:

- SCL 为高电平时,SDA 由高到低变化为起始信号。
- SCL 为高电平时,SDA 由低到高变化为停止信号。
- SCL 为低电平时,设置 SDA 的数据。
- SCL 为高电平时,SDA 不变,为数据传输。

　　I2C 总线的通信双方是不对等的,分为主方和从方,或者称主控器和受控器。整个通信过程总是由主控器发起。主控器会先发送 7 位的地址信息,这就可以对所有连接在该 I2C 总线上的设备进行筛选,只有地址匹配的设备才会响应这次通信;第 8 位为读写(R/$\overline{\text{W}}$)信号,决定了传输数据的方向。后面紧接着受控器对主控器的 ACK 应答(确认字符,表示发来的数据已确认接收无误)信号。

　　当 7 位的地址加上第 8 位的方向位发送完成后,受控器如果发现地址为自己的地址,必

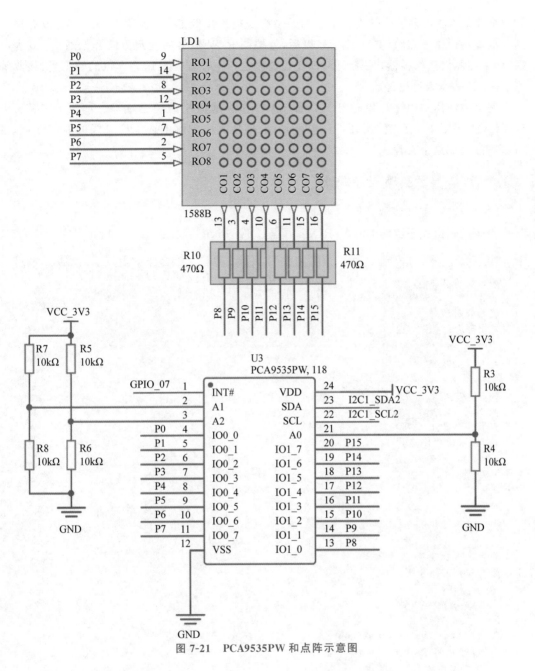

图 7-21　PCA9535PW 和点阵示意图

图 7-22　I2C 协议时序图

须立即拉低 SDA,表示自己收到了。如果没有受控器拉低 SDA,说明 I2C 总线上没有这个地址的设备。主控器收到 ACK 信号以后,就按照 R/$\overline{W}$ 信号的规定方向开始通信。0 表示写,即主控器发送给控器,1 表示读,即受控器发送给主控器。发送完 8 位的数据后,接收端通过 ACK 表示自己已经收到。

实验中使用 GPIO00 和 GPIO01(即 I2C1)作为通信用的两个端口。鸿蒙 OS 提供了 I2C 总线操作函数,直接使用即可。也就是说,即使无法理解上述 I2C 总线的通信原理,也可以正常完成这个实验。

点阵显示实验程序源码

7.4.2 点阵显示实验程序源码

【例 7-14】 点阵显示。

程序代码由程序源码 DMATRIX.c、配置文件 config.json 和 BUILD.gn 组成。

```
/*****************************************************************************
源程序名:D:\C_Example\7_Array\DMATRIX\DMATRIX.c
功能:用 C 语言程序控制点阵全部点亮
输入数据:无
输出数据:见图 7-19
*****************************************************************************/
#include<stdio.h>
#include "ohos_init.h"
#include "iot_gpio.h"
#include "iot_gpio_ex.h"
#include "iot_i2c.h"
#include "cmsis_os2.h"
#define IIC_SDA   0
#define IIC_SCL   1
#define ADDR 0x27                        //0100111
#define IIC_IDX 1

/*
Command Register
0 Input port 0
1 Input port 1
2 Output port 0
3 Output port 1
4 Polarity Inversion port 0
5 Polarity Inversion port 1
6 Configuration port 0
7 Configuration port 1
*/
#define CMD_CFG0 6
#define CMD_CFG1 7
#define CMD_OUT0 2
#define CMD_OUT1 3
int write_iic(uint8_t * data)
{
   int ret = IoTI2cWrite(IIC_IDX, (ADDR << 1) | 0x00, data, 3);
```

```
  if (ret != 0)
  {
    printf("Error:Write ret = 0x%x! \r\n", ret);
  }else
  {
    printf("i2c send succ %02x %02x %02x \n" , data[0], data[1], data[2]);
  }
  usleep(200 * 1000);
  return ret;
}
//start
uint8_t CFG0[] = {CMD_CFG0,0x0,0x0};              //配置为输出
uint8_t CFG1[] = {CMD_CFG1,0x0,0x0};              //配置为输出
uint8_t OUT0[] = {CMD_OUT0,0x00,0xff};            //输出
uint8_t OUT1[] = {CMD_OUT1,0x00,0xff};            //输出
void iic(void* args )
{
  printf("iic thread running...");
  IoTGpioInit(IIC_SDA);
  IoTGpioInit(IIC_SCL);
  IoTGpioSetFunc(IIC_SDA, IOT_GPIO_FUNC_GPIO_0_I2C1_SDA);
  IoTGpioSetFunc(IIC_SCL, IOT_GPIO_FUNC_GPIO_1_I2C1_SCL);
  IoTI2cInit(IIC_IDX, 400000);
  write_iic(CFG0);
  write_iic(CFG1);
  write_iic(OUT0);
  write_iic(OUT1);
  printf("set finish!\n");
}
APP_FEATURE_INIT(iic);
```

    参照本书第 2 章网页编译的方法,将源程序 DMATRIX.c 的代码复制到网页中进行编译,生成可执行目标代码;也可以参照第 3 章的方式,利用 Visual Studio Code 的 DevEco 工具建立点阵显示项目 DMATRIX,编辑程序代码,编译生成可执行目标代码。然后使用 USB-Type 数据线连接计算机和开发实验板,利用 HiBurn 工具烧录可执行目标代码到开发实验板上,按下复位按钮运行点阵显示实验项目程序,点阵 LED 灯全部点亮,程序运行效果如图 7-19 所示。

7.4.3 点阵显示实验程序源码解析

    首先使用 IoTGpioInit 函数和 IoTGpioSetFunc 函数将 GPIO00 和 GPIO01 设置为 I2C1,并使用 IoTI2cInit 函数将 I2C1 初始化,波特率设置为 400 000。

    然后编写一个名为 write_iic 的函数,并在 iic 函数中调用它 4 次。write_iic 函数调用系统提供的 IoTI2cWrite 函数完成 I2C 总线写操作。有关 write_iic 函数的具体知识来源于 PCA9535 芯片手册。该芯片的 I2C 总线地址是 0x27。根据芯片手册,该芯片的地址由固定的 0100 和 A2~A0 这 3 个端口的输入决定。参见图 7-23,A2~A0 均输入 1.65V 的电压,为高电平,所以地址应为 0100111,即 0x27。

Fig 6. PCA9535; PCA9535C device address

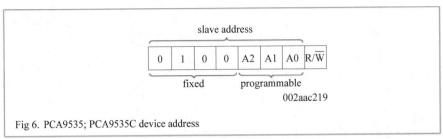

图 7-23 PCA9535 芯片手册中的 I2C 总线地址构成

这种可编程的地址允许在一个 I2C 总线中配置最多 8 个 PCA9535 芯片,每个芯片均可以有不同的地址。PCA9535 芯片输出的 16 个引脚既可以为输出也可以为输入。这里自然要配置为输出,以方便驱动点阵。

参见芯片数据手册(见图 7-24 和图 7-25),应该向端口 6 和端口 7 中写入 0,将 16 个端口全部配置为输出端口,随后向端口 0 和端口 1 中分别写入 0x00 和 0xff。

Command	Register
0	Input port 0
1	Input port 1
2	Output port 0
3	Output port 1
4	Polarity Inversion port 0
5	Polarity Inversion port 1
6	Configuration port 0
7	Configuration port 1

图 7-24 PCA9535 芯片手册中给出的命令和对应的功能

6.2.5 Registers 6 and 7: Configuration registers

This register configures the directions of the I/O pins. If a bit in this register is set (written with '1'), the corresponding port pin is enabled as an input with high-impedance output driver. If a bit in this register is cleared (written with '0'), the corresponding port pin is enabled as an output. At reset, the device's ports are inputs.

图 7-25 PCA9535 芯片手册中给出的对于配置的解释

如图 7-26 所示,芯片要求 I2C 总线的数据由 3 字节组成,第一字节为命令,第二字节为对应端口 0 的数据,第 3 字节为对应端口 1 的数据,所以在配置端口 0 和 1 时(前两次调用 write_iic 函

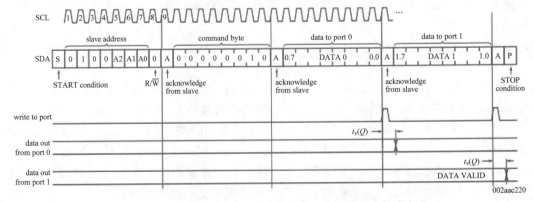

图 7-26 PCA9535 芯片手册中给出的 I2C 总线命令的格式

数)都写入了 0 表示输出。在写端口 0 时(第 3 次调用 write_iic 函数)传入的数据是 0x00 和 0xff,实际上只有 0x00 生效,后面的 0xff 可以是任意值。在写端口 1 时(第 4 次调用 write_iic 函数)传入的是 0x00 和 0xff,实际上只有 0xff 生效,前面的 0x00 可以是任意值。

◇ 7.5　习　　题

一、单项选择题

1. 下面的一维数组定义中不正确是( )。

  A. double b[5]={0.0};　　　　　　　　B. int b[]={1,2,3,4,5};

  C. double b[3 * 3];　　　　　　　　　D. int n=10,a[n];

2. 若有以下定义语句:int var,arr[10], * p;,则下列语句中非法的是( )。

  A. p=&var　　　　B. p=arr　　　　C. p=var　　　　D. p=&arr[5]

3. 若用数组名作为函数调用时的实参,则实际传递给形参的是( )。

  A. 数组的首地址　　　　　　　　　　B. 数组的第一个元素值

  C. 数组中全部元素的值　　　　　　　D. 数组元素的个数

4. 设有说明语句 int A[4][3]={{1,2},{3,4,5},{6,7,8},{9,10}};,则 A[0][1] 和 A[2][2] 的初始值分别为( )。

  A. 2 和 7　　　　　B. 3 和 8　　　　C. 3 和 7　　　　D. 2 和 8

5. 对二维数组 a 进行正确初始化的语句是( )。

  A. int a[2][]={1,0,2,5,2,3};　　　　　B. int a[][3]={{1,0,2},{5,2,3}};

  C. int a[2][4]={{1,0},{5,2},{3,4}};　　D. int a[][3]={1,2,4,5};

6. 二维数组 array 有 m 行 n 列,则在 array[i][j] 之前的元素个数是( )。

  A. i * m+j−1　　　B. i * m+j　　　C. i * n+j−1　　　D. i * n+j

7. 以下对 a 数组元素的引用中不正确是( )。

```
int a [ ]={ 0, 1, 2, 3, 4, 5, 6, 7, 8, 9}, * p=a, i;
```

其中 0≤i≤9。

  A. a[p−a]　　　　B. * (&a[i])　　　C. p[i]　　　　D. a[10]

8. 若有定义 int a[2][3];,则以下选项中正确引用数组元素的是( )。

  A. a[2][0]　　　　B. a[2][3]　　　　C. a[1>2][1]　　　D. a[0][3]

二、判断对错题

1. 当函数形参是一维数组时,调用该函数的实参用数组名传递了整个实参数组的元素值。 ( )

2. 数组是由相同类型的数据组成的集合,数组中的数据按照一定的顺序连续存放。 ( )

3. 数组定义后,数组名的值是一个地址,可以被修改。 ( )

4. 在数组定义中,数组名后面是用方括号括起来的常量表达式,不能用圆括号。 ( )

三、编程题

1. 编写一个程序,读取 n 个学生的成绩,找到最高分,并根据最高分对所有成绩进行评级并输出。如果分数不低于最高分－10,则等级为 A;如果分数不低于最高分－20,则等级为 B;如果分数不低于最高分－30,则等级为 C;如果分数不低于最高分－40,则等级为 D;其他为 F。

2. 编写一个程序,读取 10 个整数,并以相反的顺序将其输出。

3. 编写一个程序,统计 1～100 中每个数码(0～9)出现的频率并输出。

4. 编写一个程序,读取 n 个学生的成绩,并统计所有及格(不低于 60)的学生的平均分。

5. 编写一个程序,以倒序输出前 100 个素数。

6. 编写一个程序,读取 n 个整数,并输出最大值和最小值。

7. 编写一个程序,读取 n 个整数,并输出最大值和最小值的数组下标。

8. 编写一个程序,对 1～100 的数字进行随机打乱并输出。

9. 编写一个程序,输入 5 个数,并计算它们的最大公约数。

10. 编写一个程序,输入 n 个数字,去除其中重复的数字并输出。

11. 编写一个程序,输入 n 个数字,并从小到大打印前 m 个数字。n 和 m 由用户输入。

12. 编写一个程序,提示用户输入两个数组,并比较两个数组是否相同,将结果输出。

13. 编写一个程序,读取 n 个整数,并给出这 n 个整数的所有两两组合。

14. 编写一个程序,读取 n 个整数,并找到是否存在相邻的 4 个整数,如 1 3 4 5 6 2 中存在 4 个相邻的整数。如果存在,程序输出其位置;否则输出－1。

15. 编写一个程序,读取两个从小到大的数组,将其合并后保持从小到大的顺序输出。

四、实验题

编写程序,实现整个点阵的闪烁,即在所有 LED 灯熄灭和所有 LED 灯点亮之间切换。

第8章 字 符 串

字符串

本章主要内容：

(1) 字符串长度计算。

(2) 字符串逆序。

(3) 字符串复制。

(4) 标准的字符串库函数。

(5) 点阵显示字母实验。

字符是 C 语言的基本数据类型，使用 ASCII 码数值表示，例如 0x41 表示字符 A。字符串是字符的序列。通过本书前面的内容可以知道，使用数组是一种表示序列很好的办法。C 语言的字符串就是用数组实现的。

那么，一个字符串有多少字符呢？换句话说，一个字符串的长度是多少呢？这就需要一种表示机制。一种表示方法是用一个整数存储字符的个数，用字符数组存储构成字符串的字符。实际上 C 语言采用了另一种更为简便的表示方法，使用字符数组存储字符，在字符数组中使用数值 0 代表字符串的结束。数值 0 也可以写成字符形式'\0'，它和字符'0'不相同，在 ASCII 码表中字符'0'的值为 0x30，和数值 0 并不一样。从上面的描述可以看出，字符串并非一个基本数据类型，但是因为它极为常用，所以在程序设计语言层面也把它作为一种专门的数据类型。在 C 语言中，使用英文的双引号(半角)定义字符串常量。下面的第 1 行代码定义了一个字符串常量，并使用指针 s 指向它。因为字符串是常量，对字符串中的内容进行修改会失败，所以第 2 行代码就是错误的；但指针 s 是变量，可以指向其他的字符串常量或变量，因此第 3 行代码是正确的。

```
char * s = "HELLO";
s[0] = 'E';                    //错误
s = "Haha";                    //正确
```

图 8-1 给出了将"HELLO"字符串存储在字符数组中的示意。"HELLO"字符串常量共占用了 6 字节，其中最后一个字符为字符串结束标志'\0'.

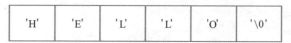

| 'H' | 'E' | 'L' | 'L' | 'O' | '\0' |

图 8-1　字符串存储在字符数组中的示意

字符串长度
计算算法

◇ 8.1　字符串长度计算算法

既然字符串是一个以'\0'结尾的字符数组,那么就可以根据这个原则求出字符串的长度。下面的代码给出了一种计算字符串长度的经典算法。

```c
int str_length(char * s)
{
    char * p = s;
    while( * p) p++;
    return p-s;
}
```

函数 str_length 的参数为指针 s,该函数的功能就是计算指针 s 指向的字符串的长度。该函数内部首先声明了一个局部指针变量 p 且让 p 指针指向 s,随后进入 while 循环,循环使用" * p"作为条件。C 语言中非 0 为真,0 为假。当 p 指向'\0'时,循环终止;如果 p 不为'\0',则执行循环中的 p++将指针后移。

在写循环结构的程序时,最容易出错的是边界条件,即从何时开始循环,又到什么时候结束循环。考虑这个循环的两个边界条件。循环开始时,如果 s 为空字符串,即 * s 为'\0',那么循环一次都不执行,这时候 p 等于 s,返回 p−s,即 0。如果 s 是长度为 1 的字符串,如"a",那么循环执行一次后 p 指向'\0',第二次循环因为不满足条件就会退出,p−s 的值为 1,与字符串的长度相同,该函数能正常运行。同理,当 s 的长度大于 1 时,该函数也能正常运行。

【例 8-1】　编写一个程序计算字符串的长度。

程序代码:

```c
/*********************************************************************
源程序名:D:\C_Example\8_String\str_length.c
功能:计算字符串的长度
输入数据:无
输出数据:见图 8-2
*********************************************************************/
#include<stdio.h>
int str_length(char * s)
{
  char * p = s;
  while( * p) p++;
  return p-s;
}
int main()
{
  char a[] = "hello China";
  char * b = "world";
  printf("%d\n", str_length(a));
  printf("%d\n", str_length(b));
  a[0] = 'H';
  printf("%s\n", a);
```

```
    //b[0]='W';        //如果要测试,去掉最前面的"//"
}
```

使用 Dev-C++ 工具编辑、编译和运行这个程序,程序运行结果如图 8-2 所示。

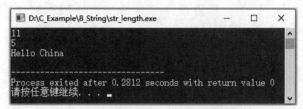

图 8-2　例 8-1 程序运行结果

例 8-1 的程序中给出了两种声明字符串的常用方式:第一种声明了一个字符数组 a,并使用字符串对该数组进行了初始化,这时 a 为变量,字符串中的字符可以被修改;第二种使用指针 b 指向字符串常量,这种加双引号的字符串被称为字面量字符串。

程序中为了证明 a 为变量,使用 a[0]='H'对其进行了赋值。在 printf 语句中打印 a 可以得到 Hello,原来的字符 h 变成了 H,这说明赋值成功。程序中也给出了对 b 的赋值测试,如果将 main 函数体最后一行前面的注释符号去掉,运行程序时会出现如图 8-3 所示的 SIGSEGV 这种内存访问错误。

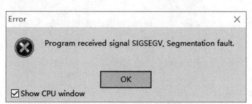

图 8-3　内存访问错误

讲得深入一点,编译程序在将 C 语言源程序编译为可执行文件时,会将程序编译为多个段。这些段有的保存代码,有的保存变量,有的保存常量。其中,有的段可读可写,比如保存变量的段;有的段只可读不可写,如保存代码和常量的段。当程序试图访问这些段时,CPU 中的存储管理部件(Memory Management Unit,MMU)会直接让程序中止运行。

从代码风格来说,str_length 函数的写法符合典型的 C 语言程序的特点:短小、精练、高效,有一种简洁的优美。但是,随着编程语言的发展,人们的观念在发生改变。人们爱指针,又惧怕它,因为一不小心就会导致程序崩溃。下面给出一种不使用指针的 str_length 版本,可以看到函数中声明了整型变量 i 用于计数,使用 s[i]获取字符串第 i 个元素的值,使用 s[i]!='\0'判断这个变量是否为字符串结束标志。如果不是,就让计数加 1,最后返回 i。

```
int str_length(char s[])
{
    int i=0;
    while( s[i] != '\0')
    {
        i++;
    }
```

```
        return i;
    }
```

将其和上面的 main 函数放在一起运行测试,可以发现这个 str_length 函数的效果与前一个 str_length 函数是一样的。这里遵守了不使用指针的原则,但其实该函数的参数 char s[]仍然是指针,虽然它看起来像数组。

字符串逆
序算法

◈ 8.2 字符串逆序算法

下面看一个字符串逆序的例子。所谓逆序,就是将字符串中的字符顺序前后颠倒,例如"abcd"变成"dcba"。

一个自然的算法思路是第一个字符和最后一个字符交换,第二个字符和倒数第二个字符交换,重复这一过程,直到正中间的一个或两个字符。算法代码如下:

```
void str_reverse(char * s)
{
  char t;
  char * p = s;
  while( * p!=0)
    p++;
  p-- ;                        //指向最后一个字符
  while(s < p)
  {
    t = * s;
    * s = * p;
    * p = t;
    s ++ ;
    p -- ;
  }
}
```

在上面的程序中,str_reverse 函数的参数 s 就是要逆序的字符串,逆序的结果仍保存在 s 中,所以无须返回值。程序中声明了局部字符串指针变量 p 指向 s,并使用 while 循环寻找最后一个字符,当退出循环时字符指针 p 指向字符串 s 中的结束标志。使用 p——让 p 回退一个字符,指向字符串的最后一个字符。如图 8-4 所示,将 s 指向字符串的第一个字符,将 p 指向字符串的最后一个字符。将 s 和 p 指向的字符进行交换,随后 s 前移一个字符,p 后移一个字符,重复这个过程,直到 s 和 p 相遇。

图 8-4 指针 s 和 p 的指向和移动

交换两个字符的方法与交换两个数并无不同。在此不再赘述。

下面编写 main 函数测试这个算法,编程实验时须加上前面的 str_reverse 函数。

【例 8-2】 编写一个程序将字符串的内容逆序排列。

程序代码:

```
/*************************************************************************
源程序名:D:\C_Example\8_String\str_reverse.c
功能:将字符串的内容逆序排列
输入数据:无
输出数据:见图 8-5
*************************************************************************/
#include<stdio.h>
...                                   //此处加上字符串逆序函数 str_reverse
int main()
{
  char s[] = "ABCDEFG";               //试试这里用 * s 行不行
  puts(s);                            //等价于 printf("%s",s);
  str_reverse(s);
  puts("逆序后:");
  puts(s);                            //等价于 printf("%s",s);
  putchar('\n');
}
```

使用 Dev-C++ 工具编辑、编译和运行这个程序,程序运行结果如图 8-5 所示。

图 8-5　例 8-2 程序运行结果

这里声明了字符串 s 并调用逆序函数进行逆序,随后输出。输出时使用了 puts 这个输出字符串的函数。这个函数可以用等价的 printf 函数实现,但是因为 puts 函数不需要处理占位符%s 的问题,所以效率明显高于 printf 函数。如果在程序里写 printf(s),一般会被编译器直接优化成 puts(s)。最后使用 putchar("\n")输出了回车符。

如果将上述程序中的 s[]改为 * s,效果会如何呢? 读者可以自行尝试,并分析原因。

◆ 8.3　字符串复制算法

复制字符串是一种常用的操作。下面的函数实现了字符串复制的算法:

字符串
复制算法

```
void str_copy(char * d, char * s)
{
  while( * s!=0)                       //* s!=0 等价于 * s
  {
    * d ++ = * s ++;
  }
}
```

该函数有两个参数,分别是代表源字符串的 s 和代表目标字符串的 d。该函数的作用是将字符串 s 中的内容复制到 d 中。

因为字符串本质上是一个数组,所以该函数的主体还是一个循环。又因为 while 循环擅长处理使用标志位结束的循环,所以字符串处理中最常见的就是 while 循环。

循环条件为 *s!=0,等价于 *s,如果 s 指向的字符不是结束标志'\0',就继续循环。循环体只有一个语句,这个语句话看起来比较复杂,其实等价于下面 3 个语句:

```
*d = *s;
s++;
d++;
```

在一个表达式中,++在表达式后的表示先取值后加 1,即先把值取出来参与运算,然后表达式再加 1。

【例 8-3】 编写一个程序实现字符串的复制。

程序代码:

```
/***************************************************************************
源程序名:D:\C_Example\8_String\str_copy.c
功能:复制字符串
输入数据:无
输出数据:见图 8-6
***************************************************************************/
#include<stdio.h>
...                              //此处加上字符串复制函数 str_copy
int main()
{
    char * s = "hello";
    printf("s 字符串:%s\n",s);
    char d[20];
    str_copy(d,s);
    printf("d 字符串:%s\n",d);
}
```

使用 Dev-C++ 工具编辑、编译和运行这个程序,程序运行结果如图 8-6 所示。

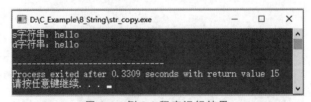

图 8-6　例 8-3 程序运行结果

另外,细心的读者会发现,很多实例程序中的 main 函数没有 return 语句,这是因为 C 语言程序允许返回值为整型数的函数,不写 return 语句,默认返回 0。

◇ 8.4　C 语言的标准字符串函数

前面几节定义了一些字符串处理函数,但这并不意味着在遇到需要处理的字符串时就必须自己编写函数。实际上 C 语言函数库中已经提供了大量的标准字符串函数,直接使用即可。

【例 8-4】　编写程序验证 C 语言的标准字符串函数。

程序代码:

```
/*************************************************************************
源程序名:D:\C_Example\8_String\standardStringFunc.c
功能:验证 C 语言的标准字符串函数
输入数据:无
输出数据:见图 8-7
*************************************************************************/
#include<stdio.h>
#include<string.h>
int main()
{
  char s[30]="god is girl";
  int compare_result;
  char * str1="abcdefg";
  char * str2="abcdefg";
  char p[30];
  char * q;
  int n=strlen(s);
  printf("%d\n",n);
  strcpy(p,s);
  printf("%s\n",p);
  strrev(s);
  printf("%s\n",s);
  strcat(p,",dog is hot");
  printf("%s\n",p);
  q=strstr(p,"girl");
  printf("q = %s\n",q);
  compare_result=strcmp(str1,str2);
  printf("compare_result = %d\n",compare_result);
}
```

使用 Dev-C++ 工具编辑、编译和运行这个程序,程序运行结果如图 8-7 所示。

图 8-7　例 8-4 程序运行结果

　　对比发现，strlen 函数参数的定义和应用与 str_length 函数相同，strcpy 函数参数的定义和应用与 str_copy 函数相同，strrev 函数参数的定义和应用与 str_reverse 相同。

　　strcat 函数用于实现字符串的拼接，它将第二个参数指向的字符串拼接到第一个参数指向的字符串尾部。

　　strstr 函数用于查找字符串中的子字符串。例如查找上述字符串中"girl"的位置，该函数通过指针的方式返回子字符串在字符串中第一次出现的位置，所以打印的就是从"girl"开始的字符串。如果需要得到"girl"的下标，可以用 q−p 实现。

　　strcmp 函数用于字符串比较，其一般形式为

```
strcmp(字符串 1,字符串 2)
```

　　字符串比较规则如下：对两个字符串自左至右逐个字符相比（按 ASCII 码值大小比较），直到出现不同的字符或遇到'\0'为止。如果全部字符相同，则认为相等；如果出现不相同的字符，则以第一个不相同的字符的比较结果为准。

　　如果两个字符串都由英文字母组成，则有一个简单的规律：在英文字典中位置在后面的字符串大。还要特别注意：小写字母比大写字母大。

　　strcmp 函数的返回值如下：

　　（1）字符串 1＝字符串 2，返回 0。

　　（2）字符串 1＞字符串 2，返回一个正整数。

　　（3）字符串 1＜字符串 2，返回一个负整数。

◇ 8.5　鸿蒙 OS C 语言设备开发实验：点阵显示字母

点阵显示
字母实验
工作原理

8.5.1　点阵显示字母实验工作原理

　　将一个 LED 点阵全部点亮较为简单。如果要在 LED 点阵中显示一个字母，就需要进行扫描。所谓扫描，即先将 LED 点阵的第一行输入设置为高电平，随后根据要显示的图形第一行的像素情况设置每一列的电平。如果设置为低电平表示点亮；如果设置为高电平，则因为没有电压差就不点亮。这样第一行显示完了，此时将 LED 点阵的第一行输入设置为低电平。紧接着进行第二行的显示，这时就要先将第二行的输入设置为高电平，再根据图形第二行的像素情况设置每一列的电平，这样就显示了第二行。如此根据要显示的字母需要进行其余各行点阵的控制，通过快速刷新就能让人眼看到一个"静止"的字母。

点阵显示
字母实验
程序源码

8.5.2　点阵显示字母实验程序源码

　　【例 8-5】　用 C 语言程序控制点阵显示字母。

　　程序代码由程序源码 EMATRIX.c、配置文件 config.json 和 BUILD.gn 组成。

```
/********************************************************************
源程序名:D:\C_Example\8_String\EMATRIX\EMATRIX.c
功能:用 C 语言程序控制点阵显示字母 E
输入数据:无
```

```
输出数据: 见图 8-8
*******************************************************************************/
#include<stdio.h>
#include "time.h"
#include "los_swtmr.h"
#include "los_sys.h"
#include "ohos_init.h"
#include "iot_gpio.h"
#include "iot_gpio_ex.h"
#include "iot_i2c.h"
#include "cmsis_os2.h"
#include<string.h>
#include<stdlib.h>
#include<unistd.h>
#include<stdbool.h>
#define IIC_SDA 0
#define IIC_SCL 1
#define ADDR 0x27                              //0100111
#define IIC_IDX 1
/*
Command Register
0 Input port 0
1 Input port 1
2 Output port 0
3 Output port 1
4 Polarity Inversion port 0
5 Polarity Inversion port 1
6 Configuration port 0
7 Configuration port 1
*/
#define CMD_CFG0 6
#define CMD_CFG1 7
#define CMD_OUT0 2
#define CMD_OUT1 3
UINT32 g_timerCount1 = 0;
UINT32 g_timerCount2 = 0;
int write_iic(uint8_t * data){
    int ret = IoTI2cWrite(IIC_IDX, (ADDR << 1) | 0x00, data, 3);
    //printf("***@@@###$$$ ret = %d\n",ret);
    return ret;
}
//start
uint8_t CFG0[] = {CMD_CFG0,0x0,0x0};                //配置为输出
uint8_t CFG1[] = {CMD_CFG1,0x0,0x0};                //配置为输出
uint8_t OUT0[] = {CMD_OUT0,0x00,0x00};              //输出
uint8_t OUT1[] = {CMD_OUT1,0x00,0x00};              //输出
char alpha[8][9] = {
    "11111111",
    "11100000",
    "11100000",
```

```
    "11111111",
    "11111111",
    "11100000",
    "11100000",
    "11111111"
};
void write_data(char byte1,char byte2){
    uint8_t data[3] = {CMD_OUT0,0x00,0x00};
    data[1] = byte1;
    data[2] = byte2;
    write_iic(data);
    data[0] = CMD_OUT1;
    write_iic(data);
}
void iic(void * args )
{
    int i,j;
    UINT16 id1;                                    //Timer1 id
    UINT16 id2;                                    //Timer2 id
    UINT32 tick;
    printf("iic thread running...\n");
    IoTGpioInit(IIC_SDA);
    IoTGpioInit(IIC_SCL);
    IoTGpioSetFunc(IIC_SDA, IOT_GPIO_FUNC_GPIO_0_I2C1_SDA);
    IoTGpioSetFunc(IIC_SCL, IOT_GPIO_FUNC_GPIO_1_I2C1_SCL);
    IoTI2cInit(IIC_IDX, 400000);
    write_iic(CFG0);
    write_iic(CFG1);
    usleep(20);
    write_iic(OUT0);
    write_iic(OUT1);
    //usleep(1000 * 1000);
    usleep(100);
    while(1)
    {
        for(int i=0;i<8;i++){
            unsigned char hex = 0;
            for(int j=0;j<8;j++){
                hex = hex <<1;
                if(alpha[i][j] == '1'){
                    hex =hex| 0x1;
                }
            }
            write_data(~(1 << i),hex);
            for(int a=0;a<3;a++){printf("delay:%d\r\n",a);}
        }
        printf("set count :%d\r\n",a=a+1);
    }
}
```

```
void iic_entry()
{
    printf("iic_entry called \n");
    osThreadAttr_t attr;
    attr.name = "thread_iic";
    attr.attr_bits = 0U;                    //如果为 1,则可以使用 osThreadJoin 函数
    attr.cb_mem = NULL;                     //控制块的指针
    attr.cb_size = 0U;
    attr.stack_mem = NULL;                  //栈内存指针
    attr.stack_size = 1024 * 4;             //栈大小
    attr.priority = 25;                     //优先级
    if (osThreadNew((osThreadFunc_t)iic, NULL, &attr) == NULL)
    {
        printf("Fail to create thread!\n");
    }
}
APP_FEATURE_INIT(iic_entry);
```

参照第 2 章网页编译的方法,将源程序 EMATRIX.c 的代码复制到网页中进行编译,生成可执行目标代码;也可以参照第 3 章的方法,利用 Visual Studio Code 的 DevEco 工具建立点阵显示字母项目 EMATRIX,编辑程序代码,编译生成可执行目标代码。然后使用USB-Type 数据线连接计算机和开发实验板,利用 HiBurn 工具将可执行目标代码烧录到开发实验板上,按下复位按钮运行点阵显示字母项目程序,程序运行效果如图 8-8 所示。

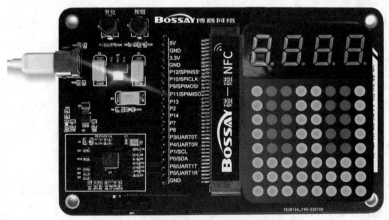

图 8-8 点阵显示字母实验程序运行效果

8.5.3 点阵显示字母实验程序源码解析

程序代码中使用一个二维数组 alpha 定义了字母 E 的像素图,定义 write_data 函数设置 16 个引脚对应的电平。

程序代码中使用 i 变量控制 for 循环实现逐行扫描。对 j 的循环得到和每行文本对应的 hex 值,随后将其写入 I2C 芯片中。其中比较有意思的点在于:其一,使用了不少位移操作实现二进制位的处理,如使用<<实现左移;其二,使用"| 0x1"设置最低位。

需要指出的是,目前鸿蒙 OS 提供的 usleep 函数最低休眠间隔是一个滴答(tick),所以

导致刷新率较低,显示的字母会有轻微闪烁。

◇ 8.6 习　　题

一、单项选择题

1. 以下能正确定义一维数组的选项是(　　)。

　　A. int a[5]={0,1,2,3,4,5};　　　　　　B. char a[]={"01234"};

　　C. char a={'A','B','C'};　　　　　　　D. char a[5]="01234";

2. 设有声明语句 int a=1;,则执行下列语句后的输出结果为(　　)。

```
switch(a)
{
  case 1:printf("**0**"");
  case 2:printf("**1**");break;
  default: printf("**2**");
}
```

　　A. **0**　　　　　B. **0****1**　　　　　C. **1**　　　　　D. **2**

3. 判断字符串 str1 是否等于字符串 str2,应当使用(　　)。

　　A. if(str1==str2)　　　　　　　　B. if(!strcmp(str1,str2))

　　C. if(strcmp(str2,str1)>0)　　　　D. if(strcmp(str1,str2)>0)

二、判断对错题

1. 若有数组定义 char array[]="China";,则数组 array 所占的空间为 5 字节。(　　)

2. 字符串常量就是使用一对英文双引号括起来的一串字符,它有一个结束符'\0'。

(　　)

三、编程题

1. 编写一个程序,判断用户输入的字符串是否为回文并输出结果。

2. 编写一个程序,用户输入一个七进制数,输出对应的十进制数。注:七进制数码为 0~6,逢 7 进 1。

3. 编写一个程序,用户输入一个十进制整数,以七进制形式输出。

4. 编写一个程序,用户输入两个 1000 位的整数,计算这两个大整数的和。

5. 编写一个程序,统计字符串 s 中子串 m 的出现次数。例如,"aaaa"中"aa"出现 3 次。

6. 编写一个程序,用户输入一个作为密码的字符串,检查该密码是否满足长度大于 10 位,同时包含大小写字母和数字的条件,输出结果。

7. 固话号码的格式为 4 位区号加 8 位数字的形式,如 0531-88999911。编写一个程序,检查用户输入的字符串是否是一个合法的固话号码。

8. 编写一个程序,用户输入两个字符串 a 和 b,判断 b 是否是 a 的子串,并输出结果。

9. 编写一个程序,用户输入 3 个城市的拼音,对它们按照 ASCII 码表的顺序进行排序。

10. 编写一个程序,用户输入两个字符串,输出这两个字符串的最大公共前缀。例如,输入"aabbccdd"和"aabdccee",输出"aab"。

11. 编写一个程序,输入一个字符串 string(明文,不超过 20 个大小写字母),再输入一个整型数字 key，将字符串 string 中所有的字符向后移动 key 个位置，得到加密后的字符串（密文）。例如，当 key 为 2 时，字母 A 变换为 C……字母 Y 变换为 A，字母 Z 变换为 B。要求：

（1）自定义加密函数 void encrypt(char ＊string，int key)，实现将字符串 string 中所有的字符向后移动 key 个位置的功能。

（2）编写完整的程序，实现输入字符串、调用 encrypt 函数、输出结果的功能。

四、实验题

编写程序，在鸿蒙 OS 设备开发实验板上以 LED 点阵显示自己选定的字符。

第 9 章

结构体、枚举和共用体

本章主要内容:

(1) 结构体。

(2) 结构体数组。

(3) 结构体指针。

(4) 函数指针。

(5) 枚举。

(6) 共用体。

(7) 四位七段数码管。

什么是结构体

 9.1　什么是结构体

现实世界中的一个实体经常需要使用多个属性描述。例如,学生这个实体就有学号、姓名、性别、身高、年龄等信息。那么,如果要存储 10 个学生的信息,使用前面所学的知识,就需要定义下列 5 个数组变量:

```
int id[10];                    //学号
char name[10];                 //姓名
char xb[2];                    //性别
double height[10];             //身高
int age[10];                   //年龄
```

其中,第一个学生的学号存储在 id[0]中,姓名存储在 name[0]中,性别存储在 xb[0]中,身高存储在 height[0]中,年龄存储在 age[0]中;第二个学生的信息分别存储在这 5 个数组下标为 1 的元素中,以此类推。采用这种存储方法,每个学生的信息是分散的,如果想修改、复制或移动一个学生的信息,就需要修改 5 个数组,非常不方便。是否能用一个数组解决问题? 如果想采用一个数组,那么数组中的每个元素就需要同时保存学号、姓名、性别、身高、年龄这 5 个属性。

C 语言提供了一种数据结构支持这种"拼接"在一起的内存存储形式,这就是结构体。结构体可以将不同类型的变量组合在一起,构成一个复合变量,叫作结构体变量。

上面 10 个学生的信息可以使用结构体变量以下列形式存储:

```
struct student
{
    int id;
    char name[10];
    char xb[2];
    double height;
    int age;
};
struct student s;
struct student stu[10];
```

结构体变量是存储在内存中的。在存储每一个学生信息的结构体变量中,学号占 4 字节,姓名占 10 字节,性别占 2 字节,身高占 8 字节,年龄占 2 字节,如图 9-1 所示。这样,存储一个学生的信息就需要 4+10+2+8+4=28 字节。

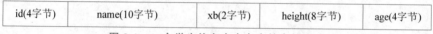

id(4字节)	name(10字节)	xb(2字节)	height(8字节)	age(4字节)

图 9-1　一个学生信息在内存中的存储形式

上面的 C 语言代码展示了 3 个重要的语法:其一是如何声明一个结构体;其二是如何声明一个结构体变量;其三是如何声明一个结构体数组。

结构体的声明语法为,以 struct 保留字为前导,后面跟着结构体名,随后使用花括号将结构体内部数据包含起来,在其中如同声明变量一样声明结构体的构成成分,即

```
struct 结构体名
{
    类型  变量名;
    类型  变量名;
    ...
};
```

需要说明的是,声明了结构体并没有真正创建一个变量,也没有占用任何内存空间,它只是告诉编译器可以用这个“模板”创建一个满足这种内存组织的变量。

通过“struct 结构体名 变量名”的方式创建结构体变量 s。在执行完这条创建结构体变量的语句后,内存中就会真正存在这样一个变量。

结构体数组可以用“struct 结构体名 变量名[数组大小]”的格式定义。上面的代码就定义了一个结构体数组 stu[10]。

◆ 9.2　结构体的使用

9.2.1　使用结构体变量存储平面上点的坐标

为了演示结构体的使用,这里用一个简单的结构体进行演示。平面坐标系中的点由横坐标 x 和纵坐标 y 确定。下面的程序是一个使用点结构体(point)存储平面坐标系中的点的坐标的例子。

使用结构体
变量存储
平面上点
的坐标

【例 9-1】 编写一段程序,使用点结构体(point)存储平面坐标系中点的坐标。

程序代码:

```
/**********************************************************************
源程序名:D:\C_Example\9_Struct\pointStruct.c
功能:使用点结构体(point)存储平面坐标系中点的坐标
输入数据:无
输出数据:见图 9-2
**********************************************************************/
#include<stdio.h>
struct point
{
  double x;
  double y;
};
int main()
{
  struct point p = {1.8,3.2};
  printf("p.x=%f , p.y=%f \n",p.x,p.y);
  printf("p.x=%.2f , p.y=%.2f \n",p.x,p.y);
  p.x = 13.8;
  p.y = 44.3;
  printf("p.x=%.2f , p.y=%.2f \n",p.x,p.y);
}
```

使用 Dev-C++ 工具编辑、编译和运行这个程序,程序运行结果如图 9-2 所示。

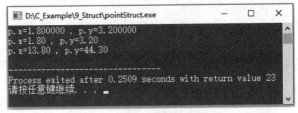

图 9-2 例 9-1 程序运行结果

在声明结构体 point 时,通过花括号语法给出了结构体的初始值,1.8 被赋予 p 中的 x,
3.2 被赋予 p 中的 y,按照先后顺序进行一一对应赋值。可以通过访问 p.x 获取或设置 p 中
x 的值,p.y 与之类似。

使用结构体
变量计算
平面上两个
点的距离

9.2.2 使用结构体变量计算平面上两个点的距离

求平面上两个点的距离是经常遇到的问题。例 9-2 就是使用 C 语言编写的利用点结构
体计算平面上两点距离的程序。

【例 9-2】 编写一段程序,使用点结构体(point)计算平面坐标系中两个点的距离。

程序代码:

```
/**********************************************************************
源程序名:D:\C_Example\9_Struct\distanceStruct.c
```

```
功能:使用点结构体(point)计算平面坐标系中两点的距离
输入数据:无
输出数据:见图 9-3
**********************************************************************************/
#include<stdio.h>>
struct point
{
  double x;
  double y;
};
double dist(struct point a , struct point b)
{
  return sqrt((a.x-b.x) * (a.x-b.x) + (a.y-b.y) * (a.y-b.y) );
}
int main()
{
  struct point p = {1.2,3.3};
  struct point q = {2.3,5.6};
  printf("d = %lf \n",dist(p,q));
}
```

使用 Dev-C++ 工具编辑、编译和运行这个程序,程序运行结果如图 9-3 所示。

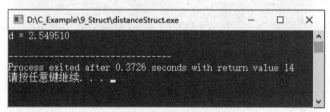

图 9-3 例 9-2 程序运行结果

在上面的程序中,定义了一个求平面上两点距离的函数 dist。该函数的参数是两个点结构体变量 a 和 b。p 和 q 是平面坐标系中的两个点,在程序运行时会将 main 函数中两个实参的值赋予两个形参,即,点 p 的值赋予 a,点 q 的值赋予 b,这是一次值的复制,复制后 p 和 a 相互独立,修改 a 的值并不会影响到 p,q 和 b 也是这样,这种传递参数的方式叫作传值。

为了验证上面的描述,可以简单写一个如下的测试程序。a.x 的值为 1.0,传递给 p,然后修改 p 的 x 为 0,但 a.x 值仍然为 1.0。

【例 9-3】 编写一段程序,验证点结构体(point)参数的传值操作。
程序代码:

```
/**********************************************************************************
源程序名:D:\C_Example\9_Struct\value_pass.c
功能:验证点结构体(point)参数的传值操作
输入数据:无
输出数据:见图 9-4
**********************************************************************************/
#include<stdio.h>
```

```
struct point
{
  double x;
  double y;
};
void test(struct point p)
{
  printf("修改前 p.x=%lf\n",p.x);
  p.x = 0;
  printf("修改后 p.x=%lf\n",p.x);
}
int main()
{
  struct point a = {1.0,2.0};
  test(a);
  printf("a.x=%lf \n",a.x);
}
```

使用 Dev-C++ 工具编辑、编译和运行这个程序,程序运行结果如图 9-4 所示。

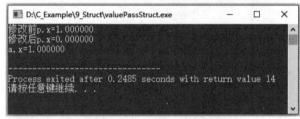

图 9-4　例 9-3 程序运行结果

类型定义关
键字 typedef

◆ 9.3　类型定义关键字 typedef

上面介绍了结构体的声明、结构体变量对象的创建和参数传递。下面对前面定义的结构体 student 进行修改。首先添加了类型定义关键字 typedef,在大括号以后也添加了 stu 这个标识符。

```
typedef struct student
{
  int id;                    //学号
  char name[10];             //姓名
  char xb[2];                //性别
  double height;             //身高
  int age;                   //年龄
  double weight;             //体重
  double bmi;                //肥胖指数
} stu;
```

typedef 用来定义一个与 int、char、double 具有同样地位的新的数据类型,它相当于给了源类型一个新的名称。其语法如下：

```
typedef　源类型　目标类型；
```

下面 3 个语句给出了 typedef 的 3 个具体例子：

```
typedef unsigned char U8;
typedef int S32;
typedef short wchar;
```

第一个语句声明了一个新类型 U8，它等价于 unsigned char；第二个语句声明了 S32，它等价于 int；第三个语句声明了新类型 wchar，它是一个两字节变量，可以用来表示双字节字符，如 Unicode 编码字符。

回到结构体的声明。typedef 给结构体 student 取了一个新的名字 stu。使用 stu 定义变量和使用 int 定义变量的语法一致，直接用"变量类型 变量名；"的形式。下面的两个语句是等价的：

```
struct student s;
stu s;
```

可以看到第二个语句的写法更加简单。

另外，使用 typedef 后，struct 后面的结构体名也是可以省略的，如下所示：

```
typedef struct
{   int x,y;
} point;
```

这里的结构体没有给出名字，称为匿名结构体。给结构体取名字就是为了使用它声明变量。现在使用了 typedef，就可以直接使用类型名，而无须给结构体取名了。

◆ 9.4　结构体指针及其应用

结构体指针
及其应用

结构体指针是指向结构体变量的指针，也就是在指针变量内保存结构体变量的地址。在下面的例 9-4 程序中，用结构体指针作为函数参数，实现了结构体变量的地址传递。

【例 9-4】　编写一个程序，实现计算学生肥胖指数的算法，验证结构体指针参数的传址应用。

程序代码：

```
/**********************************************************************
源程序名:D:\C_Example\9_Struct\bmi.c
功能：验证结构体指针参数的传址应用
输入数据:无
输出数据:见图 9-5
**********************************************************************/
#include<stdio.h>
```

```
typedef struct student
{
  int id;                              //学号
  char name[10];                       //姓名
  char xb[2];                          //性别
  double height;                       //身高（单位：厘米）
  int age;                             //年龄
  double weight;                       //体重（单位：千克）
  double bmi;                          //肥胖指数
} stu;
double bmi(double height,double weight)
{
  double h2 = height * height/100/100;
  return weight/h2;
};
void stu_bmi(stu * s)
{
  printf("指针访问结构体变量\n");
  printf("s:id=%d\n",s->id);
  printf("s:name=%s\n",s->name);
  printf("s:xb=%s\n",s->xb);
  printf("s:height=%6.2fcm\n",s->height);
  printf("s:age=%d\n",s->age);
  printf("s:weight=%6.2fkg\n",s->weight);
  printf("计算前 s:bmi = %lf\n",s->bmi);
  s->bmi = bmi(s->height,s->weight);
}
int main()
{
  stu a = {1001,"张三","男",170,18,60,0};
  stu_bmi(&a);
  printf(".运算符访问结构体变量\n");
  printf("a:id=%d\n",a.id);
  printf("a:name=%s\n",a.name);
  printf("a:xb=%s\n",a.xb);
  printf("a:height=%6.2fcm\n",a.height);
  printf("a:age=%d\n",a.age);
  printf("a:weight=%6.2fkg\n",a.weight);
  printf("计算后 a:bmi = %lf",a.bmi);
}
```

使用 Dev-C++ 工具编辑、编译和运行这个程序，程序运行结果如图 9-5 所示。

代码中变量 a 是 stu 类型，某学生的初始值通过花括号语法进行了初始化，学号为 1001，姓名为张三，性别为男，身高为 170cm，年龄为 18，体重为 60kg。

代码中出现了运算符"."和"->"，这两个运算符都是用来访问结构体内部变量的运算符，其中"."运算符是结构体变量访问结构体内部变量的运算符。例如，a 是一个 stu 结构体变量，用 a 这个 stu 结构体变量访问 stu 结构体内部变量，就用 a.id、a.name、a.xb 等。而"->"运算符是结构体指针变量访问 stu 结构体内部变量的运算符。例如，s 是一个 stu 结

图 9-5 例 9-4 程序运行结果

构体指针变量,用 s 这个 stu 结构体指针变量访问 stu 结构体内部变量,就用 s->id、s->name、s->xb 等。

在 main 函数中,利用 stu_bmi(&a)函数将 stu 结构体变量 a 的地址传递给 stu 结构体指针变量 s,也就是指针 s 指向变量 a。然后在 stu_bmi 函数中调用 bmi 函数,调用时利用 s->height 获得变量 a 的 height,利用 s->weight 获得变量 a 的 weight,从而通过计算获得学生肥胖指数的值并将其赋予 s->bmi,也就是赋予 a.bmi。

◇ 9.5 函数指针及其应用

函数指针及其应用

函数指针是保存函数地址的指针,也就是将函数的地址保存在一个指针变量中,使这个指针指向一个函数,从而可以使用这个指针调用函数。下面的例 9-5 程序是分别根据 height 和 weight 对学生进行升序排序的例子。排序的算法是一样的,都是按照身高或体重的值从小到大进行排序,排序函数的语句基本相同,区别在于是根据身高还是根据体重进行排序。为了避免写两个雷同的排序函数,利用函数指针的语法特性解决这个问题。

【例 9-5】 编写一个程序,实现对学生分别按身高和体重进行排序,验证函数指针的应用。

程序代码:

```
/*********************************************************************
源程序名:D:\C_Example\9_Struct\sort_stu.c
功能:验证点结构体(point)指针参数的传址应用
输入数据:无
输出数据:见图 9-6
*********************************************************************/
#include<stdio.h>
#define N 100
//定义学生信息结构体
typedef struct student
{
```

```c
    int id;
    char name[10];
    char xb[2];
    double height;
    int age;
    double weight
} stu;
//输入学生信息的函数
void input(stu * sTmp,int no)
{
    printf("please input the %d student information:\n",no);
    printf("student id:");
    scanf("%d",&sTmp->id);
    printf("student name:");
    scanf("%s",sTmp->name);
    printf("student xb:");
    scanf("%s",sTmp->xb);
    printf("student height:");
    scanf("%lf",&sTmp->height);
    printf("student age:");
    scanf("%d",&sTmp->age);
    printf("student weight:");
    scanf("%lf",&sTmp->weight);
}
//函数指针
int (* cmp_fun)(stu* a,stu* b);
//对学生按身高进行排序的函数
int height_cmp(stu* a,stu* b)
{
    return a->height - b->height;
}
//对学生按体重进行排序的函数
int weight_cmp(stu* a,stu* b)
{
    return a->weight - b->weight;
}
//对学生进行排序的函数
void sort(stu* sa,int n,int (* cmp)(stu* a,stu* b))
{
    int i,j,min;
    stu t;
    for(i = 0;i<n-1;i++)
    {
        min = i;
        for(j = i+1;j<n;j++)
        {
            if( cmp(&sa[j],&sa[min])<0 ) min = j;    //找到一个更小的
        }
        if(min != i)
```

```
        { //如果最开始的值不是最小的,就交换
            t = sa[min];
            sa[min]= sa[i];
            sa[i] = t;
        }
    }
}
//显示学生信息的函数
void print_stu(stu * s)
{
    printf("student: {%d , %s , %s , %8.2f, %d, %8.2f}\n",s->id,s->name,s->xb,
s->height,s->age,s->weight);
    putchar('\n');
}
int main()
{
    int i,number;
    stu s[N];
    printf("please input the student number:");
    scanf("%d",&number);                        //输入学生个数
    for(i=0;i<number;i++)
        input(&s[i],i+1);                       //输入学生信息
    printf("sort before:\n");                   //排序前学生信息
    printf("学生信息:{学号   姓名   性别     身高     年龄      体重   }\n");
    for(i=0;i<number;i++)
        print_stu(&s[i]);
    sort(s,number,height_cmp);                  //按身高进行排序
    printf("height sort after:\n");             //按身高排序后的学生信息
    for(i=0;i<number;i++)
        print_stu(&s[i]);
    //使用函数指针的另一种方式
    cmp_fun = weight_cmp;                       //函数指针指向按体重排序的函数
    sort(s,number,cmp_fun);                     //按体重进行排序
    printf("weight sort after:\n");             //按体重排序后的学生信息
    for (i=0;i<number;i++)
        print_stu(&s[i]);
}
```

使用 Dev-C++ 工具编辑、编译和运行这个程序,程序运行结果如图 9-6 所示。

在图 9-6 中,左边的图是学生信息的输入,右边的图是学生信息的输出。首先输入的是要排序的学生个数,这里输入的是 5。接下来分 5 次输入学生信息,每次输入一个学生的学号、姓名、性别、身高、年龄和体重。输入完成后,首先将学生信息按照输入的顺序输出一次;然后按照学生身高从低到高进行排序,按照排序结果输出 5 个学生的信息;最后按照体重从轻到重进行排序,按照排序结果输出 5 个学生的信息。

下面分析排序算法。

通过 typedef struct student{***}stu;不但定义了一个结构体用来存储学生的信息,而且将 stu 定义为该结构体的数据类型。

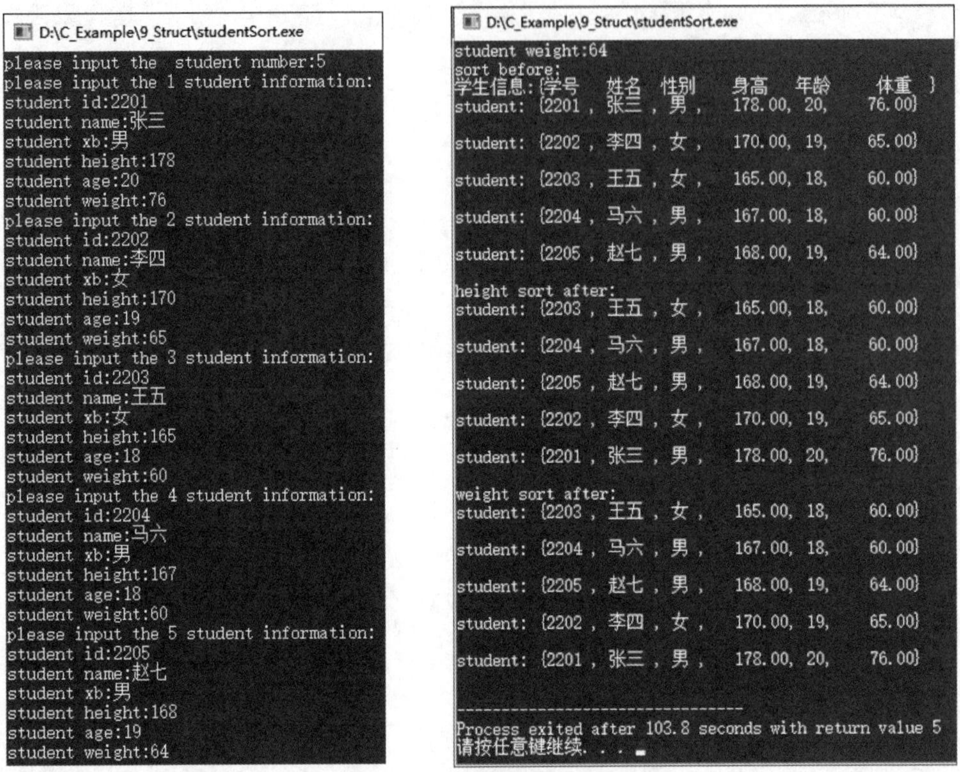

图 9-6 例 9-5 程序运行结果

　　为了便于修改参与排序的学生人数,在程序第 2 行利用 ♯define N 100 的宏定义使 N 等价于 100,通过 main 函数中的 stu s[N];定义了一个大小为 100 的结构体数组,提供最多为 100 个学生进行信息输入、存储和排序的能力。只需修改 100 这个数字,也就修改了 N。为了灵活处理参加排序的学生人数,在 main 函数中还定义了 number,在程序运行时由用户输入这个整数,决定本次运行程序时需要输入和排序的学生人数,当然前提是 number≤N。

　　input(stu * sTmp,int no)函数用来输入学生的信息。该函数有两个参数：第一个参数 * sTmp 是一个结构体指针变量,用来指向一个保存输入的学生信息的结构体变量；第二个参数 no 用来指明当前正在输入第几个学生的信息。

　　print_stu(stu * s)函数用来输出学生的信息。该函数的参数也是一个结构体指针变量,用来指向一个准备输出的保存了学生信息的结构体变量。

　　程序中下面这几行代码比较特殊：

```
int (* cmp_fun)(stu* a,stu* b);
int height_cmp(stu* a,stu* b)
{
    return a->height - b->height;
}
int weight_cmp(stu* a,stu* b)
{
    return a->weight - b->weight;
}
```

其中,第一行语句声明了一个名为 cmp_fun 的函数指针。函数指针实际上指向存放函数代码的内存空间的首地址,也就是说,函数指针保存了函数代码内存空间的首地址。

　　函数指针的写法比数值类型指针复杂。一个整型的指针用 int * 就可以表示;但一个函数有参数个数、参数类型、返回值类型需要表示,所以定义函数指针时就比较复杂。可以看到,cmp_fun 的写法基本上和函数的前置声明相似,不同点在于 cmp_fun 前加了星号并用小括号括起。写成 int (* cmp_fun)(stu * a,stu * b);,则 cmp_fun 就是函数指针,它既可以指向 height_cmp 函数,也可以指向 weight_cmp 函数。也就是说,用 cmp_fun 函数指针可以调用这两个函数,因为这两个函数在返回值类型和参数类型上均和函数指针 cmp_fun 一致,它们不但参数完全匹配,而且返回值也都是整型的。在上面的程序中,以下两行就实现了函数指针 cmp_fun 对 weight_cmp 函数的调用:

```
cmp_fun = weight_cmp;              //函数指针 cmp_fun 指向 weight_cmp 函数
sort(s,number,cmp_fun);           //使用函数指针 cmp_fun 调用 weight_cmp 函数
```

如果不加这个圆括号,写成以下两种形式,则意义就完全不同了。

```
int * cmp_fun(stu * a,stu * b);
int * cmp_fun(stu * a,stu * b);    //上一行的等价写法
```

　　上面第一种对 * cmp_fun 两边不加圆括号的写法没有将 cmp_fun 定义成函数指针,而是声明函数 cmp_fun(stu * a,stu * b)的返回值类型为 int *,也就是说函数 cmp_fun(stu * a,stu * b)的返回值是一个整型指针。第二种写法与第一种写法完全等价,即不论星号靠近 int 还是靠近函数名都没有区别。

　　为什么这两行等价呢? 因为 C 语言编译器会先把程序分割成一个个单词,随后再做其他处理,这个步骤称为词法分析。上述两行代码都会被拆分为下面的形式:

```
int   *   cmp_fun  (  stu  *  a  ,  stu  *  b  )
```

所以上面两种写法是等价的。

　　weight_cmp 和 height_cmp 这两个函数的返回值使用两个值相减得到,例如,height_cmp 函数使用 a- >height - b- >height 语句。如果 a 的身高值小,返回负数;如果 a 的身高值与 b 相同,返回 0;如果 a 的身高值大,返回正数。这样就可以确定两个数的大小关系。

　　程序中的排序函数是选择排序,与 7.1.7 节的排序算法原理相同,只是参数数量和类型发生了少许变化:第一个参数为 stu *,这是一个学生数组;第二个参数 n 表示数值中元素的个数;第三个参数为函数指针,变量名为 cmp,指向排序函数。

◆ 9.6　枚　　举

9.6.1　什么是枚举

　　枚举(enumeration)是 C 语言中的一种基本数据类型,它可以让数据更简洁,更易读。定义枚举的语法格式为

```
enum  枚举名  {枚举元素 1,枚举元素 2,…};
```

例如,一星期有 7 天,如果不用枚举,需要使用 #define 为表示这 7 天的每个整数定义一个别名:

```
#define MON 1
#define TUE 2
#define WED 3
#define THU 4
#define FRI 5
#define SAT 6
#define SUN 7
```

这个看起来代码量比较多,如果使用枚举的方式可如下定义:

```
enum DAY
{
  MON=1, TUE, WED, THU, FRI, SAT, SUN
};
```

这样看起来更简洁了。

注意:第一个枚举成员的默认值为整型的 0,后续枚举成员的值在前一个成员的值上加 1。当然,也可以如上述例子那样把第一个枚举成员的值定义为 1,第二个就为 2,以此类推。

也可以在定义枚举类型时改变枚举元素的值,例如:

```
enum season {spring, summer=3, autumn, winter};
```

没有指定值的枚举元素,其值为前一元素的值加 1。因此枚举 season 中 4 个元素的值为:spring 的值为 0,summer 的值为 3,autumn 的值为 4,winter 的值为 5。

前面只是声明了枚举类型,接下来看看如何定义枚举变量。

可以通过以下 3 种方式定义枚举变量。

(1) 先定义枚举类型,再定义枚举变量。例如:

```
enum DAY
{
    MON=1, TUE, WED, THU, FRI, SAT, SUN
};
enum DAY day;
```

(2) 在定义枚举类型的同时定义枚举变量。例如:

```
enum DAY
{
    MON=1, TUE, WED, THU, FRI, SAT, SUN
} day;
```

（3）省略枚举名称，直接定义枚举变量。例如：

```
enum
{
    MON=1, TUE, WED, THU, FRI, SAT, SUN
} day;
```

下面通过一个例子看看枚举类型变量的使用。

【例 9-6】　编写一段程序，检验枚举类型变量的使用。

程序代码：

```
/*******************************************************************
源程序名：D:\C_Example\9_Struct\enumType.c
功能：检验枚举类型变量的使用
输入数据：无
输出数据：见图 9-7
*******************************************************************/
#include<stdio.h>
enum DAY
{
  MON=1, TUE, WED, THU, FRI, SAT, SUN
} day;
int main()
{
  //遍历枚举元素
  for(day = MON; day <= SUN; day++)
  {
    printf("枚举元素:%d \n", day);
  }
}
```

使用 Dev-C++ 工具编辑、编译和运行这个程序，程序运行结果如图 9-7 所示。

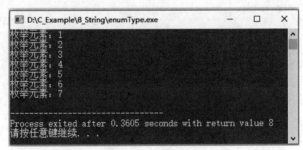

图 9-7　例 9-6 程序运行结果

9.6.2　枚举案例：迷宫寻路

迷宫游戏是常见的一种益智游戏，一般分为多个关卡，每个关卡包含一张迷宫地图。玩家需要控制游戏中的角色在迷宫中行进并找到出口。为了能编制程序让计算机实现一个自动寻路的迷宫游戏，需要考虑下面几个问题：

枚举案例：
迷宫寻路

（1）如何表示一个迷宫。

（2）如何进行寻路。

首先考虑第一个问题：迷宫的表示。迷宫一般使用二维的表格形式表示，可以使用二维数组表示二维的表格，也就是表示迷宫。下面的语句声明了一个 3 行 4 列的整型二维数组：

```
int map[3][4];
```

这个数组实际上由 3×4＝12 个整型数字构成。在内存中先存储第一行，然后紧接着存储第二行、第三行和第四行，如下所示：

a[0][0]	a[0][1]	a[0][2]	a[0][3]	a[1][0]	a[1][1]	a[1][2]	a[1][3]	a[2][0]	a[2][1]	a[2][2]	a[2][3]

和一维数组相似，在声明二维数组时，可以紧跟着一个常量数组，用来给二维数组的元素赋初值。例如：

```
int map[3][4] =
{
    {1,2,3},
    {4,5,6}
};
```

在这个例子中，声明了一个 3 行 4 列的数组，使用花括号给出了初始值。但 map 每行有 4 个元素，即列数为 4，然而初始值每行只给了 3 个值。这种写法符合语法，未写的部分默认填 0。该数组有 3 行，然而初始值只给了两行的数据，剩余的行默认被编译器赋值为 0。

其次考虑第二个问题：如何寻路。这里用深度优先搜索的算法解决寻路问题，其核心思想是尝试所有可能的路径，直到找到出口。

【例 9-7】 编写一段程序，模拟实现迷宫寻路游戏。

程序代码：

```
/*********************************************************************
源程序名:D:\C_Example\9_Struct\mazeGame.c
功能：模拟实现迷宫寻路游戏
输入数据:无
输出数据:见图 9-8
*********************************************************************/
#include<stdio.h>
enum block
{
  blank,
  wall,
  enemy=3,
  visited=4
};
int map[8][8]=
{
```

```
     {0, 0, 0, 1, 1, 1, 1, 1},
     {1, 1, 0, 1, 1, 1, 1, 1},
     {1, 0, 0, 0, 0, 0, 0, 1},
     {1, 1, 1, 1, 1, 1, 0, 1},
     {1, 0, 0, 3, 0, 0, 0, 1},
     {1, 1, 1, 1, 1, 1, 0, 1},
     {1, 1, 1, 1, 1, 1, 0, 0},
     {1, 1, 1, 1, 1, 1, 1, 0},
};
struct path
{
   int r;
   int c;
};
struct path arr[64];
int arr_idx = 0;
int start_r = 0;                          //入口位置的行号
int start_c = 0;                          //入口位置的列号
int end_r = 7;                            //出口位置的行号
int end_c = 7;                            //出口位置的列号
int walk(int r, int c)
{
   int succ = 0;
   if(map[r][c] != 0)
   {
     return 0;
   }
   //如果找到了终点
   printf("walk? [%d, %d]\n", r, c);
   if(r == end_r && c == end_c )
   {
     return 1;
   }
   map[r][c] = visited;
   //尝试往下走
   if(r+1< 8 && map[r+1][c] == blank)
   {
     succ = walk(r+1, c);
     if(succ) return succ;
     else printf("back to [%d, %d]\n", r, c);
   }
   //尝试往左走
   if(c-1>=0 && map[r][c-1] == blank)
   {
     succ = walk(r, c-1);
     if(succ) return succ;
     else printf("back to [%d, %d]\n", r, c);
   }
   //尝试往右走
   if(c+1< 8 && map[r][c+1] == blank)
```

```
{
  succ = walk(r,c+1);
  if(succ) return succ;
  else printf("back to [%d,%d]\n",r,c);
}
//尝试往上走
if(r-1>=0 && map[r-1][c] == blank)
{
  succ = walk(r-1,c);
  if(succ) return succ;
  else printf("back to [%d,%d]\n",r,c);
}
map[r][c] = blank;
return 0;
}
int main()
{
  walk(start_r,start_c);
}
```

使用 Dev-C++ 工具编辑、编译和运行这个程序,程序运行结果如图 9-8 所示。

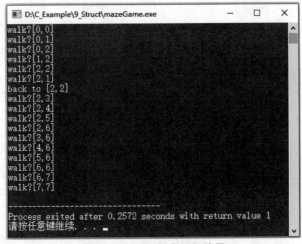

图 9-8　例 9-7 程序运行结果

代码中使用 enum 定义了 4 种类型,并在 walk 函数中使用了这些枚举。在 walk 函数中首先判断当前节点是否是空地(blank),如果不是则返回失败。随后判断是否已经到达终点。如果到达终点,则返回成功;如果未到达终点,则将当前位置标为 visited,表示已经访问过,以避免一个位置被多次处理。随后尝试往下、往左、往右、往上行走。在尝试之前要做两个判断:其一,是否已经到达了边界;其二,是否是空地。如果到达边界或者不是空地则不处理。在尝试中,如果递归调用的 walk 函数返回 1,说明找到了出口,这时候就直接返回,无须再尝试其他可能;如果没有找到出口,则回到当前位置,即位置仍在当前的 r 行 c 列。在尝试完 4 个方向后仍未找到终点,则将 r 行 c 列位置由 visited 改回 blank。

程序运行结果如图 9-8 所示,程序顺利地找到了出口。其中走过一次弯路,即[2,2]→

[2,1]→[2,2],这是走了死路并退回上一步。

◆ 9.7　共　用　体

共用体(union)是一种特殊的数据类型,这种数据类型允许在相同的内存位置存储不同类型的数据。可以定义一个由多个成员组成的共用体,但是任何时候都只能有一个成员有值。共用体在有些书中也被称为联合体。

共用体的一般定义方式为

```
union 共用体名 {成员表列} 变量表列;
```

例如:

```
union data{int n;char ch;short m};
a,b;
```

共用体变量的初始化方法如下:

```
a.n = 12;                     //初始化共用体为第一个成员
a.ch = 'A';                   //初始化共用体为第二个成员
a.m = 7;                      //初始化共用体为第三个成员
b = a;                        //把共用体变量初始化为另一个共用体
```

共用体有以下特点:

(1)同一个内存段可以用来存放几种不同类型的成员,但是在每一时刻只能存放其中的一种,而不是同时存放几种。换句话说,每一时刻只有一个成员起作用,其他的成员不起作用。

(2)共用体变量中起作用的成员是最后一次存放的成员。在存入一个新成员后,原有成员就失去作用。

(3)共用体变量和它的各个成员都位于同一地址。

(4)不能对共用体变量名赋值,也不能通过引用变量名得到一个值。

(5)共用体类型可以出现在数组的定义中,也可以定义共用体数组。结构体也可以出现在共用体类型的定义中,数组也可以作为共用体的成员。

(6)共用体变量也可以作为函数的参数和返回值。

【例 9-8】　编写一段程序,验证共用体变量的定义和使用。

程序代码:

```
/***************************************************************
源程序名:D:\C_Example\9_Struct\unionVariable.c
功能:验证共用体变量的定义和使用
输入数据:无
输出数据:见图 9-9
***************************************************************/
```

```
#include<stdio.h>
union data
{
  int n;
  char ch;
  short m;
};
int main()
{
  union data a;
  printf("%ld, % ld\n", sizeof(a), sizeof(union data));
  a.n = 0x40;
  printf("%X, %c, %X\n", a.n, a.ch, a.m);
  printf("%d, %c, %d\n", a.n, a.ch, a.m);
  a.ch = '9';
  printf("%X, %c, %X\n", a.n, a.ch, a.m);
  a.m = 0x2059;
  printf("%X, %c, %X\n", a.n, a.ch, a.m);
  a.n = 0x3E25AD54;
  printf("%X, %c, %X\n", a.n, a.ch, a.m);
  return 0;
}
```

使用 Dev-C++ 工具编辑、编译和运行这个程序,程序运行结果如图 9-9 所示。

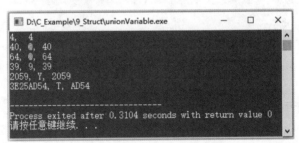

图 9-9 例 9-8 程序运行结果

上面的程序定义了名为 data 的共用体。3 个不同类型的变量 n、ch、m 共用一块内存空间。其中整型变量 n 占用 4 字节,字符型变量 ch 占用 1 字节,短整型变量 m 占用 2 字节,所以整个共用体占用 4 字节即可。空间的第一字节用来存储 ch,空间的前两字节用来存储 m,空间的 4 字节用来存储 n。

程序首先对变量 a 和共用体 data 占用内存字节数进行了输出,都为 4。

程序随后对 n 赋值为 0x40。此时共用体中的 4 字节分别为 0x40、0x00、0x00 和 0x00。打印时,访问 a.ch 时值为 0x40,对应 ASCII 字符@。访问 a.m 时,值为前两字节 0x40、0x00,因为是小端序(先存低位,后存高位),所以 a.m 为 0x0040。也就是说内存中这 4 字节是什么完全看程序如何理解它。如果访问第一字节,那么它就是一个字符;如果访问前两字节,那么它就是一个短整型数;如果 4 字节放在一起,就可以理解为一个整型数。共用体 data 内存使用情况如图 9-10 所示。

那么,程序怎样确定如何理解一块内存呢? 其奥秘就是变量类型。例如,这 4 字节的内

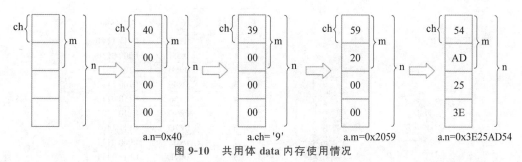

图 9-10 共用体 data 内存使用情况

存存储了 0xffffffff。如果是一个整型数,其值就是 −1;如果是无符号整型数,其值就是
4 294 967 295。

◇ 9.8 鸿蒙 OS C 语言设备开发实验:四位七段数码管

9.8.1 四位七段数码管实验设备及其工作原理

四位七段数
码管实验设
备及其工作
原理

七段数码管是用来显示数字的设备,广泛应用于各种场景中。日常生活中的时钟、电梯
楼层显示等都使用了这种设备。七段数码管实际上由 7 个 LED 构成,加上小数点对应的数
码管是 8 个数码管,可以和一字节的 8 位对应。四位七段数码管是由并排的 4 个七段数码
管构成的,如图 9-11 所示。

图 9-11 四位七段数码管

如图 9-12 所示,一个七段数码管一般有 8 个引脚,分别对应 8 个 LED。七段数码管分
共阴极和共阳极两种,图 9-12 所示的数码管为共阴极数码管,即所有 LED 的阴极接在一
起,这样需要给输入引脚高电平才能点亮对应的 LED。如果要显示数字,应该给出怎样的
字码呢?图 9-12 给出了 0～9 和 A～F 的对应字码。例如,0x3F 为 0 的字码,对应二进制位
0011 1111。这会使得 abcdef 点亮,g 不点亮,这样就会显示出 0 的字样。其他字符的显示
原理与此相同。

四位七段数码管的显示原理与 8.5 节点阵显示字母实验的显示原理差不多,都需要刷新。
如图 9-13 所示,TM1637 芯片有 a～h 共 8 个数码管的输入,还有 4 个选通信号。GR1 选通(拉
高)时表示当前在 a～h 上输入的是第一个数码管的数值,其他类似。这种通过选通实现引脚

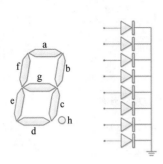

显示字符	字码	hgfedcba
0	0x3F	0011 1111
1	0x06	0000 0110
2	0x5B	0101 1011
3	0x4f	0100 1111
4	0x66	0110 0110
5	0x6D	0110 1101
6	0x7D	0111 1101
7	0x07	0000 0111
8	0x7F	0111 1111
9	0x6F	0110 1111
A	0x77	0111 0111
B	0x7C	0111 1100
C	0x39	0011 1001
D	0x5E	0101 1110
E	0x79	0111 1001
F	0x71	0111 0001

图 9-12　七段数码管以及 0~9 和 A~F 的字码

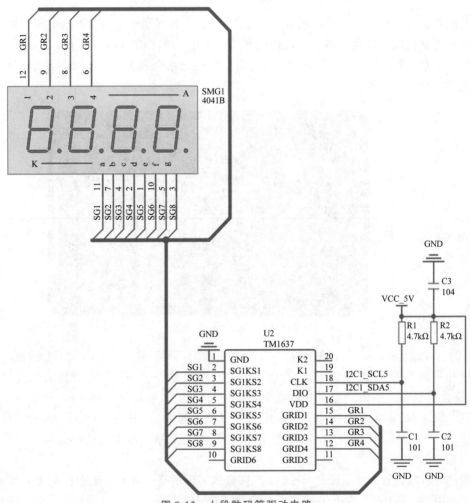

图 9-13　七段数码管驱动电路

复用的方式减少了引脚的占用,即原本需要 4×8＝32 个引脚,现在只需要 12 个引脚(接地引脚未算在内)。虽然这种方式减少了引脚的占用,但是需要通过程序控制进行快速刷新。

　　在实际应用中一般使用专门的数码管驱动芯片驱动数码管。本实验中的扩展板使用 TM1637 作为数码管驱动芯片,这个芯片使用了一个非标准的 I2C 协议进行通信,导致无法使用系统提供的通用的 I2C 程序对芯片进行读写,只能由开发者自己编码实现该芯片要求的时序,这对初学者来说有点困难,所以本书将实现这些功能的编码封装成 iic_my.c、iic_my.h、tm1637.h 和 tm1637.c 这 4 个类库文件。在实验中,只需要调用这些函数即可实现数码管显示功能。

9.8.2　四位七段数码管实验程序源码

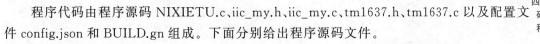

四位七段数码管实验程序源码

【例 9-9】　四位七段数码管实验。

　　程序代码由程序源码 NIXIETU.c、iic_my.h、iic_my.c、tm1637.h、tm1637.c 以及配置文件 config.json 和 BUILD.gn 组成。下面分别给出程序源码文件。

1. 主程序 NIXIETU.c 文件

程序代码:

```
/********************************************************************************
源程序名:D:\C_Example\9_Struct\NIXIETU\NIXIETU.c
功能:用 C 语言程序控制四位七段数码管显示 4 位整数
输入数据:无
输出数据:见图 9-11
********************************************************************************/
#include<stdio.h>
#include "ohos_init.h"
#include "iot_gpio.h"
#include "iot_gpio_ex.h"
#include "cmsis_os2.h"
#include "tm1637.h"
#include "iot_errno.h"
#include<stdio.h>
#include<string.h>
#include<unistd.h>
int led_state = 1;
static TM1637Tube_ts sDisplayData;
#define OUT_GPIO13 13
#define OUT_GPIO2 2
void tm1637(void* args)
{
  //设置选择器
  IoTGpioInit(OUT_GPIO13);
  IoTGpioSetFunc(OUT_GPIO13, IOT_GPIO_FUNC_GPIO_13_GPIO);
  IoTGpioSetDir(OUT_GPIO13, IOT_GPIO_DIR_OUT);   //设置为输出模式
  IoTGpioInit(OUT_GPIO2);
  IoTGpioSetFunc(OUT_GPIO2, IOT_GPIO_FUNC_GPIO_2_GPIO);
  IoTGpioSetDir(OUT_GPIO2, IOT_GPIO_DIR_OUT);   //设置为输出模式
  IoTGpioSetOutputVal(OUT_GPIO2, 0);
```

```
IoTGpioSetOutputVal(OUT_GPIO13, 1);
printf("button thread running...\n");
TM1637_Init(0,1);
TM1637_Switch(1);                              //开显示
TM1637_SetBrightness(0x87);                    //设置亮度
TM1637_WriteCmd(0x44);                         //写数据到寄存器,固定地址模式
int i = 0;
while(1)
{
  //IIC_Stop();
  sDisplayData.tube0 = i / 1000;
  sDisplayData.tube1 = i % 1000 / 100;
  sDisplayData.tube2 = i % 100 / 10;
  sDisplayData.tube3 = i % 10 ;
  //memset(&sDisplayData, 0x8, sizeof(sDisplayData));
  TM1637_TubeDisplay(sDisplayData);
  usleep(1000 * 1000);
  i++;
  }
}
APP_FEATURE_INIT(tm1637);
```

2. iic_my.h 文件
程序代码：

```
#include "iot_gpio.h"
#include "iot_gpio_ex.h"
#include "cmsis_os2.h"
#include "tm1637.h"
#include "iot_errno.h"
#include<stdio.h>
#include<string.h>
#include<unistd.h>
#define IIC_SdaModeOut()   IoTGpioSetDir(IIC_SDA,IOT_GPIO_DIR_OUT)
#define IIC_SdaModeIn()    IoTGpioSetDir(IIC_SDA,IOT_GPIO_DIR_IN)
#define IIC_SdaOutput_H()  IoTGpioSetOutputVal(IIC_SDA,1)
#define IIC_SdaOutput_L()  IoTGpioSetOutputVal(IIC_SDA,0)
#define IIC_SclModeOut()   IoTGpioSetDir(IIC_CLK,IOT_GPIO_DIR_OUT)
#define IIC_SclModeIn()    IoTGpioSetDir(IIC_CLK,IOT_GPIO_DIR_IN)
#define IIC_SclOutput_H()  IoTGpioSetOutputVal(IIC_CLK,1)
#define IIC_SclOutput_L()  IoTGpioSetOutputVal(IIC_CLK,0)
#define uint8_t unsigned char
#define delay_us(v) osDelay(1);
/*
说明:标准 I2C(IIC)协议传输数据时为 MSB 方式,即高位在前,低位在后;但有些器件为 LSB 方
式,即低位在前,高位在后,如 TM1637 数码管驱动芯片
*/
#define IIC_LSB            //定义了 LSB 方式,则 I2C 在数据传输时低位在前
void IIC_SetPort(int sda, int clk);
```

```
int IIC_SdaRead(void);
void IIC_Start(void);
void IIC_Stop(void);
void IIC_Ack(void);
void IIC_NoAck(void);
uint8_t IIC_WaitAck(void);
void IIC_WriteByte(uint8_t u8Data);
uint8_t IIC_ReadByte(void);
```

3. iic_my.c 文件

程序代码：

```
#include "iic_my.h"
int IIC_SDA;
int IIC_CLK;
void IIC_SetPort(int sda,int clk)
{
    IIC_SDA = sda;
    IIC_CLK = clk;
}
int IIC_SdaRead(void)
{
    int READED;
    IoTGpioGetInputVal(IIC_SDA,&READED);
    printf("IIC_SdaRead %02x\n",READED);
    return READED;
}
/****************************************************************************
* 函数名:IIC_Start
* 功　能:起始信号
* 参　数:无
* 返回值:无
* 说　明:无
****************************************************************************/
void IIC_Start()
{
    printf("iic_start\n");
    IIC_SdaModeOut();
    IIC_SclModeOut();
    IIC_SdaOutput_H();
    IIC_SclOutput_H();              //初始都是高电平
    delay_us(5);                    //>4.7μs
    IIC_SdaOutput_L();              //拉低 SDA
    delay_us(4);                    //>4μs
    IIC_SclOutput_L();              //拉低 CLK
}
/****************************************************************************
    * 函数名:IIC_Stop
    * 功　能:结束信号,CLK 高电平时存在高跳变
```

```
 *  参  数:无
 *  返回值:无
 *  说  明:无
 ********************************************************************************/
void IIC_Stop(void)
{
    printf("IIC_Stop\n");
    IIC_SdaModeOut();
    IIC_SclOutput_L();
    delay_us(5);
    IIC_SdaOutput_L();
    delay_us(5);
    IIC_SclOutput_H();
    delay_us(5);                        //>4µs
    IIC_SdaOutput_H();
    delay_us(4);                        //>4.7µs
}
/*********************************************************************************
 *  函数名:IIC_Ack
 *  功  能:应答信号
 *  参  数:无
 *  返回值:无
 *  说  明:无
 ********************************************************************************/
void IIC_Ack(void)
{
    printf("IIC_Ack\n");
    //原代码
    //IIC_SdaModeOut();
    //IIC_SclOutput_L();
    //IIC_SdaOutput_L();
    //IIC_SclOutput_H();
    //delay_us(4);                      //>4µs
    //IIC_SclOutput_L();
    //新代码
    printf("IIC_Ack\n");
    IIC_SdaModeIn();
    IIC_SclOutput_L();
    IIC_SclOutput_H();
    delay_us(4);                        //>4µs
    int ack= 1;
    if(ack = IIC_SdaRead())
    { //change while to if to debug
      printf("ACK is %d \n",ack);
      delay_us(5);
    }
    printf("ACK is %d \n",ack);
    IIC_SclOutput_L();
    delay_us(5);
}
```

```
/*******************************************************************
 * 函数名:IIC_NoAck
 * 功    能:非应答信号
 * 参    数:无
 * 返回值:无
 * 说    明:无
 *******************************************************************/
void IIC_NoAck(void)
{
    printf("IIC_NoAck\n");
    IIC_SdaModeOut();
    IIC_SclOutput_L();
    IIC_SdaOutput_H();
    IIC_SclOutput_H();
    delay_us(4);                        //>4μs
    IIC_SclOutput_L();
}
/*******************************************************************
 * 函数名:IIC_WaitAck
 * 功    能:等待应答信号
 * 参    数:无
 * 返回值:0 表示应答成功,1 表示应答失败
 * 说    明:从机把总线拉低为应答成功
 *******************************************************************/
uint8_t IIC_WaitAck(void)
{
    printf("IIC_WaitAck\n");
    uint8_t u8ErrCnt = 0;
    IIC_SdaModeIn();                    //输入状态
    IIC_SdaOutput_H();
    IIC_SclOutput_H();
    while(IIC_SdaRead() == 1)
    {
      u8ErrCnt++;
      if(u8ErrCnt > 250)
      {
        IIC_Stop();                     //发送停止信号
        return 1;
      }
    }
    IIC_SclOutput_L();
    return 0;
}
/*******************************************************************
 * 函数名:IIC_WriteByte
 * 功    能:SDA 线上输出一字节
 * 参    数:u8Data 需要写入的数据
 * 返回值:无
 * 说    明:无
 *******************************************************************/
```

```c
void IIC_WriteByte(uint8_t u8Data)
{
    printf("IIC_WriteByte %02x\n",u8Data);
    uint8_t i;
    uint8_t u8Temp;
    IIC_SdaModeOut();
    //拉低 SCL 后设置好 SDA,再拉高 SCL
    IIC_SclOutput_L();
    for(i = 0; i < 8; i++)
    {
        delay_us(2);
        #ifdef IIC_LSB                      //低位在前
            u8Temp = ((u8Data << (7 - i)) & 0x80);
            (u8Temp == 0x80) ?(IIC_SdaOutput_H()) : (IIC_SdaOutput_L());
        #else                               //高位在前
            u8Temp = ((u8Data >> (7 - i)) & 0x01);
            (u8Temp == 0x01) ?(IIC_SdaOutput_H()) : (IIC_SdaOutput_L());
        #endif
        delay_us(2);
        IIC_SclOutput_H();                  //时钟保持高电平
        delay_us(2);
        IIC_SclOutput_L();                  //时钟拉低,才允许 SDA 变化
        delay_us(2);
    }
}
/********************************************************************************
* 函数名:IIC_ReadByte
* 功  能:读一字节
* 参  数:无
* 返回值:读出的数据
* 说  明:无
********************************************************************************/
uint8_t IIC_ReadByte(void)
{
    uint8_t i;
    uint8_t bit = 0;
    uint8_t data = 0;
    IIC_SdaModeIn();                    //输入状态
    for (i = 0; i < 8; i++)
    {
        IIC_SclOutput_L();
        delay_us(2);
        IIC_SclOutput_H();
        bit = IIC_SdaRead();            //读出 1 位
        #ifdef IIC_LSB                  //低位在前
            data |= (bit << i);
        #else                           //高位在前
            data = (data << 1) | bit;
        #endif
        delay_us(2);
```

```
    }
    printf("IIC_ReadByte %02x\n",data);
    return data;
}
```

4. TM1637.h 文件
程序代码：

```
/*******************************************************************
 * 文件:TM1637.h
 * 版本:v1.0
 * 日期:2021-11-2
 * 说明:TM1637 驱动
 *******************************************************************/
#ifndef _TM1637_H_
#define _TM1637_H_
#define TUBE_DISPLAY_NULL 26                    //不显示
#define TUBE_DISPLAY_DECIMAL_PIONT_OFFSET 16    //带小数点的偏移量
#include "iic_my.h"
/*******************************************************************
Typedefine
*******************************************************************/
typedef struct
{
  uint8_t tube0;
  uint8_t tube1;
  uint8_t tube2;
  uint8_t tube3;
}TM1637Tube_ts;
/*******************************************************************
Global Functions
*******************************************************************/
void TM1637_Init(int sda,int clk);
void TM1637_WriteCmd(uint8_t u8Cmd);
void TM1637_WriteData(uint8_t u8Addr, uint8_t u8Data);
void TM1637_TubeDisplay(TM1637Tube_ts sData);
void TM1637_SetBrightness(uint8_t u8Brt);
void TM1637_Switch(int bState);
#endif
```

5. tm1637.c 文件
程序代码：

```
/*******************************************************************
 * 文件:TM1637.c
 * 版本:v1.0
 * 日期:2021-11-2
 * 说明:TM1637 驱动
 *******************************************************************/
```

364

```c
#include "tm1637.h"
//段码表
const uint8_t u8NumTab[] =
{
  //0,   1,    2,    3,    4,    5,    6,    7,    8,    9,    A,    b,    C,    d,
  0x3F, 0x06, 0x5B, 0x4F, 0x66, 0x6D, 0x7D, 0x07, 0x7F, 0x6F, 0x77, 0x7C, 0x39, 0x5E,
  //E,   F,    0.,   1.,   2.,   3.,   4.,   5.,   6.,   7.,   8.,   9.,   Null
  0x79, 0x71, 0xBF, 0x86, 0xDB, 0xCF, 0xE6, 0xED, 0xFD, 0x87, 0xFF, 0xEF, 0x00
};
//数码管从左至右依次为 0~3 号,对应的显示寄存器地址如下
const uint8_t u8TubeAddrTab[] =
{
  0xC0,0xC1,0xC2,0xC3
};
void TM1637_Init(int sda,int clk)
{
  IIC_SetPort(sda,clk);
  IoTGpioInit(sda);
  IoTGpioSetFunc(sda,0);
  IoTGpioInit(clk);
  IoTGpioSetFunc(clk,0);
}
/*******************************************************************************
* 函数名:TM1637_WriteCmd
* 功   能:写命令
* 参   数:无
* 返回值:无
* 说   明:无
*******************************************************************************/
void TM1637_WriteCmd(uint8_t u8Cmd)
{
  IIC_Start();
  IIC_WriteByte(u8Cmd);
  IIC_Ack();
  IIC_Stop();
}
/*******************************************************************************
* 函数名:TM1637_WriteData
* 功   能:向地址中写入数据
* 参   数:u8Addr 为地址,u8Data 为数据
* 返回值:无
* 说   明:用于数码管固定地址写入显示数据
*******************************************************************************/
void TM1637_WriteData(uint8_t u8Addr, uint8_t u8Data)
{
  IIC_Start();
  IIC_WriteByte(u8Addr);
  IIC_Ack();
  IIC_WriteByte(u8Data);
```

```
  IIC_Ack();
  IIC_Stop();
}
/*********************************************************************
* 函数名:TM1637_TubeDisplay
* 功　能:4 个数码管显示
* 参　数:sData 为显示数据结构体
* 返回值:无
* 说　明:无
*********************************************************************/
void TM1637_TubeDisplay(TM1637Tube_ts sData)
{
  uint8_t temp[4], i;
  temp[0] = u8NumTab[sData.tube0];
  temp[1] = u8NumTab[sData.tube1];
  temp[2] = u8NumTab[sData.tube2];
  temp[3] = u8NumTab[sData.tube3];
  for (i = 0; i < 4; i++)
  {
    TM1637_WriteData(u8TubeAddrTab[i], temp[i]);
  }
}
/*********************************************************************
* 函数名:TM1637_SetBrightness
* 功　能:设置亮度
* 参　数:u8Brt 亮度
* 返回值:无
* 说　明:0x88 为开显示
*********************************************************************/
void TM1637_SetBrightness(uint8_t u8Brt)
{
  TM1637_WriteCmd(0x88 | u8Brt);
}
/*********************************************************************
* 函数名:TM1637_Switch
* 功　能:显示开关
* 参　数:0 关,1 开
* 返回值:无
* 说　明:0x88 为开显示,0x80 为关显示
*********************************************************************/
void TM1637_Switch(int bState)
{
  bState ? TM1637_WriteCmd(0x88) : TM1637_WriteCmd(0x80);
}
```

参照第 2 章网页编译的方法,将源程序 NIXIETU.c 的代码复制到网页中进行编译,生成可执行目标代码;也可以参照第 3 章的方式,利用 Visual Studio Code 的 DevEco 工具建立四位七段数码管显示实验项目 NIXIETU,编辑程序代码,编译生成可执行目标代码。然后使用 USB-Type 数据线连接计算机和开发实验板,利用 HiBurn 工具将可执行目标代码

烧录到开发实验板上,按下复位按钮运行四位七段数码管显示实验项目程序,程序运行效果如图 9-11 所示。

9.8.3 四位七段数码管实验程序源码解析

程序的入口为 tm1637 函数。程序中首先将 GPIO2 设置为 0,将 GPIO13 设置为 1,这是为了控制 RS2252XS16 这个多路选择器(multiplexer)。因为开发实验板包含两个显示模块,即点阵和数码管,所以使用如图 9-14 所示的多路选择器加以选择。上述设置就是选择了数码管。

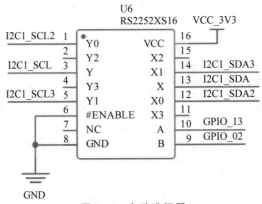

图 9-14 多路选择器

随后使用 TM1637_Init 函数初始化 GPIO00 和 GPIO01 两个引脚作为通信引脚,将显示打开,设置亮度为 0x87,写 0x44 命令。然后对结构体中的 4 个字符进行赋值,并调用 TM1637_TubeDisplay 函数传入这个结构体,将结果显示到屏幕上。在程序中使用了一些除法和取模运算将整数 i 的 4 位数字为分别取出来,放到结构体的 4 个成员中。

while 循环每 1s 增加一个数字。实验效果见图 9-11。

 9.9 习 题

一、单项选择题

1. 若有以下结构体定义,则以下赋值语句中( )是正确的。

```
struct s
{
  int x;
  int y;
}vs;
```

    A. s.x=10;　　　　　　　　　　B. s.vs.x=10;

    C. struct s vs={0};　　　　　　　D. vs.x=10;

2. 下列说法中不正确的是( )。

    A. 结构体是由相同或不同数据类型的成员组成的构造类型

    B. 数组是由相同数据类型的元素构成的集合

    C. 结构体变量的每个成员都要分配独立的内存空间

    D. 两个不同类型的结构体变量可以直接互相赋值

3. 下列说法中不正确的是(　　)。

    A. 共用体是由相同或不同数据类型的成员组成的构造类型

    B. 共用体的各个成员变量的值不可以共存

    C. 共用体的每个成员变量都要分配独立的内存空间

    D. 共用体的所有成员变量都共享相同的内存空间

4. 下列说法中不正确的是(　　)。

    A. 枚举是 C 语言中的一种基本数据类型,它可以让数据更简洁,更易读

    B. 第一个枚举成员的默认值为整型的 0,后续枚举成员的值在前一个成员的值上加 1

    C. 没有指定值的枚举成员,其值为前一成员的值加 1

    D. 任何枚举成员的初始值都不能人为改变

二、判断对错题

1. 结构体类型的成员必须是相同类型的数据。　　　　　　　　　　　　　　(　　)

2. 枚举类型的成员必须是相同类型的数据。　　　　　　　　　　　　　　　(　　)

3. 共用体类型的成员必须是相同类型的数据。　　　　　　　　　　　　　　(　　)

三、编程题

1. 定义时间结构体 Time,包含 hour、minute 和 second 这 3 个成员。编写程序实现将秒数转换为 Time 类型的结构体变量。例如,3666 秒应该是 1 小时 1 分钟 6 秒。

2. 定义复数结构体 Complex,包含 real 和 img 两个成员。编写复数的加减乘除运算程序。

3. 编写 ATM 模拟程序,实现存款、取款和查询账户功能。提供一个菜单界面和用户进行交互。

4. 编写程序,在程序中定义课程结构体,允许用户输入课程,支持按照课程编号进行排序输出。

5. 编写程序,在程序中定义圆结构体,判断两个圆是否重合,比较两个圆的大小,判断一个圆是否在另一个圆中。

6. 编写程序,在程序中定义三角形结构体,存储三角形的 3 个顶点坐标,实现求三角形面积、周长和平移三角形操作。

7. 编写程序,在程序中定义矩形结构体,实现求矩形面积和周长操作。

8. 编写程序,在程序中定义矩阵结构体,实现矩阵相加和相乘操作。

9. 编写程序,在程序中定义 Date 结构体,其中包含 year、month 和 day 这 3 个成员,编写一个函数计算某个 Date 变量加上 n 天后的日期。

10. 编写程序,在程序中定义点结构体和矩形结构体,程序支持点的读取和判断点是否在矩形内的操作。

11. 编写程序,在程序中定义字符串结构体,并实现根据某个字符将一个字符串分割为两个字符串的函数。

12. 编写程序,在程序中定义学生结构体,存储学生的学号和语数外三科成绩,根据三科总分对学生信息进行排序。

四、实验题

1. 修改本章四位七段数码管显示实验的程序,实现倒计时功能,当数字为 0 时停止计数。

2. 结合 Bossay 开发实验板按钮和四位七段数码管实现按一次按钮加 1 的计数器功能。

预处理与头文件

本章主要内容：

(1) 预处理或者预编译。

(2) 文件包含指令♯include。

(3) 宏定义指令♯define。

(4) 条件编译指令♯ifdef。

(5) 直流电动机实验。

(6) 步进电动机实验。

预处理(或称预编译)是 C 语言的编译系统在编译 C 语言程序前做准备工作的阶段，具体是指在进行 C 语言程序编译的第一遍扫描(词法扫描和语法分析)之前所做的工作。预处理是 C 语言的一个重要功能，由预处理程序负责完成。当对一个源文件进行编译时，系统将自动引用预处理程序对源程序中的预处理部分进行处理，处理完毕自动进入对源程序的编译。

C 语言提供多种预处理功能，主要处理以♯开始的预编译指令，如文件包含(♯include)、宏定义(♯define)、条件编译(♯ifdef)等。合理使用预处理功能编写的程序便于阅读、修改、移植和调试，也有利于模块化程序设计。

预处理指令可以放在程序中的任何位置，它指示程序在正式编译前由编译器进行的一些操作。

◆ 10.1　文件包含指令♯include

文件包含
指令
♯include

本书第一个程序中就存在一个预处理的♯include 指令。这个指令的作用是将其他文件的内容包含(复制)到当前程序文件之中。下面通过一个略显奇怪的例子演示这一特性。在这个例子中，需要新建两个文件——a.h 和 includeUse.c，这两个文件放在同一个目录下。

【例 10-1】　编写一段程序，演示头文件的定义和作用。

文件 a.h 的程序代码：

```
/************************************************************************
源程序名:D:\C_Example\10_Preprocess\includeUse\a.h
功能:演示头文件的定义
```

```
************************************************************************/
int a;
```

文件 includeUse.c 的程序代码：

```
/***********************************************************************
源程序名：D:\C_Example\10_Preprocess\includeUse\includeUse.c
功能：演示头文件的作用
输入数据：无
输出数据：见图 10-1
***********************************************************************/
struct M
{
  #include "a.h"
  int b;
};
int main()
{
  struct M m;
  m.a = 12;
  m.b = 33;
  printf("m.a=%d\n",m.a);
  printf("m.b=%d\n",m.b);
  return 1;
}
```

使用 Dev-C++ 工具编辑、编译和运行这个程序，程序运行结果如图 10-1 所示。

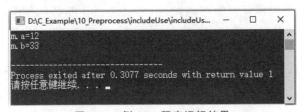

图 10-1　例 10-1 程序运行结果

分析例 10-1 的程序代码会发现，程序由 a.h 文件和 includeUse.c 两个文件组成。其中，a.h 这种扩展名为.h 的文件被称为头文件。a.h 文件中只有一行代码：int a;，它定义了整型变量 a。在 includeUse.c 文件中，结构体 M 用 #include "a.h" 语句将 int a;放到结构体定义之内，只有这样，结构体变量 m 中才有 a 这个变量存在。而程序执行结果确实输出了 m.a=12，验证了代码分析的正确，也验证了 #include 的作用是将其后面的文件的内容包含到当前文件中。需要注意的是，#include 语句中用英文双引号将 a.h 括起来，它的作用是告诉编译器 a.h 文件和 includeUse.c 文件位于同一文件夹下，便于编译器找到它们。

还有一种验证 #include 作用的方法是使用 GCC 编译器。GCC(GNU Compiler Collection，GNU 编译器套件)是由 GNU 开发的编程语言编译器。它是以 GPL(General Public License，通用公共许可证)发行的自由软件。GCC 原本作为 GNU 操作系统的官方编译器，现已被大多数类 UNIX 操作系统(如 Linux、BSD、macOS 等)采纳为标准的编译器。

GCC 同样适用于微软公司的 Windows,本书使用的 Dev-C++ 开发工具的编译器就是 GCC。使用 gcc -E 命令可以查看对 includeUse.c 文件进行预编译的结果,当然前提是要先准备好 GCC 编译器和它的运行环境,然后将 a.h 文件和 includeUse.c 文件放到同一个文件夹下。本书没有提供 GCC 编译器及其命令行方式运行环境的设置方法,其实这是编译器程序路径设置问题。设置好 GCC 的运行路径后,就可以在 Windows 命令行方式下验证♯include 指令的作用了。有兴趣的读者可以通过互联网深入学习这种验证方法。使用如下命令对 includeUse.c 进行预编译,生成 includeUse.i 文件:

```
gcc -E includeUse.c -o includeUse.i
```

上面的预编译命令会生成预编译文件 includeUse.i。打开生成的 includeUse.i 文件,去掉文件中以♯开头的无关行,可以得到下面的代码:

```
struct M
{
    int a;
    int b;
}
```

可以看到,a.h 中的内容已经被复制到结构体的定义之内,所以♯include 指令的作用就是用它后面的头文件的内容替换♯include 语句本身。

10.1.1　♯include 指令的常规用法

♯include
指令的
常规用法

　　例 10-1 程序演示了♯include 指令的作用。一般情况下,使用♯include 指令的目的是将多个源代码文件组合在一起构成一个完整的 C 语言程序项目,一起编译、连接,生成一个可执行文件。使用这种方法编写程序代码时就不需要将所有函数写到同一个文件中。因为在一个大型的 C 语言程序项目中,有成千上万行甚至几十万行 C 语言语句,全部写到同一个文件中是很不现实的,不利于多人协同完成一个 C 语言程序项目,不利于程序的编辑、修改。例如,Linux 操作系统就主要是采用 C 语言开发的,其 2.6.34 版本就有 941 万行代码,这些代码无法放到一个文件里。

　　下面的例子由 rect_area.h、rect_area.c 和 rectangleArea.c 这 3 个文件组成,将这 3 个文件都放到 rectangle 目录下,项目名称为 rectangle。

　　【例 10-2】　演示由多个文件构成的 C 语言程序项目。

　　文件 rect_area.h 的代码:

```
/************************************************************************
源程序名:D:\C_Example\10_Preprocess\rectangle\rect_area.h
功能:计算矩形面积,头文件
************************************************************************/
double rect_area(double w,double h);
```

　　文件 rect_area.c 的代码:

```
/**************************************************************************
源程序名:D:\C_Example\10_Preprocess\rectangle\rect_area.c
功能:计算矩形面积,函数
**************************************************************************/
double rect_area(double w,double h)
{
    return w * h;
}
```

文件 rectangleArea.c 的代码:

```
/**************************************************************************
源程序名:D:\C_Example\10_Preprocess\rectangle\rectangleArea.c
功能:演示头文件的定义
**************************************************************************/
#include<stdio.h>
#include "rect_area.h"
void main()
{
    double r = rect_area(10,10);
    printf("%lf \n", r);
}
```

那么,使用 Dev-C++ 工具如何将例 10-2 中的 rect_area.h、rect_area.c 和 rectangleArea.c 这 3 个文件组合到一个程序项目中呢?又如何编译生成可执行程序呢?步骤如下。

第 1 步,打开 Dev-C++ 工具,新建 C 语言程序项目。

打开 Dev-C++ C 语言程序开发工具,如图 10-2 所示,打开"文件"菜单,选择"新建"→ "项目"命令,出现如图 10-3 所示的"新项目"对话框。

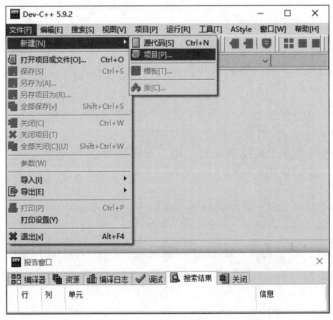

图 10-2　新建项目菜单

图 10-3 "新项目"对话框

在"新项目"对话框中,单击 Console Application 创建控制台 C 语言程序项目,再选择
"C 项目"单选按钮,然后使用键盘输入项目名称 rectangle。单击对话框中的"确定"按钮,出
现如图 10-4 所示的"另存为"对话框。

图 10-4 "另存为"对话框

第 2 步,保存新建的 C 语言程序项目。

应预先在计算机硬盘上建立目录,用来保存新建的 C 语言程序项目。如图 10-4 所示,
本书将该 C 语言程序项目保存在路径 D:\C_Example\10_Preprocess\rectangle 下。选择
好保存路径后,单击对话框中的"保存"按钮,返回 Dev-C++ 窗口,如图 10-5 所示,可以看到
在窗口中自动创建了 main 函数。

第 3 步,使用项目管理功能查看新建项目。

如图 10-6 所示,单击窗口左侧列表的"项目管理"选项卡,出现 rectangle 项目,单击
rectangle 项目前面的加号,可以看到 rectangle 项目目前已经有一个 main.c 文件。

第 4 步,使用 Dev-C++ 工具的项目管理功能为项目添加程序文件。

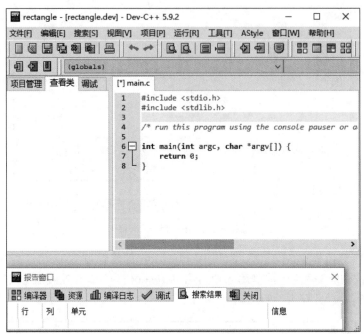

图 10-5 新建项目已保存

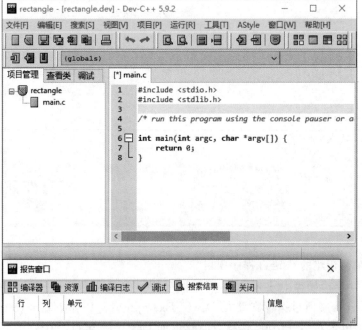

图 10-6 使用项目管理功能查看项目

如图 10-7 所示，右击 rectangle 项目，然后在弹出菜单中选择 New File 命令，可以看到一个未命名的新文件已经添加到 rectangle 项目中，如图 10-8 所示。

第 5 步，编辑新添加的程序文件。

如图 10-9 所示，用键盘输入 rect_area.h 头文件的内容，完成该文件的编辑。单击"项目

图 10-7　使用项目管理功能添加程序文件

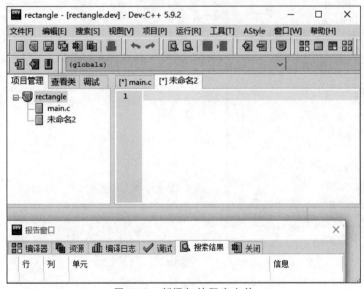

图 10-8　新添加的程序文件

管理"列表中项目下的任何文件，即可在右侧编辑器中打开和编辑该文件。

第 6 步，保存新添加的程序文件的内容到 rect_area.h 文件中。

如图 10-10 所示，打开"文件"菜单，选择"保存"命令，出现如图 10-11 所示的"保存为"对话框。在此对话框中，双击左侧的"此电脑"，然后在右侧列表框"名称"下方找到 D 盘，双击打开它，然后再在右侧列表框"名称"下方找到 C_Example 目录，再双击打开该目录，然后再在右侧列表框"名称"下方找到 10_Preprocess 目录，再双击打开该目录，然后再在右侧列表框"名称"

图 10-9 编辑新添加的程序文件

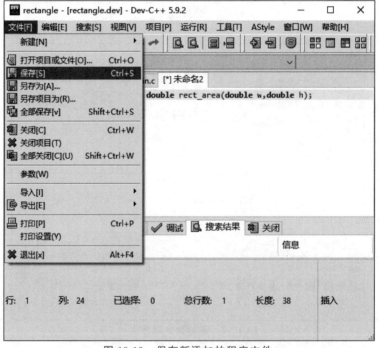

图 10-10 保存新添加的程序文件

下方找到 rectangle 目录,再双击打开该目录。选择好保存路径后,在"文件名"文本框中输入文件名称 rect_area.h。在"保存类型"下拉列表中选择保存类型为"All files(* . *)"。等这些信息设定好后,单击"保存"按钮,将 rect_area.h 文件保存到 rectangle 项目中,如图 10-12 所示。

第 7 步,添加其余的程序文件到 rectangle 项目中。

按照第 4 步到第 6 步所讲的方法,将程序项目的 rect_area.c 文件和 rectangleArea.c 文

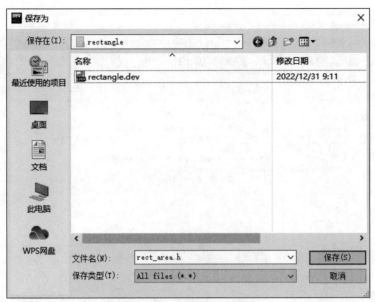

图 10-11　"保存为"对话框

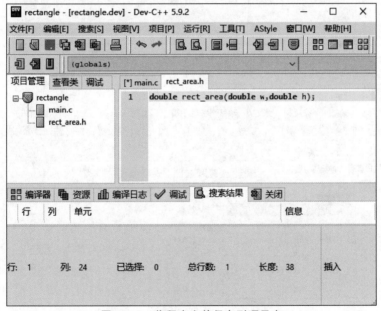

图 10-12　将程序文件保存到项目中

件添加到 rectangle 项目中,如图 10-13 所示。

第 8 步,移除 rectangle 项目中的 main.c 文件。

main.c 文件是新建项目时系统自动添加的,不是本项目的 3 个文件之一,必须从项目中将其移除。移除的方法如图 10-14 所示,右击 rectangle 项目下方的 main.c 文件,在弹出的快捷菜单中选择"移除文件"命令,出现如图 10-15 所示的 Confirm 对话框,此时单击 No 按钮,确认移除 main.c 文件。移除该文件后的窗口如图 10-16 所示,此时可以看到,rectangle 项目包括 rect_area.h、rect_area.c 和 rectangleArea.c 这 3 个文件。

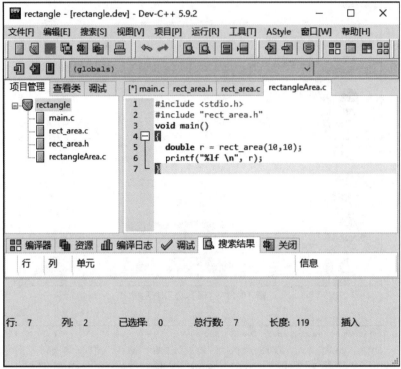

图 10-13　项目的所有程序文件添加完毕

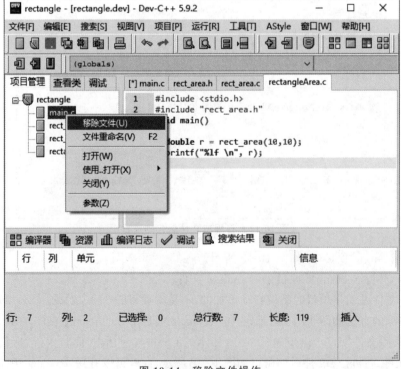

图 10-14　移除文件操作

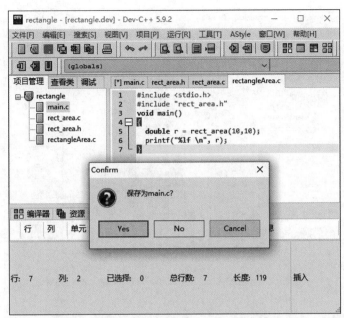

图 10-15　确认移除 main.c 文件

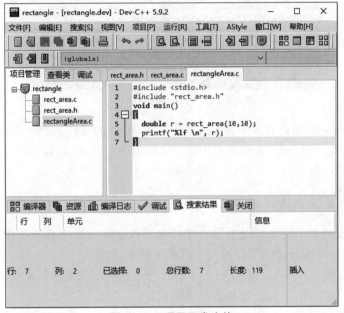

图 10-16　项目开发完毕

第 9 步，编译运行 rectangle 项目。

如图 10-17 所示，打开"运行"菜单，选择"编译运行"命令，如果任何程序文件都没有错误，则项目编译成功，生成可执行文件。程序运行结果如图 10-18 所示。

本节内容给出了 #include 的常规用法。在头文件 rect_area.h 中写 rect_area 函数的前置声明，在对应的 rect_area.c 文件中写 rect_area 函数的实现，在需要使用 rect_area 函数的 rectangleArea.c 程序中用 #include 指令引入 rect_area 函数的语句，在编译 rectangleArea.c 程序时一起编译成一个可执行文件。

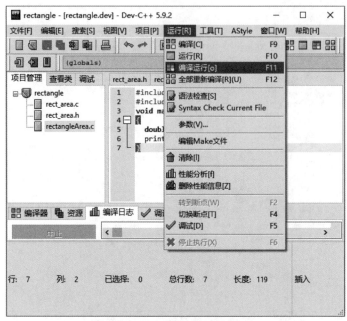

图 10-17　编译运行项目

图 10-18　例 10-2 程序运行结果

很显然，rectangle 项目的 3 个程序文件内容不多，有的文件只有一行代码。但是，无论一个项目有多少个程序文件，也无论一个程序文件有多少行语句，都可以用这种方法实现项目文件的管理和组织。

10.1.2　stdlib.h 头文件

stdlib.h 头文件是 C 语言很重要的一个标准函数库，在 stdlib 标准库中有很多定义好的 C 语言基本函数。下面通过例子介绍几个有趣的基本函数。

1. system 函数

system 函数

【例 10-3】　演示用 system 函数调用系统命令。

程序代码：

```
/********************************************************************
源程序名:D:\C_Example\10_Preprocess\systemFunc.c
功能:演示用 system 函数调用系统命令
输入数据:无
输出数据:见图 10-19,图 10-20
********************************************************************/
#include<stdlib.h>
#include<stdio.h>
```

```
int main()
{
  system("dir");
  system("notepad");
}
```

使用 Dev-C++ 工具编辑、编译和运行这个程序,程序运行结果如图 10-19 和图 10-20 所示。

图 10-19　system 函数调用 dir 命令

图 10-20　system 函数调用 notepad 记事本

system 函数可以执行系统命令或者启动可执行程序,它的效果与在命令行中输入系统命令或者可执行程序名称并执行的效果相同。

程序中的 system("dir");语句是使用 system 函数执行 Windows 操作系统的 dir 命令,这个命令是计算机早期的 DOS 就有的一个命令,它的功能是显示当前目录下的文件和子目录,如图 10-19 所示。

程序中的 system("notepad");语句是使用 system 函数执行记事本程序 notepad,打开的记事本程序如图 10-20 所示。

2. getenv 函数

getenv 函数的作用是获取系统的环境变量,需要以具体的环境变量名作为参数并返回这个环境变量的值。

【例 10-4】　演示用 getenv 函数获取系统的环境变量。

getenv 函数

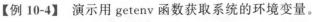

源程序名:D:\C_Example\10_Preprocess\getenvFunc.c

```
功能:演示用 getenv 函数获取系统的环境变量
输入数据:无
输出数据:,见图 10-21
**********************************************************************************/
#include<stdlib.h>
#include<stdio.h>
int main()
{
    char * p = getenv("os");              //系统变量名 os 作为 getenv 函数的参数
    printf("os = %s\n", p);
}
```

使用 Dev-C++ 工具编辑、编译和运行这个程序,程序运行结果如图 10-21 所示。

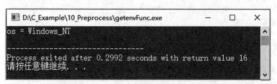

图 10-21 例 10-4 程序运行结果

可以看到,运行例 10-4 程序,通过 getenv("os")函数得到系统环境变量 os 的值是 Windows_NT。这个值也可以通过以下操作看到:右击"此电脑"或者"我的电脑"图标,然后在弹出的快捷菜单中选择"属性"命令,在弹出的对话框中单击"高级系统设置",然后单击"环境变量"打开如图 10-22 所示的操作系统的环境变量所看到的系统变量 os 的值"Windows_

图 10-22 系统的环境变量

NT"是一样的,这也就验证了 getenv 函数的功能。当然,通过这个函数可以获得操作系统其他环境变量的值,读者不妨自己编程试一试。

由此可知,可以通过设置环境变量给程序传递设定值,也可以通过判断操作系统类型确定不同的处理方式。

3. 字符串和数值相互转换的函数

atoi、itoa、strtod 等函数的功能是实现字符串与数值的相互转换。例 10-5 程序给出了这些函数的演示。

字符串和数值相互转换的函数

【例 10-5】 演示用标准库函数实现字符串与数值的相互转换。

```
/*********************************************************************
源程序名:D:\C_Example\10_Preprocess\atoiFunc.c
功能:演示用标准库函数实现字符串与数值的相互转换
输入数据:无
输出数据:见图 10-23
*********************************************************************/
#include<stdlib.h>
#include<stdio.h>
int main()
{
  char buf[30];
  double d;
  int i = atoi("12");
  printf("i=%d\n",i);
  itoa(i,buf,16);
  puts(buf);
  d = strtod("3.3456",NULL);
  printf("d=%lf\n",d);
}
```

使用 Dev-C++ 工具编辑、编译和运行这个程序,程序运行结果如图 10-23 所示。

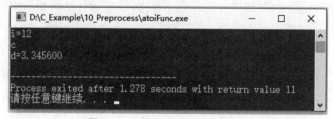

图 10-23 例 10-5 程序运行结果

例 10-5 程序中使用 atoi 函数将字符串"12"转换为整数 12 存入 i,然后输出整数变量 i 的值 12,又使用 itoa 函数将整数变量 i 的值 12 以十六进制格式转换为字符串存入 buf。itoa 函数有 3 个参数:第一个为整数变量,第二个为存放结果的字符数组,第三个为进制。现在传入十进制的数值 12,12 的十六进制是 c,所以程序输出了 c。

读者也可以考虑采用 sscanf 函数将字符串转换为整数,使用 sprintf 函数将整数转换为字符串。当然,这种方式功能强大,但效率却低多了。

同样的函数还有 atol,将字符串转换为长整型数,读者可以自己尝试。

strtod 函数可以将字符串转换为浮点数。这个函数有两个参数:第一个参数为要转换为浮点数的字符串;第二个参数如果不为 NULL,转换字符串最后一个字符后的指针会存储在这个指针引用的位置。如果为 NULL 则不做处理。

exit 函数

4. exit 函数

stdlib 标准函数库中的 exit 是用来退出程序的函数。例 10-6 程序演示了 exit 函数的应用。

【例 10-6】 演示用 exit 函数退出程序。

```
/**************************************************************************
源程序名:D:\C_Example\10_Preprocess\exitFunc.c
功能:演示用 exit 函数退出程序
输入数据:无
输出数据:见图 10-24
**************************************************************************/
#include<stdlib.h>
#include<stdio.h>
int main()
{
  char c = getchar();
  if(c == 'A')
  {
    exit(0);
  }else
  {
    exit(1);
  }
}
```

使用 Dev-C++ 工具编辑、编译和运行这个程序,程序运行结果如图 10-24 所示。

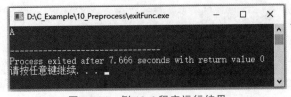

图 10-24　例 10-6 程序运行结果

图 10-24 为例 10-6 程序运行时输入大写字母 A 后输出的结果。如果输入其他任何字符,则可以看到程序的返回值为 1。main 函数的返回值是一种与操作系统的约定,返回 0 代表正常退出,返回非零值代表异常退出。可以看到,exit 函数不但起到退出程序的作用,而且决定了程序 main 函数的返回值是 0 还是 1。

rand 函数

5. rand 函数

rand 函数用来产生一个随机数。在 stdlib.h 头文件中有宏定义指令 #define RAND_MAX 0x7fff,因此 rand 函数会产生一个 0~0x7fff 的随机数,即 0~32 767 的一个数。

例 10-7 实现了一个抽奖程序,使得平均 10 个参与抽奖的人中有一个获奖,每个人是否获奖是随机的。

【例 10-7】 演示 rand 函数的应用。

```
/**********************************************************************
源程序名:D:\C_Example\10_Preprocess\randFunc.c
功能:演示 rand 函数的应用
输入数据:无
输出数据:见图 10-25
**********************************************************************/
#include<stdio.h>
#include<stdlib.h>
int main()
{
  int i;
  int d ;
  for(i=0;i<20;i++)
  {
    d = rand() % 100;
    if(d < 10)
      printf("you win %d\n",d);
    else
      printf("you lost %d\n",d);
  }
}
```

使用 Dev-C++ 工具编辑、编译和运行这个程序,程序运行结果如图 10-25 所示。

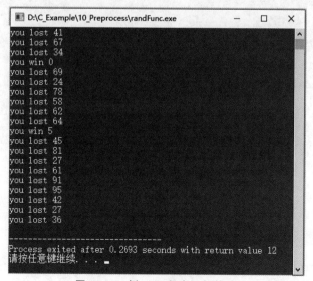

图 10-25　例 10-7 程序运行结果

每次运行例 10-7 的程序的结果均不相同,但平均 10 人应该是有一人获奖。

例 10-7 的程序用到了标准库 stdlib.h 中的 rand 函数。该函数可以生成 0～32 767 的随机数,服从均匀分布。代码中对这个随机产生的数进行模 100 运算(取余数),结果数字小于 10 的概率就是 10%。代码中生成了 20 个随机数,并判断它的模 100 运算结果是否小于10,如果小于 10 则提示赢了,否则就提示输了。

宏定义指令♯define

◇ 10.2 宏定义指令♯define

宏定义指令♯define 是 C 语言预处理指令的一种。所谓宏定义,就是用一个标识符表示一个字符串。如果在程序后面的代码中出现了该标识符,那么就全部替换成对应的字符串。宏定义是由源程序中的宏定义指令♯define 完成的,宏替换是由预处理程序完成的。宏定义的一般形式为

```
#define 宏名 字符串
```

♯define N 100 就是宏定义,N 为宏名,100 是宏的内容(宏所表示的字符串)。在预处理阶段,对程序中出现的所有宏名 N,预处理程序都会用宏定义中的字符串 100 替换,这称为宏替换或宏展开。

♯define 的应用

10.2.1 ♯define 的应用

围棋棋盘有 19 行 19 列。在编写围棋程序时可以用一个整数表示每个点上是否有棋子以及是黑子还是白子,例如,设定整数为 0 时表示没有棋子,为 1 时表示有黑子,为 2 时表示有白子。显然,直接记无子、黑子、白子比记 0、1、2 表示的含义更容易。在这个问题上,♯define 宏定义指令就帮了大忙,如例 10-8 所示。

【例 10-8】 演示宏定义指令♯define 的作用。

```
/****************************************************************************
源程序名:D:\C_Example\10_Preprocess\defineUse.c
功能:演示宏定义指令#define 的作用
输入数据:无
输出数据:无
****************************************************************************/
#include<stdio.h>
#define EMPTY 0
#define BLACK 1
#define WHITE 2
int main()
{
    int chess[19][19] = {0};
    chess[3][4] = BLACK;
}
```

代码中并没有直接写 chess[3][4] =1 ,而是用 BLACK 代替 1。在编译器预处理时,会将宏名替换为对应的值。在程序中会将 BLACK 替换成 1。这种方式减轻了记忆的负

担，减小了编程时出错的概率。

对于宏定义应注意以下几点：

（1）宏定义的实质是只替换，不计算。

（2）宏定义是用宏名表示一个字符串，在宏展开时又以该字符串取代宏名，这只是一种简单的替换。字符串中可以包含任何字符，它可以是常数、表达式、if 语句、函数等。预处理程序对它不作任何检查，如有错误，只能在编译已被宏展开后的源程序时发现。

（3）宏定义不是说明或语句，在行末不必加分号，如果加上分号则连同分号一起替换。宏名一般用大写字母表示，以便与变量区别。

（4）宏定义必须写在函数之外，其作用域为宏定义指令到源程序结束。如果要终止其作用域，可使用 ♯ undef 指令。

10.2.2　宏函数

宏函数

前面演示了宏的两种用法——用作常量和条件编译。宏也可以像函数一样工作。下面的例子演示了宏函数的使用。

【例 10-9】　演示宏函数的使用。

```
/********************************************************************************
源程序名:D:\C_Example\10_Preprocess\macFunc.c
功能:演示宏函数的使用
输入数据:无
输出数据:见图 10-26
********************************************************************************/
#include<stdio.h>
#define multiply(a,b) (a) * (b)
#define merr(a,b) a * b
int main()
{
  int a,b,c;
  a=multiply(1,3);
  printf("a=%d\n",a);
  b=multiply(4-2,4);
  printf("b=%d\n",b);
  c=merr(4-2,4);
  printf("c=%d\n",c);
}
```

使用 Dev-C++ 工具编辑、编译和运行这个程序，程序运行结果如图 10-26 所示。

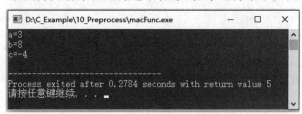

图 10-26　例 10-9 程序运行结果

例 10-9 程序中有 multiply 和 merr 两个宏函数。宏函数的语法均为名字后跟用小括号括起的参数列表,空格后为表达式。

```
#define 宏名称(参数 1,参数 2,…)    表达式
```

下面给出例 10-9 程序预编译后的代码。预编译后宏已经消失了,a、b、c 这 3 个赋值语句均发生了改变。对于 multiply(1,3),对比宏定义,a 的值为 1,b 的值为 3,代入表达式就是(1)＊(3),与下面代码显示结果相同。multiply(4-2,4)替换后为(4-2)＊(4),与预想相同。但 merr 给出的表达式 4-2＊4 则和预想不同,没有先算 4-2,再算乘法。

```
int main()
{
    int a,b,c;
    a=(1) * (3);
    b=(4-2) * (4);
    c=4-2 * 4;
}
```

这个例子给出的启示是:在定义宏函数时,表达式中的参数要加括号,例如 multiply 宏函数中的表达式是(a)＊(b)而不是 a＊b,否则就可能出现错误。

◆ 10.3　条件编译指令＃ifdef

条件编译指令＃ifdef

在 C 语言程序中,一个文件中可以包含多个头文件,而头文件之间又是可以相互引用的,这将引起一个文件中可能间接多次包含某个头文件,从而导致某些头文件被重复引用多次。例如,有 3 个头文件 a.h、b.h 和 c.h,其中,b.h 文件中包含了 a.h,而 c.h 文件中又分别包含了 a.h 和 b.h 两个文件。于是问题出现了,由于嵌套包含文件的原因,头文件 a.h 被两次包含在 c.h 文件中。如果头文件中没有防止多次编译的语句,有可能会引起如下两种后果:

(1)头文件重复引用会增加编译器编译的工作量,导致编译效率降低。对于小的程序,这不会引起太大的问题;但是,对于比较大的工程,编译效率低下将成为严重问题。

(2)某些头文件重复引用,有可能会引起意想不到的严重错误。例如,在头文件中定义了全局变量(虽然这种方式不被推荐,但有时候确实需要这么做),将会导致全局变量被重复定义。

怎么解决这种头文件被重复包含的问题呢?使用条件编译指令可以防止头文件被重复引用。

下面用例 10-10 和例 10-11 演示条件编译指令的作用。

【例 10-10】　演示条件编译指令＃ifdef 的作用。

```
/*********************************************************************
源程序名:D:\C_Example\10_Preprocess\ifdefUse.c
功能:演示条件编译指令#ifdef 的作用
输入数据:无
输出数据:见图 10-27
*********************************************************************/
```

```
#include<stdio.h>
int main()
{
  #ifdef M
  puts("Have M\n");
  #else
  puts("No M\n");
  #endif
}
```

使用 Dev-C++ 工具编辑、编译和运行这个程序,程序运行结果如图 10-27 所示。

图 10-27　例 10-10 程序运行结果

【例 10-11】　演示条件编译指令#ifdef 的作用。

```
/*******************************************************************************
源程序名:D:\C_Example\10_Preprocess\ifdefUse01.c
功能:演示条件编译指令#ifdef 的作用
输入数据:无
输出数据:见图 10-28
*******************************************************************************/
#include<stdio.h>
#define M 1
int main()
{
  #ifdef M
  puts("Have M\n");
  #else
  puts("No M\n");
  #endif
}
```

使用 Dev-C++ 工具编辑、编译和运行这个程序,程序运行结果如图 10-28 所示。

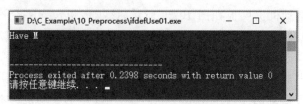

图 10-28　例 10-11 程序运行结果

比较例 10-10 和例 10-11 两个程序的运行结果,可以看到条件编译语句的作用。在例 10-10 的程序中没有定义宏 M,所以程序运行结果输出了 No M;而在例 10-11 的程序中定义了宏 M，所以程序运行结果输出了 Have M。可以看到 ♯ifdef-♯else 和 if-else 语句可以进行类比，♯ifdef 代表条件判断的开始，后面跟一个宏。如果这个宏被定义了，不论这个宏有没有定义数值都算是满足条件，那么从 ♯ifdef 到 ♯endif 都会出现在预处理后的源代码中；如果宏不存在，那么这段代码就不会出现在预处理后的源代码中。

上面的代码非常类似于下面的 if 语句代码，但 if 语句是在程序运行时决定走向，而宏是在预处理时就做决定，正式编译之前就已经被执行了。

```
if(M)
{
    ...
}
else
{
    ...
}
```

下面是条件编译的几种常见写法，它们的意义一望即知。

```
#ifdef M          //如果定义了 M，则有效
#endif
#ifndef A         //如果没有定义 A，则有效
#endif
#ifdef B          //如果定义了 B，则#else 之前有效；否则#else 之后有效
#else
#endif
#ifndef C         //如果没定义 C，则#else 之前有效；否则#else 之后有效
#else
#endif
```

◇ 10.4 鸿蒙 OS C 语言设备开发实验：简单直流电动机

10.4.1 简单直流电动机实验设备及工作原理

简单直流电动机实验设备及工作原理

电动机是一种将电能转换成机械能的装置。小到玩具小车，大到高铁、工程机械，都有电动机的存在。直流电动机是一种非常简单的电动机，在儿童玩具中用的多是这种电动机。手机中用的振动马达也是一种特殊的直流电动机。

本实验使用的电动机扩展板如图 10-29 所示，该扩展板包含一个振动马达（直流电动机）和一个步进电动机，可以用来完成直流电动机实验和步进电动机实验。

直流电动机驱动电路如图 10-30 所示。Hi3861 芯片的 GPIO07 和 GPIO08 引脚与一个名为 L9110 的芯片相连，该芯片是一个专门为控制和驱动电动机而设计的两通道功率放大芯片。使用 L9110 芯片的原因是 Hi3861 芯片 GPIO 口的驱动能力有限（可以支持的电流较小），无法提供电动机旋转所需的功率，所以使用 L9110 芯片对 Hi3861 芯片的输出功率进行放大。这里可以认为 GPIO07 和 GPIO08 连接着电动机的两端。当 GPIO07 输出高电平而 GPIO08 为低电平的时候正转，反之反转。

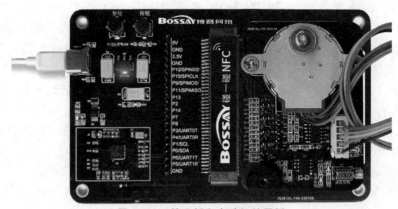

图 10-29　核心板和电动机扩展板

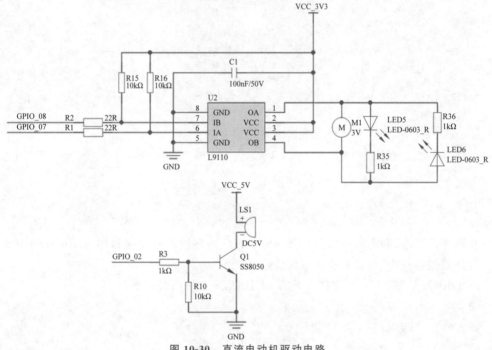

图 10-30　直流电动机驱动电路

10.4.2　简单直流电动机旋转实验

简单直流
电动机旋
转实验

简单直流电动机旋转实验的鸿蒙 OS C 语言程序项目由一个 C 语言源程序文件
DCMOTOR.c、两个 BUILD.gn 文件和一个 config.json 文件组成，如图 10-31 所示。

```
DCMOTOR ──── SOURCE_DCMOTOR
   ├── BUILD.gn              ├── BUILD.gn
   └── config.json          └── DCMOTOR.c
```

图 10-31　本实验项目结构

392

图 10-31 中外带方框的 DCMOTOR 和 SOURCE_DCMOTOR 是文件夹,而且 SOURCE_DCMOTOR 文件夹是 DCMOTOR 文件夹下面的子文件夹。在 DCMOTOR 目录下有 BUILD.gn 和 config.json 两个文件;在 SOURCE_DCMOTOR 子文件夹下也有一个 BUILD.gn 文件,同时还有一个 DCMOTOR.c 文件。其中 config.json 文件的内容和第 1~3 章的鸿蒙 OS C 语言设备开发项目的 config.json 基本相同,只有第一行 product_name 后面 的项目名称有区别。点亮一只 LED 灯项目的名称为 LED,呼吸灯项目的名称为 BREATHE,跑马灯项目的名称为 MARQUEE,直流电动机旋转项目的名称是 DCMOTOR。

各文件的内容分别如下。

DCMOTOR 文件夹下的 BUILD.gn 文件内容如下:

```
group("DCMOTOR")
{
    deps = [
            "SOURCE_DCMOTOR:DCMOTOR",
            "//device/bossay/hi3861_10/sdk_liteos:wifiiot_sdk",
            "../common/iot_wifi:iot_wifi",
        ]
}
```

DCMOTOR 文件夹下的 config.json 文件内容如下:

```
{
    "product_name": "DCMOTOR",
    ...
}
```

从第 2 行开始,剩余的行跟前几章鸿蒙 OS C 语言设备开发项目的 config.json 文件从 第 2 行开始的各行内容相同,在此不再赘述。

SOURCE_DCMOTOR 文件夹下的 BUILD.gn 文件内容如下:

```
static_library("DCMOTOR")
{
    sources = [ "DCMOTOR.c",  ]
    include_dirs = [
                "//utils/native/lite/include",
                "//base/iot_hardware/peripheral/interfaces/kits",
                "//device/bossay/hi3861_10/iot_hardware_hals/include",
                "//device/bossay/hi3861_10/sdk_liteos/include"
                ]
}
```

SOURCE_DCMOTOR 文件夹下的 DCMOTOR.c 文件内容如下:

```
#include<stdio.h>
#include "ohos_init.h"
#include "iot_gpio.h"
```

```
#include "iot_gpio_ex.h"
void moto_entry()
{
    printf("moto_entry called \n");
    IoTGpioInit(7);
    IoTGpioSetDir(7,IOT_GPIO_DIR_OUT);
    IoTGpioSetFunc(7,IOT_GPIO_FUNC_GPIO_7_GPIO);
    IoTGpioSetOutputVal(7,1);
    IoTGpioInit(8);
    IoTGpioSetDir(8,IOT_GPIO_DIR_OUT);
    IoTGpioSetFunc(8,IOT_GPIO_FUNC_GPIO_8_GPIO);
    IoTGpioSetOutputVal(8,0);
}
APP_FEATURE_INIT(moto_entry);
```

参照第 2 章网页编译的方法,将源程序 DCMOTOR.c 的代码复制到网页中进行编译,生成可执行目标代码;也可以参照第 3 章的方式,利用 Visual Studio Code 的 DevEco 工具建立直流电动机旋转实验项目 DCMOTOR,编辑程序代码,编译生成可执行目标代码。然后使用 USB-Type 数据线连接计算机和开发实验板,利用 HiBurn 工具可执行目标代码烧录到开发实验板中(注意,烧录程序时,先将带电动机的扩展板从核心板上拔下来;烧录好程序后,再将带电动机的扩展板插到核心板上,否则扩展板上的电动机会因核心版内原有的程序而旋转,影响烧录),按下复位按钮运行直流电动机旋转实验项目程序,可以看到电动机开始旋转,并发出嗡嗡的噪声。仔细观察电动机,可以发现电动机的输出上连接了一个偏心轮(只有一半),在旋转时就会产生振动。

10.4.3 简单直流电动机正转、反转实验

简单直流电动机正转、反转实验的鸿蒙 OS C 语言程序项目由一个 C 语言源程序文件 DCMOTORFR.c、两个 BUILD.gn 文件和一个 config.json 文件组成,如图 10-32 所示。

简单直流电动机正转、反转实验

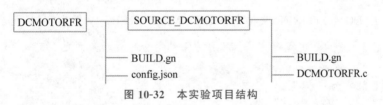

图 10-32 本实验项目结构

图 10-32 中外带方框的 DCMOTORFR 和 SOURCE_DCMOTORFR 是文件夹,而且 SOURCE_DCMOTORFR 文件夹是 DCMOTORFR 文件夹下面的子文件夹。在 DCMOTORFR 文件夹下有 BUILD.gn 和 config.json 两个文件;在 SOURCE_DCMOTORFR 子文件夹下也有一个 BUILD.gn 文件,同时还有一个 DCMOTORFR.c 文件。其中 config.json 文件的内容和第 1～3 章的鸿蒙 OS C 语言设备开发项目的 config.json 基本相同,只有第一行 product_name 后面的项目名称有区别。点亮一只 LED 灯项目的名称为 LED,呼吸灯项目的名称为 BREATHE,跑马灯项目的名称为 MARQUEE,直流电动机正转、反转项目的名称是 DCMOTORFR。

各文件的内容分别如下。

DCMOTORFR 文件夹下的 BUILD.gn 文件内容如下:

```
group("DCMOTORFR")
{
    deps = [
                "SOURCE_DCMOTORFR:DCMOTORFR",
                "//device/bossay/hi3861_10/sdk_liteos:wifiiot_sdk",
                "../common/iot_wifi:iot_wifi",
            ]
}
```

DCMOTORFR 文件夹下的 config.json 文件内容如下:

```
{
    "product_name": "DCMOTORFR",
}
```

从第 2 行开始,剩余的行跟前几章鸿蒙 OS C 语言设备开发项目的 config.json 文件的第 2 行开始的各行内容相同,在此不再赘述。

SOURCE_DCMOTORFR 文件夹下的 BUILD.gn 文件内容如下:

```
static_library("DCMOTORFR")
{
    sources = [ "DCMOTORFR.c",  ]
    include_dirs = [
                        "//utils/native/lite/include",
                        "//base/iot_hardware/peripheral/interfaces/kits",
                        "//device/bossay/hi3861_10/iot_hardware_hals/include",
                        "//device/bossay/hi3861_10/sdk_liteos/include"
                    ]
}
```

SOURCE_DCMOTORFR 文件夹下的 DCMOTORFR.c 文件内容如下:

```
#include<stdio.h>
#include "ohos_init.h"
#include "iot_gpio.h"
#include "iot_gpio_ex.h"
#include "iot_pwm.h"
void rev_entry()
{
  printf("rev_entry called \n");
  IoTGpioInit(7);
  IoTGpioSetDir(7,IOT_GPIO_DIR_OUT);
  IoTGpioSetFunc(7,IOT_GPIO_FUNC_GPIO_7_GPIO);
  IoTGpioInit(8);
  IoTGpioSetDir(8,IOT_GPIO_DIR_OUT);
  IoTGpioSetFunc(8,IOT_GPIO_FUNC_GPIO_8_GPIO);
  while(1)
```

```
    {
        printf("run ....");
        IoTGpioSetOutputVal(7,1);
        IoTGpioSetOutputVal(8,0);
        usleep(5 * 1000 * 1000);
        printf("rev ....");
        IoTGpioSetOutputVal(7,0);
        IoTGpioSetOutputVal(8,1);
        usleep(5 * 1000 * 1000);
    }
}
APP_FEATURE_INIT(rev_entry);
```

在 10.4.1 节提到使用 GPIO07 和 GPIO08 连接了电动机两端,所以只要调整这两个引脚的高低电平就可以实现电动机的正反转。

在代码中,首先对 GPIO07 和 GPIO08 进行了初始化并设置为 GPIO 输出端口。随后在循环里设置 GPIO07 高、GPIO08 低,使用 usleep 函数等待一段时间后又将其反转,这样电动机就会在正转和反转之间来回切换。

在电路板上有指示灯,可以看到指示灯的亮灭也在来回切换。

参照第 2 章网页编译的方法,将源程序 DCMOTORFR.c 的代码复制到网页中进行编译,生成可执行目标代码;也可以参照第 3 章的方式,利用 Visual Studio Code 的 DevEco 工具建立直流电动机正转、反转实验项目 DCMOTORFR,编辑程序代码,编译生成可执行目标代码。然后使用 USB-Type 数据线连接计算机和开发实验板,利用 HiBurn 工具将可执行目标代码烧录到开发实验板(注意,烧录程序时,先将带电动机的扩展板从核心板上拔下来;烧录好程序后,再将带电动机的扩展板插到核心板上,否则扩展板上的电动机会因核心板内原有的程序而旋转,影响烧录),按下复位按钮运行直流电动机正转、反转实验项目程序,启动直流电动机正转、反转。可以看到,电动机一会正转,一会反转,并发出嗡嗡的噪声。

10.4.4 简单直流电动机调速实验

简单直流电动机调速实验的鸿蒙 OS C 语言程序项目由一个 C 语言源程序文件 DCMOTORRE.c、两个 BUILD.gn 文件和一个 config.json 文件组成,如图 10-33 所示。

简单直流
电动机
调速实验

图 10-33 本实验项目结构

图 10-33 中外带方框的 DCMOTORRE 和 SOURCE_DCMOTORRE 是文件夹,而且 SOURCE_DCMOTORRE 文件夹是 DCMOTORRE 文件夹下面的子文件夹。在 DCMOTORRE 文件夹下有 BUILD.gn 和 config.json 两个文件;在 SOURCE_DCMOTORRE 子文件夹下也有一个 BUILD.gn 文件,同时还有一个 DCMOTORRE.c 文件。config.json 文件的内容和第 1~3 章的鸿蒙 OS C 语言设备开发项目的 config.json 基本相同,只有第一行 product_ name 后面的项目名称有区别。本项目的名称是 DCMOTORRE。

各文件的内容分别如下。

DCMOTORRE 文件夹下的 BUILD.gn 文件内容如下:

```
group("DCMOTORRE")
{
    deps = [
            "SOURCE_DCMOTORRE:DCMOTORRE",
            "//device/bossay/hi3861_10/sdk_liteos:wifiiot_sdk",
            "../common/iot_wifi:iot_wifi",
        ]
}
```

DCMOTORRE 文件夹下的 config.json 文件内容如下:

```
{
    "product_name": "DCMOTORRE",
    ...
}
```

从第 2 行开始,剩余的行跟前几章鸿蒙 OS C 语言设备开发项目的 config.json 文件的第 2 行开始的各行内容相同,在此不再赘述。

SOURCE_DCMOTORRE 文件夹下的 BUILD.gn 文件内容如下:

```
static_library("DCMOTORRE")
{
    sources = [ "DCMOTORRE.c",  ]
    include_dirs = [
                    "//utils/native/lite/include",
                    "//base/iot_hardware/peripheral/interfaces/kits",
                    "//device/bossay/hi3861_10/iot_hardware_hals/include",
                    "//device/bossay/hi3861_10/sdk_liteos/include"
                ]
}
```

SOURCE_DCMOTORRE 文件夹下的 DCMOTORRE.c 文件内容如下:

```
#include<stdio.h>
#include "ohos_init.h"
#include "iot_gpio.h"
#include "iot_gpio_ex.h"
#include "iot_pwm.h"
void pwm_entry()
{
  printf("pwm_entry called \n");
  IoTGpioInit(7);
  IoTGpioSetDir(7,IOT_GPIO_DIR_OUT);
```

```
    IoTGpioSetFunc(7,IOT_GPIO_FUNC_GPIO_7_PWM0_OUT);
    IoTPwmInit(0);
    IoTGpioInit(8);
    IoTGpioSetDir(8,IOT_GPIO_DIR_OUT);
    IoTGpioSetFunc(8,IOT_GPIO_FUNC_GPIO_8_GPIO);
    IoTGpioSetOutputVal(8,0);
    int speed = 30;                        //请修改这个值,试一试是否能影响电动机的速度
    IoTPwmStart(0,speed,40000);
}
APP_FEATURE_INIT(pwm_entry);
```

在呼吸灯实验中已经介绍了如何通过 PWM 控制 LED 灯的亮度,这里控制电动机的转速也采用了同样的方法。

代码中将 GPIO07 初始化并设置为输出端口,将其功能设置为 PWM。将 GPIO08 设置为 GPIO 输出端口,并输出 0。这样就控制了电动机的速度。在 IoTPwmStart 函数外部加入一个循环,就可以得到类似呼吸灯的直流电动机调速代码 DCMOTORRE.c:

```
#include<stdio.h>
#include "ohos_init.h"
#include "iot_gpio.h"
#include "iot_gpio_ex.h"
#include "iot_pwm.h"
void pwm_entry()
{
  printf("pwm_entry called \n");
  IoTGpioInit(7);
  IoTGpioSetDir(7,IOT_GPIO_DIR_OUT);
  IoTGpioSetFunc(7,IOT_GPIO_FUNC_GPIO_7_PWM0_OUT);
  IoTPwmInit(0);
  //IoTGpioSetOutputVal(7,1);
  IoTGpioInit(8);
  IoTGpioSetDir(8,IOT_GPIO_DIR_OUT);
  IoTGpioSetFunc(8,IOT_GPIO_FUNC_GPIO_8_GPIO);
  //IoTPwmInit(1);
  IoTGpioSetOutputVal(8,0);
  while(1)
  {
    for(int i=0;i<100;i++)
    { //i is speed
      IoTPwmStart(0,i,40000);
      usleep(1000*100);
    }
    for(int i=100;i>=0;i--)
    { //i is speed
      IoTPwmStart(0,i,40000);
      usleep(1000*100);
    }
  }
```

```
    //IoTPwmStart(0,speed,40000);
}
APP_FEATURE_INIT(pwm_entry);
```

　　参照第 2 章网页编译的方法，将源程序 DCMOTORRE.c 的代码复制到网页中进行编译，生成可执行目标代码；也可以参照第 3 章的方式，利用 Visual Studio Code 的 DevEco 工具建立直流电动机调速实验项目 DCMOTORRE，编辑程序代码，编译生成可执行目标代码。然后使用 USB-Type 数据线连接计算机和开发板，利用 HiBurn 工具将可执行目标代码烧录到开发实验板中（注意，烧录程序时，先将带电动机的扩展板从核心板上拔下来，烧录好程序后，再将带电动机的扩展板插到核心板上，否则扩展板电动机会因核心板内原有的程序而旋转，影响烧录），按下复位按钮运行直流电动机调速实验项目程序，可以看到电动机转速会发生快慢改变，并发出强弱快慢不同的嗡嗡的噪声。

◆ 10.5　鸿蒙 OS C 语言设备开发实验：步进电动机

10.5.1　步进电动机实验设备及工作原理

　　直流电动机可以旋转，但很难精确控制电动机旋转的角度或者圈数。如果需要使电动机按照设定的角度精确旋转，就要选用如图 10-34 所示的步进电动机。步进电动机的原理与直流电动机不同，四相步进电动机有 A、B、C、D 4 根控制线。当 A 接通时，内部的转子被 A 形成的电磁场吸引，转到 A 的位置；随后 B 接通，转子旋转到 B 的位置；以此类推。只要周期性地接通这 4 根控制线，就可以实现步进电动机的旋转；一旦停止控制，电动机就会保持不动。所以，步进电动机是一种旋转可以进行精确控制的旋转机械。

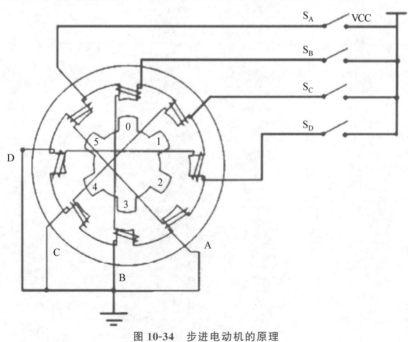

图 10-34　步进电动机的原理

步进电动机激励表如图 10-35 所示。上面提到的依次给 A、B、C、D 加高电平的方式叫作 1 相激励法。这种方法可能会有动力不足的情况，所以还出现了 2 相激励法和 1-2 相激励法。本实验代码中使用 2 相激励法，大家可以尝试其他激励方式。

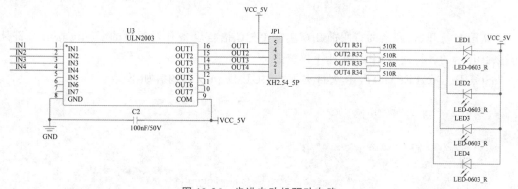

1 相励磁

步	A	B	C	D
1	1	0	0	0
2	0	1	0	0
3	0	0	1	0
4	0	0	0	1
5	1	0	0	0
6	0	1	0	0
7	0	0	1	0
8	0	0	0	1

2 相励磁

步	A	B	C	D
1	1	1	0	0
2	0	1	1	0
3	0	0	1	1
4	1	0	0	1
5	1	1	0	0
6	0	1	1	0
7	0	0	1	1
8	1	0	0	1

1-2 相励磁

步	A	B	C	D
1	1	0	0	0
2	1	1	0	0
3	0	1	0	0
4	0	1	1	0
5	0	0	1	0
6	0	0	1	1
7	0	0	0	1
8	1	0	0	1

图 10-35　步进电动机激励表

图 10-36 给出了步进电动机的驱动电路。Hi3861 芯片的 GPIO09～GPIO12 和 ULN2003 芯片的 IN1～IN4 相连。ULN2003 是一种电动机驱动芯片，可以提供 7 路功率放大。同时这些输出还和 4 个指示灯相连，这样可以通过指示灯看到电平高低情况。

图 10-36　步进电动机驱动电路

10.5.2　步进电动机实验程序源码

步进电动机实验的鸿蒙 OS C 语言程序项目由一个 C 语言源程序文件 STEPMOTOR.c、两个 BUILD.gn 文件和一个 config.json 文件组成，如图 10-37 所示。

步进电动机
实验程序源码

图 10-37　本实验项目结构

图 10-37 中外带方框的 STEPMOTOR 和 SOURCE_STEPMOTOR 是文件夹，而且 SOURCE_STEPMOTORE 文件夹是 STEPMOTOR 文件夹下面的子文件夹。在 STEPMOTOR 文件夹下有 BUILD.gn 和 config.json 两个文件；在 SOURCE_STEPMOTOR 子文件夹下 也有一个 BUILD.gn 文件，同时还有一个 STEPMOTOR.c 文件。其中 config.json 文件的 内容和第 1～3 章的鸿蒙 OS C 语言设备开发项目的 config.json 基本相同，只有第一行 product_name 后面的项目名称有区别，本实验的项目名称是 STEPMOTOR。

各文件的内容分别如下。

STEPMOTOR 文件夹下的 BUILD.gn 文件内容如下：

```
group("STEPMOTOR")
{
    deps = [
            "SOURCE_STEPMOTOR:STEPMOTOR",
            "//device/bossay/hi3861_l0/sdk_liteos:wifiiot_sdk",
            "../common/iot_wifi:iot_wifi",
        ]
}
```

STEPMOTOR 文件夹下的 config.json 文件内容如下：

```
{
    "product_name": "STEPMOTOR",
    ...
}
```

从第 2 行开始，剩余的行跟前几章鸿蒙 OS C 语言设备开发项目的 config.json 文件从 第 2 行开始的各行内容相同，在此不再赘述。

SOURCE_STEPMOTOR 文件夹下的 BUILD.gn 文件内容如下：

```
static_library("STEPMOTOR")
{
    sources = [ "STEPMOTOR.c",  ]
    include_dirs = [
                    "//utils/native/lite/include",
                    "//base/iot_hardware/peripheral/interfaces/kits",
                    "//device/bossay/hi3861_l0/iot_hardware_hals/include",
                    "//device/bossay/hi3861_l0/sdk_liteos/include"
                ]
}
```

SOURCE_STEPMOTOR 文件夹下的 STEPMOTOR.c 文件内容如下：

```
#include<stdio.h>
#include "ohos_init.h"
#include "iot_gpio.h"
```

```c
#include "iot_gpio_ex.h"
#include "cmsis_os2.h"
unsigned char CodeArr[8] =
{ //2相激励
  0xC, 0x6, 0x3, 0x9, 0xC, 0x6, 0x3, 0x9
};
void moto(void* args)
{
  int i;
  printf("moto thread running...");
  for(i=7;i<=12;i++)
  {
    IoTGpioInit(i);
    IoTGpioSetDir(i,IOT_GPIO_DIR_OUT);
    IoTGpioSetFunc(i,0);
    IoTGpioSetOutputVal(i,0);
  }
  //IoTGpioSetFunc(13,IOT_GPIO_FUNC_GPIO_13_GPIO);
  int c = 9;
  int idx = 0;
  while(1)
  {
    unsigned char code = CodeArr[idx];
    for(i=9;i<=12;i++)
    {
      IoTGpioSetOutputVal(i,code & 0x1);
      code = code >> 1;
    }
    printf("sleep");
    usleep(1000);
    idx = (idx+1)%8;
  }
}
void moto_entry()
{
  printf("moto_entry called \n");
  osThreadAttr_t attr;
  attr.name = "thread_moto";
  attr.attr_bits = 0U;                //如果为 1 ,则可以使用 osThreadJoin 函数
  attr.cb_mem = NULL;                 //控制快的指针
  attr.cb_size = 0U;
  attr.stack_mem = NULL;              //栈内存指针
  attr.stack_size = 1024 * 4;         //栈大小
  attr.priority = 25;                 //优先级
  if (osThreadNew((osThreadFunc_t)moto, NULL, &attr) == NULL)
  {
    printf("Failed to create thread!\n");
  }
}
APP_FEATURE_INIT(moto_entry);
```

参照第 2 章网页编译的方法,将源程序 STEPMOTOR.c 的代码复制到网页中进行编译,生成可执行目标代码;也可以参照第 3 章的方式,利用 Visual Studio Code 的 DevEco 工具建立步进电动机实验项目 STEPMOTOR,编辑程序代码,编译生成可执行目标代码。然后使用 USB-Type 数据线连接计算机和开发实验板,利用 HiBurn 工具将可执行目标代码烧录到开发实验板中(注意,烧录程序时,先将带电动机的扩展板从核心板上拔下来;烧录好程序后,再将带电动机的扩展板插到核心板上。否则扩展板电动机会因核心板内原有的程序而旋转,影响烧录),按下复位按钮运行步进电动机实验项目程序,可以看到步进电动机开始旋转,并发出轻微的噪声。

10.5.3 步进电动机实验程序源码解析

程序源码中使用无符号字符数组 CodeArr 存储激励码,使用 code & 0x1 获取代码的最低位,使用 code = code>>1 将次低位变成最低位。通过这种方法取出 code 的每一位并将其分别设置给了 9~12 号端口。

代码 CodeArr[idx] 和 idx = (idx+1)%8 配合实现激励码的逐个选取。

需要注意的是,本实验的代码入口为 moto_entry,这个函数调用了 osThreadNew 函数启动了一个新的线程,这个线程以 moto 函数为入口,在该函数中实现了具体的功能。

osThreadNew 函数需要 3 个参数:第一个参数是函数指针,将函数指针传入 osThreadNew 函数就可以告知其线程的入口;第二个参数为传入入口函数(第一个参数指向的函数,也就是 moto 函数)的参数;第三个参数包括了栈大小和优先级等线程的属性,这里一般不需要对其做更改。

这种在入口中创建一个线程,在线程中做真正要做的事情的做法,是鸿蒙设备驱动开发的主流方式。当需要同时控制多个外设时,这种写法特别有用。因为这可以为每个设备添加一个线程,所以多个设备都会得到实时处理。前面的实验中没有采用这种方法是为了简化代码结构,降低学习难度。

◆ 10.6 习　题

一、单项选择题

1. 在 C 语言程序设计中,宏定义的有效范围从定义处开始,到源文件结束处结束。但可以用来提前解除宏定义作用的是(　　)。

    A. #ifndef　　　　　　B. #endif　　　　　　C. #undefined　　　D. #undef

2. C 语言编译系统对宏定义的处理是(　　)。

    A. 和其他 C 语言语句同时进行的　　　B. 在对其成分正式编译之前处理的

    C. 在程序执行时进行的　　　　　　　D. 在程序连接时处理的

3. 以下对宏替换的叙述中不正确的是(　　)。

    A. 宏替换只是字符的替换

    B. 宏替换时,先求出实参表达式的值,然后代入形参运算求值

    C. 宏名无类型,其参数也无类型

    D. 宏替换不占运行时间

4. 以下叙述中不正确的是( )。

A. 一个#include 指令只能指定一个被包含文件

B. 文件包含是可以嵌套的

C. 一个#include 指令可以指定多个被包含文件

D. 在#include 指令中,文件名可以用双引号或尖括号括起来

5. 在文件包含预处理指令的使用形式中,当#include 后面的文件名用双引号括起来时,寻找被包含文件的方式为( )。

A. 直接按系统定义的标准方式搜索目录

B. 先在源程序所在的目录搜索,再按系统设定的标准方式搜索

C. 只搜索源程序所在的目录

D. 只搜索当前目录

二、判断对错题

1. 宏定义语句不是 C 语言语句,不必在语句末尾加分号。 ( )

2. C 语言的编译系统对宏命令的处理是在对源程序的其他成分正式编译之前进行的。

( )

3. #define 的作用与 typedef 的作用完全相同。 ( )

三、编程题

1. 编写一个程序,随机生成 1~100 的整数。

2. 编写一个程序,实现 1~10 这 10 个数字的随机打乱排序。

3. 编写一个程序,启动 notepad.exe。

4. 设计彩票获奖算法,实现一等奖有 10% 的概率、二等奖有 20% 的概率、三等奖有 30% 的概率。

5. 编写一个程序,模拟抛骰子 100 000 次,统计结果为 1 的概率。

6. 编写一个程序,获取环境变量 PATH 的值并输出。

7. 编写一个矩阵类,在头文件 matrix.h 中添加声明,在 matrix.c 中实现矩阵相加、相乘的运算。

四、实验题

1. 结合开发实验板按钮,实现按一次按钮启动直流电动机旋转,再按一次按钮停止直流电动机旋转的功能。

2. 结合开发实验板按钮,实现按一次按钮直流电动机正转,再按一次按钮直流电动机反转的功能。

3. 修改步进电动机程序,实现步进电动机旋转 30° 后停止的功能。

4. 结合开发实验板按钮,实现每按一次按钮使步进电动机旋转 10° 的功能。

文 件

本章主要内容：

（1）stdio.h 头文件。

（2）文件类型：文本文件、二进制文件。

（3）文件的打开、读写、关闭。

（4）文本文件的读写。

（5）二进制文件的读写。

（6）文件的随机读写。

　　一些程序在运行时要输入数据。如果希望下次运行程序的时候这些数据依旧还在，就必须将这些数据存放在计算机磁盘的文件中。如果不用文件存储这些数据，每次运行程序时就必须将以前输入的数据再重新输入一遍。为此，C 语言引入了文件系统。文件系统是现代操作系统重要的组成部分，任何通用编程语言都少不了对文件系统的支持。C 语言也不例外，在它的文件系统中将磁盘、光盘等存储介质抽象成文件和文件夹的方式进行管理。

　　要掌握 C 语言文件系统的功能，首先必须了解 C 语言标准库中的 stdio.h 头文件。

◇ 11.1　stdio.h 头文件

stdio.h
头文件

　　stdio.h 是在 C 语言程序中常用到的一个头文件。stdio 是 standard input and output 的缩写，意为标准输入输出，其中包含了大量与输入输出相关的函数。

　　stdio.h 头文件的作用体现在以下 3 方面：

　　（1）声明了一些数据类型，包括无符号整数类型 size_t、用于读写文件的 FILE 结构体和用于表示文件中位置的 fpos_t 等。例如：

```
typedef unsigned int size_t;
```

　　（2）提供了一些常用的宏，例如表示空指针的 NULL 和表示文件结尾的 EOF：

```
#define NULL ((void*)0)
#define EOF (-1)
```

NULL 本质上是数值 0,但它被声明为 void * 类型。EOF 的值就是−1。

(3) 包含了大量从输入输出流(键盘输入和显示器输出)中进行读取和写入的函数、从字符串中读取写入的函数和从文件中读取和写入的函数。例如,stdio.h 头文件中有一个 getchar 函数,用来读取一个字符:

```
int getchar();
```

奇怪的是,既然是读取字符的函数,它的返回值为什么不是 char 类型的呢? 这是因为,如果返回值是字符,那么就无法表示读取失败这个状态,因为任何字符都可能是非零的。而使用 int 作为返回值类型,就可以用−1 代表读取失败以终结读取。

在早期的计算机系统中,用户和计算机是通过文本形式进行数据交互的。早期的计算机系统中定义了 3 个基本的流,分别是编号为 0 的标准输入流(键盘输入)、编号为 1 的标准输出流(显示器输出)、编号为 2 的标准错误输出流。标准输出和标准错误输出的用法基本相同。在 C 语言标准库中,使用 FILE 结构体的变量代表一个流。针对上述 3 个流,C 语言提供了 stdin、stdout 和 stderr 这 3 个变量。

【例 11-1】　演示 stdio.h 中函数的应用。

```
/**********************************************************************
源程序名:D:\C_Example\11_File\stdioFunc.c
功能:演示 stdio.h 中函数的应用
输入数据:键盘输入
输出数据:见图 11-1
**********************************************************************/
#include<stdio.h>
#include<conio.h>
int main()
{
  char buf[200];
  int ch = getch();
  printf("getch return %c\n",ch);
  int a = 10,b= 20;
  printf("input a line : ");
  gets(buf);
  printf("gets : %s\n",buf);
  sprintf(buf," %d + %d = %d ", a,b,a+b);
  puts(buf);
  printf("input two number : ");
  gets(buf);
  sscanf(buf,"%d%d",&a, &b);
  printf("a = %d , b = %d \n",a,b);
  fprintf(stderr,"hello %d\n ",12);
  int ch1 = getchar();
  printf("getchar return %c\n",ch1);
}
```

使用 Dev-C ++ 工具编辑、编译和运行这个程序,程序运行结果如图 11-1 所示。

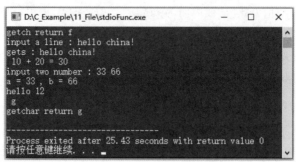

图 11-1　例 11-1 程序运行结果

例 11-1 程序演示了多个读写函数的用法。

getch 是 conio.h 头文件中无缓冲区读取一个字符的函数，当从键盘输入一个字符时，该函数直接返回，而不像 getchar 函数那样从键盘输入字符后需要按回车键才返回。

gets 函数用于从标准输入流（也就是键盘输入）中读取一行，在调用前要准备一个字符数组作为存放读取字符串的缓冲区，该函数返回读取字节个数。puts 函数可以将一个字符串输出到显示器上。

sprintf 与 printf 类似，用于将内容输出到一个字符数组中，但 printf 是标准输出，而 sprintf 不是标准输出，它的第一个参数就是目标字符数组。sscanf 与 scanf 类似，但 scanf 是标准输入（键盘输入），而 sscanf 不是标准输入。sscanf 用于从字符串中读取信息，它的第一个参数是源字符数组。sscanf 直接从源字符数组解析需要的内容，而不是从标准输入中读取字符串。

fprintf 的功能与 printf 类似，只不过多出的第一个参数用于指明输出流。如果传入标准输出流，那么 fprintf 的表现与 printf 完全相同；如果是标准错误输出流，就会将错误打印到标准错误输出中。当然，在 Windows 下测试时看不出标准输出流和标准错误输出流的区别，因为这两个流都输出到命令行窗口中。如果用 fprintf 的第一个参数传入一个写文件的流，就可实现写文件。

C 语言在标准库中提供了一系列文件操作函数。对文件的操作大体上可分为三步：打开文件、读写文件和关闭文件。其他编程语言的文件读写也大体上是这三步。

文件类型

◇ 11.2　文 件 类 型

C 语言中的文件分为两类：文本文件和二进制文件。

1. 文本文件

文本文件是指以文本方式（也称 ASCII 码方式）存储的文件。确切地说，文本文件中的英文、数字等字符是以其 ASCII 码的形式存储的，汉字存储的是机内码。文本文件中除了存储文件有效字符信息（包括能用 ASCII 码字符表示的回车、换行等信息）外，不能存储其他任何信息。在文本文件中，每一字节存储一个字符，可以用记事本打开和阅读文本文件。

例如，将 12345 这个数存储在文本文件中，该文件中的存储内容如下：

| 00110001 | 00110010 | 00110011 | 00110100 | 00110101 |

可以看到,第 1 字节存储的是字符 1 的 ASCII 码值 49,第 2 字节存储的是字符 2 的
ASCII 码值 50,以此类推,第 5 字节存储的是字符 5 的 ASCII 码值 53,一共占用 5 字节。

2. 二进制文件

二进制文件是指以二进制格式对文件内容进行存储的文件。在二进制文件中,一字节
不一定存储一个字符。二进制文件用记事本打开后是一堆乱码,但是计算机可以理解它。
二进制文件以文件在外部设备的存放形式为二进制而得名。通俗地说,二进制文件即除文
本文件以外的文件。图形、图像、视频、音频文件及计算机可执行程序文件等都是二进制格
式的文件。

例如,将 12345 这个数存储在二进制文件中,该二进制文件中的存储内容如下:

00110000	00111001

可以看到,12345 以二进制形式存储其数值,一共占用 2 字节。

从文件功能的角度看,程序设计中的文件一般有两种:程序文件(二进制文件)和数据
文件(既可以是文本文件,又可以是二进制文件)。

一个文件要有一个唯一的文件标识,也就是文件名,以便识别和引用。

完整的文件名包含 3 部分:路径+文件名+扩展名,例如 C:\code\test.txt。

◆ 11.3　文件的打开与关闭

11.3.1　流

在 C 语言中,流表示数据从源流向目的地。键盘通常是标准数据输入流的源,显示器
通常是标准数据输出流的目的地。

scanf("%c",&a)就是从键盘输入,也就是从标准输入流输入。

printf("%c\n",a)就是在显示器上输出,也就是从标准输出流输出。

规模较小的程序是用不到其他流的,只要键盘和显示器就够了。但规模较大的程序中
可能会需要额外的流,也就是从其他地方输入数据或者向其他地方输出数据。这些额外的
流通常来自存储在其他介质(如硬盘等)上的文件,因此文件也是一种流。流的类型有很多,
除键盘、显示器和文件外,打印机、绘图仪等也是流的源或目的地。

11.3.2　文件指针

每个被打开使用的文件都会在计算机的内存中开辟一个文件信息区,用来存放文件的
相关信息,如文件名、文件状态及文件当前的位置等。这些信息被保存在一个结构体变量
中,其结构体类型由系统声明,名为 FILE。

文件指针

例如,在 stdio.h 头文件中有保存文件相关信息的如下结构体类型声明:

```
struct _iobuf
{
  char *  _ptr;
  int     _cnt;
```

```
    char *  _base;
    int     _flag;
    int     _file;
    int     _charbuf;
    int     _bufsiz;
    char *  _tmpfname;
};
typedef struct _iobuf FILE
```

每当打开一个文件时，系统就会根据文件的情况自动创建一个 FILE 结构体变量，并在变量中保存该文件的相关信息。对于程序设计者，不必关心文件信息的细节。就像买了一辆车，只管把车开好，而不必关心制造车的细节一样。

在使用文件时，一般都是通过一个 FILE 类型的指针指向和操作这个 FILE 结构体类型的变量，使得对文件的操作更加方便。例如：

```
FILE * pf;
```

定义 pf 是一个 FILE 类型的指针变量。可以使 pf 指向某个文件的文件信息区（是一个结构体变量）。通过该文件信息区中的信息就能够访问该文件。也就是说，通过文件指针变量能够找到与它关联的文件。

C 语言程序中对流的访问就是通过文件指针实现的。C 语言中定义的 3 个标准流在打开 C 语言程序时就会默认打开。这 3 个标准流不需要文件指针就能使用，所以称为标准输入输出流。

11.3.3 文件的打开与关闭

文件的打开
与关闭

关于文件类型和文件指针都是文件的一些常识，只要了解就够了。而下面要介绍的内容才是关于文件操作必须掌握的内容。

在读和写文件之前必须先打开它，这就像收到一封信，只有打开信封才能读信的内容一样。在写完文件内容后还需要关闭文件。

那么，打开文件和关闭文件是如何完成呢？当然是通过函数完成，只不过这个函数在 C 语言标准库中已经提供了，直接使用即可。

下面先通过一个程序演示如何打开和关闭文件。

【例 11-2】 演示文件的打开和关闭。

```
/**********************************************************************
源程序名:D:\C_Example\11_File\fileOpenClose.c
功能:演示文件的打开和关闭
输入数据:无
输出数据:无
**********************************************************************/
#include<stdio.h>
int main()
{
    FILE  * fp;
```

```
//以读的方式打开 d 盘上 abc 文件夹下的文本文件 text.txt
fp = fopen("d:\\abc\\text.txt", "r");
if (fp == NULL)
{
  perror("fopen:");                  //反馈错误信息
  return 0;
}
//关闭文件
fclose(fp);
fp = NULL;
//以写的方式打开 d 盘上 abc 文件夹下的二进制文件 data.dat
fp = fopen("d:\\abc\\data.dat", "wb");
if (fp == NULL)
{
  perror("fopen:");                  //反馈错误信息
  return 0;
}
//关闭文件
fclose(fp);
fp = NULL;
return 0;
}
```

1. 打开文件

要打开文件,程序中必须包括如下代码:

```
#include<stdio.h>                                //要包含 stdio.h 头文件
FILE * fp;                                       //定义文件结构体类型 FILE 的指针,简称文件指针
fp = fopen(const char * filename, const char * mode);   //调用打开文件函数 fopen
```

例如:

```
fp=fopen("d:\\abc\\hello.txt" , "r");        //打开 d 盘 abc 文件夹下的 hello.txt 文件
```

用文件指针变量 fp 保存 fopen 函数的返回值(打开成功时返回一个存储该文件信息的内存地址,打开失败则返回 NULL)。

在 fopen 函数中,第一个参数是文件名。注意,文件名的路径用了双斜杠(\\)。前面曾经讲过,第一个斜杠是转义字符,第二个斜杠才是表示文件路径的分隔符,在此必须使用双斜杠才能正确地表示路径。第二个参数是打开方式。表 11-1 列出了文本文件的打开方式,表 11-2 列出了二进制文件的打开方式。

表 11-1　文本文件的打开方式

文件打开方式	含　　义	如果文件不存在
"r"	打开一个已经存在的文本文件并从中读入数据	出错
"w"	打开一个文本文件并向其中输出数据	建立一个新的文件

续表

文件打开方式	含　义	如果文件不存在
"a"	在文本文件的末尾添加数据	建立一个新的文件
"r+"	打开一个文本文件读数据和写数据	出错
"w+"	创建一个新的文本文件用于读数据和写数据	建立一个新的文件
"a+"	打开一个文本文件,在文件末尾进行读数据和写数据	建立一个新的文件

表 11-2　二进制文件的打开方式

文件打开方式	含　义	如果文件不存在
"rb"	打开一个已经存在的二进制文件并从中读入数据	出错
"wb"	打开一个二进制文件并向其中输出数据	建立一个新的文件
"ab"	向二进制文件的末尾添加数据	建立一个新的文件
"rb+"	打开一个二进制文件读数据和写数据	出错
"wb+"	创建一个新的二进制文件用于读数据和写数据	建立一个新的文件
"ab+"	打开一个二进制文件,在其末尾进行读数据和写数据	建立一个新的文件

在 C 语言中以文本方式打开文件,从文件中读取的内容以及向文件中写入的内容会经过一定的预处理。例如,回车符和换行符("\r\n")会被替换为换行符("\n");而在写文件时做相反操作,将换行符转换为回车符和换行符。在其他语言中,还会涉及字符的编码和解码,这里不再赘述。

2. 关闭文件

文件使用完毕后必须关闭文件。要关闭文件,程序中必须包括如下代码:

```
#include<stdio.h>
FILE * fp
fclose(fp);
```

其中,fclose 函数原型如下:

```
int fclose(FILE * stream);
```

fclose 函数返回值是 int 类型,关闭文件成功返回 0,关闭文件失败则返回 EOF。

◆ 11.4　文本文件的写和读

11.4.1　写文本文件

【例 11-3】　演示写文本文件,即向文本文件中写数据。

写文本文件

```
/*******************************************************************************
源程序名:D:\C_Example\11_File\writeTxtFile.c
```

```
功能：演示写文本文件
输入数据：无
输出数据：d:\C_example\helloFile.txt
*********************************************************************/
#include<stdio.h>
int main()
{
  FILE * fp;
  fp = fopen("d:\\C_Example\\helloFile.txt","w");
  if (fp == NULL)
  {
    perror("fopen helloFile error");  //反馈打开文件失败的信息
    return 0;
  }
  fprintf(fp,"%d %d\n",1,2);
  fputs("hello, welcome to C language txt file!",fp);
  fclose(fp);
  printf("d:\\C_Example\\helloFile.txt file created.");
  return 1;
}
```

使用 Dev-C++ 工具编辑、编译和运行这个程序，程序运行结果如图 11-2 所示。

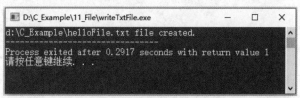

图 11-2 例 11-3 程序运行结果

编译运行例 11-3 程序，发现该程序在 D 盘的 C_Example 文件夹（该文件夹必须预先创建准备好）下创建了 helloFile.txt 文本文件，用记事本打开这个文件如图 11-3 所示，可以看到和读懂文本文件中的内容，发现文件内容和执行程序写入文件的内容是完全一致的。

图 11-3 用记事本打开 helloFile.txt

例 11-3 程序中，使用 fopen 函数创建了一个新文件 helloFile.txt，使用 fprintf 和 fputs 函数完成了将数据内容写入文本文件 helloFile.txt 的操作，使用 fclose 函数关闭了文件 helloFile.txt。fopen 函数在调用时需要两个参数：第一个参数为需要打开的包含路径的文件名；第二个参数为打开方式，其中"w"为以写文本文件方式打开，w 是 write 的缩写。fopen 函数返回一个名为 fp 的 FILE 结构体类型的指针，在编码时可以认为这是一个文件句柄，所有关于这个文件的操作都使用这个句柄完成。

　　fprintf 函数用于格式化文本输出，它的用法与 printf 函数非常相似，区别在于第一个参数使用了文件句柄 fp。printf 函数将数据输出到标准输出即显示屏幕上，而 fprintf 函数将内容输出到文件句柄指向的文件中。

　　fputs 函数用法则类似于 puts 函数，即输出一行文本。该函数将文件句柄放到第二个参数上，也就将输出内容写入了文件指针 fp 指向的文件中。

　　在 C 语言中，存在 3 个预定义的文件句柄，分别为标准输入（stdin）、标准输出（stdout）和标准错误输出（stderr）。可以直接使用这 3 个文件句柄调用 fprintf 和 fputs 等函数，将内容输出到显示器上。

　　【例 11-4】 演示标准输出，即向显示器写数据。

```
/*********************************************************************
源程序名:D:\C_Example\11_File\writeTxtStde.c
功能:演示标准输出
输入数据:无
输出数据:见图 11-4
*********************************************************************/
#include<stdio.h>
int main()
{
  fprintf(stdout,"%d %d\n",1,2);
  fputs("hello, welcome to C language txt file!",stderr);
}
```

　　使用 Dev-C++ 工具编辑、编译和运行这个程序，程序运行结果如图 11-4 所示。

图 11-4　例 11-4 程序运行结果

　　运行例 11-4 程序可以看到，在显示器上输出的内容与例 11-3 程序中创建的 helloFile.txt 文件中的内容完全相同，即将数据写到了标准输出（即显示器）上。

读文本文件

11.4.2　读文本文件

　　下面的程序将从例 11-3 程序创建的 helloFile.txt 文件中读取数据，并将读取的内容在显示器上输出。

　　【例 11-5】 演示读文本文件，将读取的内容在显示器上输出。

```
/*********************************************************************
源程序名:D:\C_Example\11_File\readTxtFile.c
功能:演示读文本文件,将读取的内容在显示器上输出
输入数据:helloFile.txt
输出数据:见图 11-5
```

```
*******************************************************************************/
#include<stdio.h>
int main()
{
  int a,b;
  char buf[1024];
  FILE * fp;
  fp = fopen("d:\\C_Example\\helloFile.txt","r");
  if (fp == NULL)
  {
    perror("fopen helloFile  error");        //反馈打开文件失败的信息
    return 0;
  }
  fscanf(fp,"%d%d",&a,&b);
  printf("readed a = %d , b = %d\n",a,b);
  fgets(buf,1024,fp);
  printf("readed = %s",buf);
  fgets(buf,1024,fp);
  printf("readed = %s",buf);
  return 0;
}
```

使用 Dev-C++ 工具编辑、编译和运行这个程序,程序运行结果如图 11-5 所示。

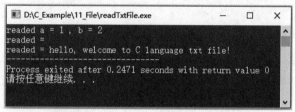

图 11-5　例 11-5 程序运行结果

在例 11-5 程序中,首先声明了 a、b 和 buf 用于保存读入的数据。使用 fopen 函数以读方式打开文本文件 D:\C_Example\helloFile.txt,其中"r"表示以读方式打开文件。

程序使用 fscanf 函数从文件中进行格式化读取。该函数的第一个参数为文件句柄,其余参数与读取标准输入的 scanf 函数类似。程序完成读取后,使用 printf 函数将读取的 a 和 b 输出,以验证读取的正确性。随后使用 fgets 函数读取一行文本。fgets 函数与 gets 函数功能类似。gets 函数从当前字符开始读取,直到遇到回车符为止;如果没有遇到回车符,该函数就会一直读下去,如果给 gets 函数指定的字符数组长度不足,则会出现被称为缓冲区溢出的问题。fgets 函数为了解决这个问题,除了增加了第三个参数(为文件句柄)以外,还在第二个参数中规定了最大读取字符数,以避免读取的字符数超过缓冲区的大小。程序中缓冲区为 1024 字节,所以 fgets 函数的第二个参数传入了 1024。

程序的输出结果为

```
readed a = 1 , b = 2
readed =
readed = hello, welcome to C language txt file!
```

这个运行结果非常有意思。第一次使用 fgets 函数读取了一个空行，第二次使用 fgets 函数读取了 "hello,welcome to C language txt file!"。那么，同一个函数为什么两次调用返回的结果不一样呢？这就涉及一个概念——文件指针，或称位置指针。

在打开文件时，文件指针一般指向文件的开头。除非是以 "a＋" 的方式打开文本文件，或者以 "ab＋" 的方式打开二进制文件，此时文件指针指向文件尾部。随着读取，指针逐渐后移。当执行 fgets 函数时表明读取了回车符或者读取的字符数达到第二个参数指定的最大值。在代码执行 fscanf 函数时从文件中读取了 1 和 2，这时执行 gets 函数就读取了 1 和 2 之后的回车符，所以第一次执行 fgets 函数读取了一个空行，第二次执行该函数时读取了 "hello，welcome to C language txt file!"。

下面给出一个连续读取文本文件内容的例子。首先用记事本在 D 盘 C_Example 文件夹下建立文本文件 song.txt，并输入歌词的内容：

```
                          China catches my heart
China catches my heart, No one can break us apart,
No matter where I travel, You are what I'm singing for,
I'm singing of your high mountains, Singing of your land and rocks,
Sing of hometown, the big or small, Sing of them one more,
Oh China how I love you, When I nestle in your arms feeling blue,
You share with me the stories before, Make me cheerful,
You are the mother we all adore, We all adore.
```

【例 11-6】 演示连续读取文本文件的内容并在显示器上输出。

```c
/***********************************************************************
源程序名:D:\C_Example\11_File\readSongFile.c
功能:演示连续读取文本文件的内容并在显示器上输出
输入数据:song.txt
输出数据:见图 11-6
***********************************************************************/
#include<stdio.h>
int main()
{
  char buf[1024];
  FILE * fp;
  fp = fopen("d:\\C_Example\\song.txt","r");
  if (fp == NULL)
  {
    perror("fopen song.txt file  error");     //反馈打开文件失败的信息
    return 0;
  }
  while(!feof(fp))
  {
    fgets(buf,1024,fp);
    printf("%s",buf);
  }
  fclose(fp);
}
```

使用 Dev-C++ 工具编辑、编译和运行这个程序,程序运行结果如图 11-6 所示。

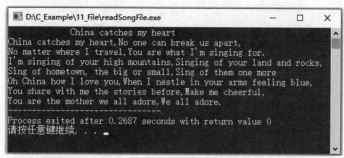

图 11-6 例 11-6 程序运行结果

这里使用 feof 函数判断文件指针是否到了文件末尾,如果到了文件末尾返回非 0,否则返回 0。这里使用!feof(fp)作为循环判断条件。即,如果文件没有到末尾,就继续循环读取文件内容,使用 fgets 函数读取一行,随后将读取的内容输出到标准输出中;等到文件末尾,即读取和输出了文件的所有内容后,关闭文件。

◆ 11.5 二进制文件的读和写

11.5.1 读二进制文件

【例 11-7】 演示以二进制方式读取图片文件并以十六进制输出。

读二进制
文件

```
/********************************************************************
源程序名:D:\C_Example\11_File\readBinFile.c
功能:以二进制方式读取图片文件并以十六进制输出
输入数据:D:\C_Example\weixin.jpg
输出数据:见图 11-7
********************************************************************/
#include<stdio.h>
int main()
{
  char buf[1024];
  int ret;
  int i;
  FILE * fp;
  fp = fopen("d:\\C_Example\\weixin.jpg","rb");
  if(fp == NULL)
  {
    perror("fopen weixin.jpg file error");    //反馈打开文件失败的信息
    return 0;
  }
  ret = fread(buf,1,1024,fp);
  printf("read %d bytes \n",ret);
  for(i=0;i<ret;i++)
  {
    if(i % 16 == 0)
```

```
        puts("");
    printf("%02x ",0xff & buf[i]);
  }
  fclose(fp);
}
```

使用 Dev-C++ 工具编辑、编译和运行这个程序，程序运行结果如图 11-7 所示。可以看到文件开头的 ff d8 是 jpg 文件的开头标志字节。

例 11-7 程序需要一个微信 Logo 图片（见图 11-8），这个图片是从微信开发者平台下载的官方 Logo。将这个图片以 JPG 文件格式保存在 D 盘的 C_Example 文件夹下，保存的文件名是 weixin.jpg。读者在做实验时可以任选一个二进制文件（如图片、音频、视频等）进行实验。

图 11-7　例 11-7 程序运行结果

图 11-8　微信 Logo 图片

例 11-7 程序同样用 fopen 函数打开文件，只是该函数的第二个参数为"rb"，即以二进制方式打开文件并读取。读取时不使用 fscanf 之类的函数，而使用 fread 函数将数据读入第一个参数 buf 指定的数组中，第二个参数为每次读取单位的多少，第三个参数为每个单位的字节数。例如例 11-7 程序中 fopen 函数的第 2 个参数是 1，代表每次读取 1 个单位，也就是每次读取 1024 字节；第 3 个参数是 1024，代表每个单位是 1024 字节，最后一个参数为文件句柄，指向读取的文件 weixin.jpg。随后使用 printf 函数对读取的数据进行输出。fread 函数的返回值为真实读取的数据大小，在本例中读取 1024 字节。如果文件大小不足 1024 字节，就会返回实际的读取大小；如果文件大小超过 1024 字节，就会返回 1024。即 fread 函数总是尽可能多读取数据，它读取数据的大小受到第二个和第三个参数设置的大小的限制和文件大小的限制。

考虑一个非正常情况。如果第二个参数和第三个参数的乘积大于 buf 的大小，那么就出现了缓冲区溢出，并带来未知错误。

虽然文件以二进制方式进行读取，但和读取文本文件一样，系统仍然管理一个文件位置指针。打开文件后,第一次读取时文件指针位于文件开头,第二次读取则从第一次读取的末尾继续,这种特性被称为流。

11.5.2 写二进制文件

写二进制文件

【例 11-8】 演示以二进制方式写文件。

```
/**********************************************************************
源程序名:D:\C_Example\11_File\writeBinFile.c
功能:演示以二进制方式写文件
输入数据:无
输出数据:D:\C_Example\test.bin 文件
**********************************************************************/
#include<stdio.h>
int main()
{
  FILE * fp;
  fp = fopen("d:\\C_Example\\test.bin","wb");
  if (fp == NULL)
  {
    perror("fopen test.bin file error");      //反馈打开文件失败的信息
    return 0;
  }
  int a = 0x3344;
  long b = 0x5566;
  long long c = 0x7788;
  double d = 3.14;
  char buf[] = "hello world";
  fwrite(&a,1,sizeof(int),fp);
  fwrite(&b,1,sizeof(long),fp);
  fwrite(&c,1,sizeof(c),fp);
  fwrite(&d,1,sizeof(d),fp);
  fwrite(buf,1,strlen(buf)+1,fp);
  fclose(fp);
}
```

使用 Dev-C++ 工具编辑、编译和运行这个程序,程序运行结果为在 D 盘的 C_Example 文件夹下生成文件 test.bin。

文件的读和写是一对相反的操作,写是为了存储数据,而读是为了获取存储的数据。C 语言的文件读写接口非常统一,写文件操作与读文件很类似。在写文件时,若以"wb"方式打开文件,当文件已存在时,则文件原有内容会被覆盖;若以"ab+"方式打开文件,当文件已存在时,则会在文件末尾追加新的内容。

例 11-8 程序使用 fwrite 函数进行写文件操作。该函数有 4 个参数。第一个参数为缓冲区指针,为了将数据 a 的值写入文件,需要取变量 a 的地址,即 &a。第二个参数为每次写入文件的单位个数。第三个参数为每个单位的字节数。为了避免在不同系统中变量类型大小不一致,使用 sizeof 取出了这些变量的大小。当然 sizeof 既可以传入类型(如 int、long),也可以传入变量名。不过,最好不要传入数组变量名,这种情况有时候是对的(传数组名

418

对），但有时候不对（传指针不对），所以不推荐这种写法。在例 11-8 程序中用 fwrite 函数一次写入文件一个缓冲区（buf）的数据，用 strlen 函数获取了缓冲区的字节数，再加上一个结束符的大小 1。写文件完成后，一定要关闭文件。

在读写磁盘文件时，需要读写缓存区的帮助。磁盘被称作块设备，即每次读写的单位是块，一般一块为 512 字节，只能以块为单位读写数据，而不能只读写几字节。如果没有缓冲区的帮助，那么即使只写一字节的数据，都需要将磁盘块（即扇区）512 字节读出来，修改这一字节的内容后再写回去。如果每写一字节都进行读写磁盘操作，那么修改 1024 字节的数据会执行 1024×2＝2048 次磁盘的读和写操作，共需要传输 2048×512 字节的数据。显然这种操作是极为损伤硬盘的，也是不经济的、低效的。因此，非常有必要在计算机的内存中设置一个用于读写磁盘的缓冲区，等缓冲区满以后再写磁盘，无疑是一种更高效和更有利于保护磁盘的方法。如果缓冲区大小为 1024 字节，上述操作最少只需要 2 次磁盘读写操作即可。

如果写文件后不调用 fclose 函数关闭文件，缓冲区的内容有可能并没有真正写到磁盘上，导致数据丢失的情况发生。所以，为了数据的安全和正确，对文件操作完毕后一定要关闭文件。另外，如果一个程序以写方式打开了文件而不关闭，其他程序就无法对这个文件进行读写，操作系统对文件操作做如此限制是基于一个基本的道理："两个人同时在一张纸上画画会相互覆盖。"所以写完文件要及时关闭。如果没有关闭文件，则只有等到程序关闭时，操作系统才会将这个文件句柄释放。

如果程序需要长时间使用一个文件，而不想频繁地打开和关闭文件，又想及时将数据写到磁盘上，可以用 fflush(fp) 函数将缓冲区内容强制写到磁盘上。

例 11-8 程序写到磁盘上的文件 test.bin 是无法用记事本正常阅读的，打开它时会显示乱码。可以修改例 11-7 程序 readBinFile.c 中的文件名为 test.bin 以实现对 test.bin 文件的读操作。运行结果如图 11-9 所示。

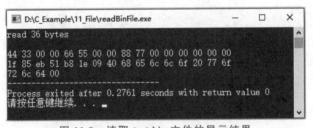

图 11-9　读取 test.bin 文件的显示结果

图 11-9 是二进制文件 test.bin 存储的数据内容。可以看到，前 4 字节为 44 33 00 00，为上面程序中 int 型变量 a 的值，占用 4 字节存储。a 的值为 0x3344。但这里显示的顺序正好相反，这就是所谓的小端序存储，即将低字节数据存放在前面，将高字节数据放在后面。后面的 long 型变量 b 同样输出了 4 字节（66 55 00 00）。再后面的 long long 型变量 c 占用了 8 字节（88 77 00 00 00 00 00 00）。再后面是 8 字节的 double 型变量 d 的值（1f 85 eb 51 b8 1e 09 40），这个值不容易辨识了，这是由于 double 型变量的存储采用了基于 IEEE 754 标准的浮点数表示法。后面剩余的字节为 hello world 的二进制表示 68 65 6c 6c 6f 20 77 6f 72 6c 64 00，是以每个字符的 ASCII 码值存储的。最后以 00 结尾。

文件的
随机读写

11.6　文件的随机读写

在前面的文件操作中,文件打开时文件位置指针指向文件开头。随着读写操作的进行,文件位置指针依次后移。这种读写方式称为流式读写。与之相对应,还有另一种方式,就是随机读写,这种读写方式可以设置文件位置指针指向的位置,从此处开始对文件进行随机读写。

举一个例子,假设要读取文件 10 000 字节后的 10 字节。如果采用流式读写,需要先读取文件前 10 000 字节,而后才能读取需要的 10 字节;而如果使用随机读写,只需要将文件指针设置到第 10001 字节的位置,然后读取需要的 10 字节即可。

【例 11-9】　以 11.5 节输出的 test.bin 文件为读写对象,演示二进制文件的随机读写。

```
/*****************************************************************************
源程序名:D:\C_Example\11_File\randRWFile.c
功能:演示二进制文件的随机读写
输入数据: d:\C_Example\test.bin
输出数据: d:\C_Example\test.bin
*****************************************************************************/
#include<stdio.h>
int main()
{
  char buf[20];
  int ret;
  int i =0;
  FILE * fp;
  fp = fopen("d:\\C_Example\\test.bin","rb+");
  if (fp == NULL)
  {
    perror("fopen test.bin file error");      //反馈打开文件失败的信息
    return 0;
  }
  fseek(fp,0x18,SEEK_SET);
  ret = fread(buf,1,20,fp);
  printf("read %d bytes : %s \n",ret,buf);
  for(i =0;i<ret;i++)
  {
    printf("%02x ", 0xff & buf[i]);
  }
  puts("");
  strcpy(buf,"changed");
  fseek(fp,0x18,SEEK_SET);
  fwrite(buf,strlen(buf)+1,1,fp);
  fclose(fp);
}
```

使用 Dev-C++ 工具编辑、编译和运行这个程序,程序运行结果如图 11-10 所示。

从例 11-9 程序的运行结果看,程序读取了 12 字节,为 hello world,对应的二进制在输

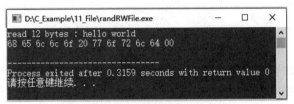

图 11-10   例 11-9 程序运行结果

出的第二行。

程序代码中使用 fopen 函数以"ab+"的方式打开文件,随后使用 fseek 函数设置了文件位置指针的位置。

fseek 函数用于重定位流(数据流或文件)上的文件位置指针,使用这个指针可以确定从文件中读取数据的位置。其函数原型为

```
int fseek(FILE * stream, long offset, int fromwhere);
```

该函数有 3 个参数:stream 为文件流的指针,也称为文件句柄;offset 为移动文件位置指针的偏移量;fromwhere 为起始位置或者基准位置。

该函数的具体功能:如果执行成功,stream 将指向以 fromwhere[0 为文件头(SEEK_SET),1 为当前位置(SEEK_CUR),2 为文件尾(SEEK_END)]为基准,偏移 offset 字节的位置。若 offset 为正数,则文件位置指针从起始位置向文件尾方向偏移;若 offset 为负数,则文件位置指针从起始位置向文件头方向偏移。如果执行失败(例如 offset 超过文件自身大小),则不改变 stream 指向的位置。

该函数在成功时返回 0;失败时返回 −1,并设置 errno 的值,可以用 perror 函数输出错误。

例 11-9 程序传入的基准位置 SEEK_SET 是指文件头,这里第二个参数传入的 0x18 是从文件头往后移动文件位置指针的偏移量,正好把文件指针设置到可以读取字符串 hello world 的地方。程序随后将读取的数据进行了输出,最后在后半部分重置了文件位置指针并覆盖了 hello world 的内容。

第二次运行程序会发现输出的数据发生了改变。此次仍然读取了 12 个字符,但字符串变为 changed。第二行输出的二进制内容 63 68 61 6e 67 65 64 00 为 changed 的每个字符的 ASCII 码值。后面还有 3 个字符的二进制数值 72 6c 64,为 hello world 残留的"rld"的 ASCII 码值。但在使用%s 输出时只输出了 changed,因为其后跟着一个 00 截断了这个字符串。

与 fseek 相比,使用 ftell(fp)函数可以获取当前文件位置指针相对于文件开始位置的偏移量,读者可以通过修改上面的程序测试 ftell 函数。

◆ 11.7 习   题

一、单项选择题

1. 在文件打开方式中,字符串"rb"的含义是(   )。

　　A. 打开一个文本文件，只能写入数据

　　B. 打开一个已经存在的二进制文件，只能读取数据

　　C. 打开一个已经存在的文本文件，只能读取数据

　　D. 打开一个已经存在的二进制文件，只能写入数据

2. 在 C 语言中，对文件进行操作的一般步骤是(　　　　)。

　　A. 打开文件→操作文件→关闭文件→定义文件指针

　　B. 读文件→写文件→关闭文件→打开文件

　　C. 定义文件指针→打开文件→操作文件→关闭文件

　　D. 操作文件→打开文件→关闭文件→读写文件

3. 文件按数据的组织形式可以分为(　　　　)。

　　A. 记录文件和流式文件　　　　　　　　B. 普通文件和设备文件

　　C. 文本文件和二进制文件　　　　　　　D. 程序文件和数据文件

4. 在移动文件位置指针时，需要基准位置的参考，下列说法中正确的是(　　　　)。

　　A. SEEK_SET 是指文件尾　　　　　　　B. SEEK_SET 是指文件中间的位置

　　C. SEEK_CUR 是指当前位置　　　　　　D. SEEK_END 是指文件头

二、判断对错题

1. C 语言程序对文件进行操作的一般步骤是：先打开文件，再进行读写文件操作，最后关闭文件。　　　　　　　　　　　　　　　　　　　　　　　　　　　　　　　(　　　)

2. 语句 fopen("d:\\test.dat","wb");表示以二进制方式打开 D 盘上的 test.dat 文件进行写操作。　　　　　　　　　　　　　　　　　　　　　　　　　　　　　　　　　(　　　)

3. 语句"fopen("d:\\data.dat","r+");表示以二进制方式打开 D 盘上的 data.dat 文件进行读写操作。　　　　　　　　　　　　　　　　　　　　　　　　　　　　　　　　(　　　)

4. 以"a"方式打开一个文件时，文件位置指针指向文件尾。　　　　　　　　(　　　)

5. 在 C 语言中，要对文件进行读写操作，没有必要使用 fopen 函数打开该文件。

　　　　　　　　　　　　　　　　　　　　　　　　　　　　　　　　　　　　　(　　　)

三、编程题

1. 编写一个程序，统计文本文件 a.txt 中的单词数，请自行建立 a.txt 进行测试。

2. 文本文件 b.txt 中包含若干整数，编写一个程序，计算这些整数的和，请自行建立 b.txt 进行测试。

3. 编写一个程序，在文本文件 c.txt 中查找所有出现 what 的位置并输出，请自行建立 c.txt 进行测试。

4. 编写一个程序，在文本文件 c.txt 中将 what 替换为 hello 并存回 c.txt。

5. 编写一个程序，读取一张 PNG 图片的前 320 字节，并以每行 16 字节的格式输出这些字节的十六进制值。

6. 编写一个程序，统计 c.txt 中所有字母出现的频次并输出。

7. 编写一个程序，将 1～1 024 000 的整数以二进制形式存入文件 e.bin，其中每个数字占 4 字节。

8. 将下面的程序代码编译为可执行文件，并使用二进制文件读写方式将该可执行文件中的 deadbeef 改成 aabbccdd。替换完成后运行该可执行文件，观察程序输出的值是否为

aabbccdd。

```
#include<stdio.h>
#include<stdlib.h>
int main()
{
  printf("%08x",0xdeadbeef);
  system("pause");
}
```

提示：deadbeef 在可执行文件中存储为 ef be ad de。其顺序为小端序，即先存低字节，再存高字节。

四、实验题

结合前面所学的鸿蒙 OS C 语言设备开发实验板的各种功能，设计并实现自己的创意。

C 关 键 字

ANSI C 共定义 32 个关键字。

1. 用来声明变量数据类型或函数返回值数据类型的关键字（共 12 个）

char　　　声明字符型变量或函数返回值的数据类型

int　　　　声明整型变量或函数返回值的数据类型

float　　　声明浮点型变量或函数返回值的数据类型

double　　声明双精度变量或函数返回值的数据类型

short　　　声明短整型变量或函数返回值的数据类型

long　　　声明长整型变量或函数返回值的数据类型

enum　　　声明枚举类型

signed　　声明有符号类型变量或函数返回值的数据类型

struct　　　声明结构体变量或函数返回值的数据类型

union　　　声明联合数据类型

unsigned　声明无符号类型变量或函数返回值的数据类型

void　　　声明函数无返回值或无参数,无类型指针

2. 用于控制结构的关键字（共 12 个）

1) 用于循环语句的关键字

for　　　　用于定义 for 循环语句

do　　　　用于定义循环语句

while　　　用于循环语句的循环判定条件

break　　　用于跳出当前循环

continue　用于结束当前循环,开始下一轮循环

2) 用于条件语句的关键字

if　　　　　用于条件语句

else　　　用于条件语句的否定分支,必须与 if 配合使用

goto　　　用于无条件跳转语句

3) 开关语句

switch　　用于开关语句

case　　　用于开关语句的分支

default　　用于开关语句中的默认分支

4）返回语句

return   函数返回语句（可以带参数，也可以不带参数）

3. 用于存储类型的关键字（共 4 个）

auto   用于声明自动变量，一般不显示使用

register 用于声明寄存器变量

static   用于声明静态存储变量

extern   用于声明其他程序文件中已经声明的变量，以及引用其他文件中的变量

4. 其他关键字（共 4 个）

sizeof   用于计算数据类型的长度

const   用于声明常量

typedef   主要用于给数据类型取别名

volatile 用本关键字声明的变量，系统总是重新从变量所在的内存读取数据

附录
B

C 运 算 符

优先级	运 算 符	说 明	结合性
1	() [] . ->	圆括号 数组元素下标 结构成员运算 指向结构成员运算	自左至右
2	! ~ +,− (type) * & ++,−− sizeof	逻辑反 按位取反 取正、取负(一元) 强制类型转换 取内容运算符 取地址运算符 自增、自减 长度运算符	自右至左
3	*,/,%	乘,除,整数求余	自左至右
4	+,−	加,减(二元运算)	
5	<<,>>	左移位、右移位	
6	<,<= >,>=	小于、小于或等于 大于、大于或等于	
7	==,!=	等于、不等于	
8	&	按位与	
9	^	按位异或	
10	|	按位或	
11	&&	逻辑与	
12	||	逻辑或	
13	?:	条件运算	
14	=	赋值	自右至左
	+=,−=,*=,/=,%=, &=,^=,|=,<<=, >>=	复合赋值	
15	,	逗号运算	自左至右

C 常用库函数

C 编译系统提供了丰富的库函数，在实际编程时，很多功能可以直接调用库函数来完成。本附录中分类列举了 C 语言常用的库函数，在调用库函数时要包含相应的头文件。更全面的库函数请查阅所用系统的库函数手册。

◆ C.1 常用数学函数

数学函数（见表 C.1）使用头文件 math.h，需要在源程序中添加文件包含命令：

```
#include <math.h>
```

表 C.1 数学函数

函 数 原 型	功　　能	返　回　值
double fabs(double x)	返回浮点数 x 的绝对值	绝对值
double sin(double x)	返回参数 x 的正弦值，x 为弧度值	计算结果
double cos(double x)	返回参数 x 的余弦值，x 为弧度值	计算结果
double acos(double x)	返回参数 x 的反余弦值，x 应当在 −1 和 1 之间	计算结果
double asin(double x)	返回参数 x 的反正弦值，x 应当在 −1 和 1 之间	计算结果
double atan(double x)	返回参数 x 的反正切值	计算结果
double cosh(double x)	返回参数 x 的双曲余弦值	计算结果
double tan(double x)	返回参数 x 的正切值	计算结果
double log(double x)	返回 ln x 的值	计算结果
double log10(double x)	返回 $\log_{10} x$ 的值	计算结果
double exp(double x)	返回 e^x 的值。上溢出时返回 1.♯INF（无穷大），下溢出时返回 0	计算结果
double fmod(double x, double y)	返回参数 x/y 的余数	双精度余数
double modf(double x, double * y)	取 x 的整数部分送到 y 所指向的单元中	x 的小数部分

续表

函 数 原 型	功　　能	返 回 值
double pow(double x，double y)	返回 x^y 的值	计算结果
doubleceil(double x)	计算不大于参数 x 的最小整数	返回该整数的 double 型结果
double floor(double x)	计算不大于参数 x 的最大整数	返回该整数的 double 型结果
double sqrt(double x)	返回 x 的平方根	计算结果

◆ C.2　字符处理函数

字符处理函数(见表 C.2)使用头文件 ctype.h,需要在源程序中添加文件包含命令:

```
#include <ctype.h>
```

表 C.2　字符处理函数

函 数 原 型	功　　能	返 回 值
int isalnum(int ch)	判断 ch 是否为字母或数字字符	
int isalpha(int ch)	判断 ch 是否为字母字符	
int iscntrl(int ch)	判断 ch 是否为控制字符	
int isdigit(int ch)	判断 ch 是否为数字字符	
int isgraph(int ch)	判断 ch 是否为非空格可打印字符	
int islower(int ch)	判断 ch 是否为小写字母字符	是,返回真值;
int isprint(int ch)	判断 ch 是否为可打印字符	否,返回 0
int ispunct(int ch)	判断 ch 是否为标点字符	
int isspace(int ch)	判断 ch 是否为空格字符	
int isupper(int ch)	判断 ch 是否为大写字母字符	
int isxdigit(int ch)	判断 ch 是否为十六进制字符	
int tolower(int ch)	将 ch 转换成小写字符	返回 ch 的小写字符
int toupper(int ch)	将 ch 转换成大写字符	返回 ch 的大写字符

◆ C.3　常用字符串处理函数

字符串处理函数(见表 C.3)使用头文件 string.h,需要在源程序中添加文件包含命令:

```
#include <string.h>
```

表 C.3　字符串处理函数

函 数 原 型	功　　能	返　回　值
void * memcpy(void * s, const void * t,size_t n)	将 t 所指向的 n 字节复制到 s 所指向的存储区中	返回 s 指针
void * memset(void * buf, int v, size_t n)	将 buf 所指向的长度为 n 的内存设置值为 v	该区域的起始地址
char * strcpy(char * s, const char * t)	将 t 所指向的字符串复制到 s 所指向的存储区中	返回 s 指针
char * strcat(char * s, const char * t)	将 t 所指向的字符串连接到 s 所指向的字符串后面	返回 s 指针
int strcmp(const char * s, const char * t)	比较 s、t 所指向的两个字符串的大小	若两个字符串相同,返回 0;若 s 所指向的字符串小于 t 所指的字符串,返回负值;否则,返回正值
int strlen(const char * s)	计算 s 所指向的字符串的长度	字符串所包含的有效字符个数
char * strncpy(char * s, const char * t,size_t n)	将 t 所指向的字符串中的 n 个字符复制到 s 所指向的存储区	返回 s 指针
char * strncat(char * s, const char * t, size_t n)	将 t 所指向的字符串中的最多 n 个字符连接到 s 所指向的字符串的后面	返回 s 指针
int strncmp(const char * s, const char * t, size_t n)	比较 s、t 所指向的两个字符串的大小,最多比较 n 个字符	若两个字符串相同,返回 0;若 s 所指向的字符串小于 t 所指的字符串,返回负值;否则,返回正值
char * strstr(const char * s, const char * t)	找出 t 所指向的字符串在 s 所指向的字符串的出现的位置	若找到,返回首次出现的位置;否则返回 0

◆ C.4　其他常用函数

其他常用函数见表 C.4。

表 C.4　其他常用函数

函 数 原 型	功　　能	返　回　值	头文件
void abort(void)	终止程序执行	无	# include <stdlib.h>
void exit(int)	终止程序执行	返回退出代码 int(通常是 0 或 1)	
double atof(const char * s)	将 s 所指向的字符串转换为双精度浮点数	返回双精度浮点值	
int atoi(const char * s)	将 s 所指向的字符串转换成整数	返回整数值	
long atol(const char * s)	将 s 所指的字符串转换成长整数	返回长整数值	
int rand(void)	产生一个伪随机整数	返回 0 到 RAND_MAX 之间的随机整数	

续表

函　数　原　型	功　　能	返　回　值	头文件
void　srand（unsigned　int seed）	为 rand()函数产生随机整数而设置初始化种子值	无	#include <stdlib.h>
int system(const char ＊s)	将 s 指向的字符串作为 DOS 命令进行系统调用	如果命令执行正确通常返回 0	
time_t time(time_t ＊t) 在 time.h 中：typedef long time_t;	返回当前时间,如果发生错误返回 0。如果给定参数 t,那么当前时间存储到参数 t 中	返回当前时间或 0	#include <time.h>
char ＊ctime(const time_t ＊t)	将参数 t 转换为本地时间格式字符串	返回本地时间格式字符串	

ASCII 码表

ASCII 码值	字符	ASCII 码值	字符	ASCII 码值	字符	ASCII 码值	字符
0	NUT	32	（space）	64	@	96	`
1	SOH	33	!	65	A	97	a
2	STX	34	"	66	B	98	b
3	ETX	35	#	67	C	99	c
4	EOT	36	$	68	D	100	d
5	ENQ	37	%	69	E	101	e
6	ACK	38	&	70	F	102	f
7	BEL	39	'	71	G	103	g
8	BS	40	(	72	H	104	h
9	HT	41	)	73	I	105	i
10	LF	42	*	74	J	106	j
11	VT	43	+	75	K	107	k
12	FF	44	,	76	L	108	l
13	CR	45	—	77	M	109	m
14	SO	46	.	78	N	110	n
15	SI	47	/	79	O	111	o
16	DLE	48	0	80	P	112	p
17	DCI	49	1	81	Q	113	q
18	DC2	50	2	82	R	114	r
19	DC3	51	3	83	S	115	s
20	DC4	52	4	84	T	116	t
21	NAK	53	5	85	U	117	u
22	SYN	54	6	86	V	118	v
23	TB	55	7	87	W	119	w
24	CAN	56	8	88	X	120	x
25	EM	57	9	89	Y	121	y
26	SUB	58	:	90	Z	122	z
27	ESC	59	;	91	[	123	{
28	FS	60	<	92	/	124		
29	GS	61	=	93	]	125	}
30	RS	62	>	94	^	126	~
31	US	63	?	95	_	127	DEL

◇ 参 考 文 献

[1] 许思维,冯宝鹏,程劲松,等. HarmonyOS IoT 设备开发实战[M]. 北京:电子工业出版社,2021.

[2] 夏德旺,谢立,樊乐,等. HarmonyOS 应用开发[M]. 北京:机械工业出版社,2022.

[3] 董良,宁方明. Linux 系统管理[M]. 北京:人民邮电出版社,2012.

[4] 谭浩强. C 程序设计教程[M]. 3 版. 北京:清华大学出版社,2018.

[5] 和青芳. C 程序设计教程[M]. 5 版. 北京:清华大学出版社,2018.

[6] 刘国成,常骥,倪丹,等. C 语言程序设计[M]. 2 版. 北京:清华大学出版社,2019.

[7] 周蔼如,林伟健. C++ 程序设计基础[M]. 4 版. 北京:电子工业出版社,2012.

[8] 汪天富,董磊. C 语言程序设计与应用[M]. 北京:电子工业出版社,2021.

[9] 李志球,刘昊. C 语言程序设计教程[M]. 北京:电子工业出版社,2007.

[10] 陈文宇,张松梅. C++ 语言教程[M]. 西安:西安电子科技大学出版社,2004.

[11] 闫超,姜海涛,黄宝贵,等. C 语言程序设计教程[M]. 北京:清华大学出版社,2019.

[12] 陈文宇. 面向对象程序设计语言 C++[M]. 北京:机械工业出版社,2004.

[13] 寻桂莲. 物联网嵌入式程序设计[M]. 北京:机械工业出版社,2019.

图 书 资 源 支 持

感谢您一直以来对清华版图书的支持和爱护。为了配合本书的使用，本书提供配套的资源，有需求的读者请扫描下方的"书圈"微信公众号二维码，在图书专区下载，也可以拨打电话或发送电子邮件咨询。

如果您在使用本书的过程中遇到了什么问题，或者有相关图书出版计划，也请您发邮件告诉我们，以便我们更好地为您服务。

我们的联系方式：

清华大学出版社计算机与信息分社网站：https://www.shuimushuhui.com/

地　　　址：北京市海淀区双清路学研大厦 A 座 714

邮　　　编：100084

电　　　话：010-83470236　010-83470237

客服邮箱：2301891038@qq.com

QQ：2301891038（请写明您的单位和姓名）

- -

资源下载：关注公众号"书圈"下载配套资源。

资源下载、样书申请

书圈

图书案例

清华计算机学堂

观看课程直播